高等学校信息管理学专业系列教材

Python
语言基础与实践

主编 范昊 桂浩 刘刚

U0248925

WUHAN UNIVERSITY PRESS

武汉大学出版社

图书在版编目(CIP)数据

Python 语言基础与实践/范昊,桂浩,刘刚主编.—武汉:武汉大学出版社,2020.9(2024.8 重印)

高等学校信息管理学专业系列教材

ISBN 978-7-307-21569-6

Ⅰ.P… Ⅱ.①范… ②桂… ③刘… Ⅲ.软件工具—程序设计—高等学校—教材 Ⅳ.TP311.561

中国版本图书馆 CIP 数据核字(2020)第 096731 号

责任编辑:陈 豪 责任校对:李孟潇 版式设计:马 佳

出版发行:**武汉大学出版社** (430072 武昌 珞珈山)

(电子邮箱:cbs22@whu.edu.cn 网址:www.wdp.com.cn)

印刷:武汉邮科印务有限公司

开本:720×1000 1/16 印张:34.25 字数:610 千字 插页:1

版次:2020 年 9 月第 1 版 2024 年 8 月第 5 次印刷

ISBN 978-7-307-21569-6 定价:65.00 元

前　言

党的二十大报告强调，"教育、科技、人才是全面建设社会主义现代化国家的基础性、战略性支撑。"Python 程序设计作为集理论与实践为一体的计算机语言编程类课程，其教学在培养学生逻辑思维能力、创新能力和技术应用能力方面具有重要作用。在二十大精神的指导下，Python 课程建设与学习能够为学生提供掌握信息化、智能化技术的能力，这正是适应新时代科技发展的重要保障，为加强交叉学科建设、提供中国式现代化的坚强人才支撑提供了有利契机。

Python 是一种结合了解释性、编译性、互动性的，面向对象的计算机程序设计语言。由于具有简单易学、功能强大等特点，Python 是目前最流行的程序设计语言之一。本教材的前 8 章重点介绍了 Python 语言的程序设计基础、基本数据结构、组合数据类型和函数方法，是学习其他扩展工具库及其应用方法的前提，需要熟练掌握。从第 9 章开始，本教材主要介绍了Python 的文件读写、文本处理、数据分析及数据可视化的技术和方法。本教材从理论、技术和实践三个维度，循序渐进地为读者展示了从 Python 语言基础到实践应用的学习过程。

特别地，本教材针对行业应用和科学研究中的实际问题，面向非计算机专业、人文社科专业的学生，讲解了 Python 语言在文本处理、数据分析及数据可视化任务中的技术方法和应用工具，并通过项目实践，列举了丰富的案例，提供了详细注释的代码，大幅度地降低了理解的难度，让读者在实践的乐趣中掌握各项任务的实现技巧，可以满足不同层次读者的需求。

本书内容组织

本教材共有 14 个章节，各章节内容安排如下：

第 1 章为程序设计基础。本章作为教材的第 1 章，主要内容是程序设计相关的背景知识和思维理念的讲解。具体而言，本章首先阐述何为计算思维，其次回顾程序设计语言的发展历史，进而讲解程序的执行过程，最后简单介绍了面向对象程序设计的编程思想。

第 2 章为 Python 语言概述。本章首先介绍了 Python 语言的产生和发展，然后详细说明了 Python 及其编程环境的安装过程与运行方法。其中，着重介绍了 Jupyter Notebook 和几个常用的集成开发环境，如 IDLE、PyCharm、Sublime Text 和 Eclipse 的安装及使用。

第 3 章为 Python 语言规范与基础数据类型。本章内容可以分为两个部分：第一部分为 Python 语言规范，包括程序格式规范、变量与常量、基本语句等；第二部分为 Python 基础数据类型的概念及使用，包括数值类型、逻辑类型和字符串类型三个基础数据类型的概念，运算符与表达式使用，并着重讲解了字符串类型的基本操作。

第 4 章为程序控制结构。程序控制结构可以分为顺序结构、选择结构、循环结构三大类，本章围绕这三类结构展开，详细介绍 if 语句、while 循环、for 循环、break 语句和 continue 语句。此外，本章还讲解了 Python 语言中异常处理的实现方法。

第 5 章为组合数据类型。本书第 3 章讲解了基础数据类型，当需要处理的问题比较复杂时，仅用基础数据类型往往无法解决，这就需要用到组合数据类型。本章将详细介绍 Python 中常用的三种组合数据类型：序列类型、集合类型和映射类型。

第 6 章为函数与代码复用。本章首先展示了 Python 函数定义与调用的方法，其次介绍用户自定义函数的过程，然后着重讲解了匿名函数和递归函数的概念及应用，并介绍了 Python 模块与包的基本用法。

第 7 章为面向对象程序设计。面向对象编程是一种程序设计思想，将程序视为一组对象的集合，对象又是封装了一系列数据和操作数据的方法的单元体。本书第 1 章初步介绍了面向对象思想，本章将结合 Python 语言，详细介绍面向对象编程技术的基本知识。具体包括 Python 中的类、继承与多态以及抽象类与接口三部分内容。

第 8 章为 Python 基础拓展模块。Python 拥有一个强大的标准库，标准库中的模块不需要单独安装就可以直接使用，本章将介绍标准库中的时间模块、数学模块和绘图模块。

第 9 章为 Python 文件读写。本章主要介绍 Python 对各类文件数据读写的实现方式，包括文件的打开与关闭，以及如何对不同类型文件进行数据的读写操作，着重对 txt 文件、csv 文件、excel 文件和 json 文件等常用的格式文件进行读写操作的讲解和演示。

第 10 章为文本处理。本章可以分为三部分：第一部分介绍文本数据的特点及文本处理任务的基本流程；第二部分为 Python 中字符串的高级操作，包括字符串的函数操作和正则表达式；第三部分为 Python 的自然语言处理技术，从词法、句法、语义三个层面展示 Python 语言中自然语言处理的方法和过程，并介绍了常用的自然语言处理工具库，如 NLTK、Jieba 分词和 PYLTP 等。

第 11 章为数据分析。本章首先介绍数据分析的基础知识，然后介绍了常用的 Python 数据分析工具。具体而言，包括数据与变量、描述性分析和分布性分析等数据分析相关概念，以及 Python 中两个常用的数据分析工具 NumPy 和 Pandas 的使用方法。

第 12 章为数据可视化。数据可视化能帮助人们直观、清晰地传达数据信息与数据结构，在 Python 语言中有众多的数据可视化工具，其中使用最多的是 Matplotlib。本章将主要讲解如何使用 Matplotlib 中的工具和方法来绘制数据的折线图、柱状图、直方图、饼图及散点图等各类数据图表，实现数据可视化。

第 13 章为文本分析项目实践。本章选取特定文本作为数据源，开展文本分析项目实践，包括关键词提取和词云构建两个任务。通过选取特定文本作为数据来源，完整展示这两项任务从数据准备到结果输出的一系列过程及 Python 的实现方法。

第 14 章为数据分析项目实践。本章选取特定数据集作为数据源，开展了数据分析的项目实践，包括分布分析、相关分析和预测分析三个任务。通过选择特定数据集作为数据来源，完整展示上述三个任务的 Python 实现过程。

本 书 特 色

从内容上看，本教材系统地介绍了 Python 的基本理论、语句规范及编程的技巧与方法，以行业应用和科学研究的实际需求为导向，面向非计算机专业和人文社科专业学生，进行了扩展工具库和项目实践的讲解，具有以下特点：

①注重基础，把握前沿。系统阐述 Python 的基础理论，吸纳近年来的新理论、新观点，捕捉前沿技术、关注实际应用，提高学生运用 Python 来解决问题的实践能力。

②形式活泼，简明易学。行文通俗流畅，概念阐释详实，辅之以丰富的启发式实例和注释详细的程序代码，提高学生的学习兴趣，实现理论方法与技术实践的结合，满足不同层次读者的需求。

③面向实践，紧贴需求。针对非计算机专业和人文社科研究中实际问题的需求，着重讲解了 Python 语言在文本处理、数据分析和数据可视化领域的技术方法、扩展工具和应用过程。

本书适用读者

本教材可以作为以下读者(但不限于)的教材或者参考书目：

①人文社会科学专业和其他非计算机专业的本科生或者专科生。

②需要使用 Python 进行文本处理、数据分析和数据可视化应用的本科生或者研究生。

③具有一定 Python 基础，希望进行 Python 实践编写一些小程序的读者。

④希望有一本入手教程来了解和学习 Python 的读者。

教 学 资 源

本教材提供全套的教学课件、教案、教学视频、实验指导书及全书示例的 Jupyter Notebook 源代码文档等教学资源。需要配套教学资源的读者，可以通过登录网站下载(https：//github.com/Leohfan/PythonLFandP)，或者与作者联系索取。

由于编者水平有限，时间紧迫，本教材存在一定疏漏和不当之处，还恳请同行批评指正，望各位读者不吝赐教，以便我们在再版时予以修订和完善。

致 谢

2020 年 2 月的武汉，正值 COVID-19 肆虐，武汉落困，九州同忾，或歌或泣，无以言表！而此刻能够偏安陋室完成书稿，首先要感谢的是战"疫"在一线的各行各业的勇士，是他们在平凡中见证着伟大！

感谢我的父母家人，无论云淡风轻，抑或彷徨焦灼，都是最好的陪伴与支持！

感谢参与本书编写的老师和同学，徐雷、胡忠义老师对教材的内容提出了建设性的意见，博士生张玉晨以及硕士生郑小川、热孜亚·艾海提、肖燕、唐雅倩在教材内容的组织和撰写过程中做了大量的工作，硕士生施镇康、李鹏飞参与了教材的校对工作。

感谢选择本书的读者，希望您能够在本教材中找到所需的知识，快乐地学习 Python 语言！也随时欢迎您指出本书的不足之处，提出宝贵的改进意见。

感谢武汉大学出版社在本书的编写和出版过程中提供的大力支持和帮助！

范昊　于武汉大学

2020 年 2 月

目　　录

第 1 章　程序设计基础

1.1　从计算机到计算思维

1.1.1　计算机与计算机科学

计算机的出现影响了社会生活的方方面面，人们借助计算机系统在分析问题时进行信息检索和资料收集，在设计方案时进行文档编辑和流程绘制，在实现方案时进行模型设定和数据处理，同时还能够在协作交互过程中进行语言翻译和即时通信，并借助文字、图像、声音和影像等多模态形式对计算结果进行展示。计算机改变了人们的工作方式、生活方式、学习方式和交流方式，也改变了人们的思维方式。

计算机常常也被称为计算机系统，是一个由计算机硬件和计算机软件共同组成的综合体。计算机硬件包括储存器、控制器、运算器、输入设备、输出设备五大功能部件，是实现输入程序、存储数据、执行指令、分析运算、输出结果等功能的基础。但即使是最先进的计算机硬件，如果没有计算机软件，也不能实现计算机系统功能，没有实际价值。

计算机软件泛指计算机运行所需的各种数据、程序以及与之相关的文档资料。计算机和其他机器之间最重要的区别可能是计算机具有对指令和程序的响应能力。执行某项任务的指令的集合称为程序，每个程序都是为了满足人们的某种需求而设计的。因此，程序设计的目的是用来解决实际的问题，而作为程序的创建者——程序员而言，则需要系统性地研究信息与计算的理论基础，掌握能够将它们在计算机系统中实现及应用的技术方法，即计算机科学。

1

　　一般而言，计算机科学是研究计算机和计算系统的理论方面的学科，包括软件、硬件等计算系统的设计和建造，发现新问题并提出求解策略及算法，在硬件、软件、互联网方面发现并设计使用计算机的新方式和新方法等，围绕着构造各种计算机器和应用各种计算机器而进行研究。事实上，计算机科学也是一门包含各种各样与计算和信息处理相关主题的系统学科，其研究涵盖了围绕计算机系统的所有问题：从硬件到软件，从抽象的算法分析到具体的编程语言，从技术的理论基础到最终的用户应用。

　　计算机科学的子领域种类繁多，例如，计算机体系结构是指根据属性和功能不同而划分的计算机理论组成部分及计算机基本工作原理、理论的总称，而软件工程则是研究如何分析问题、设计算法、实现程序进而解决问题的技术。计算机科学的其他一些分支学科，如图形学、机器人学、信息安全、计算机网络和人工智能等，通过学科名称就可以大致了解学科的研究内容。

　　在计算机系统中，计算是指数据在运算符的操作下，按特定运算规则进行的数据变换过程①。计算涉及三个核心内容：数据、运算符以及运算规则。通过学习和训练以掌握各种运算符的规则，可以使用程序实现数据变换的过程，完成计算。例如，从简单的加减乘除，到复杂的微分积分运算等，都可以由不同运算符或多个运算符组合，采用特定的运算规则或程序来完成计算。

　　运算规则可以通过学习与训练来掌握，但是在有些情况下，即使人们掌握了运算规则，应用该规则进行计算所需的计算能力，却远不是人类的计算能力可以达到的，即知道运算规则却无法得到计算结果。面对这种情况，一般有两种解决方法：一种是尝试从数学上将这种复杂的计算过程简单化，在人类计算能力之内寻找一种与其等效的计算策略，寻求更简便的方法完成计算；另一种则是利用机器来完成计算过程，通过高效地执行运算操作来实现复杂的计算过程，即通过设计程序来实现机器的自动计算。

　　现实中需要用到计算的场景众多，计算的复杂程度也各不相同，因此，在设计机器自动计算的过程中不可避免地会遇到很多问题。例如，哪些问题可以通过自动计算来解决？如何实现机器自动计算？如何更高效、更便捷、更低成本地进行自动计算？正是类似的问题引发了人们对计算及计算复杂性、算法与算法设计、计算机与计算系统的构建与应用等问题的思考与探究，进而进一步促进了计算机科学发展与计算科学的产生。

---

　　① 战德臣. 大学计算机：计算思维导论[M]. 北京：电子工业出版社，2013.

　　当前，计算手段已发展为与理论手段和实验手段并存的科学研究的第三种手段。理论手段是指以数学学科为代表，以推理和演绎为特征的手段，科学家通过构建分析模型和理论推导进行规律预测和发现。实验手段是指以物理学科为代表，以实验、观察和总结为特征的手段，科学家通过直接的观察获取数据，对数据进行分析，发现规律。计算手段则是以计算机学科为代表，以设计和构造为特征的手段，科学家通过建立仿真的分析模型和有效的算法，利用计算工具来进行规律预测和发现。

　　技术进步已经使得现实世界的各种事物都可感知、可度量，进而形成数量庞大的数据或数据群，使得基于庞大数据形成仿真系统成为可能，因此依靠计算手段发现和预测规律成为不同学科的科学家进行研究的重要手段。例如，生物学家利用计算手段研究生命体的特性，化学家利用计算手段研究化学反应的机理，建筑学家利用计算手段来研究建筑结构的抗震性，经济学家、社会学家利用计算手段研究社会群体网络的各种特性等。由此，计算手段与各学科结合形成了所谓的计算科学，如计算物理学、计算化学、计算生物学、计算经济学等。

1.1.2　计算思维

　　计算思维(computational thinking)是区别于以数学为代表的逻辑思维和以物理为代表的实证思维的第三种思维模式。美国卡内基梅隆大学计算机科学系周以真(Jeannette M Wing)教授提出：计算思维是运用计算机科学的基础概念去求解问题、设计系统和理解人类行为的一系列思维活动的统称①。著名的计算机科学家、1972 年图灵奖得主 Edsger Dijkstra 说："我们所使用的工具影响着我们的思维方式和思维习惯，从而也深刻影响着我们的思维能力。"计算思维如同人们具备的读、写、算能力一样，都是必须具备的思维能力。

　　计算思维的本质就是抽象(abstraction)与自动化(automation)，即在不同层面对现实世界中的事物进行抽象，以及将这些抽象的结果在机器中进行表示。理解计算思维，即理解计算系统是如何工作的，理解计算系统的功能是如何变得越来越强大的。利用计算思维，即寻求如何利用计算系统来进行控制和处理现实世界的各种事物，了解计算系统的核心概念，培养计

---

① Peter B Henderson, Thomas J Cortina, Jeannette M Wing. Computational Thinking [C]. Proceedings of the 38th SIGCSE Technical Symposium on Computer Science Education, SIGCSE 2007, Covington, Kentucky, USA, March 7-11, 2007. ACM, 2007.

算思维模式。

现实世界的任何事物，若要由计算系统进行计算，首先需要将其语义符号化。所谓语义符号化，是指将现实世界的各种语义信息用符号表达，进而进行基于符号的计算过程。将语义表达为不同的符号，便可采用不同的方法和工具进行计算；将符号赋予不同语义，则能通过计算处理不同的现实世界问题。

语义符号化的过程是一个理解与抽象的过程，通过对现实世界现象的深入理解，抽象出普适的概念，进而可将概念符号化，然后就可以进行各种计算；再将符号赋予不同语义，便可以用于处理不同的现实问题。现象被表达成了符号，也就能够进行计算。

逻辑是现实中普适的思维方式，揭示事物因果之间所遵循的规律。逻辑的基本表现形式是命题和推理。命题由语句表述，是判断真假的陈述；推理是依据由简单命题的判断导出复杂命题的判断的过程，命题和推理也可以符号化。例如：

命题 1：“小明是一个小学生。”

命题 2：“小明穿着校服。”

命题 3：“小明是个小学生并且穿着校服。”

命题 1 和命题 2 是两个基本命题，命题 3 是一个复杂命题，且三者之间存在如下关系：

$$命题 3 = 命题 1 \text{ and } 命题 2$$

其中，and（与）就是一种逻辑运算，因此，复杂命题的推理可以被认为是关于命题的一组逻辑运算过程。除了 and 运算以外，基础的逻辑运算还包括 or（或）、not（非）、xor（异或）等，通过对这些基础逻辑运算进行组合，也可以组合出复杂的逻辑运算。

若用 0 表示假、1 表示真，那么现实中的命题判断与推理（真值与假值）以及数学中的逻辑运算均可以用 0 和 1 来表达和处理。上述的各种逻辑运算可转变为 0 和 1 之间的逻辑运算。计算机内数据和指令的存储和处理都是由晶体管和门电路等元件完成的，这些元件实际上都只能表达出两种状态——开和关，这也是唯一能真正被计算机所“理解”的东西。将元件的开和关的状态与 0 和 1 进行对应，即 1 代表晶体管开的状态，0 代表关的状态，那么就可以在语义符号化的基础上，将这些符号变得可被计算机理解和处理，实现符号计算化。

在符号计算化的基础上，计算机就可以理解和处理运算符及运算规则，但如果要实现计算的自动化，还需要解决计算的另一核心要素——数据的表示问题，即如何将现实世界的各种事物在计算机中表示出来。计算机内部数据可以分为数值型数据和非数值型数据。数值型数据表示具体的数量，有正负大小之分；非数值数据主要包括字符、声音、图像等。与符号计算化的思维类似，数据在计算机中也是采用 0 与 1 组合的形式来表示。

(1) 数值数据在计算机中的表示

数值数据在计算机中的表示形式称为机器数。机器数所对应的原来的数值称为真值。数值数据有正有负，由于采用二进制，必须要把符号数字化，通常是用机器数的最高位作为符号位，仅用来表示数值的符号。若符号位为"0"则表示正数，若为"1"则表示负数。机器数的其余各位表示数值的大小。机器数通常有 3 种不同的表示方法：原码、补码和反码。

① 原码。

机器数的原码表示是采用最高位代表符号位的表示方法，即正数的符号位为 0，负数的符号位为 1，其余位表示数值的绝对值。

例如：以字长 8 位为例，数值+11 的原码为 00001011；数值-11 的原码就是 10001011；而数值 0 则有两种表示：00000000 和 10000000，即存在+0 和-0 两种原码表示形式。

用原码表示时，数的真值及其用原码表示的机器数之间的对应关系简单，相互转换方便。但是，不能对原码直接进行算术运算，否则有可能会导致错误的结果。例如，数学上，算数运算式 1+(-1) = 0，而在采用原码表示的运算式则有：0000010+10000010 = 10000100，换算成十进制结果为-4。这显然导致了错误，出错的原因是符号位也直接参与了计算。

为了解决这个问题，在计算机中提出了补码表示数据的方式。

② 反码。

机器码的反码表示也是采用最高位代表符号位的表示方法，最高位为 0 时表示正数，最高位为 1 时则表示为负数。即在原码的基础上，正数的反码是其本身，负数的反码是符号位不变，其余各位取反。

例如：

$$+1 = [00000001]_原 = [00000001]_反$$
$$-1 = [10000001]_原 = [11111110]_反$$

数值 0 的反码有两种表示方式：

$$+0 = [00000000]_反$$
$$-0 = [11111111]_反$$

可见如果一个反码表示的是负数，人们无法直观地看出来它的数值，通常需要将其转换成原码才能方便人脑的计算。

③ 补码。

在机器码的补码表示中，正数的补码就是其本身，而负数的补码则是在其原码的基础上，符号位不变，其余各位取反，最后+1 的结果(即在反码的基础上+1)。

例如：

$$+1 = [00000001]_原 = [00000001]_补$$
$$-1 = [10000001]_原 = [11111111]_补$$

数值 0 的补码只有一种表示方式：

$$+0 = [00000000]_补$$
$$-0 = [11111111]_反 +1 = [00000000]_补$$

在计算机进行基本的加减乘除运算时，如果需要辨识机器码的"符号位"，会让计算机的基础电路设计变得非常复杂。采用补码的形式进行机器码的表示，可以在计算过程中将符号位和其他位统一处理，从而简化计算机的运算过程。

同时，根据运算法则减去一个正数等于加上一个负数，即：1-1 = 1 + (-1) = 0。所以，减法也可按加法来处理，计算机可以只有加法而没有减法，进一步简化了计算机的运算设计。另外，当两个用补码表示的机器数相加时，如果最高位(符号位)有进位，则进位可以被舍弃。以字长 8 位为例，表 1-1 列出了几个十进制数的真值、原码、反码和补码示例。

计算机在处理数值数据时，对小数点的处理有两种不同的方法，分别是定点法和浮点法，也就对应了定点数据表示法和浮点数据表示法这两种不同形式的数据表示方法。

表 1-1　　　　　　十进制数的真值、原码、反码和补码对比

十进制	+127	-127	+73	-73	+0	-0
真值(二进制)	+1111111	-1111111	+1001001	-1001001	+0000000	-0000000
原码	01111111	11111111	01001001	11001001	00000000	10000000
反码	01111111	10000000	01001001	10110110	00000000	11111111
补码	01111111	10000001	01001001	10110111	00000000	00000000

注：8 位原码和反码的表示范围：-127~127，补码的表示范围：-128~127，其中 $-128 = [10000000]_补$。

6

　　所谓定点数，就是小数点的位置固定不变的数。小数点的位置通常有两种约定方式：

- 定点整数——纯整数，小数点在最低有效数值位之后；
- 定点小数——纯小数，小数点在最高有效数值位之前。

　　定点整数是纯整数，约定的小数点位置在二进制数最后一位的后面。在计算机中，正整数的补码与原码相同，即以二进制代码本身的形式存储，负整数则是以补码的形式存储。一个 n 位的二进制定点整数，最高位是符号位，能表达的数值范围为：$-2^n \sim 2^{n-1}-1$。

　　例如，一个 8 位的定点整数，除了最高位表示符号位外，能具体用于表示数值的剩下 7 位。其能够表示的最大值的二进制正整数的原码是 $[01111111]_原 = [127]_{10}$，即 2^7-1；而其能表示的最小值的二进制负整数的补码是 $[10000000]_补 = [-128]_{10}$，即 -2^8。

　　定点小数是纯小数，约定的小数点位置在二进制数的最高位（即符号位）之后、有效数值部分最高位之前。定点纯小数的数值部分以补码形式存储，一个 n 位的二进制数定点小数，其最高位是符号位，则其所能表示的数值范围为：$-1 \sim 1-2^{-(n-1)}$。

　　例如，一个 8 位的定点小数，除了最高位的符号位外，用于表示真值的共 7 位。其能够表示的最大值的二进制正纯小数的补码与原码相同，即 $[0.1111111]_原 = 2^{-1}+2^{-2}+\cdots+2^{-7} = 1-2^{-7}$；其能表示的最小值为二进制的补码：$[1.0000000]_补 = -(0.1111111+0.0000001) = -1$。

　　浮点数为小数位置不固定的数，能够表示更大范围的数值。在计算机中，浮点数是既有整数部分又有小数部分的数。任意一个含小数的二进制 N 可以表示为 $N=2^E \times M$ 的形式，其中 E 称为阶码，M 称为尾数。浮点数就是采用尾数和阶码的形式进行存储和表示数值的方法，即浮点数的格式由阶码符号、阶码、尾数符号和尾数 4 个部分构成，分别存储在二进制中对应的存储位置。其中，阶码的位数决定了浮点数所能表示的数值范围，尾数的位数决定了所能表示的数值精度。

　　在浮点表示法中，阶码通常为带符号的纯整数，尾数为带符号的纯小数。浮点数的表示形式也不是唯一的：当小数点的位置改变时，阶码也随之相应改变，因而可以用多种浮点形式表示同一个数。为了充分利用尾数来表示更多的有效数字，提高数据表示的精度，通常对浮点数进行规格化：当尾数的值不为 0 时，规定尾数位的最高有效位应为 1，也就是将尾数的绝对值限定在区间 $[0.5, 1)$ 之间。

（2）非数值数据在计算机中的表示

非数值数据在计算机中可采用编码来表示。所谓编码，就是以若干位数码或符号的不同组合来表示非数值性信息的方法，是人为地将若干位数码或符号的每一种组合都指定为一个唯一的含义。编码具有三个主要特征，即唯一性、公共性和规律性。唯一性是指每种组合都有确定的唯一的含义；公共性是指所有相关者都认同、遵守和使用这种编码；规律性是指编码应有一定的规律和编码规则，便于计算机和人能够对编码加以识别和使用。

表 1-2   **标准 ASCII 字符集**

字符	10 进制	16 进制	字符	10 进制	16 进制	字符	10 进制	16 进制	字符	10 进制	16 进制
NUL	0	0	space	32	20	@	64	40	\	96	60
SOH	1	1	!	33	21	A	65	41	a	97	61
STX	2	2	"	34	22	B	66	42	b	98	62
ETX	3	3	#	35	23	C	67	43	c	99	63
EOT	4	4	$	36	24	D	68	44	d	100	64
ENQ	5	5	%	37	25	E	69	45	e	101	65
ACK	6	6	&	38	26	F	70	46	f	102	66
BEL	7	7	'	39	27	G	71	47	g	103	67
BS	8	8	(	40	28	H	72	48	h	104	68
HT	9	9	)	41	29	I	73	49	i	105	69
LF	10	0A	*	42	2A	J	74	4A	j	106	6A
VT	11	0B	+	43	2B	K	75	4B	k	107	6B
FF	12	0C	,	44	2C	L	76	4C	l	108	6C
CR	13	0D	–	45	2D	M	77	4D	m	109	6D
SO	14	0E	.	46	2E	N	78	4E	n	110	6E
SI	15	0F	/	47	2F	O	79	4F	o	111	6F
DLE	16	10	0	48	30	P	80	50	p	112	70
DCI	17	11	1	49	31	Q	81	51	q	113	71
DC2	18	12	2	50	32	R	82	52	r	114	72

字符	10 进制	16 进制	字符	10 进制	16 进制	字符	10 进制	16 进制	字符	10 进制	16 进制
DC3	19	13	3	51	33	X	83	53	s	115	73
DC4	20	14	4	52	34	T	84	54	t	116	74
NAK	21	15	5	53	35	U	85	55	u	117	75
SYN	22	16	6	54	36	V	86	56	v	118	76
TB	23	17	7	55	37	W	87	57	w	119	77
CAN	24	18	8	56	38	X	88	58	x	120	78
EM	25	19	9	57	39	Y	89	59	y	121	79
SUB	26	1A	:	58	3A	Z	90	5A	z	122	7A
ESC	27	1B	;	59	3B	[	91	5B	{	123	7B
FS	28	1C	<	60	3C	/	92	5C			124	7C
GS	29	1D	=	61	3D	]	93	5D	}	125	7D
RS	30	1E	>	62	3E	^	94	5E	~	126	7E
US	31	1F	?	63	3F	_	95	5F	DEL	127	7F

　　以字符数据为例，使用 0 和 1 组合编码字母与符号的 ASCII 码便是典型的西文字符编码标准。ASCII 共编码 128 个通用标准符号，包括 26 个英文大写字母，26 个英文小写字母，数字 0~9，32 个通用控制字符以及 34 个专用字符。具体见表 1-2。

　　通过 ASCII 码可以实现西文的编码，而汉字符号也有自己的编码方式。汉字的编码有 3 类：输入编码、内部码和字形码。这 3 类汉字编码之间的关系如图 1-1 所示。

　　① 输入码。

　　汉字的输入方式目前仍然是以键盘输入为主，而且采用西文的计算机标准键盘来输入汉字。因此输入码就是一种为输入汉字而用计算机标准键盘按键的不同组合来进行编制的编码。人们希望能找到一种好学、易记、重码率低并且快速简捷的输入编码法，目前已经有几百种汉字输入编码方案，在这些编码方案中一般大致可以分为 3 类：数字编码、拼音编码和字形编码。例如常用的全拼输入法、五笔输入法等。

　　② 内部码。

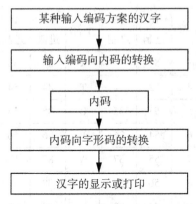

图 1-1　各汉字编码之间的关系

世界各大计算机公司一般以 ASCII 码为内部码来进行计算机系统的设计。但是汉字的数量多，无法用一个字节的表示空间来区分，因此需要一个能够表示每一个汉字的编码系统，即每个汉字都有一个二进制编码，称为汉字国标码。例如，在我国的汉字代码标准 GB2312-80 中有 6763 个常用汉字规定了二进制编码，每个汉字的国标码占两个字节的空间。

汉字机内码简称内码，指计算机内部存储、处理加工和传输汉字时所用的由 0 和 1 符号组成的代码，也是用两个字节来存放。由于汉字处理系统要保证中西文的兼容，当系统中同时存在 ASCII 码和汉字国标码时，将会产生二义性。因此，为避免中西文混淆，汉字国标码的机内码是在相应国标码的每个字节最高位上加"1"而形成的二字节长的代码，即：

汉字机内码 = 汉字国标码 + 8080H

这样一来，汉字机内码和国标码就有了简单的对应关系，同时也解决了中、英文信息的兼容处理问题。也就是说，国标码是汉字的代码，由两个字节组成，每个字节的最高位是 0；机内码是汉字在计算机内的编码形式，也是由两个字节组成的，每个字节的最高位是 1。例如，以汉字"啊"为例，其国标码是 3021H，机内码为 B0A1H。

③ 字形码。

字形码也称为字模码，它是汉字的输出形式，是一种为了将汉字在显示器或打印机上输出的点阵代码。根据输出汉字的要求不同，点阵的多少也不同。常用的汉字点阵方案有 16×16 点阵、24×24 点阵、32×32 点阵和 48×48点阵等。一个汉字信息系统具有的所有汉字字形码的集合就构成了该系统的字库。点阵中每个小方格是一个点，有笔画部分是黑点，文字的背景部分是白点，点阵中的黑点就描绘出汉字字形，称为汉字点阵字形(见图1-2(a))。用 1 表示黑点，0 表示白点，按照自上而下、从左至右的顺序排列起来，就把字形转换成了一串二进制的数字(见图 1-2(b))。这就是点阵汉字字形的数字化，即汉字字形码的位图。

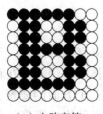 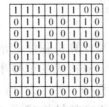 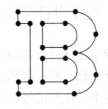

(a)点阵字符　　　(b)点阵字库中的位图表示　　　(c)矢量轮廓字符

图 1-2　字形码示意图

汉字输出时经常要使用汉字的点阵字形，因此，把各个汉字的字形码以汉字库的形式存储起来。但是汉字的点阵字形的缺点是放大后会出现锯齿现象，很不美观，而且汉字字形点阵所占用的存储空间比较大，要解决这个问题，一般采用压缩技术，其中矢量轮廓字形法压缩比大，能保证字符质量，是当今最流行的一种方法。矢量轮廓线定义加上一些指示横宽和竖宽、基点和基线等的控制信息，就构成了字符的压缩数据。

矢量轮廓字形法(见图 1-2(c))比点阵字形复杂，一个汉字中笔画的轮廓可用一组曲线来勾画，它采用数学方法来描述每个汉字的轮廓曲线。中文 Windows 操作系统下广泛采用的 TrueType 字形库就是使用轮廓字形法。这种方法的优点是字形精度高，且可以任意放大或缩小而不产生锯齿现象。

除了上述三种重要编码外，还有其他汉字编码，如 GBK 码、BIG5 码、Unicode 码等，其中 Unicode 是为了解决传统的字符编码方案的局限性而产生的一种 16 位字符编码标准，它为每种语言中的每个字符设定了统一并且唯一的二进制编码，以满足跨语言、跨平台进行文本转换、处理的要求。它以两个字节或四个字节来表示一个字符，几乎世界上所有的书面语言都可以用这种编码来唯一表示。

不仅是字符数据，计算机中的其他数据如图像、音频等也有相应的编码标准，如采用 JPEG(图像编码)、MPEG layer3(音频编码)等实现这些数据在计算机中的表示。因此，通过语义符号化、符号计算化等思维，数值信息和非数值信息均可在计算机中表示和计算。

现实世界中的各种信息通过抽象化和符号化，再通过编码转成二进制表示，便可以在计算机中进行二进制的算术运算和逻辑运算，并通过计算机硬件与软件实现。即任何事物只要能表示成由 0 和 1 构成的信息，就能够被计算机计算和处理。这种思维是计算机及其自动化的基本思维之一。

1.2 程序设计语言类型

程序设计语言是用于书写计算机程序的语言，语言的基础是一组记号和一组规则。根据规则，由记号构成的记号串的总体就是语言。在程序设计语言中，这些记号串就是程序。程序设计语言有三个方面的要素，即语法、语义和语用。语法表示程序的结构或形式，即表示构成语言的各个记号之间的组合规律。语义表示程序的含义，即各个记号的特定含义。语用表示程序与使用者的关系。

自 20 世纪 60 年代以来，世界上公布的程序设计语言已有上千种之多，但是只有很小一部分得到了广泛的应用。从发展历程来看，程序设计语言可以分为 3 代，即机器语言、汇编语言、高级语言。

（1）机器语言

在计算机发展的早期，机器语言是唯一的程序设计语言，它直接使用二进制代码表达指令，由二进制 0、1 代码指令构成，是计算机硬件可以直接识别和执行的程序设计语言。例如，执行数字 2 和 3 的加法，16 位计算机上的机器指令为：11010010 0111011。机器语言是唯一能直接被计算机识别的程序设计语言，但直接使用机器语言编写程序十分繁冗，而且它受计算机结构影响，不同结构的计算机机器指令也会不同；同时，机器语言程序难编写、难修改、难维护，需要用户直接对存储空间进行分配，编程效率极低。

（2）汇编语言

汇编语言（指令）是机器指令的符号化，它使用一些助记符号与机器语言的指令进行对应，使得在编程效率上优于机器语言。由于汇编语言与机器语言的对应关系，使用汇编语言仍受制于计算机的结构，并且需要对每条机器指令进行单独编码，所以汇编语言同样存在着难学难用、容易出错、维护困难等缺点。但是汇编语言也有自己的优点，如可直接访问系统接口，汇编程序翻译成的机器语言程序的效率高等。从编写软件的角度来看，只有在高级语言不能满足某些特定的功能要求和技术性能时，如支持特殊的输入输出，才会考虑汇编语言。

(3) 高级语言

高级语言是面向用户的、基本上独立于计算机种类和结构的语言。高级语言与计算机的硬件结构及指令系统无关，具有更强的表达能力，可以方便地表示数据的运算过程和程序的控制结构，也能够更好地描述各种算法。其最大的优点在于：在形式上接近于算术语言和自然语言，概念上则接近于人们通常使用的概念。因此，高级语言容易学习掌握，使用简单且通用性强，得到了广泛的应用。

但是，高级语言的一个命令可以代替几条、几十条甚至几百条汇编语言的指令，其编译后生成的程序代码一般比用汇编语言设计的程序代码要长，执行的速度也慢。目前，高级语言种类繁多，常用的有 COBOL、BASIC、FORTRAN、PASCAL、Ada、C、Java、HTML、Python、PHP 等。

高级语言可以分为专用语言和通用语言，专用语言是指为某种特殊应用而专门设计的语言，例如，HTML 是 Web 页面超链接语言，JavaScript 是 Web 浏览器端动态脚本语言，PHP 是 Web 服务器端动态脚本语言；通用语言是指能够用于编写多种用途的程序的语言，如 C、C++、Java、Python 等。

不论是由哪种高级语言编写的程序，都必须被转化为机器语言的指令方可被计算机执行，这个转化的过程根据高级语言的不同可以分为编译或者解释，具体将在下一节进行讲解。

1.3 程序的执行过程

程序是为了解决某个特定问题而设计的指令序列，程序中的每条指令都规定了机器需要完成的一组基本操作。在了解程序的执行过程之前，需要先了解与程序相关的一些基本概念。

(1) 源程序

源程序也称为源代码(source code)，是指未编译的按照一定的程序设计语言规范书写的文件，由一系列人类可读的计算机语言指令组成。在现在的计算机编程过程中，源程序通常以文本文件的格式保存，是不能被计算机直接执行的。需要将人类可读的文本翻译成为计算机可以执行的二进制指令，程序才能被计算机执行，这个过程叫做编译。编写源程序的语言可以是汇编语言，也可以是高级语言，其编译工作由汇编器或者编译器来完成。

（2）目标程序

目标程序也称为目标代码（object code），是指由编译器或者汇编器处理源代码后所生成的代码，一般由机器代码或接近于机器语言的代码组成。存放目标代码的文件就是目标文件，也常被称作二进制文件，因为其包含着能够被计算机处理器直接执行的二进制机器指令及其运行时使用的数据。目标文件格式有许多不同的种类，有在 Windows 环境下比较常见的 COM 和 EXE 格式的可执行文件，Mac OS X 系统下的 Mach-O 格式文件等。

（3）翻译程序

翻译程序是指用来把源程序翻译为目标程序的程序。对翻译程序来说，源程序是它的输入，而目标程序则是其输出。翻译程序有三种：汇编程序、编译程序和解释程序。汇编程序的任务是把用汇编语言写成的源程序翻译成机器语言形式的目标程序；编译程序的任务是将用高级语言所写的源程序翻译成目标程序；解释程序也是一种针对高级语言的翻译程序，但是它与编译程序的不同点在于，它是边翻译边执行的，即输入一句，翻译一句，然后执行一句，直至将整个源程序翻译并执行完毕，解释程序不产生整个的目标程序。

下面将详细介绍编译程序和解释程序的过程。

1.3.1　程序的编译

编译是将源代码转换成目标代码的过程，也可以说是将源程序翻译为目标程序的过程。通常，源代码是高级语言代码，目标代码是机器语言代码，执行编译的计算机程序称为编译器。编译器将源代码转换成目标代码，计算机可以立即或稍后运行这个目标代码。

编译方式是一次编译，然后可以反复多次执行程序，图 1-3 展示了程序的编译过程。编译器把一个从源代码翻译成目标代码的工作过程分为五个阶段：词法分析、语法分析、形成中间代码、代码优化、生成目标代码。

（1）词法分析

词法分析的任务是对由字符组成的单词进行处理，从左至右逐个字符

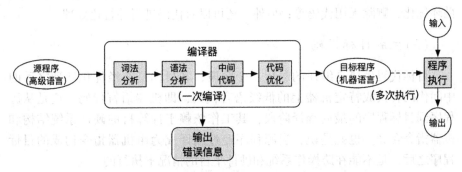

图 1-3　程序的编译过程

地对源代码进行扫描，产生一个个的单词符号，把作为字符串的源代码改造成为单词符号串的中间程序。执行词法分析的程序称为词法分析程序或扫描器。

（2）语法分析

语法分析是编译器的语法分析器以单词符号作为输入，分析单词符号串能否形成符合语法规则的语法单位，如表达式、赋值语句、循环语句等；最后再检查输入的语法是否构成一个符合要求的程序，按语言使用的语法规则分析检查每条语句是否有正确的逻辑结构。计算机语言的语法单位包括表达式、语句、函数、过程、子程序和程序，最终的语法单位是程序。

（3）形成中间代码

中间代码是源程序的一种内部表示，也被称作中间语言代码。中间代码的作用是使编译程序的结构在逻辑上更为简单明确，以便更为容易地实现目标代码的优化。中间代码介于源程序代码和机器语言代码之间，其语法结构比源程序复杂，但比机器语言简单。常见的中间代码表示形式有逆波兰表达式、四元式、三元式等，其中三元式也可以表示为树形结构。

（4）代码优化

代码优化的任务是对前一阶段产生的中间代码进行多种形式的等价变换，使得经过变换的程序能够生成更加高效的目标代码，即使得目标代码更加节省运行时间和存储空间。所谓等价变换，是指不改变程序的运行结果而进行的程序代码加工调整，主要变换的方面有：公共子表达式的提取、循环优化、删除无用代码等；另外，还可以对代码进行并行化处理。

（5）生成目标代码

目标代码生成是编译的最后一个阶段，其目标是将经优化处理之后的中间代码转换成特定机器上的低级语言代码，即机器语言代码。这是从源程序到目标程序的最后翻译阶段，其工作依赖于计算机的硬件系统结构和机器指令含义。也就是说，当源程序经过编译成为由机器指令构成的目标程序之后，是不能在跨操作系统和硬件平台的情况下执行的。

目标代码有三种形式：①可以立即执行的机器指令代码，也称为绝对指令代码；②汇编指令代码，必须先经过汇编器进行汇编之后才能执行；③可重定位的指令代码，这是目前多数编译程序所产生的目标代码，在运行前必须借助于一个连接装配程序把各个目标模块以及系统提供的库函数连接在一起，确定程序变量（或常数）在主存中的位置，再由操作系统将代码装入内存、指定程序的起始地址，使之成为一个可以运行的绝对指令代码程序。

除了上述五个主要步骤外，程序的编译还包含表格管理和错误管理两个环节。编译过程中源代码的各种信息被保留在种种不同的表格，编译各阶段的工作都涉及构造、查找和更新有关的表格，由编译过程的表格管理程序完成。错误管理是指如果在编译过程中发现源代码有错误，编译器应报告错误的性质和错误发生的地点，并且将错误所造成的影响限制在尽可能小的范围内，使得源代码的其余部分能继续被编译下去。有些编译器还有自动纠正错误功能，可以进行语法检查和简单的语义检查。

1.3.2 程序的解释

编译程序是一次性地翻译源程序，一旦程序被编译，就不再需要编译程序或者源代码。解释程序则不同，是将源代码逐条转换成目标代码，同时逐条运行目标代码的过程。执行解释的计算机程序称为解释器。解释器在词法分析、语法分析和语义分析方面与编译器的工作原理基本相同，但在运行程序时，它直接执行源代码或由源代码产生的中间代码，而不会产生目标代码，这是解释程序与编译程序的主要区别。

解释程序一般由翻译模块和运行模块两个主要功能部件构成，程序的解释过程通过以下五个步骤实现：

- 读入源代码，对源代码进行词法检查和部分语法检查；

- 把源代码字符串转化为中间代码；
- 建立各种符号表，为解释执行阶段做准备；
- 使用第一阶段形成的符号表对内部源程序逐条解释执行；
- 在解释执行过程中，进行全部语法检查。

图 1-4 展示了程序的解释过程。其中，高级语言源代码与数据可以一同输入解释器，也可以在执行指令的时候接收用户的输入，然后经过运行输出结果。

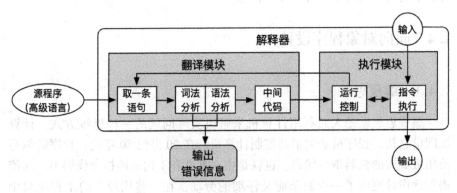

图 1-4　程序的解释过程

除了是否产生目标代码外，程序的编译与解释还存在其他差别。编译是一次性完成源代码的所有翻译，并且对于一个源程序而言，编译工作只用进行一次，因此编译的速度不是关键，生成的目标代码运行速度是关键，所以编译器集成了多种代码优化技术。而程序的解释是对源代码进行逐条翻译和执行，若集成过多代码优化技术反而会影响程序执行的效率。编译器生产的目标程序在运行时是单纯地执行代码，要比解释器的程序运行更为迅速。

两种不同的程序翻译方式的优势各有不同。首先，采用编译方式的优点在于对于相同的源代码，编译所产生的目标代码运行速度更快；其次，目标代码不需要编译器就可以运行，在同类型的操作系统上较为灵活。采用解释方式的优点则是由于解释执行需要保留源代码，使得程序纠错和维护十分方便，而且只要有解释器，源代码就可以在跨平台的操作系统上运行。

采用编译执行的编程语言是静态语言，如 C/C++语言；采用解释执行的编程语言是脚本语言，如 JavaScript 语言、PHP 语言。Java 语言是一种伪编译语言，Java 的编译是把其源文件转化为字节码的 class 文件，然后使用 Java 解释器进行解释执行。

Python 语言是一种通用型、高层次的脚本编程语言，结合了解释性、编译性、互动性和面向对象的特性，虽采用解释执行方式，但它的解释器也保留了编译器的部分功能。Python 解释器将源代码转换为字节码，然后把编译好的字节码转发到 Python 虚拟机（PVM）中进行执行，随着程序运行，解释器也会生成一个完整的目标代码。这种将解释器和编译器相结合的方法，有助于提升现代脚本语言的计算性能。

1.4 面向对象程序设计

1.4.1 编程思想

编程思想就是人们利用计算机来解决实际问题的一种思维方式。计算机问世之初，程序员必须手动控制计算机。在 20 世纪 50 年代，程序的编写使用最底层的机器指令代码，也就是由一堆 0 和 1 构成的指令代码串。这使得程序设计变成了一项繁杂而又仔细的劳动，在一些比较大的工程项目中难以推广。1954 年，首个脱离机器硬件的高级语言 FORTRAN 问世了，FORTRAN 专注于科学计算，问世后不久便在世界上被推广，至今已有六十多年的历史，仍然历久不衰。

FORTRAN 语言在科学计算上表现出了优越的性能，但是商业可用价值并不是很高。为了满足更高效、适用性更广泛的开发需求，继 FORTRAN 之后，大量的程序设计语言被发明、取代、修改或者组合在一起。工程师们企图创造一种能够在各个方面和领域都通用的程序设计语言，却都失败了。但是逐渐地，高级程序语言的设计脱离了对计算机环境和硬件的依赖，它们能够在不同的平台上被编译成不同的机器语言，而并不是直接被机器执行。

20 世纪 60 年代，曾爆发过软件危机。计算机软件需求飞速增长，然而落后的软件开发技术已经无法满足，从而导致软件的开发和维护过程中出现了一系列严重的问题。1969 年，Dijkstra 第一次提出了结构化编程的思想。Dijkstra 提出以模块化设计为中心，将程序分解成各个相互独立的子模块，每个子模块都有单独的工作任务，最后再将模块聚合成一个完整的程序。结构化编程的提出，缩短了产品研发与制造周期，提高了软件产品的质量，相对于传统开发而言，方便了程序的维护、代码的重用。随着计算机技术的发展，到了 70 年代，结构化程序设计也无法跟上软件开发需求的脚步，此时面向对象编程思想(object oriented programming，OOP)应运而生。OOP 技术被认为是程序设计方法学的一场实质性革命，是程序设计方法的一个里程碑。OOP 极大地提高了软件的开发效率，减少了软件开发的复杂性，提高了软件可维护性和扩展性。

1.4.2　面向过程和面向对象

结构化编程是一种面向过程、面向模块的编程思想，而 OOP 是以事物为中心的编程思想。面向过程就是分解出问题的各个步骤，利用模块(一般是某个具体的函数方法)将这些步骤依次实现，组合的时候依次调用这些模块从而完成程序特定的功能。面向对象以事物为中心，当一个问题来临的时候，首先将构成问题的客观事物分解成对象，分析每个对象的属性和行为，然后将属性和行为封装在对象模板之中。两者最大的不同在于，面向过程描述某个步骤，面向对象描述某个具体事物(对象)在该步骤中的行为。

下面举个例子来说明两者之间的不同。

问：要把大象装进冰箱，该怎么做?

在面向过程思想中，需要考虑的是事情的步骤，把大象装进冰箱里很简单，总共分为三个步骤：

- 把冰箱门打开；
- 把大象装进去；
- 把冰箱门关上。

于是该任务总共就被分解为三个模块，代码结构如下：

```
def open():           #定义 open 函数
    print("打开冰箱门")
def put():            #定义 put 函数
    print("把大象放进去")
def close():          #定义 close 函数
    print("把冰箱门关上")
#依次执行三个函数
open()
put()
close()
```

与面向过程不同，在面向对象思想中，首先要抽象出参与问题的对象，描述各个对象的属性和方法，将具有相同属性的对象再抽象为类。很明显，在本题中参与构成问题的对象有两大类，冰箱和大象。每个类有属于自身的动作或行为（方法）。在本题中，冰箱可以"开门""关门"，大象可以"进去"。如此一来，代码结构如下：

```
class Elephant:          #定义大象类
    def getIn(self):     #定义"进去"方法
        print("大象进去")
class Refrigerator:      #定义冰箱类
    def open(self):      #定义"开门"方法
        print("打开冰箱门")
    def close(self):     #定义"关门"方法
        print("把冰箱门关上")
elephant = Elephant()                 #构造一个大象对象
refrigerator = Refrigerator()         #构造一个冰箱对象
refrigerator.open()                   #冰箱对象执行"开门"行为
elephant.getIn()                      #大象对象执行"进去"方法
refrigerator.close()                  #冰箱对象执行"关门"方法
```

暂且不论上述代码具体含义是什么，仅从代码结构上可以清晰地看出两者的不同。面向过程关注的是现在做什么、接下来又该做什么；而面向对象设计方法是以对象为基础，利用对象在事件中扮演的角色和具有的行为，设计事件的工作流程和执行顺序，完成从客观事物到程序结构之间的转变，这就是面向对象主要的特点。

面向对象程序设计思想的提出，解决了传统结构化程序设计中客观世界的描述方法与软件结构的设计模式不一致的问题，从分析问题、设计流程，到实现软件功能、构建软件结构之间，不再需要进行多次的转换和映射，简化了软件的分析设计过程，缩短了软件开发周期，是现在最主流的程序设计思想。目前，常见的面向对象程序设计语言有 C++、Java、Python 以及 Object Pascal 等。

1.4.3 类和对象

面向对象程序设计最重要的两个概念就是类和对象，两者构成了面向对象思想的基础。在现实世界中所有的客观事物都可以被视为对象，即"万事万物皆是对象"（Everything is object）。组成客观世界的具体事物、事件、概念和规则都可以描述成对象。而类则是一组具有相同属性和相同操作的对象的集合，即类是对象的抽象，是从多个对象中抽象出来的模板。换句话说，类是对一组对象的定义，"每个对象都有一个类型"（Every object has a type)。可以把类看作一组相关属性和行为的集合,属性就是该类对象(事物)的具体状态信息,如人的体重、身高、名字等信息,用来描述对象的特征;行为就是该类对象能够做什么,如人能跑、能吃饭、能睡觉等,用来操作对象或者修改对象的属性。

在面向对象程序设计中,类是一个逻辑结构,是抽象的,并不具有实体。对象则是类的实例,在程序执行的过程中占有物理内存,是具体的。一个对象通过发送消息来请求另一个对象为其服务。类和对象的关系可以概括为:类是对象的抽象化,对象是类的实例化。

1.4.4　面向对象的三大特性

面向对象编程拥有三大特性:封装、继承和多态。

① 封装。封装是将客观事物抽象成类,将属性和行为封装在类之中,并且只把自己的方法让可信的类或者对象操作,对其他外部环境隐藏细节。

② 继承。继承机制允许子类继承父类,它可以使得子类使用父类已有的功能,并在无需重新编写原来的类的情况下对这些功能进行扩展。继承得到的类称为子类或者派生类,被继的类称为基类、父类或者超类。

③ 多态。多态指的是一类事物有多种形态。多态允许父类的引用指向子类的对象,这样即便父类和子类的执行状态不同,但是在程序中仍可以将它们视为同一对象。

封装和继承极大地提高了代码的重用性,减少了冗余代码,多态则提高了代码的扩展性。关于如何在 Python 中实现面向对象程序设计,将在第 7 章中详细讲解。

课后习题

1. 简述计算机科学和计算思维的内涵。

2. 简述程序设计语言的演变历程。

3. "N"的 ASCII 码为 4EH,由此可推算出 ASCII 码为 01001010B 所对应的字符是什么?

4. 简述程序执行的过程。

5. 简述面向过程和面向对象编程思想的不同。

第 2 章　Python 语言概述

Python 是一种结合了解释性、编译性、互动性的面向对象的计算机程序设计语言。最初它被设计用于编写自动化脚本，随着版本的不断更新和语言新功能的添加，越来越多的人用它来开发独立、大型的项目。本章将系统地介绍 Python 语言及其编程环境的安装与使用。

2.1　Python 语言的产生和发展

Python 的创始人是 Guido van Rossum（1956.1.31—），出生于荷兰，于 1982 年在阿姆斯特丹大学获得数学和计算机科学硕士学位，同年加入荷兰阿姆斯特丹的国家数学和计算机科学研究学会（CWI）。Guido 先后在多个研究机构工作，在 1989 年创立了 Python 语言，1991 年初公布了第一个 Python 公开发行版本。Python 语言是 ABC 语言的一种继承，还由其他语言发展而来，如 Modula-3、C、C++、Algol-68、SmallTalk、Unix shell 以及其他的脚本语言。

Python 是一门非常出色的编程语言，但是任何一种编程语言都不可能做到绝对完美，因此，Python 随着新概念和新技术的推出在不断地发展。目前 Python 由一个核心开发团队在维护，Guido van Rossum 仍然发挥着至关重要的作用。

迄今为止，Python 主要存在两个不同的版本：Python 2 和 Python 3。最终的 Python 2 版本为 2.7，发布于 2010 年中期。但是，Python 2.7 于 2020 年 1 月 1 日已正式停止维护，这也意味着 Python 2 版本完全退出历史舞台，Python 全面进入 3.×时代。Python 3.0 于 2008 年发布，目前可以看到的比较稳定的 3.×版本包括：2014 年的 3.4 版本、2015 年的 3.5 版本、2016 年的 3.6 版本和 2018 年的 3.7 版本。Python 3.8.5 版本于 2020 年 7 月 20 日发布，是截至本书出版前最新的 Python 版本。

部分使用 Python 2 版本编写的程序无法在 Python 3 环境下成功运行，因此许多开发人员在系统中同时安装了 Python 2 和 Python 3 两个版本。但由于 Python 2 已经停止维护，所以建议本书的读者使用 Python 3。本书是基于 Python 3.6 版本进行内容的编写。

2.1.1　Python 语言的优缺点

(1)Python 语言的优点

Python 的设计强调代码的可读性和简洁的语法，因此它有着许多优点。

第一，Python 简单易学，它具有相对较少的关键字，结构简单，代码规则简洁易懂。初学者学习 Python，不但入门容易，而且深入学习后，能够编写复杂程序。

第二，Python 免费开源，它的使用和开发是完全免费的。开发者可以从 Internet 上免费获得 Python 的源代码，将其复制或者嵌入自己的程序中使用。

第三，Python 具有可移植性，由于 Python 的开源本质，Python 可被移植在许多平台上。如果开发者在编写程序时避免使用依赖于系统的特性，那么 Python 程序无需修改就几乎可以在所有的系统平台上运行。

第四，Python 具有可扩展性，当程序关键代码不便公开时，可以选择在程序中使用 C 或 C++编写部分代码，然后在 Python 程序中使用它们。

第五，Python 语言的功能强大，它既支持面向过程的函数编程，也支持面向对象的抽象编程。在面向过程的语言中，程序是由过程或可重用代码的函数构建起来的。在面向对象的语言中，程序是由数据和功能组合而成的对象构建起来的。

此外，Python 还自带许多操作如拼接、分片等，对内置对象类型进行处理，同时具有丰富的库工具和第三方工具，能够帮助开发者处理各种工作。

(2)Python 语言的缺点

任何编程语言都不可能绝对完美，Python 语言也不例外，有着如下一些缺点。

第一，Python 的运行速度相比 C 语言慢很多，与 Java 相比也慢一些，这里所指的运行速度慢在大多数情况下用户是无法直接感知到的。Python 运行速度之所以慢是因为 Python 是解释型语言，代码在执行时会一行一行地被翻译成 CPU 能理解的机器码，这个翻译过程非常耗时，所以相对较慢。而 C 语言是运行前直接编译成 CPU 能执行的机器码，所以相对较快。

第二，Python 语言的代码不能加密。由于 Python 是解释性语言，它的源码都是以明文形式存放。若用户发布由 Python 语言写出的程序，实际上就是发布 Python 源码。

第三，Python 的 GIL 锁限制并发。GIL 为全局解释器锁（Global Interpreter Lock），是计算机程序设计语言解释器管理同步线程的工具，使得任何时刻仅有一个线程在执行。当 Python 的默认解释器要执行字节码时，都需要先申请该锁，这就意味着若 Python 试图通过多线程扩展应用程序，总会被 GIL 所限制。

2.1.2　Python 与其他语言

开发者在选择使用任何编程语言时都会进行考虑和权衡，因此产生了 Python 与 Perl、Tcl、Java 等编程语言进行比较后的普遍共识。与其他常用的编程语言相比较，通常认为 Python 在功能上具有以下特点：

- 比 Tcl 强大。Python 强有力地支持了"大规模编程"，使其能够适用于开发大型系统，它的应用程序库也更加丰富。
- 比 Perl 更具有可读性。Python 有着简洁的语法和简单连贯的设计，使得 Python 编写的程序更具可读性且更易于维护，同时也有助于减少程序错误。
- 比 Java 和 C#更加简单。Java 和 C#从 C++这样更加大型的面向对象编程语言中继承了许多语法和复杂性，而 Python 是比较直接的脚本语言，具有比 Java 更大的工具集，可用于数据分析、科学建模等广泛的领域。
- 比 C/C++更简单、更易于使用。Python 代码比等效的 C++代码更加简单，长度只有其 1/5～1/3。Python 虽然是一种脚本语言，但也能像 C/C++一样按需求实现不同的功能。另外，Python 远离底层硬件架构，不用考虑底层的存储结构和内存情况，从而降低了代码的复杂性，拥有更好的组织结构，代码更为友善。
- 比 Visual Basic 更加强大和具备跨平台特性。Python 的开源特征使其应用更加广泛。
- 比 PHP 更加容易并且用途更加广泛。Python 也可以被用来构筑网络站点，但同时它也几乎可以应用于每一个计算机领域。
- 比 Ruby 更具有可读性，并更为人们所接受。在编写较为复杂的代码时，Python 的语法混乱更少，且它的 OOP 对用户和在不太适用 OOP 的工程中是完全可选的。

　　根据 TIOBE 公布的 2019 年 12 月编程语言排行榜，可以清楚地看见 Python 位于榜单的第三名，且相较于之前增加了 1.93% 的热度，如图 2-1 所示。Java 和 C 语言分别位于榜单的第一名和第二名。TIOBE 排行榜根据互联网上有经验的程序员、课程和第三方厂商使用的编程语言进行统计，同时基于搜索引擎（如 Google、Bing 等）以及 Wikipedia、Amazon、YouTube 统计出的排名数据，可以反映编程语言的热门程度。

Dec 2019	Dec 2018	Change	Programming Language	Ratings	Change
1	1		Java	17.253%	+1.32%
2	2		C	16.086%	+1.80%
3	3		Python	10.308%	+1.93%
4	4		C++	6.196%	-1.37%
5	6	∧	C#	4.801%	+1.35%
6	5	∨	Visual Basic .NET	4.743%	-2.38%
7	7		JavaScript	2.090%	-0.97%
8	8		PHP	2.048%	-0.39%
9	9		SQL	1.843%	-0.34%
10	14	∧	Swift	1.490%	+0.27%
11	17	∧	Ruby	1.314%	+0.21%
12	11	∨	Delphi/Object Pascal	1.280%	-0.12%
13	10	∨	Objective-C	1.204%	-0.27%
14	12	∨	Assembly language	1.067%	-0.30%
15	15		Go	0.995%	-0.19%
16	16		R	0.995%	-0.12%
17	13	∨	MATLAB	0.986%	-0.30%
18	25	∧	D	0.930%	+0.42%
19	19		Visual Basic	0.929%	-0.05%
20	18	∨	Perl	0.899%	-0.11%

图 2-1　编程语言 TOP 20 榜单①

　　同时，TIOBE 也发布了 2002—2020 年 TOP 10 的编程语言指数走势，如图 2-2 所示。基本上 TIOBE 指数的计算可以归结为计算搜索、查询编程语言的点击率，具体计算方式可以访问 TIOBE 官网进行查看（https://www.tiobe.com/tiobe-index/programming-languages-definition/）。

———————————

　　① TIOBE. TIOBE Index for December 2019［EB/OL］.［2020-01-04］. https://www.tiobe.com/tiobe-index/.

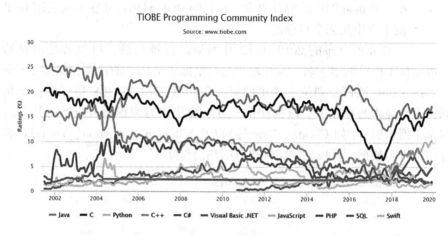

图 2-2　TOP 10 编程语言 TIOBE 指数走势(2002—2020)

从图 2-3 的 Python 语言 TIOBE 指数走势中可以看出，Python 语言从 2014 年至今热度在不断上升，在 2019 年 12 月 6 日的热度达到了 10.308%。

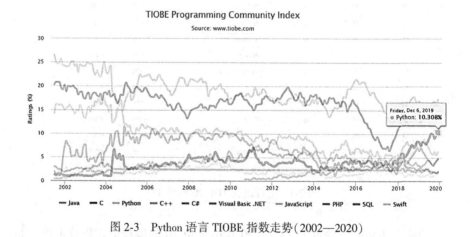

图 2-3　Python 语言 TIOBE 指数走势(2002—2020)

2.2　Python 的安装

Python 是一种跨平台的编程语言，能够运行在所有主要的操作系统中。在所有安装了 Python 的现代计算机上，都能运行用 Python 编写的程序。接下来，本节将以 Python 3.6 版本为例，介绍它在三个主要操作系统——Windows、macOS、Linux 中的安装方法。

2.2.1　在 Windows 系统中安装 Python

Windows 系统默认不安装 Python，用户需要在 Python 官网中选择合适版本、下载安装包，并以默认或自定义的方式进行安装。以 Python 3.6 版本为例，本节介绍如何在 Windows 系统中安装和启动 Python。

首先，在安装 Python 前，需要检查系统中是否已经安装了 Python。为此，可以在"开始"菜单上输入 Command 并按回车键以打开一个命令窗口；或者也可以按住 Shift 键并右击桌面，再选择"在此处打开命令窗口"。在命令窗口中输入"python"命令(注意，其中 p 为小写)并按回车键，如果出现了 Python 提示符">>>"，就说明系统中已经安装了 Python，进而可以通过命令"python-version"来查看已安装的 Python 的版本。当然，如果系统没有提前安装好Python，就会看到一条错误消息，指出"python"是一条无法识别的命令。

通过以上检查，确认系统中未安装 Python 以后，就需要下载 Python 的Windows 版本安装程序。访问官网 http：//python. org/downloads/，选择与电脑属性相匹配的 Python 3.6 版本进行下载，如图 2-4 所示。

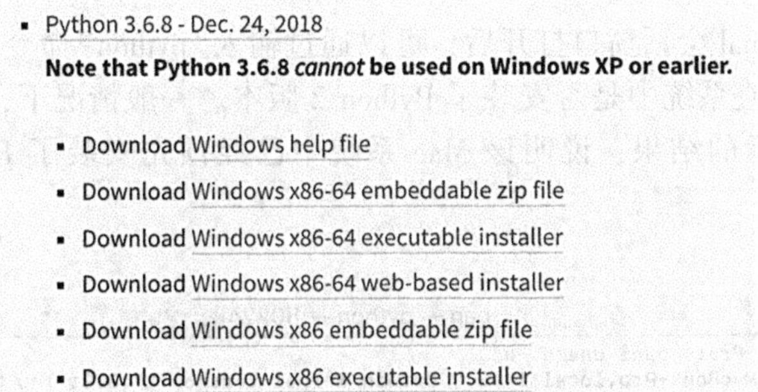

- Python 3.6.8 - Dec. 24, 2018
  Note that Python 3.6.8 *cannot* be used on Windows XP or earlier.

  - Download Windows help file
  - Download Windows x86-64 embeddable zip file
  - Download Windows x86-64 executable installer
  - Download Windows x86-64 web-based installer
  - Download Windows x86 embeddable zip file
  - Download Windows x86 executable installer
  - Download Windows x86 web-based installer

图 2-4　Python 3.6 的 Windows 版本安装程序

下载安装程序后点击运行，根据提示信息逐步安装。需要注意的是，在安装过程中，必须选中复选框 Add Python to PATH 以配置系统环境。如若此时未选中复选框添加路径，则需要在之后进行系统环境配置，将 Python路径添加入系统变量中。

Python 安装并完成系统环境配置以后，可以在命令窗口中运行 Python。

在"开始"菜单中输入 Command 并按回车键打开命令窗口，并在其中执行命令"python"。如果出现提示符">>>"，说明系统找到了刚刚安装的 Python 系统，即表示安装成功，如图 2-5 所示。

```
C:\Users\thinkpad>python
Python 3.6.4 (v3.6.4:d48eceb, Dec 19 2017, 06:54:40) [MSC v.1900 64 bit (AMD64)]
on win32
Type "help", "copyright", "credits" or "license" for more information.
>>>
```

图 2-5　Windows 系统中 Python 3 安装成功

2.2.2　在 macOS 系统中安装 Python

大多数 macOS 系统默认安装了 Python，系统自带的 Python 版本是 2.7。要在 macOS 系统中安装 Python 3.6 版本，首先应当检查系统已安装 Python 的版本。

首先，在 Mac 系统中安装 Python 前，需要检查系统中是否已经安装了 Python。为此，在文件夹 Applications/Utilities 中，选择 Terminal 打开终端窗口；或者按"Command + 空格键"，再输入 Terminal 并按回车键，打开 Terminal 会话窗口。

在 Terminal 会话窗口打开后，可以通过输入"python"命令（注意，其中 p 为小写）检查系统中是否安装了 Python 2 版本。一般情况下，会得到类似于图 2-6 所示的结果，说明该 Mac 系统中已经预先安装了 Python 2.7.10 版本。

```
●●●                        🏠 pan — python — 80×24
[PanMacBook-Pro:~ pan$ uname -a                                              ]
Darwin PanMacBook-Pro.local 17.3.0 Darwin Kernel Version 17.3.0: Thu Nov  9 18:0
9:22 PST 2017; root:xnu-4570.31.3~1/RELEASE_X86_64 x86_64
[PanMacBook-Pro:~ pan$ python                                                ]
Python 2.7.10 (default, Jul 15 2017, 17:16:57)
[GCC 4.2.1 Compatible Apple LLVM 9.0.0 (clang-900.0.31)] on darwin
Type "help", "copyright", "credits" or "license" for more information.
>>>
```

图 2-6　检查 macOS 系统中是否安装了 Python

用户可以按下"Ctrl+D"或者执行命令 exit( )退出 Python 2.7，并返回到 Terminal 窗口的会话状态，此时再执行命令"python3"（注意，其中 p 为小写）以检查该系统中是否安装了 Python 3.✕版本。若返回一条错误信息，则

说明该 Mac 系统中并未安装 Python 3。但如果检查指出系统中已经安装了
Python 3，则无需其他安装，可以直接开始使用。

如果系统中尚未安装 Python 3，就需要下载 Python 的 Mac OS X 安装程
序。访问 Python 官网，下载并运行安装文件，如 python-3.6.3-macosx10.6.pkg
文件，按照提示信息就可以进行安装。

安装完毕以后，在 Terminal 会话窗口输入"python3 --version"命令，就可
以检查是否安装成功，并返回正确的 Python 3 的版本号。也可以直接输入
"python3"命令，如果出现提示符">>>"，则说明 Python 安装成功，如图 2-7
所示。

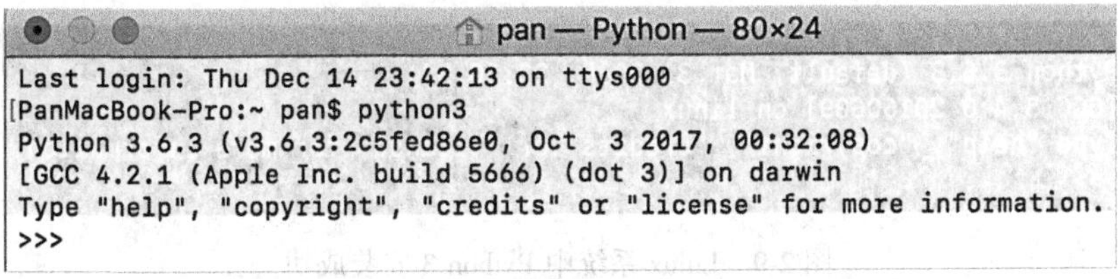

```
🏠 pan — Python — 80×24
Last login: Thu Dec 14 23:42:13 on ttys000
[PanMacBook-Pro:~ pan$ python3
Python 3.6.3 (v3.6.3:2c5fed86e0, Oct  3 2017, 00:32:08)
[GCC 4.2.1 (Apple Inc. build 5666) (dot 3)] on darwin
Type "help", "copyright", "credits" or "license" for more information.
>>>
```

图 2-7　macOS 系统中 Python 3.6 安装成功

2.2.3　在 Linux 系统中安装 Python

几乎所有 Linux 系统都默认安装了 Python，系统自带的 Python 版本是
Python 2.7。要在 Linux 系统中安装非默认版本，如 Python 3.6 版本，应当
先检查已安装 Python 的版本。

首先，在安装 Python 前需要检查系统中是否已经安装了 Python。为此，
打开终端窗口，并执行 python --version 命令，从输出内容可以看出 Python 2
的版本号，如图 2-8 所示。

```
root@jeffery:~# python
Python 2.7.12 (default, Dec  4 2017, 14:50:18)
[GCC 5.4.0 20160609] on linux2
Type "help", "copyright", "credits" or "license" for more information.
>>>
```

图 2-8　检查 Linux 系统中是否安装了 Python

上述输出表明，当前系统默认使用的 Python 版本为 Python 2.7.12。用
户可以按下"Ctrl+D"或者执行命令 exit( )退出 Python 并返回到终端窗口，执

行命令"python3 --version"以检查系统中是否安装了 Python 3。如果系统尚未安装 Python 3，或者用户想要安装 Python 3 的更新版本，可以使用 deadsnakes 包，执行以下命令①：

```
$ sudo add-apt-repository ppa: fkrull/deadsnakes
$ sudo apt-get update
$ sudo apt-get install python3. 6
```

以上命令可以在系统中成功安装 Python 3.6。通过"python3"命令可以在终端会话启动并运行 Python 系统，如果出现提示符">>>"，说明系统安装成功，如图 2-9 所示。

图 2-9　Linux 系统中 Python 3 安装成功

2.3　Python 的运行

安装好 Python 系统后，可以用它来运行本书中的 Python 程序或用户自己编写的 Python 代码。通常运行 Python 代码有两种方法：交互式运行和使用 Python 文件②。

交互式运行和使用 Python 文件运行 Python 代码有所不同。Python 交互式环境会把每一行 Python 代码的结果自动打印出来，形成交互式的运行过程，但是使用 Python 文件却不会，仅会输出 Python 文件中程序运行的最终结果。

2.3.1　交互式运行

交互式运行，有时也称为交互式提示模式，可以让用户很方便地执行

---

① Eric Mathes. Python 编程——从入门到实践[M]. 袁国忠，译. 北京：人民邮电出版社，2019.

② Bill Lubanovic. Python 语言及其应用[M]. 丁嘉瑞，梁杰，禹常隆，译. 北京：人民邮电出版社，2018.

小程序。用户可以一行一行输入命令，然后立刻查看代码的运行结果。这种方式可以很好地结合输入并查看结果，从而快速进行一些实验。用户可以选择多种方式进行 Python 代码的交互式运行，例如：在 Python 自带的集成开发环境 IDLE 中运行，或者在系统终端的命令行窗口中运行。

（1）使用 IDLE

IDLE（http：//docs. python. org/3/library/idle. html）是唯一包含在 Python 标准发行版中的 Python IDE。当系统中安装好 Python 以后，IDLE 就已经自动安装好了。总的来说，IDLE 是包含在标准 Python 发行版中，任何能运行 Python 环境的用户都能运行的 IDLE。

用户可以在开始菜单中找到 IDLE 并打开它，此时出现一个增强的交互命令行解释器窗口，如图 2-10 所示。IDLE 的交互对话刚开始时会打印两行信息文本以说明 Python 版本号并给予一些提示，然后显示等待输入新的 Python 语句或表达式的提示符"＞＞＞"。此时用户就可以直接进行编程，每一次回车表示换行或运算。

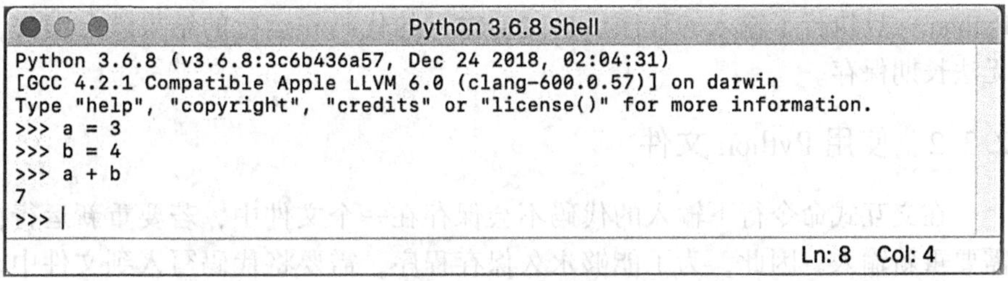

```
● ● ●                    Python 3.6.8 Shell
Python 3.6.8 (v3.6.8:3c6b436a57, Dec 24 2018, 02:04:31)
[GCC 4.2.1 Compatible Apple LLVM 6.0 (clang-600.0.57)] on darwin
Type "help", "copyright", "credits" or "license()" for more information.
>>> a = 3
>>> b = 4
>>> a + b
7
>>> |
                                                    Ln: 8   Col: 4
```

图 2-10　IDLE 的运行

如图 2-10 所示，在提示符"＞＞＞"后输入 Python 的赋值语句 a＝3，b＝4，用加号运算符连接 a 和 b 并按回车键或者 F5 运行，命令行出现数字 7 为代码运行结果。若用户想要保存编写的代码，可以通过点击菜单"File --> Save"选择存储的路径，进行保存。

（2）使用系统终端

在系统终端中可以打开 Python 的交互解释器会话，下面以 Windows 系统为例进行介绍。在 Windows 系统中，用户想要打开 Python 的交互解释器会话窗口，可以在 DOS 终端窗口中输入 python（注意，其中 p 为小写），且不带任何参数，如图 2-11 所示。

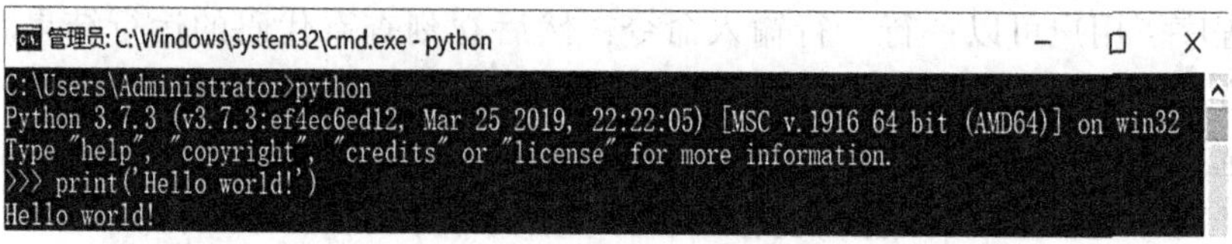

图 2-11　交互式运行

Python 交互对话刚开始时会打印两行信息文本以说明 Python 版本号并给予一些提示，然后显示等待输入新的 Python 语句或表达式的提示符"＞＞＞"。在交互式命令行下工作，输入代码的结果将会在按下 Enter 键后在指令行之下显示。

在提示符后输入 Python 的打印语句 print("Hello world!")，按回车键运行，命令行出现"Hello world!"为代码的运行结果，表示字符串已经成功打印输出。若用户想要退出交互模式，仅需要在 Python 交互模式下输入 exit()并回车，或者按"Ctrl+D"键，就可以退出 Python 交互模式，回到终端命令行模式。

尽管交互命令行对于实验和测试效果都很好，但是它有一个缺点：Python 一旦执行了输入的程序后，之前输入的代码和运行的结果就会消失，无法长期保存。

2.3.2　使用 Python 文件

在交互式命令行下输入的代码不会保存在一个文件中，若要重新运行，需要重新输入。因此，为了能够永久保存程序，需要将代码写入到文件中。一旦文件编写完成，就可以让 Python 解释器多次运行，这也是使用 Python 文件运行程序的优点。

使用 Python 文件执行程序时，首先要把 Python 程序存储到文本文件中，为其加上".py"的扩展名，然后再使用 Python 的交互式解释器，通过输入相应的命令"python 文件名"来执行 Python 文件。如果输入一个命令"python hello.py"却返回错误信息"No such file or directory"，则说明这个"hello.py"文件在当前目录中找不到，必须先把当前目录切换到"hello.py"文件所在的目录，才能正常执行。

用户使用 Python 文件时需要注意的是，要在文件中写入非交互式的 Python 程序代码。在交互式的会话中，如果用户仅输入表达式"3+4"就会得到运算结果 7，但如果仅在 Python 文件中输入"3+4"，运行该文件，则不会得到任何输出，因为在文件中没有打印输出的 Python 命令。用户必须调用打印输出函数 print( )才能得到输出的内容。

　　例如：首先在 E 盘中新建文本文件并命名为"test. py"，在其中输入代码"print(3+4)"，保存文件并确保文件的扩展名为". py"；

　　然后，打开终端窗口，输入命令"python E:\test. py"并按 Enter 键，就可以看见代码的运行结果为 7，如图 2-12 所示。

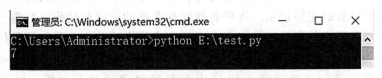

图 2-12　命令行运行 Python 文件

2.4　Jupyter Notebook 的安装和使用

　　Jupyter Notebook 是一个开源 Web 应用程序，它提供了一个环境，允许用户创建、共享代码和文档，并且可以记录代码、运行代码、显示结果、可视化数据并查看输出，而无需离开环境。Jupyter Notebook 是以网页形式打开的应用程序，可以在网页页面中直接编写程序和运行代码，而代码的运行结果也会直接在代码块下显示。如果在编辑过程中需要编写说明文档，也可在同一个页面中直接编写，便于作及时的说明和解释。如果在代码编写的过程中需要进行标记、注释和记录，也可在同一个页面中直接编写，便于作及时的说明和解释。

　　Jupyter Notebook 由两个组件构成：网页应用和笔记本(Notebook)文档。网页应用是一种基于浏览器的交互式文档创作平台，提供了编写解释文本、数学公式、交互计算和其他形式富文本(rich text)的诸多功能。Jupyter 网页应用主要有以下特点：

　　第一，在浏览器中编辑代码时，具有自动语法高亮、缩进、tab 补全的功能；

　　第二，具有在浏览器中执行代码的能力，同时在代码块下方展示计算结果；

　　第三，使用多媒体表示(如 HTML、LaTeX、PNG、SVG 等)显示计算结果。例如，可以在文档中使用 Matplotlib 库，呈现出达到出版印刷质量要求的图例；

第四，支持 Markdown 标记语言的语法，可以为代码提供注释，而不是仅仅使用纯文本；

第五，支持使用 LaTeX 编写数学公式，并由 MathJax 进行及时呈现。

Jupyter 笔记本文档提供了对网页应用中所有可见内容进行记录和存储的方法，包括交互计算、解释文本、数学公式、图片以及其他富文本的输入和输出结果，都以文档的形式进行管理。笔记本文档管理的文件作为会话和交互计算的完整记录，将带有解释性文本的可执行代码、数学公式和多媒体结果对象等多类型的富文本交错地表示在一起。这些文档是保存为后缀名为".jpynb"的 JSON 格式文件，不仅便于版本控制，也方便与他人共享。此外，笔记本文档还可以导出为多种格式的静态文档，如 HTML、LaTeX、PDF 和 PPT 页面等。

2.4.1　Jupyter Notebook 的安装

安装 Jupyter Notebook 的前提是需要安装 Python 系统，安装的方式一般有两种：使用 Anaconda 或使用 pip 安装，本节重点介绍使用 pip 的安装方式。

pip 是 Python 包管理工具，该工具提供了对 Python 包的查找、下载、安装、卸载的功能，在 Python 3.4+以上版本的系统中都自带了 pip 工具，可以通过"pip --version"命令来判断是否已安装 pip。

用 pip 安装 Jupyter Notebook 的命令如下，在终端命令行中输入：

```
python3 -m pip install --upgrade pip     #更新 pip 工具
python3 -m pip install jupyter
```

以上命令运行之后，就在系统中成功地安装了 Jupyter Notebook。

2.4.2　Jupyter Notebook 的启动

Jupyter Notebook 安装完成后，除了可以通过点击 Jupyter Notebook 图标启动以外，还可以通过系统的终端窗口打开 Jupyter 网页应用，输入的命令如下：

```
jupyter notebook
```

在系统的终端窗口运行以上命令，就会在终端窗口打开一个 Jupyter Notebook 的服务器，如图 2-13 所示，同时系统默认的浏览器中会同步启动 Jupyter 网页应用。浏览器地址栏中默认显示为：http://localhost：8888，其中，"localhost"指的是本机，"8888"是端口号。

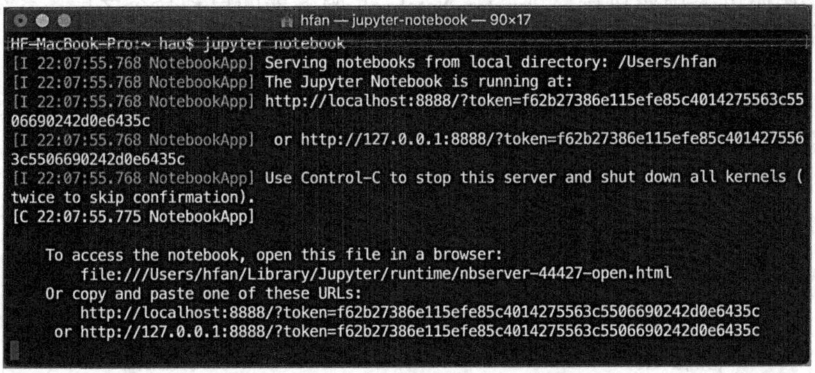

图 2-13　Jupyter Notebook 的终端运行窗口

　　需要注意的是，用户在启动 Jupyter Notebook 服务器、进行网页应用操作的过程中，都必须保持终端窗口的服务器程序的运行，不能关闭终端窗口。否则会断开网页应用与本地服务器程序的连接，用户就无法在 Jupyter 网页应用中进行任何操作。

　　如果用户同时启动了多个 Jupyter 网页应用，重复使用"8888"的默认端口号会引起冲突，浏览器地址栏中的端口号会自"8888"起，每多启动一个 Jupyter 网页应用端口数字就会加 1，如"8889""8890"等。若用户想自定义端口号来启动 Jupyter Notebook，可以在终端中输入带自定义端口号的命令：

```
jupyter notebook --port <port_number>
```

　　其中，"<port_number>"是自定义端口号，直接以数字的形式写在命令当中，数字两边不加尖括号"<>"，如"jupyter notebook --port 9999"，即在服务器的"9999"号端口启动 Jupyter 网页应用。

　　此外用户还可以选择仅启动 Jupyter Notebook 服务器而不立刻启动浏览器中的网页应用，即在系统终端中输入：

```
jupyter notebook -no-browser
```

　　此时，就会在终端窗口显示出启动 Jupyter 服务器的信息，并在服务器启动之后，显示出打开浏览器页面的链接，但并不自动启动浏览器打开网页应用。当需要启动浏览器页面应用时，只需要复制服务器提供的网页应用链接，并粘贴在浏览器的地址栏中就可以访问到 Jupyter 网页应用的主页面。

按照以上操作执行完 Jupyter Notebook 服务器的启动命令之后，系统默认的浏览器会进入到 Jupyter 网页应用的主页面，如图 2-14 所示。

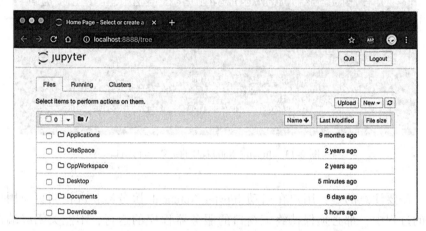

图 2-14　Jupyter 网页应用的主页面

进入网页应用的主页面，会打开当前文件夹的文件管理界面，默认的文件夹为用户启动 Jupyter 服务器时所在的文件夹。之后，用户可以根据自身需要，点击文件夹列表中的文件或者文件夹，设置 Jupyter 笔记本文档的存放路径。

如果需要显示 Jupyter 的当前操作路径，可以在网页应用的单元格中输入下面的命令，按"Ctrl+Enter"组合键快捷运行，其结果显示当前默认的文件存储路径。

```
import os
print( os. path. abspath ('.'))
```

如图 2-15 所示的 Jupyter 笔记本文件默认存储路径为"D：\Jupyter"。

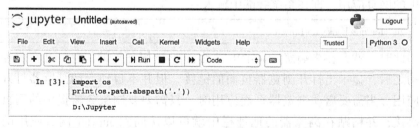

图 2-15　显示 Jupyter Notebook 当前文件的默认存储路径

如果用户需要，可以更改 Jupyter 笔记本文件的默认存储位置，按如下步骤进行操作：

第一步：在终端窗口中输入"jupyter notebook --generate-config"命令，执行该命令之后，会在终端窗口得到一行如下的提示信息："Writing default config to：C:\Users\Administrator\.jupyter\jupyter_notebook_config.py"，表示在默认路径下创建了 Jupyter 的配置文件"jupyter_notebook_config.py"。

第二步：用记事本或者其他文本编辑软件打开配置文件，并在配置文件中找到如下字符串："#c.NotebookApp.notebook_dir = "，删除该行代码前面的"#"号。因为配置文件是 Python 的可执行文件，在 Python 中"#"符号表示注释，即在编译过程中不会执行该行命令，所以为了使修改生效需要删除"#"。然后，在该行代码的"="后面填写用户指定的 Jupyter 笔记本文件存储位置，例如："c.NotebookApp.notebook_dir = 'D:\Code\jupyter-notebook'"。最后，保存该配置文件。

第三步：重新启动 Jupyter Notebook，此时网页应用的工作目录已经更改为用户指定的目录。如果需要，用户可以编辑和修改配置文件，重新指定工作目录，而不需要再次创建配置文件。

2.4.3　Jupyter Notebook 的基本使用

(1)Jupyter 网页应用的主页面

本节将在 Python 3 的环境下创建 Jupyter 笔记本文档，并以此为例对 Jupyter 网页应用的主页面进行介绍。

如图 2-16 所示，进入 Jupyter 主页面，会在默认的"Files"标签页面中显示出当前目录下的所有文件列表。对于当前目录下文件和文件夹，都可以通过勾选方式，对选中的文件项进行复制、重命名、移动、下载、查看、编辑和删除等操作[1]。同时，用户也可以根据需要，在"New"下拉列表中选择想创建的新笔记本文档类型。例如，选择"Python 3"项可创建".jpynb"格式的笔记本文档，选择"Text File"项可创建"txt"格式的文本文档，选择"Folder"项可创建新的文件夹，选择"Terminal"项可以在主页面中打开一个终端命令行窗口。

---

[1]　Jupyter Team. What is the Jupyter Notebook? [EB/OL]. [2020-01-04]. https://jupyter-notebook.readthedocs.io/en/stable /examples/Notebook/What%20is%20the%20Jupyter%20Notebook.html.

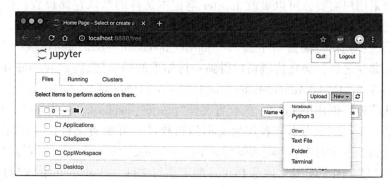

图 2-16　Jupyter Notebook 的"Files"标签页面及"New"菜单

（2）笔记本文档

本节所指的笔记本文档，即". ipynb"文档，是通过选择"New"菜单中的"Python 3"项创建的。初始状态下，新创建的文件名为"Untitled"，如图 2-17 所示，可以通过点击文件名所在的区域启动文件名修改对话框，进行文档命名。文档的初始页面包括菜单栏、工具条等编辑组件。菜单栏对应的操作功能包括：文件、编辑、视图、插入、单元格、内核、配件、帮助；工具栏提供了文档编辑中最常用操作的快速方式，包括：保存、添加单元格、删除单元格、复制、粘贴、上移单元格、下移单元格、运行、停止、重启内核、单元格状态、打开命令选项等。最右边的"Python 3"图标表示当前运行内核系统版本。

菜单栏涵盖了笔记本文档编辑的所有功能，所有工具栏图标的快捷功能也都可以在菜单栏的类目里找到。其中，Kernel 类目主要是对内核的操作，比如中断、重启、连接、关闭、切换内核等，由于用户在创建笔记本时已经选择了内核，切换内核的操作便于用户在使用笔记本时切换到所需的内核环境中去。其他的菜单功能相对比较常规，不做详细阐述。

在笔记本文档主页面的编辑区域，初始是一条可以用来填写代码或者 Markdown 语法文本的单元格，默认的初始编辑类型为代码方式（Code）。点击工具栏的单元格状态下拉框，有 4 种类型的编辑方式可以选择：Code、Markdown、Raw NBConvert、Heading。其中，Heading 方式即把单元格中的内容编辑为标题，此功能已经被 Markdown 语法的一级至六级标题所取代；Raw NBConvert 是一个命令行工具，可以将笔记本文档转换为另一种格式，如 HTML 格式，一般也很少用到。因此，本节仅介绍最常用的前两个方式。

图 2-17　".jpynb"笔记本文档编辑页面

① Code 方式。

Code 方式即可以在文档中编写 Python 代码、执行代码和显示结果。如图 2-18 所示，在两个单元格中分别填写了 print( )语句和一个算术表达式，点击"Run"按钮或者按"Ctrl+Enter"组合键，就可以运行代码、进行算术表达式的运算，执行的结果在代码块的下方显示。

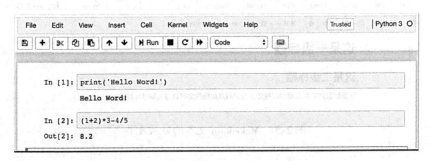

图 2-18　Code 方式的笔记本文档编辑

② Markdown 方式。

Markdown 是一种轻量级的纯文本格式标记语言，通过简单的标记语法，它可以使普通的文本内容具有一定的格式。例如，在需要设置为标题的文字前面加"#"来表示，一个"#"是一级标题，两个"#"是二级标题，依此类推，可支持六级标题。

其他常用的 Markdown 语法格式，例如：
- 倾斜，要倾斜的文字左右分别用一个"＊"号包起来。
- 加粗，要加粗的文字左右分别用两个"＊"号包起来。
- 斜体加粗，要倾斜和加粗的文字左右分别用三个"＊"号包起来。
- 删除线，要加删除线的文字左右分别用两个"～"号包起来。

如图 2-19 所示为 Markdown 方式的笔记本文档编辑状态，在完成了编辑输入以后，可以点击"Run"按钮或者按"Ctrl+Enter"组合键，得到如图 2-20 所示的文档显示效果。文档的显示效果会替换 Markdown 的文字编辑区域，如果需要重新编辑文字，只需双击效果文字，就会返回到编辑状态。

图 2-19　Markdown 方式的笔记本文档编辑

图 2-20　Makedown 文本的显示效果

注意，在 Markdown 语法中，除了标题的打印结果可以按编辑时的回车符自动换行以外，一般文本需要在编辑时插入空行，才能在打印结果中进行换行，仅仅输入回车符是不能换行的，所有的文本会显示在同一行。

Markdown 语言还提供了其他类型的语法格式，例如引用、分割线、列表、序表、表格等，读者可自行查阅相关资料。

（3）Running 标签与 Clusters 标签页面

除了 Files 标签页面外，Jupyter 还提供了 Running 标签和 Clusters 标签页面。其中，Running 标签主要用于展示当前正在运行的终端和 jpynb 笔记本文档，如果想要关闭已经打开的终端或笔记本文档，仅仅关闭其页面是无法彻底退出程序的，需要在 Running 页面中点击对应的"Shutdown"按钮进行关闭，如图 2-21 所示。

Clusters(集群)标签页面功能已由 IPython 并行提供，且现阶段很少使用，不再赘述。

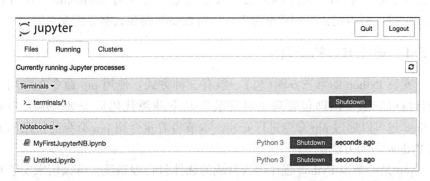

图 2-21　Running 标签页面

2.5　Python 第三方库的安装与使用

Python 库是具有相关功能模块的程序的集合，是 Python 语言的主要特色之一。Python 的库有三种，即具有强大功能的标准库、第三方库以及用户自定义模块。Python 本身的标准库非常庞大，提供的功能组件涉及范围十分广泛，包括内置函数、内置常量、内置类型以及各种类型的服务和功能模块，例如，文本处理服务、二进制数据服务、函数式编程模块、文件和目录访问、互联网数据处理、图形用户界面等。具体而言，有以下常用的标准库：

- datetime，为日期和时间处理同时提供了简单和复杂的方法。
- random，提供了生成随机数的工具。
- math，为浮点运算提供了对底层 C 函数库的访问。
- sys，定义的是一些和系统相关信息的模块，包括工具脚本经常调用的命令行参数。这些命令行参数以链表形式存储于 sys 模块的 argv 变量中。
- os，包含数百个与操作系统相关联的函数，有路径操作、进程管理、环境参数等。

本书将在后面的章节介绍一些 Python 主要标准库的用法，读者也可以通过 Python 标准库的官网 (https://docs. python. org/zh-cn/3. 6/library/index. html)进行查看。

除了 Python 标准库之外，世界范围内的 Python 开发人员和团体(community)还提供了数以十万计的软件工具包(package)，即第三方库。访问 Python 库索引网址(PyPI，https：//pypi.org/)，用户可以查看这些第三方库，并了解安装第三方库的方法。常见的第三方库有 Matplotlib、NumPy、Pandas 等，可以提供绘制数据图形、进行数据转换和数据分析等功能。

2.5.1 第三方库的安装

安装 Python 的第三方库(包)一般有三种方式：使用 pip 命令在终端命令行窗口安装、借助包管理工具安装以及下载源代码后安装。绝大多数 Python 包可以通过 pip 命令进行安装，本节将着重介绍 pip 命令的使用和安装 Python 包的方法。

pip 是一个以 Python 程序语言写成的软件包管理系统，可以用来安装和管理软件包，是一个通用的 Python 包管理工具，提供了对 Python 包的查找、下载、安装、卸载的功能，用来下载和管理 Python 包十分方便。pip 最大的优势在于它不仅能将需要的工具包下载下来，而且会把该工具包相关依赖的包也同时下载下来。

Python 2.7.9 和 Python 3.4 及其后续版本均已默认安装了 pip 软件。在系统终端窗口输入命令“pip --help”可以查看 pip 命令的参数及其用法，如图 2-22 所示。

```
C:\Users\Administrator>pip --help

Usage:
  pip <command> [options]

Commands:
  install                     Install packages.
  download                    Download packages.
  uninstall                   Uninstall packages.
  freeze                      Output installed packages in requirements format.
  list                        List installed packages.
  show                        Show information about installed packages.
  check                       Verify installed packages have compatible dependencies.
  config                      Manage local and global configuration.
  search                      Search PyPI for packages.
  wheel                       Build wheels from your requirements.
  hash                        Compute hashes of package archives.
  completion                  A helper command used for command completion.
  help                        Show help for commands.

General Options:
  -h, --help                  Show help.
  --isolated                  Run pip in an isolated mode, ignoring environment variables and user configuration.
  -v, --verbose               Give more output. Option is additive, and can be used up to 3 times.
  -V, --version               Show version and exit.
  -q, --quiet                 Give less output. Option is additive, and can be used up to 3 times (corresponding to
                              WARNING, ERROR, and CRITICAL logging levels).
  --log <path>                Path to a verbose appending log.
  --proxy <proxy>             Specify a proxy in the form [user:passwd@]proxy.server:port.
  --retries <retries>         Maximum number of retries each connection should attempt (default 5 times).
  --timeout <sec>             Set the socket timeout (default 15 seconds).
  --exists-action <action>    Default action when a path already exists: (s)witch, (i)gnore, (w)ipe, (b)ackup,
                              (a)bort).
  --trusted-host <hostname>   Mark this host as trusted, even though it does not have valid or any HTTPS.
  --cert <path>               Path to alternate CA bundle.
  --client-cert <path>        Path to SSL client certificate, a single file containing the private key and the
                              certificate in PEM format.
  --cache-dir <dir>           Store the cache data in <dir>.
  --no-cache-dir              Disable the cache.
  --disable-pip-version-check
                              Don't periodically check PyPI to determine whether a new version of pip is available for
                              download. Implied with --no-index.
  --no-color                  Suppress colored output
```

图 2-22　pip 命令的参数及其用法

　　pip 命令的参数和用法非常多，常用的 pip 命令的含义和用法归纳如表 2-1 所示。

表 2-1 　　　　　　　　　　　　　　　**pip 常见命令**

pip 命令	含　义
pip list	查看已经安装的库
pip install + <库名>	安装库
pip uninstall + <库名>	卸载已经安装的库
pip install -U<库名>	对某个模块或库的版本进行升级
pip show -f <库名>	显示库所在的目录
pip freeze	查看当前已安装的包及其版本号
pip list -o	查看当前可升级的包
pip show pip	查看当前 pip 版本
python -m pip install --upgrade pip	实现对 pip 的升级

　　首先，在安装第三方库前，用户可以通过"pip show pip"命令查看当前 pip 版本，如版本过低，则安装第三方库时可能报错，因此需要先升级 pip 程序，如图 2-23 所示。

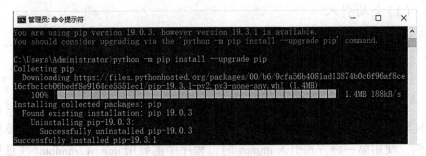

图 2-23　升级 pip 程序

　　一般来说，第三方库都会在 Python 官方的 pypi. python. org 网站注册，要安装一个第三方库，必须先知道该库的名称，可以在官网上查看，或者在 PyPI 上检索。例如，如果在 Python 程序中需要对 excel 文件进行读写操作，就需要安装 xlrd 和 xlwt 模块(包)。xlrd 模块实现对 excel 文件内容的读取，xlwt 模块实现对 excel 文件的写入。

以安装 xlwt 包为例，其命令如下：

```
pip install xlwt
```

如果该 xlwt 包已经安装，系统会出现"Requirement already satisfied：xlwt"的提示信息，并指明该软件包的安装路径。如果是初次安装该软件，则会出现下载进度提示，并自动化地安装完毕，如图 2-24 所示。

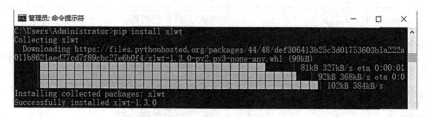

图 2-24　安装第三方库 xlwt

2.5.2　第三方库的使用

通过 pip 程序安装了第三方库以后，用户就在 Python 程序中引入该软件包并使用其中的函数。引入第三方库通常有两种方式：全局引入与局部引入。

(1)全局引入

被引用的第三方库中全部的函数和变量对该程序可见，用法为：
- import + <第三方库名>，例如：import numpy。
- from + <第三方库名> import *，例如：from numpy import *。

上述两种方式都引入了 numpy 库中所有的函数、对象和变量等，两者的区别在于调用其内容的方法有所不同。以调用 numpy 库中的 random 模块为例，使用第一种方式引入 numpy 时，程序中需要用 numpy.random(注意加上 numpy.)来调用 random 模块；而采用第二种方式引入时，直接输入 random 即可。需要注意的是，在 PEP(Python Enhancement Proposals)规范中推荐使用第一种引入包的方式，建议读者在编程的过程中也采用第一种方式，这是因为有些软件包的工具模块，如 numpy 中的 random 模块，会出现在多个库中，比如 Python 自带的标准库中也有 random 模块，如果采用第二种引入包的方式，容易出现命名冲突。

（2）局部引入

除了全局引入，即引入包的全部功能模块，还可以仅导入一个包的部分功能模块。实际上，每个包都由多个部分组成的，如果用户只需使用包的某一组成部分，则可以采用如下的引入方式：

from <第三方库名> import <函数名/模块名>

采用这种引入方式，调用被引入的函数时，可以直接使用函数名而无需在前面加上包的名字。但是，如果在不同的包中有同名的函数模块时，就会出现方法命名重复的情况，此时就需要把包的名字添加到函数模块之前加以明确。

例如：Python 的标准库中包含 random( )方法，而第三方库 NumPy 中也包含 random( )方法，但二者并不完全相同，具体用法如表 2-2 和表 2-3 所示。

表 2-2　　　　　　　　　　**标准库中 random( )方法**

函数	标准库
random. random( )	表示在[0，1)区间随机生成一个随机浮点数，函数不接受参数
random. randint (m，n)	接受两个整数型参数，表示在[m，n]区间随机生成一个整数
random. randrange (m，n，step)	接受 3 个参数，表示在[m，n]区间随机生成步长为 step 的整数
random. uniform (m，n)	表示在[m，n]区间随机生成一个浮点数
random. choice(n)	n 可以为字符串、元组、列表(用 len( )函数可得到值的对象)，表示从序列中随机选取一个元素

表 2-3　　　　　　　　　　**NumPy 中 random( )方法**

函数	标准库
numpy. random. random (n)	只接受一个参数 n，用来生成 n 维，取值范围[0，1)均匀分布的随机样本
numpy. random. randint (low，high，size)	用来随机生成取值范围[low，high)(low 默认从 0 开始)，size＝(m，n)表示 m 行 n 列的整数，size＝n 表示有多少维度

续表

函数	标准库
numpy. random. rand (m, n)	用来生成 m 行、n 列，取值范围[0, 1)均匀分布的随机样本值；当参数只传递一个时，与 numpy. random. random(n)的结果相同；不传递参数时，默认随机产生一个范围为[0, 1)的样本
numpy. random. randn (m, n)	用来生成 m 行、n 列，从服从标准正态分布 N(0, 1)(期望 $\mu=0$，方差 $\sigma=1$)中选取的样本值
numpy. random. seed (n)	可传递一个参数 n，当指定了 seed(n)之后，如 seed(0)时，选择了某一个数，系统会选取某个数，第二次调用该方法时还会选择同样的数而不是随机数

当用户使用 from numpy import random 代码引入 NumPy 中的 random( )方法后，在程序中使用 random( )方法不需要加上 NumPy 包的名字，如 random. randint(1, 3)。但由于 Python 标准库中 random( )方法在使用时同样含有 random. randint( )方法，此时就出现了方法名的重复，不能明确此时在使用哪一个库的 random( )方法。

例如：

```
import random
print( random. randint(1, 8))
from numpy import random
print( random. randint(1, 8, (3, 2)))
print( random. randint(1, 8))
```

3
[[7 2]
 [5 7]
 [3 5]]
2

(3)使用别名引入

在引入了第三方库之后，用户可以直接使用第三方库的名字来调用该软件包，但是，如果用户想要使用更短更好记的名字来表示软件包，或者存在同名的多个软件包需要加以区别的时候，用户可以使用别名进行包的引入，引用方式为：

$$\text{import <第三方库名> as <别名>}$$

例如：import numpy as np、import pandas as pd 等，使用别名 np 表示 numpy、pd 表示 pandas 使编写的代码更简洁明了。

```
import numpy as np
print(np. random. randint(1, 8, (3, 2)))    #在 1-8 的整数中随机创建 3 行 2 列
                                              的数组
```

```
[[4 3]
 [2 7]
 [6 7]]
```

```
import pandas as pd
print(pd. Series((2, 3, 6)))    #从 list(2, 3, 6)创建 Series
```

```
0    2
1    3
2    6
dtype: int64
```

2.6　Python 的集成开发环境

集成开发环境(IDE, integrated development environment)是用于提供程序开发环境的应用程序。顾名思义，IDE 集成了众多专门为软件开发而设计的工具，一般包括代码编辑器、编译器、调试器和图形用户界面等工具。它是集成了代码编写功能、分析功能、编译功能、调试功能等一体化的开发软件服务套件。

IDE 是一个专门的为了便于处理代码，提供编辑功能的代码编辑器(例如，提供语法高亮、自动补全等功能)，同时集成了执行代码和调试代码的功能。大部分的集成开发环境采用图形化工作界面的方式，以方便用户使用，还兼容多种编程语言，且整合了系统构建、组件管理、界面设计等功能，是一套独立的软件系统或者软件套件。

在第 2.3 节已经介绍了一些 Python 语句的编辑和运行工具，如交互式解释器 IDLE、Jupyter Notebook 等，本节的代码也将使用 Jupyter Notebook 进行编辑。但是，以纯文本编辑和输入代码的方式并没有语法高亮、错误提醒和自动补全等代码编辑功能，读者在了解了命令行窗口或者纯文本编辑代码的方式以后，也可以采用 IDE 工具来进行代码编辑。网上有众多的 Python IDE 工具，如图 2-25 所示，大多具有图形界面的窗口，支持文本编

辑器、调试器、库搜索等功能，本节将简要介绍几种使用较为广泛的 Python 集成开发工具。

图 2-25　Python IDE 工具

2.6.1　IDLE

IDLE(http：//docs. python. org/3/library/idle. html)是唯一包含在 Python 标准发行版中的 Python IDE。它是采用 Python 的图形界面库 Tkinter 开发的，操作界面较为简单，主要以纯文本输入代码的方式为主，不适用于大型的程序开发和软件项目，在 2.3.1 节中已经做了相应的介绍，此处不加赘述。

2.6.2　PyCharm

PyCharm (http：//www. jetbrains. com/pycharm/) 是 由 JetBrains 开发的 Python IDE，具有一般 IDE 的功能，如代码调试、语法高亮、管理、代码跳转、智能提示、自动补充、单元测试、版本控制等。此外，PyCharm 还提供了一些高级功能，可以用于支持 Django 框架下的专业 Web 开发、Google App Engine、IronPython。

Pycharm 的主要功能包括以下几个方面：

- 协助代码编辑。提供一个智能、可配置的编码器，支持编码补全、代码折叠以及分割窗口。
- 支持代码分析。编码语法支持错误高亮、智能检测以及一键式代码快速补全建议。
- 程序管理与框架重构。支持项目范围内重命名、提取方法/超类、导入模块/变量/常量、移动和前推/后退重构。
- 支持 Django。自带 HTML、CSS 和 JavaScript 编辑器，用户可以快速

通过 Django 框架进行 Web 开发。

- 图形页面调试器。功能全面的调试器可对 Python 或者 Django 应用程序以及测试单元进行调整，该调试器带断点、步进、多画面视图/窗口以及评估表达式。
- 集成化的单元测试。用户可以在一个文件夹运行一个测试文件、单个测试类、一个方法或者所有测试项目。

进入到 PyCharm(https：//www.jetbrains.com/pycharm/download/# section = windows)的下载地址页面，得到的界面如图 2-26 所示。

图 2-26　PyCharm 的下载界面

PyCharm 拥有付费版(专业版)和免费开源版(社区版)两个版本，两者在功能上的区别如表 2-4 所示。免费开源版就可以满足一般用户的编程需要。

表 2-4　　　　　　　　　　**PyCharm 专业版与社区版的区别**

	PyCharm 专业版	PyCharm 社区版
智能 Python 编辑器	√	√
图形调试器和测试运行器	√	√
导航和重构	√	√
代码检查	√	√

续表

	PyCharm 专业版	PyCharm 社区版
VCS 支持	✓	✓
科学工具	✓	
Web 开发	✓	
Python Web 框架	✓	
Python Profiler	✓	
远程开发能力	✓	
数据库和 SQL 支持	✓	

安装 PyCharm 后，点击图标启动该软件就可以开始使用，其界面示例如图 2-27 所示。PyCharm 的优点在于它适用于 Python 的集成开发环境，拥有众多便利和支持社区，它的编辑、运行和调试功能均在安装后能即刻使用，每个文件都有独立的输出窗口，代码提示功能和索引功能十分强大。其缺点在于存在加载较慢的问题，此外，若加载已有的项目，其默认设置可能需要调整。

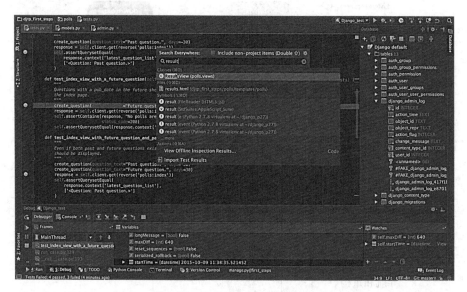

图 2-27　PyCharm IDE 界面案例

2.6.3　Sublime Text

Sublime Text(https：//www.sublimetext.com/3)是一个文本编辑器，对许多编程和标记语言均提供支持。Sublime Text 在支持 Python 代码编辑的同时可以兼容所有平台，并且其丰富的插件扩展了语法和编辑功能，通过安装使用这些插件，可以支持用户的前端工作，常用的插件列举如下：

- ConvertToUTF8 插件：可以将除 UTF8 编码之外的其他编码文件在 Sublime Text 中转换成 UTF8 编码。
- BracketHighlighter 插件：高亮显示匹配的括号、引号和标签。
- LESS 插件：语法高亮显示。
- Emmet 插件：能支持用户快速编写 HTML、CSS 代码。
- JsFormat 插件：格式化 JavaScript 代码。
- ColorHighlighter 插件：显示所选颜色值的颜色。
- Compact Expand CSS Command 插件：使 CSS 属性展开及收缩，格式化 CSS 代码。

Sublime Text 的主要功能包括：拼写检查、书签、完整的 Python API、Goto 功能、即时项目切换、多选择、多窗口等，如表 2-5 所示。

表 2-5　　　　　　　　　　　**Sublime Text 的主要功能**[①]

GOTO	使用 Goto Anything 只需几个按键即可打开文件，并立即跳转到符号、行或单词
多重选择	多重选择可以同时对 N 处更改，轻松重命名变量，以前所未有的速度操作文件
命令面板	包含不常用的功能，如排序、更改语法和更改缩进设置
分割编辑	通过拆分编辑可充分利用宽屏显示器并排编辑文件或编辑一个文件中的两个位置
编码协助	支持编码补全、代码折叠以及注释功能

安装 Sublime Text 后，点击图标启动该软件就可以开始使用，其界面示例如图 2-28 所示。

[①]　SublimeText 中文官网.SublimeText［EB/OL］.［2020-01-13］. http：// www.sublimetext.cn/.

图 2-28　Sublime IDE 界面案例

Sublime Text 的优点从代码编辑器的角度来看，具有良好的兼容性，并且迅捷小巧、界面简洁、支持多行编辑、可扩展、快捷方式灵活易用。其缺点在于它不是免费开源软件，不支持直接在编辑器内部执行或调试代码，仅提供一个程序输出窗口，文件/函数索引功能不够强大。

2.6.4　Eclipse

Eclipse(http：//www.eclipse.org)是一个开放源代码的、基于 Java 的可扩展开发平台。尽管 Eclipse 使用 Java 语言开发，但其用途不限于 Java 语言。就其本身而言，Eclipse 只是一个框架和一组服务，通过插件组件构建开发环境，例如通过 C/C++、COBOL、PHP、Android 等编程语言的插件可以提供不同语言的集成开发环境，丰富的插件和扩展功能使得 Eclipse 适用于各种各样的开发项目。其中一个插件就是 PyDev，在安装 PyDev 插件后，用户可以把 Eclipse 当作 Python 的 IDE 使用。

PyDev(http：//www.pydev.org)是适用于 Eclipse 的 Python IDE，可用于 Python 开发，支持 Python 调试、代码补全和交互式 Python 控制台。PyDev 插件有许多功能，如语法错误提示、源代码编辑助手、运行和调试等。

（1）安装 PyDev

在 Eclipse 中安装 PyDev 非常便捷，首先启动 Eclipse，利用 Eclipse Update Manager 安装 PyDev。在 Eclipse 菜单栏中找到 Help 栏，点击"Eclipse

Marketplace"然后搜索 PyDev。点击安装，必要的时候重启 Eclipse 即可。

安装插件后，选择 Help-->About Eclipse SDK-->Plug-in Details，将会出现 About Eclipse SDK Plug-ins 窗口，该窗口里列出了所有已经安装了的 Eclipse 插件。

如何检查 PyDev 是否安装成功，可以检查在 Plug-in Id 一栏中是否有 5 个以上分别以"com. python. pydev"和"org. python. pydev"开头的插件。如果是，则 PyDev 已经被成功安装。

(2) 配置 PyDev

安装好 PyDev 之后，需要配置 Python/Jython 解释器，过程如下：

在 Eclipse 菜单栏中，选择 Window-->Preferences-->Pydev-->Interpreter-(Python/Jython)，在这里配置 Python 解释器，选择需要加入系统 PYTHONPATH 的路径，单击 Ok 后配置完成。然后，就可以使用 Eclipse 进行 Python 程序的开发，其界面示例如图 2-29 所示。

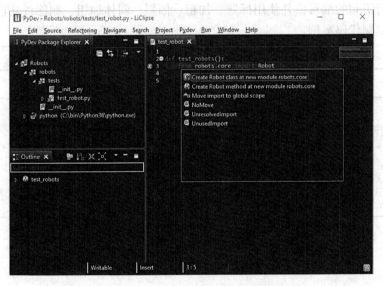

图 2-29　Elipse-PyDev IDE 界面案例

使用 Eclipse 的优点在于：如果用户已经安装了 Eclipse，安装 PyDev 插件是非常方便快捷的，对于资深 Eclipse 开发者来说，PyDev 几乎不需要另行学习。Eclipse 辅以 PyDev 插件，可实现智能化的程序调试(debug)，并改善代码质量。其缺点在于对 Python 初学者而言，掌握 Eclipse 较为困难。

2.7 上机实践

①使用 IDLE 编写程序，实现对朋友的问候。

思路：在开始菜单中找到 IDLE 并打开，此时出现一个增强的交互命令行解释器窗口。IDLE 的交互对话刚开始时会打印两行信息文本以说明 Python 版本号并给予一些提示，然后显示等待输入新的 Python 语句或表达式的提示符"＞＞＞"。此时就可以直接进行编程。

解题代码案例：

```
>>>print("张三，你好!")
```

②安装 Jupyter Notebook，将题①中的代码在 Jupyter Notebook 中实现，同时以 Markdown 方式下编写一段语句。

思路：按照教材中第 2.4 节的内容安装 Jupyter Notebook，新建 Python 文档，选择 Code 方式进行题①代码的编写并运行。之后，转为 Markdown 方式进行语句的编写，并使用标题、加粗、倾斜、斜体加粗、删除线功能。

解题代码案例：

```
print("张三，你好!")
```

张三，你好!

```
#   中国
##  北京
＊旅游地点＊
1. 故宫
2. 长城
3. ~~秦始皇兵马俑~~
```

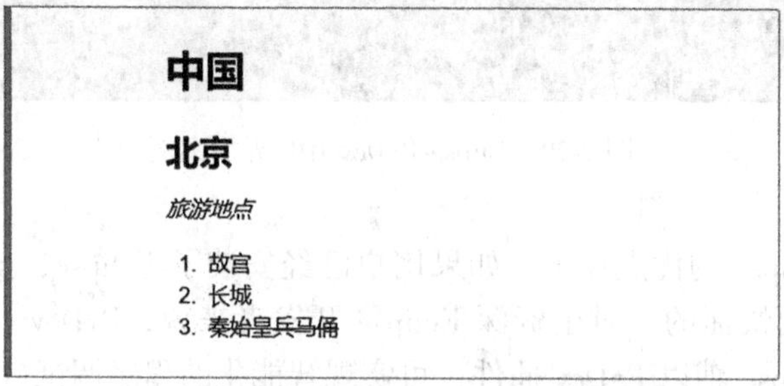

图 2-30　Markdown 语句输出结果

③编写 MyFirstPython. py 文件，在终端窗口运行程序，输出结果：

Hello world!

This is my first Python code.

思路：使用记事本新建一个文本文档，编写代码并命名该文本文档为 MyFirstPython，更改其扩展名为 . py。记录 MyFirstPython. py 文件的存储路径后启动系统终端，输入 python+存储路径运行该程序。

解题代码案例：

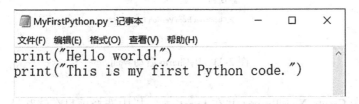

图 2-31　MyFirstPython. py 文件代码

将该文件存储在 E 盘中，文件路径为：E：\MyFirstPython. py，在终端窗口中运行结果。如图 2-32 所示。

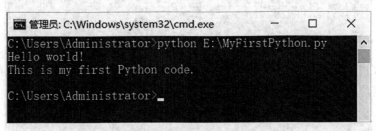

图 2-32　MyFirstPython. py 文件运行结果

④安装并使用 PyCharm，编辑并运行 MyFirstPython. py，实现第③题中的程序。

思路：

● 安装 PyCharm。

首先，进入 PyCharm 的下载地址(https：//www. jetbrains. com/pycharm/download/# section＝windows)，选择社区版点击 DOWNLOAD 进行下载并安装。安装完成后启动 PyCharm 可以得到如图 2-33 所示界面：

● 使用 PyCharm。

图 2-33　PyCharm 启动界面

点击 Create New Project 并在 Location 一栏中选择项目存储路径，如将项目存储在 D：\pythonfile 中并命名为 test，同时该项目建立于 Python 3.7 编译器环境，如图 2-34 所示。

图 2-34　PyCharm 创建项目界面

当项目的存储路径、命名和编译环境都选择完成以后，用户点击 Create 可以进入 test 项目，此时右键点击 test-->New-->Python File，为文件取名为 MyFirstPython。如图 2-35 所示。

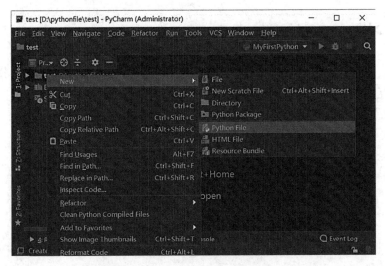

图 2-35　PyCharm 项目命名界面

在编辑器中输入代码后，点击右上角三角形状的按钮便可以运行
MyFirstPython. py。如图 2-36 所示。

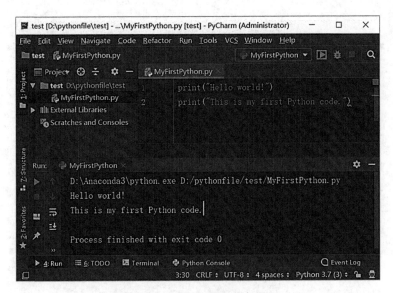

图 2-36　PyCharm 项目运行界面

课后习题

1. 初三年级 9 个班，每班 45 人，请问初三年级共有多少人？请分别使用交互解释器和文件的方式运行代码并展示结果。

2. 在交互解释器中使用 print 语句打印"I am a student!"。

3. 使用 Jupyter Notebook 运行以上两题中出现的代码。

4. 使用 Pycharm 运行第 1 题和第 2 题中出现的代码。

5. 请使用 pip 命令安装 matplotlib（Python 绘图第三方库）。

第 3 章 Python 语言规范与基本数据类型

3.1 Python 语言规范

每一种编程语言都有自身独特的语言规范，且为了达到优化语言性能的目的，在编程语言的发展过程中其语言规范可能也会做出相应的改变。对于程序开发者而言，了解并学习这些语言规范以使其编写的程序代码具有可读性和规范性十分重要。Python 的语言规范是 Python 语法的一部分，包含程序格式规范、变量与常量的命名规范等，下面将一一为读者介绍。

3.1.1 程序格式规范

Python 程序的格式框架，即段落格式，是 Python 语法的一部分。开发者在编写 Python 程序时需要遵循 Python 的语言规范，如正确缩进代码块、适当添加注释等，这有助于提高代码的可读性和可维护性。

（1）缩进

在代码中存在物理行和逻辑行两个不同的概念，物理行是指在编辑器中显示的每一行内容，逻辑行是 Python 解释器对代码进行解释时逻辑存在的语句。例如：

```
a = 1
if a = = 1:
    print('yes')
print("{}的{}是{}".format( \
        "中国", \
        "首都","北京"))
```

59

以上程序由 6 行代码组成，包含 6 个物理行和 3 个逻辑行。其中，自上到下分别为第 1 至第 6 个物理行，第 1 个物理行是一个逻辑行；第 2、3 个物理行构成一个逻辑行；第 4、5、6 个物理行构成一个逻辑行。

缩进是针对逻辑行进行的编辑操作，表示一个逻辑行(代码块)的开始，是指每行代码开始前的空白区域，用以指明 Python 语句间的包含和层次关系。这里的"代码块"是指函数、if 语句、for 循环语句、while 循环语句等。

Python 语言采用严格的"缩进"来表示程序逻辑，代码示例及运行结果如下：

```
if a==1:
    print(1)            #此处缩进
else:
    print(2)            #此处缩进
```

1

通常情况下，Python 程序中的代码不需要缩进，顶行编写且不留空白。但表示分支、循环、函数、类等程序含义时，如在 if、else、while、for、def、class 等保留字所在完整语句后通过英文冒号"："结尾，需要在之后的一行进行缩进，表明后续代码与紧邻无缩进语句的所属关系。

如果程序在运行时报错："IndentationError：unexpected indent"或"IndentationError：expected an indented block"，就说明代码中出现了缩进不匹配的问题，需要查看所有缩进是否一致，以及是否错用缩进。

- 缩进不一致：缩进可以使用 Tab 键实现，也可以用多个空格实现(一般是 4 个空格)，但两者混用会使程序报错。
- 错用缩进：不是所有语句都可以通过缩进包含其他代码，只有上述一些特定保留字所在语句才可以引导缩进，如 print() 这样的简单语句不表示所属关系，不能使用缩进。

(2) 注释

注释是代码中的辅助性文字，具体执行时会被编译器或解释器略去，不被计算机执行。通常情况下，注释用于在代码中标明作者和版权信息、解释代码原理或者代码用途。在 Python 语言中，"#"表示一行注释的开始，多行注释使用三个单引号或三个双引号将注释内容括起来。例如：

```
#这是一个单行注释
```

下面为多行注释示例：

```
'''
这是多行注释，用三个单引号
这是多行注释，用三个单引号
这是多行注释，用三个单引号
'''
"""这是一个多行注释"""
```

注释可以在一行中任意位置通过"#"开始，其后的内容被当作注释，而之前的内容仍然是 Python 执行程序的一部分。

例如：

```
print("Hello world!")                    #这是一条 print 语句
```

(3)续行符

Python 程序是逐行编写的，每行代码长度并无限制，但从编写的角度，单行代码过长不利于程序的阅读。因此，Python 语言提供"续行符"将单元代码分割为多行表达。续行符由反斜杠"\"表达。

代码示例及运行结果如下：

```
print("{}的{}是{}".format( \
        "中国", \
        "首都","北京"))
```

中国的首都是北京

上述代码等价于如下代码：

```
print("{}的{}是{}".format("中国","首都","北京"))
```

续行符不仅可以用于单行代码较长的情况，也适合对代码进行多行排版以增加可读性。使用续行符时需要注意两点：

- 续行符后不能存在空格；
- 续行符后必须直接换行，否则程序将会报错："SyntaxError：unexpected character after line continuation character"。

(4)保留字

保留字(keyword)也称关键字，指编程语言内部定义并保留使用的标识符。程序员编写程序时应当尽量避免命名与保留字相同的标识符，否则程序将会出现异常："SyntaxError：can't assign to keyword"。

表 3-1 **Python 的 35 个保留字**

名称	含 义
False	为布尔属性值，一般是判断检测的属性为假
None	是一个特殊的常量，和 False 不同，也不是数字 0，更不是空字符串
True	为布尔属性值，一般是判断检测的属性为真
and	表示逻辑"与"
as	as 另一个常用的用法是与 with 连用，构成 with...as...语句
assert	断言
async	用来声明一个函数为异步函数
await	一个协程里可以启动另外一个协程，并等待它完成返回结果
break	退出循环
class	python 的类
continue	跳过 continue 后面循环块中的语句，继续进行下一轮循环
def	用于定义方法
del	删除 list 的元素
elif	相当于 else if
else	与条件判断 if 相匹配，表示条件不成立的情况
except	出现在异常处理中，使用格式为：try...except，try 中放想要执行的语句，except 捕获异常
finally	必然执行 finally 语句的代码块
for	for 循环
from	导入相应的模块，用 import 或者 from...import
global	定义全局变量
if	条件判断
import	引入外部包
in	查找列表中是否包含某个元素，或者字符串 a 是否包含字符串 b
is	判断两个标识符是不是引用自一个对象(同一块内存空间)
lambda	即匿名函数，不用想给函数起什么名字，提升了代码的简洁程度
nonlocal	可以用于标识外部作用域的变量

续表

名称	含　义
not	和 in 相反
or	表示逻辑"或"
pass	含义就是什么都不做，例如在定义某个函数时可以先写上 pass，后续再完善
raise	可以主动引发异常，一旦执行 raise 语句，后面的代码就不执行了
return	返回
try	出现在异常处理中，使用格式为：try… except，try 中放想要执行的语句，except 捕获异常
while	条件判断
with	和 as 一起使用，with… as 用来代替传统的 try… finally 语法
yield	生成器，就是一个返回迭代器(iterator)的函数

　　每种程序设计语言都有一套保留字，保留字一般用来构成程序整体框架、表达关键值和具有结构性的复杂语义。Python 3 版本共有 35 个保留字，如表 3-1 所示。另外，Python 的保留字也是大小写敏感的。例如，True 是保留字，但 true 不是保留字，因此后者可以被命名成变量使用。

　　通过关键字模块的引入，读者可以自行打印和查看 Python 中的全部关键字。

　　代码示例及运行结果如下：

```
import keyword                 #引入关键字模块
print( keyword. kwlist)        #打印出全部关键字
```

［'False', 'None', 'True', 'and', 'as', 'assert', 'async', 'await', 'break', 'class', 'continue', 'def', 'del', 'elif', 'else', 'except', 'finally', 'for', 'from', 'global', 'if', 'import', 'in', 'is', 'lambda', 'nonlocal', 'not', 'or', 'pass', 'raise', 'return', 'try', 'while', 'with', 'yield'］

(5) 标识符

　　标识符(identifier)是指用来标识某个实体的一个符号，在不同的应用环境下有不同的含义。在程序设计语言中，标识符是用作程序的某一元素名字的字符串，或用来标识源程序中某个对象的名字，以建立起名称与使用对象之间的关系。简单理解，标识符就是一个名字，主要用来标识变量、函数、类、模块和其他对象的名称。在 Python 语言中，标识符由字母、数字、下划线组成，但不能以数字开头，且区分大小写。

Python 语言中标识符的命名不是随意的，要遵守如下的规则和指南，一旦违反这些规则和指南，程序就会出现异常。

① 标识符只能包含字母、数字和下划线。变量名可以字母或下划线打头，但不能以数字开始。例如：UserID、name、mode12、user_age 是合法的标识符名字，而 4word 是不合法的(不能以数字开头)。

② 标识符不能和 Python 语言中的保留字相同，即不要使用 Python 保留的、用于特殊用途的单词，如 print 等。

③ Python 语言的标识符中，不能包含空格、@、%以及 $ 等特殊字符，如 $ money 是不合法的标识符名字(不能包含特殊字符)。

④ Python 语言中，标识符中的字母是严格区分大小写的，也就是说，两个同样的单词，如果大小格式不一样，代表的意义也完全不同。

⑤ Python 语言中，以下划线开头的标识符有特殊含义，例如：

- 以单下划线"_"开头的标识符(如 _width)，表示不能直接访问的类属性(私有属性)，该类属性无法通过"from... import ＊"的方式进行导入；
- 以双下划线"__"开头的标识符(如__add)表示类的私有成员；
- 以双下划线"__"作为开头和结尾的标识符(如__init__)，是专用标识符。

因此，除非特定场景需要，应避免使用以下划线开头的标识符。

3.1.2 变量与常量

与自然语言相似，Python 语言的基本单位是"单词"，少部分单词是 Python 语言已经规定了的，这些被规定好的单词被称为保留字。大部分单词是由用户自己定义的，通过用户的命名过程形成变量或函数，用来指代数据或者代码块。

(1)变量

变量是计算机语言中能储存计算结果且能表示值的抽象概念，它可以通过变量名进行访问。开发者能够把程序中准备使用的每一段数据都赋给一个简短、易于记忆的变量，因此它十分重要。在 Python 语言中，变量是保存和表示数据值的一种语法元素。变量的值可以通过赋值的方式进行修改，例如以下的代码示例，将 3 这个数值赋给变量 a，之后对其进行运算，并将 a+1 继续赋值给变量 a，以保存运算结果：

```
a = 3
a = a+1
print(a)
```

4

在 Python 语言中，变量可以随时命名、随时赋值、随时使用，但需要遵守一些规则和指南，一旦违反这些规则和指南，程序就可能会出现异常。

首先，变量名也是一种标识符，其命名规则必须符合标识符的命名规则。

其次，变量的命名与其保存的数据类型或者数据含义一致，采用既简短又具有描述性的名字，以提高程序的可读性和易理解性。例如，用于存放学生姓名的变量命名为"student_name"，比采用简写的"s_n"更易于理解；存放姓名长度的变量命名为"name_length"，比采用过多单词的"length_of_persons_name"更为简洁明了。

另外，在通常情况下程序员可以对变量任意取名，包括使用中文字符命名，但从程序兼容性的角度考虑，不建议采用中文等非英语语言字符对变量命名。需要注意的是，要慎用小写字母 l 和大写字母 O，因为它们容易被错看成数字 1 和 0 而引起误解①。

（2）常量

所谓常量，是指在程序运行过程中，其值不能被改变的量。与其他的编程语言类似，Python 语言中常量可分为整型常量、实型常量、字符常量和字符串常量等，也可分为数值型常量和非数值型常量，或者内置常量和用户自定义常量。

① 内置常量。

Python 语言的内置命名空间中有少数的常量，被称为内置常量，不允许被重新赋值，否则程序将会报错，引发 SyntaxError 异常。例如：

- False：bool 类型的假值。False 不允许被重新赋值。
- True：bool 类型的真值。True 不允许被重新赋值。
- None：NoneType 类型的唯一值，经常用于表示缺少值。例如，当默

---

① Eric Matthes. Python 编程——从入门到实践[M]. 袁国忠，译. 北京：人民邮电出版社，2016.

认的参数未传递给函数时，则传递给函数的参数值为 None。None 不允许被重新赋值。

- NotImplemented：是一个能够被二进制特殊方法返回的特殊值。

例如：__eq__()、__lt__()、__add__()、__rsub__()等方法，表明某个类型没有像其他类型那样真正地实现这些操作。NotImplemented 的 bool 测试值为逻辑真 True，下面是测试运行结果：

```
bool( NotImplemented)
```

True

- Ellipsis：亦写作"..."是用来表示省略的符号，可以表示省略的代码或者循环的数据结构等。Ellipsis 的 bool 测试值为逻辑真 True。

下面给出了代码示例和运行结果：

```
bool( Ellipsis)
```

True

```
print(...)
```

Ellipsis

```
L = [1, 2, 3]
L. append(L)      # L 是一个无限循环的结构
print(L)
```

[1, 2, 3, [...]]

② 自定义常量。

常量在定义之后就不能被更改，一旦更改就会报错。大多数程序语言中有专门的常量定义语法，例如 C 语言中的语句 const int a = 60。然而在 Python 语言中却没有类似 const 的修饰符，即没有专门用于定义常量的语法。

在 Python 中通常约定，常量的命名规范是以大写字母开头，以区分常量和变量的不同。然而这种约定方式并没有实现真正意义的常量，其对应的值仍然可以被改变。真正意义上的常量不允许对自定义常量进行二次赋值，否则就会产生异常。如果用户想要自定义真正的常量，需要通过自定义常量类的方式来实现。

3.1.3 Python 基本语句

(1)表达式

产生或计算新数据值的代码片段称为表达式，是值、变量和操作符(或叫运算符)的组合。表达式类似数学中的计算公式,以表达单一功能为目的,运算后产生运算结果。

表达式运算结果的类型由操作符或者运算符决定,按照连接运算数的运算符进行分类,分成算术表达式、逻辑表达式、关系表达式等。

Python 语言中常用的操作符和运算符列举如下:

① Python 中主要的算术运算符与 C/C++类似,包括:

- +、-、*、/、//、**、~、%分别表示加法或者取正、减法或者取负、乘法、除法、整除、乘方、取补、取模。
- >>、<<表示右移和左移。
- &、|、^表示二进制的 AND、OR、XOR 运算。
- >、<、==、!=、<=、>=用于比较两个表达式的值,分别表示大于、小于、等于、不等于、小于等于、大于等于。

在这些运算符里面,~、|、^、&、<<、>>必须采用整数作为运算数。例如:

```
1024 * 32
```

32768

```
"hello" + "," + "world" + "!"
```

'hello, world!'

```
24<25
```

True

- 使用 and、or、not 表示逻辑运算。
- 使用 is、is not 比较两个变量是否为同一个对象。
- 使用 in、not in 判断一个对象是否属于另外一个对象。

② Python 支持字典、集合、列表的推导式,即 dict comprehension、set comprehension、和 list comprehension。

例如:

```
print({x + 3 for x in range(4)})
print({x: x + 3 for x in range(4)})
```

{3, 4, 5, 6}

{0: 3, 1: 4, 2: 5, 3: 6}

③ Python 支持"迭代表达式"(generator comprehension),比如计算 0~9 的平方和:

```
print(sum(x * x for x in range(10)))
```

④ Python 使用 lambda 表示匿名函数。匿名函数只能是表达式。比如：

```
add = lambda x, y : x + y
print(add(3, 2))
```

5

lambda 函数的具体用法将在后面的章节中加以说明。

⑤ Python 使用 y if condition else x 表示条件表达式。意思是当 condition 为真时，表达式的值为 y，否则表达式的值为 x。相当于 C++和 Java 里的 cond？y：x。

⑥ Python 支持列表切割(slices)操作，可以取得完整列表的一部分。支持切割操作的类型有 str/bytes/list/tuple 等，语法是 name[left：right]或者 name[left：right：stride]。

以上列出了 Python 中常用的操作符和运算符，从几个例子同样可以看出，表达式一般由数据和操作符、运算符等构成，是 Python 语句的重要组成部分。

(2) 赋值语句

对变量进行赋值的代码被称为赋值语句。在 Python 语言中，"="表示赋值。赋值语句的一般形式如下，即将等号右侧的表达式计算后的结果值赋给左侧变量。

<变量> = <表达式>

例如：

```
a = 256 * 2          #这行是赋值语句
print(a)
```

512

注意：在 Python 程序中，赋值语句使用等号(=)表达，而值相等的判断使用双等号(==)表达。双等号判断后的结果是 True(真)或 False(假)，分别对应值相等或值不相等。

赋值语句除了以上表示形式以外，还有一种同步赋值语句，同时给多个变量赋值，多个变量和赋值之间用","分隔。其基本格式如下：

<变量 1>，……，<变量 N> = <表达式 1>，……，<表达式 N>

同步赋值会同时运算等号右侧的所有表达式，并一次性将右侧表达式结果分别赋值给左侧的对应变量，可以实现同时给多个变量赋值。

例如：

```
n = 3
x, y = n+1, n+2
print(x, y)
```

4 5

同步赋值的另一个应用是可以同步实现两个变量值的互换。

例如：互换两个变量 x 和 y 的值，代码如下：

```
x = 4
y = 6
print(x, y)
x, y=y, x
print(x, y)
```

4 6
6 4

代码中的前两行分别给变量 x 和 y 赋值为 4 和 6，并打印结果，第四行互换了两个变量的值，通过打印的结果可以看出，用一条多变量赋值语句实现了两个变量值的互换。

(3) 引用

Python 语言提供了众多的内置软件包和第三方库供程序员使用，在程序开发过程中，常常需要调用当前程序之外的软件包或者第三库提供的功能模块，这个过程叫做"引用"。Python 语言使用 import 保留字引用当前程序以外的软件包和功能库，使用方式如下：

import <功能库/软件包名称>

引用软件包后，采用"<包名称>. <函数名称>( )"方式调用包的功能函数，这种方式简称 A. B 方式。扩展来看，带有点"."的 A. B 或 A. B( )使用方式可以看作面向对象的访问方式，其中 A 是对象或者类的名称，B 是属性或方法名称。

例如：

```
import math
math. ceil(5. 23)          #取大于等于 x 的最小的整数值，如果 x 是一个整数，
                           则返回 x
```

6

```
math. copysign(2, -3)     #copysign(x, y), 把 y 的正负号加到 x 前面
```

-2.0

| math. pi | #pi 表示圆周率常量 |

3. 141592653589793

| math. cos(math. pi/6) | #求 x 的余弦，x 必须是弧度 |

0. 8660254037844387

| math. fsum((1, 3, 5, 7, 9, 10)) | #对迭代器里的每个元素进行求和操作 |

35. 0

（4）输入输出函数

计算机标准的输入输出操作是指从键盘上输入字符，然后在屏幕上显示运算结果的过程。Python 语言中有 3 个重要的输入输出函数，即 input( ) 函数、print( ) 函数和 eval( ) 函数，分别用于输入、输出和转换操作。

① input( ) 函数。

input( ) 函数从控制台（键盘）获得用户的一行输入字符。在 Python 3. × 中，无论用户输入什么内容，input( ) 函数都以字符串类型返回结果，即函数接收任意类型输入，将所有输入默认为字符串处理，并返回字符串类型。input( ) 函数可以包含一些提示性文字，用来提示用户，使用方式如下：

<变量> = input(<提示性文字>)

需要注意：无论用户输入的是字符类型还是数值类型，input( ) 函数统一按照字符串类型输出。为了在后续能够操作用户输入的信息，需要输入指定一个变量。

例如：

```
a = input("请输入:")
print('a=', a)
print(type(a))          #返回变量 a 的数据类型
```

请输入：123

a= 123

<class 'str'>

input( ) 函数的提示性文字是用户可选的，程序可以不设置提示性文字而直接使用 input( ) 获取用户的输入。

② print( ) 函数。

print( ) 函数用于输出运算结果，根据输出内容的不同，有三种用法。

● 仅用于输出字符串或者单个变量，使用方式如下：

print(<待输出字符串或变量>)

例如：

```
print("hello, world!")
```

hello, world!

对于字符串，print( )函数输出后将去掉两侧双引号或者单引号，输出结果是可打印字符。对于其他类型，直接输出作为字符打印。

```
print(123)
print(-123)
```

123
-123

- 仅用于输出多个变量，使用方式如下：

print(<变量 1>，<变量 2>，……，<变量 N>)

输出后的各变量值之间用一个空格分隔，例如：

```
x, y, z = 1, 2, 3
print(x, y, z)
```

1 2 3

- 用于混合输出字符串与变量值，使用方式如下：

print(<输出字符串模板>.format(<变量 1>，<变量 2>，……，<变量 N>))

其中，输出字符串模板中采用"{}"的形式表示一个槽位置，每个槽位置对应".format"中的一个变量。例如：

```
a, b=1.2, 2.4
print("数字{}和数字{}的乘积是{}".format(a, b, a*b))
```

数字 1.2 和数字 2.4 的乘积是 2.88

其中，"数字{}和数字{}的乘积是{}"是输出字符串模板，即混合字符串和变量的输出样式，表示槽位置的大括号"{}"中的内容由后面紧跟的format( )方法中的参数按顺序填充。

print( )函数输出文本时会默认在最后增加一个换行，如果不希望在最后增加这个换行，或者希望输出文本后增加其他内容，可以对 print( )函数的 end 参数进行赋值，使用方式如下：

print(<待输出内容>，end＝"<增加的输出结尾>")

例如：

```
x = 36
print(x, end=".")
```

```
print(x, end="%")
print(" is the percentage number.")
print("OK!")
```

36. 36% is the percentage number.

OK!

由上述代码的结果可知，执行带有 end 参数的 print( )语句并没有产生换行，而默认的 print( )语句会自动在输出结尾产生一个换行。

③eval( )函数。

eval( )函数用来执行一个字符串表达式，并返回表达式的值。函数将去掉字符串最外侧的引号，并按照 Python 语句方式将字符串转成表达式，并执行表达式返回结果。使用方式如下：

<变量> = eval(<字符串表达式>)

其中，变量用来保存对字符串的内容按表达式进行运算的结果。

例如：

```
x = "2 * 1.2"
print('x=', eval(x))
y = eval("1.2 + 2.4")
print('y=', y)
```

x= 2.4

y= 3.5999999999999996

```
print(eval('pow(2, 3)'), end='; ')
print(eval('max(2, 3, 4)'))
```

8; 4

3.2 基本数据类型

Python 中包含的基本数据类型主要有数值类型、逻辑值类型和字符类型。其中，数值类型包含整数类型、浮点数类型和复数类型，逻辑值通常使用常量 True 和 False 来表示，字符类型由一系列字符表示，既可以是中文字符，也可以是英文字符。

3.2.1 数值类型

Python 支持三种不同的数值类型，包括整数类型、浮点数类型和复数类

型，分别对应数学中的整数、实数和复数。例如，36 是一个整数类型，3.6
是一个浮点数类型，3+6j 是一个复数类型。在实际应用中，常用的数据类
型为整数类型与浮点数类型。

（1）整数类型

Python 的整数类型与数学中整数的概念一致，整数的表示方法和数学上
的写法也一模一样，例如：1，100，-1024，0，等等。理论上，Python 可
以使用任意大小的整数，理论取值范围是（-∞，+∞），但实际上要受到计
算机内存大小的限制。

整数有四种进制的表示方式，分别为十进制、二进制、八进制和十六
进制。默认情况下，整数采用十进制，若需使用其他进制，则需要在整数
前增加引导符号，如表 3-2 所示。二进制数以 0b 或者 0B 开头（数字 0 后面
加小写或大写的字母"b"/"B"），后面跟着二进制数字 0-1；八进制数以 0O
或者 0o 开头（数字 0 后面加小写或大写字母"o"/"O"），后面接八进制数字
0-7。十六进制数以 0x 或者 0X 开头（数字 0 后面加上小写或大写字母"x"/
"X"），后面接十六进制数字 0-9 和 A-F。

采用不同的进制表示同一数值时，会产生不同的表达形式，例如，在
不同进制下数值 2020 的表达形式分别为：2020，0B11111110100，0O3744，
0X7E4。数值的不同表达形式可以在不同的环境下帮助程序员理解数据结
构、辅助程序开发。而对于程序而言，不同表达形式的数据最终被代码获
取和处理的，都只是数据的真实数值。所以数据表达形式在代码中并无区
别，不同进制的整数之间可以直接进行运算或比较。另外，程序无论采用
何种进制表达数据，在计算机内部都以二进制的形式存储数值，进制之间
的运算结果默认以十进制方式显示。

表 3-2　　　　　　　　　整数类型的四种进制表示

进制种类	引导符号	描述
十进制	无	默认情况，例：16，-16
二进制	0b 或者 0B	由字符 0 和 1 组成，例：0b1010，0B1010
八进制	0O 或者 0o	由字符 0 到 7 组成，例：0o1010，0O1010
十六进制	0x 或 0X	由字符 0 到 9，a 到 f 或 A 到 F 组成，例：0x50AD，0XFFFF

在 Python 中，可以对整数类型进行算术运算，包括加、减、乘、除、取模、幂、取整运算等，具体用法参见第 3.3 节。

(2)浮点数类型

浮点数类型与数学中实数的概念一致，表示带有小数的数值。Python 中的浮点数用 float 表示，除整数部分外，必须包含小数点及小数位，小数部分可以是 0。

例如：36 是整数，36.0 是浮点数。

```
print(type(36), type(36.0))
```

<class 'int'> <class 'float'>

浮点数有两种表示方法：小数形式和指数形式。小数形式由数字和小数点组成，例如 12.3、123.0、0.123 等，也就是数学中实数的表示方法。指数形式是用字母 e(或 E)来分割实数，e 前面必须有数字，可以是带符号的小数或者整数，表示实数的尾数；e 后面必须为整数，可以是正数或者负数，表示实数的指数。

例如：

```
print(12.0, -12.3, 123e-4, -12.3e2)
```

12.0 -12.3 0.0123 -1230.0

当浮点数参与表达式的运算时，会以浮点数的规则进行运算，将表达式中的整数转换成浮点数类型。

例如，当浮点数 5.0 与整数 3 相加时，结果为浮点数 8.0。

```
print(5.0+3)
```

8.0

需要注意的是，采用二进制的小数形式在很多情况下不能够精确地表达十进制小数的数值。例如，十进制的 0.2，如果用二进制来表示则为 0.00110011…(无穷小数)，如果取前 8 位二进制数，则换算为十进制的数值为 0.19921875，却不是完全等于 0.2。而计算机中的数值都是用二进制来表示的，因此，如果在代码中用十进制的小数表示浮点数，程序的运算结果往往有可能是不精确的。

例如，如果将浮点数 3.2 与浮点数 2.8 相减的结果与浮点数 0.4 进行等值比较，输出结果并不是 True，而是 False：

```
print((3.2-2.8) == 0.4)        #将 3.2-2.8 的值与 0.4 进行等值比较
```

False

所以在编写代码时，尽量不要对两个浮点数的数值进行等值"＝＝"和不等值"！＝"比较。

（3）复数类型

在 Python 语言中，复数类型以"a+bj"的形式表示，其中 a、b 分别是实部和虚部，均为浮点数，虚部 b 要加上后缀"j"。complex( ) 函数用于创建一个复数或者将一个数或字符串转换为复数类型的数据，其返回值为一个复数。该函数的语法为：

$$complex(real\ [\ ,imag\ ])$$

其中，real 可以为 int、float 或字符串类型；而 imag 可以为 int、long 或 float 类型。需要注意的是：如果第一个参数为字符串，第二个参数必须省略；若第一个参数为其他类型，则第二个参数可以选择。

例如，定义一个复数，分别输出它的实部、虚部和共轭复数：

```
a = 2.3+0.666j        #定义一个虚数
print(a)              #输出这个虚数
print(a.real)         #输出实部
print(a.imag)         #输出虚部
print(a.conjugate())  #输出共轭复数
```

(2.3+0.666j)

2.3

0.666

(2.3-0.666j)

```
print(complex(1,3))
print(complex(4))        #数字
print(complex("5"))      #当做字符串处理
print(complex("2+6j"))   #注意：此处"+"号两边不能有空格，不能写成"2 +
                           6j"，应该是："2+6j"，否则就会报错。
```

(1+3j)

(4+0j)

(5+0j)

(2+6j)

3.2.2　逻辑类型

逻辑类型又称布尔类型(Bool)，用来表示只有两个值的数据，分别为逻辑真 T 和逻辑假 F。在 Python 中用常量 True 和 False 来表示，使用时需要注意大小写。逻辑类型数据的运算称为逻辑运算或者布尔运算，布尔运算符共有三个：与(and)、或(or)、非(not)。布尔运算符及运算规则如表 3-3 所示。

从表 3-3 可知：

- 在 x and y 运算中，只有 x 和 y 的值都为 True，计算结果才为 True；
- 在 x or y 运算中，只要有一个布尔值为 True，计算结果就是 True；
- 在 not x 运算中，x 为 True 时，结果为 False；反之结果为 True。

表 3-3 　　　　　　　　　　**逻辑(布尔)运算符及运算规则**

and	T	F
T	T	F
F	F	F

or	T	F
T	T	T
F	T	F

not	结果
T	F
F	T

例如：

```
print(True and True)     # = => True
print(False and True)    # = => False
print(True or False)     # = => True
print(False and False)   # = => False
print(not True)          # = => False
```

True
False
True
False
False

3.2.3　字符串类型

字符串是 Python 中常用的一种数据类型，是由一系列字符组成的，包括英文字符、中文字符、数字和其他字符等。Python 语言中可以用单引号、双引号、三个单引号、三个双引号等方式来界定字符串，并进行字符串的连接操作。

例如：

```
a = 'Hello world! '        #使用单引号作为界定符
b = "This is my first string. "   #使用双引号作为界定符
```

```
c = 'Python is a "GREAT" language! '   #混合使用单、双引号,字符串包含了双
                                            引号
d = """I'm a coder."""                 #字符串包含了单引号,可以用三个双引号作为界
                                            定符
e = "Good " + 'morning'                #字符串连接,混合使用单、双引号
```

与 Java 或者 C 语言不同, Python 没有单独的字符数据类型,一个字符就是长度为 1 的字符串。可以通过下标的方式,表示字符串中的字符,例如:上面例子中 a[1]为字符"e";也可以用片段记号来指定子字符串,片段即用冒号隔开的两个下标,例如 a[3:7]为子串"lo w"。

需要注意的是,字符串的下标从 0 开始计数,[3:7]表示从 3 号字符开始取到 7 号(但是不包括 7 号)字符。另外,空格符号也是一个字符。Python 3.×支持将中文作为单字符对待,每个汉字为一个字符,字符和子串的截取采用同英文字符同样的下标计数方式。

Python 字符串的下标取值有两种方式,可以正负取值,即从左至右按正数取值,从 0 开始计数;从右至左按负数取值,从−1 开始计数。如图 3-1 所示:

字符串:　P Y T H O N

正值下标:　0　1　2　3　4　5

负值下标:　-6　-5　-4　-3　-2　-1

图 3-1　字符串的下标正负取值

代码示例及运行结果如下:

```
a = "Hello world!"
print("a[1]:", a[1])
print("a[3:7]:", a[3:7])
```

a[1]: e

a[3:7]: lo w

字符是人类能够识别的符号,这些符号要保存到计算的存储中就需要用计算机能够识别的字节来表示。

一个字符往往有多种表示方法,不同的表示方法会使用不同的字节数。这里所说的不同的表示方法就是指字符编码,比如字母 A-Z 都可以用 ASCII

码表示(占用一个字节)，也可以用 Unicode 表示(占两个字节)，还可以用 UTF-8 表示(占用一个字节)。字符编码的作用就是将人类可识别的字符转换为机器可识别的字节码。Unicode 字符串可以与任意字符编码的字节进行相互转换，如图 3-2 所示。

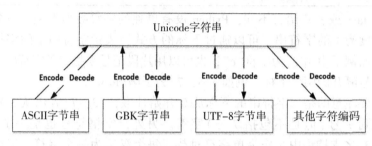

图 3-2　字符编码的字节相互转换

Python 3. ×默认的字符编码是 Unicode。Unicode 字符串是一个代码点(code point)序列，代码点取值范围为 0 ~ 0x10FFFF(对应的十进制为 1114111)。这个代码点序列在存储(包括内存和物理磁盘)中需要被表示为一组字节(0~255 的值)。

Python 3. ×默认的文件编码是 utf-8，用户还可以指定为其他的编码方式。程序源代码文件的字符编码是由编辑器指定的，在保存和执行时会经历编码过程和解码过程。

- 编码(encode)：将 Unicode 字符串(中的代码点)转换为特定字符编码对应的字节串的过程和规则。
- 解码(decode)：将特定字符编码的字节串转换为对应的 Unicode 字符串(中的代码点)的过程和规则。

例如，使用代码"# - * - coding：utf-8 - * -"指定工程编码和文件编码为 UTF-8，编码、解码过程如图 3-3 所示：在编码过程中，保存的 Python 代码被转换为对应的 UTF-8 编码字节写入磁盘；在解码过程中，当执行文件中的 Python 代码时，Python 解释器先读取 Python 文件中的代码字节串，再将其转换为 Unicode 编码字符串之后才执行后续操作。

尽管 Python 3 的解释器以 UTF-8 作为默认编码，但是这并不表示可以完全兼容中文问题。比如在 Windows 上进行开发时，Python 工程及代码文件都使用的是默认的 GBK 编码，也就是说 Python 代码文件是被转换成 GBK 格式的字节码保存到磁盘中的。Python 3 的解释器执行该代码文件，试图用

UTF-8 进行解码操作时，同样会解码失败，导致如下异常提示：

SyntaxError：Non-UTF-8 code starting with '\ xc4' in file xxx. py on line 11，but no encoding declared；

see http：//python. org/dev/peps/pep-0263/ for details

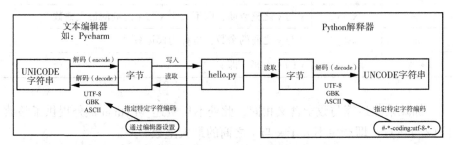

图 3-3　Python 源代码文件的执行过程

3.3　运算符与表达式

Python 语言的运算符包括算术运算符、逻辑运算符、关系运算符、赋值运算符、成员运算符、位运算符、成员运算符以及身份运算符等，通过运算符用户能够实现基本的计算功能。表达式则是由数字、运算符、数字分组符号(括号)、自由变量和约束变量等要素构成的，按照既定的、有意义的方式进行排列，并能求得返回值(结果)的组合。

一般而言，约束变量在表达式中已被指定数值，而自由变量则可以在表达式之外另行赋值。表达式是构成程序代码的重要组成部分，能够表达程序的基本计算语句。表达式可以按照连接运算数的运算符进行分类，分成算术表达式、逻辑表达式、关系表达式等。

3.3.1　算术运算符

Python 提供了 9 个基本的算术运算符，如表 3-4 所示。这 9 个操作符与数学中的计算方式类似，运算结果也同样符合数学意义。

表 3-4　　　　　　　　　　　　　　　算术运算符

运算符	表达式	描述
+	x+y	x 与 y 之和
−	x−y	x 与 y 之差

续表

运算符	表达式	描述
*	x * y	x 与 y 之积
/	x／y	x 与 y 之商，运算结果为浮点数
//	x／／y	x 与 y 之整数商，即不大于 x 与 y 之商的最大整数
%	x%y	x 与 y 之商的余数，也称为模运算
* *	x * * y	x 的 y 次幂，即 x^y

加减乘除运算与数学含义相同，此处不再赘述。Python 额外提供了整数除(／／)运算，即产生不大于 x 与 y 之商的最大整数。

另外，模运算(%)在编程中十分常用，主要应用于具有周期规律的场景。例如：一个星期 7 天，用 day 代表日期，则 day%7 可以表示星期，如 0 代表星期天，1 代表星期一等；对于一个整数 n，n%2 的取值是 0 或者 1，可以用于判断整数 n 的奇偶性。本质上，整数的模运算 x%y 能够将整数 x 映射到[0，y-1]的区间中。

数值运算可能改变结果的数据类型，类型的改变与运算符有关，基本规则如下：

- 整数之间运算，产生结果类型与操作符相关，除法运算(／)的结果是浮点数，除此之外，其他运算符的运算结果均为整数；
- 整数和浮点数混合运算，输出结果是浮点数；
- 整数或浮点数与复数运算，输出结果是复数。

例如：

```
print(156/4)
```

39.0

```
print(23 * 2, 23.0 * 2)
```

46 46.0

```
print(10-(1+1j))
```

(9-1j)

表 3-4 中所有二元运算操作符(+、-、* 、／、／／、%、* *)都可以与赋值符号(=)相连，形成增强赋值操作符(+=、-=、* =、／=、／／=、%=、* * =)。

如果用"op"表示这些二元运算符，增强赋值操作符的用法如下：

x op= y 等价于 x = x op y，例如：语句 x += y 等价于语句 x = x + y。

增强赋值操作符能够简化对同一变量赋值的语句表达。但需要注意的是，增强赋值操作符中的"op"和"="之间不能有空格，否则程序将会报错，示例如下：

```
x = 5
x * * = 3
print(x)
```

File "<ipython-input-6-cc6dfc65a414>", line 2
    x * * = 3
          ^
SyntaxError：invalid syntax

```
x = 5
x * *= 3      #与 x = x * *3 等价
print(x)
```

125

3.3.2　逻辑运算符

Python 中的逻辑运算符，即布尔运算符，如第 3.2.2 节所述，有与（and）、或（or）、非（not）三个运算符。逻辑运算符常用来连接关系表达式或者条件表达式，构成更为复杂的条件表达式。另外，需要注意的是，如果运算符 and 和 or 连接两个表达式，其运算结果不一定会返回 True 或 False 的逻辑值，而是得到后一个表达式的计算的结果（不一定是逻辑值）。但是，运算符 not 构成的表达式，一定会返回 True 或 False 的逻辑值。

例如：

```
5>3 and 7+8
```

15

```
5<3 and 7+8
```

False

```
5<3 or 7+8
```

15

```
not 7+8
```

False

这是因为在 Python 中 and 和 or 的运算有一条重要的运算法则——短路计算，即：

- 在计算 exp1 and exp2 时，如果表达式 exp1 的返回值是 False，则根据与运算法则，整个计算结果必定为 False，因此直接返回 exp1 的值；如果 exp1 的值是 True，则整个计算结果必定取决于表达式 exp2 的返回值，因此直接返回 exp2 的值。
- 在计算 exp1 or exp2 时，如果表达式 exp1 的返回值是 True，则根据或运算法则，整个计算结果必定为 True，因此直接返回 exp1 的值；如果 exp1 的值是 False，则整个计算结果必定取决于表达式 exp2 的返回值，因此直接返回 exp2 的值。

Python 语言把数值 0、空字符串和 None 等都看成逻辑值 False，其他数值和非空字符串都看成逻辑值 True，因此，短路计算的法则还往往可以让 and 和 or 运算符与其他类型的变量或者表达式相配合使用。

例如：

```
a = True                           #变量 a 赋值为 True
print( a and "a=T" or "a=F" )      #打印 a and "a=T" or "a=F" 的运算结果
```

a=T

上面代码的执行结果并不是一个逻辑值类型，而是字符串"a=T"。

3.3.3 关系运算符

Python 中关系运算符的含义与数学中关系运算符的含义完全一致。使用关系运算符的一个重要前提是，操作数之间必须可比大小。如果对一个字符串和一个数值进行大小的比较是毫无意义的，Python 也不支持这样的运算。

关系运算符主要有等于、不等于、大于、小于、大于等于和小于等于，如表 3-5 所示。

表 3-5　　　　　　　　　　　　　　关系运算符

关系运算符	关系表达式	描述
==	x == y	等于，比较对象是否相等。注意：是两个"="
!=	x != y	不等于，比较两个对象是否不相等
>	x > y	大于，返回 x 是否大于 y

关系运算符	关系表达式	描述
<	x < y	小于，返回 x 是否小于 y
>=	x >= y	大于等于，返回 x 是否大于等于 y
<=	x <= y	小于等于，返回 x 是否小于等于 y

示例如下：

```
print(3==5, 3!=5, 3>5, 3<5, 3>=5, 3<=5)
```

False True False True False True

3.3.4　其他运算符

除了上述算术运算符、逻辑运算符和关系运算符外，Python 中还有其他一些运算符，如位运算符、成员运算符、身份运算符等，如表 3-6 所示。

表 3-6　　　　　　　　　　　　其他运算符

运算符类型	符号
位运算符	&，|，^，~，<<，>>
成员运算符	in，not in
身份运算符	is，is not
集合运算符	&，|，^，-

(1) 位运算符

位运算符是把数字看作二进制来进行计算的，Python 中的位运算符的符号含义如下：

- &：按位与运算符，参与运算的两个值，如果两个相应位都为 1，则该位的结果为 1，否则为 0。

  如：60&13 输出结果为 12，即二进制 0011 1100 & 0000 1101 = 0000 1100。

- |：按位或运算符，只要对应的两个二进位有一个为 1 时，结果位就为 1。

  如：60|13 输出结果为 61，即二进制 0011 1100 | 0000 1101 =

0011 1101。

- ^：按位异或运算符，当两对应的二进位相异时，结果为 1。

  如：60^13 输出结果为 49，即二进制 0011 1100 ^ 0000 1101 = 0011 0001。

- ~：按位取反运算符，对数据的每个二进制位取反，即把 1 变为 0，把 0 变为 1。

  如：~60 输出结果为-67，即二进制 ~ 0011 1100 = 1100 0011(最高位为符号位)。

- <<：左移动运算符，运算数的各二进位全部左移若干位，由<<右边的数字指定移动的位数，高位丢弃，低位补 0。

  如：60<<2 输出结果为-112，即二进制 0011 1100<<2 = 1111 0000。

- >>：右移动运算符，把>>左边的运算数的各二进位全部右移若干位，>>右边的数字指定了移动的位数。

  如：60>>2 输出结果为 15，即二进制运算 0011 1100>>2 结果为 0000 1111。

(2)成员运算符

用来测试一个实例是否包含于一个序列，是否为序列的一个成员。例如，字符串、列表或元组等都是序列，如果需要判断序列中是否存在某个特定的值，就需要用到 Python 的成员运算符，in 或者 not in。

- in：如果在指定的序列中找到值返回 True，否则返回 False。
- not in：如果在指定的序列中没有找到值返回 True，否则返回 False。

例如，判断列表中是否包含 a、b 两个数值并打印判断的结果：

```
a = 1                        #定义变量 a 并赋值为 1
b = 6                        #定义变量 b 并赋值为 6
list = [1, 2, 3, 4, 5]       #定义列表 list
if ( a in list ):            #判断 list 中是否含 1
    print("变量 a 在给定的列表中 list 中")
else:
    print("变量 a 不在给定的列表中 list 中")
if ( b not in list ):                        #判断 list 中是否含 6
    print("变量 b 不在给定的列表中 list 中")
else:
    print("变量 b 在给定的列表中 list 中")
```

变量 a 在给定的列表中 list 中

变量 b 不在给定的列表中 list 中

（3）身份运算符

身份运算符一般用于比较两个对象的存储单元是否相同，在 Python 中的身份运算符有 is 和 is not，用来判断两个标识符是否引用自同一对象。

- is：判断两个标识符是不是引用自一个对象（同一块内存空间）。语句 x is y 类似于 id(x) == id(y)，如果引用的是同一个对象则返回 True，否则返回 False。
- is not：判断两个标识符是不是引用自不同对象（同一块内存空间）。语句 x is not y 类似于 id(a) ! = id(b)，如果引用的不是同一个对象则返回结果 True，否则返回 False。

例如，下面两个代码都是判断 a、b 和 c 是否引自同一个对象的代码，其中，前一段代码将变量赋值为小整数 1，后一段代码将变量赋值为大一点的整数 2020，运行结果却有所不同。

```
a = 1                    #定义变量 a 并赋值为整数 1
b = 1                    #定义变量 b 并赋值为整数 1
c = b                    #定义变量 c 并赋值为 b
if ( a is b ):           #判断变量 a 和 b 是否引自同一个对象
    print("a 和 b 有相同的标识")
else:
    print("a 和 b 没有相同的标识")
if ( b is c ):           #判断变量 b 和 c 是否引自同一个对象
    print("b 和 c 有相同的标识")
else:
    print("b 和 c 没有相同的标识")
if ( a is c ):           #判断变量 a 和 c 是否引自同一个对象
    print("a 和 c 有相同的标识")
else:
    print("a 和 c 没有相同的标识")
```

a 和 b 有相同的标识

b 和 c 有相同的标识

a 和 c 有相同的标识

```
a = 2020                 #定义变量 a 并赋值为整数 2020
b = 2020                 #定义变量 b 并赋值为整数 2020
c = b                    #定义变量 c 并赋值为 b
```

```
if ( a is b ):              #判断变量 a 和 b 是否引自同一个对象
    print("a 和 b 有相同的标识")
else:
    print("a 和 b 没有相同的标识")
if ( b is c ):              #判断变量 b 和 c 是否引自同一个对象
    print("b 和 c 有相同的标识")
else:
    print("b 和 c 没有相同的标识")
if ( a is c ):                   #判断变量 a 和 c 是否引自同一个对象
    print("a 和 c 有相同的标识")
else:
    print("a 和 c 没有相同的标识")
```

a 和 b 没有相同的标识

b 和 c 有相同的标识

a 和 c 没有相同的标识

这是因为整数在程序中的使用非常广泛,为了优化程序创建对象的效率和代码运行速度,Python 使用了小整数对象池来管理常用的小整数,以避免为创建整数对象而频繁地申请和销毁内存空间。Python 对小整数的定义是[-5, 256],即这些整数对象是提前建立好的,其存储的内存空间不会被垃圾回收。在一个 Python 程序中,无论这个范围内的整数出现在程序的哪一条语句、被赋值给哪一个变量,使用的都是同一个对象。上面例子中,整数 1 在小整数范围内,而 2020 则不在,因此产生了程序运行结果的差异。

与小整数对象池的管理机制类似,Python 的字符串 intern 机制也采用同样的方法来管理不含空格的字符串或者单个字符(包括单个空格),即如果当前变量引用的字符串对象(不含空格)已经存在的话,则直接增加对该字符串对象的引用,而不去创建新的字符串对象。

例如:

```
x = 'Python'              #不含空格
y = 'Python'
print( id(x) = = id(y) )
```

True

```
x = 'love Python'         #包含空格
y = 'love Python'
print( id(x) = = id(y) )
```

False

(4)集合运算符

理解集合运算符首先要理解集合(set)的概念。集合是一个无序不重复元素集，是 Python 数据类型的一种，由于是无序的，所以无法进行索引和切片等一些操作，主要有添加、删除、交集、并集、差集、对称差集六种操作。

集合的添加和删除操作可以通过 add( ) 和 remove( ) 等函数来完成，例如，s. add(4)向集合 s 中添加元素 4；s. remove(1)则删除集合 s 中的元素 1。

其余的四种操作则通过集合运算符来实现，即交集(&)、并集(丨)、差集(-)和对称差集(^)。示例如下：

```
{1, 2, 3} | {3, 4, 5}        #并集
```
{1, 2, 3, 4, 5}

```
{1, 2, 3} & {3, 4, 5}        #交集
```
{3}

```
{1, 2, 3} ^ {3, 4, 5}        #对称差集
```
{1, 2, 4, 5}

```
{1, 2, 3} - {3, 4, 5}        #差集
```
{1, 2}

3.4　字符串类型的基本操作

由 3.2 节可知，字符串是一种 Python 数据类型，由一系列字符构成，既可以是中文字符，也可以是英文字符。Python 提供了诸多字符串操作方法，本节将详细介绍字符串的引号使用、合并、复制与转义等操作。此外，还有更多的字符串操作可以通过 Python 的内置函数来完成，例如字符串的大小写转换、字符替换、删除、截取、查找、分割等，将在第 10 章重点介绍。

3.4.1　引号界定符

在 Python 中一般用一对引号括起来的都是字符串，其中引号可以是单引号，也可以是双引号，还可以是成对的三个单引号或者双引号。在交互式终端窗口中由 Python 解释器输出的字符串都是用单引号括起来的，无论

它们是由单引号还是双引号界定的，没有任何区别。

例如：

```
"Hello World!"            #双引号创建字符串 Hello World!
```

'Hello World! '

```
'Hello World! '           #单引号创建字符串 Hello World!
```

'Hello World! '

使用两种引号创建字符串，方便于创建其本身就包含引号的字符串，避免使用转义字符。具体用法为：在双引号界定的字符串中使用单引号，或者在单引号界定的字符串中使用双引号，就可以把内容中的引号也当作一个字符看待，而不是作为界定符。

例如：

```
" 'Hi! 'said the boy. "      #双引号包裹的字符串中使用单引号
```

" 'Hi! 'said the boy. "

```
'" is the rare double quote in captivity. '   #单引号包裹的字符串中使用双引号
```

'" is the rare double quote in captivity. '

```
"" Hi!"said the boy. "      #双引号包裹的字符串中使用双引号
```

File "<stdin>", line 1

" "Hi!"said the boy. "

^

SyntaxError：invalid syntax

```
" \ "Hi! \ "said the boy. "     #双引号包裹的字符串中使用转义字符+双引号
```

'"Hi!"said the boy. '

除了单引号和双引号外，在 Python 中还可以使用三元引号创建多行字符串，即三个连续的单引号(''')或者三个连续的双引号(""")。例如：

```
'''Had I not seen the Sun
I could have borne the shade
But Light a newer Wilderness
My Wilderness has made'''      #使用三元引号创建四行字符串
```

'Had I not seen the Sun\nI could have borne the shade\nBut Light a newer Wilderness\nMy Wilderness has made'

3.4.2 合并字符串

在 Python 中，可以对字符串进行连接的操作，通常使用三种方法，分别是：加号"+"、join( )函数以及 append( )函数，使用的场景、方式和结果略有不同。

(1)使用加号"+"进行字符串的合并

这种方法使用较为简单，直接将需要连接的字符串放在连接符"+"的两边，能得到连接之后的输出结果。

例如：

```
"Good"+" "+"morning!"          #将字符串"Good"和"morning!" 合并且在其中添加
                               一个空格
```

'Good morning! '

除此之外，也可以直接将一个字符串放在另一个字符串的后面实现字符串的合并。

```
"abc""def"                     #合并字符串"abc"和"def"
```

'abcdef'

从以上结果可以看出，Python 在进行字符串的合并时，并不会自动在字符串之间添加空格，需要自行定义。但是在使用 print( )进行多个字符串的打印时，Python 会自动在多个字符串中间添加空格。

例如：

```
a = "abc"
b = "def"
print(a, b)                    #合并字符串"abc"和"def"
```

abc def

(2)使用 join( )函数从列表拼接字符串

join( )函数的使用需要满足一定条件，即函数中的参数字符串是可迭代的(iterable)。Python 中可迭代的对象并不是指某种具体的数据类型，而是指存储数据元素的一个容器，该容器中的数据元素可以通过__iter__( )方法或__getitem__( )方法进行访问。

例如：

```
list_hello = ['你','好','! ']
str_hello = ''.join(list_hello)
print(str_hello)
```

你好!

除了仅将列表中的字符串元素进行连接外，还可以使用拼接前缀对列表拼接字符串，调用的格式为：拼接前缀.join(列表对象)。

例如：

```
list_hello = ['你', '好', '! ']
str_hello = '------>'.join(list_hello)
print(str_hello)
```

你------>好------>!

另外，使用 join() 函数还可以对字典进行拼接。使用时，默认拼接的对象是字典的键(key)，而非键值(value)。如果要对一个字典 dict_name 的键值列表进行拼接，则需要使用 dict_name.values() 的形式在 join() 函数的参数中加以指明。还需要注意的是，采用 join() 函数拼接的对象不能有非 str 类型的参数，如果有其他类型的参数，就会报异常。

例如：

```
dict_name = {'key1': 'value1', 'key2': 'value2', 'key3': 'value3'}
str_key = ', '.join(dict_name)          #拼接 key 列表
print(str_key)
```

key1, key2, key3

```
dict_name = {'key1': 'value1', 'key2': 'value2', 'key3': 'value3'}
str_value = ' * *'.join(dict_name.values())          #拼接 value 列表
print(str_value)
```

value1 * * value2 * * value3

(3)使用 append() 函数对列表进行元素追加

append() 方法可以在被选元素的结尾插入指定内容，但插入的内容仍在元素内部。若使用 append() 函数对列表进行元素的追加，便可以将新的对象添加到列表的末尾。

例如：

```
list_hello = ['你', '好', '! ']
list_hello.append( 2020 );
print(list_hello)
```

['你', '好', '! ', 2020]

3.4.3 复制字符串

在 Python 中，使用乘号" * "对字符串进行操作，可以对字符串进行复

制，得到重复多次的输出。即直接将字符串与需要复制的次数用"＊"相乘，就可以得到多个相同字符串连接后的长字符串。

例如：

```
Print('Python' * 5)                    #输出 5 个 'Python'
```

'PythonPythonPythonPythonPython'

3.4.4　转义字符

转义字符是很多程序语言、数据格式和通信协议的形式文法的一部分。对于一个给定的字母表，一个转义字符(通常为反斜线"＼")的用法是将其放在一个字符的前面，构成一个转义序列，例如"＼t"，"＼n"等，使得由转义字符开头的字符序列具有不同于该字符序列单独出现时的语义，例如单独出现的"n"代表一个英文字母，而"＼n"代表换行符号。

在 Python 中也使用反斜线符号"＼"作为转义字符，在某些字符前面添加"＼"会使得该字符的意义发生改变。例如：

- ＼n：换行符，便于开发者在一行代码中创建多行字符串。

```
print("apple\nbanana\norange")                    #打印出三行字符串
```

apple

banana

orange

- ＼t：横向制表符，常用于横向对齐文本。

```
print("ab\tcd\tef")        #横向对齐 ab、cd、ef
```

ab cd ef

- ＼' 和 ＼"：通常用来表示同类型引号中使用的单双引号。

```
"\"Hi! \"said the boy."        #双引号包裹的字符串中使用转义字符+双引号
```

"Hi!" said the boy.

- ＼＼：反斜杠符号。当需要输出一个反斜杠符号时，需用两个反斜杠符号。

```
print("I am very happy\\today!")    #打印出 I am very happy\today!
```

I am very happy \today!

Python 中的常用转义字符如表 3-7 所示。

表 3-7 常用的转义字符列表

转义字符	描述	转义字符	描述	转义字符	描述
\（在行尾时）	续行符	\ a	响铃	\ v	纵向制表符
\\	反斜杠符号	\ b	退格（Backspace）	\ t	横向制表符
\ '	单引号	\ n	换行	\ f	换页
\ "	双引号	\ r	回车	\ 0, \ 00, \ 000	空

3.4.5 字符串格式化

格式化字符串就是将指定的字符串转换为需要的输出格式的过程。Python 的字符串格式化有两种方式：百分号方式、format 方式。字符串格式化允许在单个的步骤中对一个字符串执行多个特定类型的替换，特别是在需要按用户的需求进行输出的时候，格式化是一种方便常用的操作。

（1）使用百分号"%"进行字符串格式化

在 Python 的输出表达式中，使用百分号"%"进行格式化，使用"%"的格式为：

%［(name)］［flags］［width］.［precision］typecode

其中：
- (name)，可选参数，用于选择指定的 key；
- flags，可选参数，选项为+、-、空格、0，用于选择对齐方式；
- width，可选参数，指明字符占有的宽度；
- precision，可选参数，指明小数点后保留的位数；
- typecode，必选参数，指明插入替换对象的数据类型。

具体用法如表 3-8 所示。

表 3-8 字符串格式化代码列表

代码	意 义
s	字符串
r	与字符串相同，但使用 repr，而不是 str

续表

代码	意　义
c	字符
d	十进制整数
i	整数
u	与 d 相同(已废弃,不再是无符号整数)
o	八进制整数
x	十六进制整数
X	x,但使用大写字母
e	浮点指数
E	e,但打印大写
f	浮点十进制
F	浮点十进制
g	浮点 e 或 f
G	浮点 e 或 f
%	常量%

例如:

```
print("I am a %s." %"student")
print("I am a %s, and my age is %d." %("boy", 15))
print("My name is %(name)s, age is %(age)d." %{"name": "Harry", "age":
15})
print("The percent is %.2f%%." %99.97623)
```

I am a student.
I am a boy, and my age is 15.
My name is Harry, age is 15.
The percent is 99.98%.

从上面的例子可以看出,字符串格式化的实现方式是在"%"的左边放置一个字符串,字符串里面放置了一个或者多个使用"%"开头的嵌入对象,在"%"的右边放入一个(或多个,嵌入元组当中)对象,这些对象将插入到左边的转换目标位置上。

(2)使用 format 方式进行字符串格式化

在 Python 的格式化表达式中，还可以使用 format 方式进行字符串格式化，通过"{}"和":"来代替"%"，其语法为：

<模板字符串>.format(<逗号分隔的参数>)

format()方法中<模板字符串>的槽除了包括参数序号，还可以包括格式控制信息。此时，槽的内部样式如下：

{<参数序号>：<格式控制标记>}

其中，<格式控制标记>用来控制参数显示时的格式，包括：<填充>、<对齐>、<宽度>、',', <精度>、<类型>6 个字段，这些字段都是可选的，可以组合使用。具体介绍如表 3-9 所示。

表 3-9   **格式控制标记**

<填充>	<对齐>	<宽度>	<, >	<精度>	<类别>
用于填充的单个字符	<左对齐 >右对齐 ^居中对齐	槽的设定输出宽度	数字的千位分隔符，适用整数和浮点数	浮点数小数部分的精度或字符串的最大输出长度	整数类型 B, c, d, o, x, X 浮点数类型 E, E, f,%

① 位置参数：位置参数不受顺序约束，且可以为空，即"{}"，只要 format 里有相对应的参数值即可，参数索引从 0 开始，传入位置参数可在列表前加"*"。

示例如下：

```
print("{}{}".format(1, 2))
print("{}{}".format("one","two"))
print("{0}{1}".format("one","two"))
print("{1}{0}".format("one","two"))
a=["one","two"]
print("I have {} apple, he has {} apples".format(*a))
```

12

onetwo

onetwo

twoone

I have one apple, he has two apples

② 关键字参数: 关键字参数需要与模板字符串"{ }"中的参数相对应。用户还可以使用字典作为关键字参数传值, 字典前面加"＊＊"即可。

```
print("The cat likes to eat {food}, age is {age}".format(food="fish", age=3))
cat = {"food":"fish","age": 3}
print("The cat likes to eat {food}, age is {age}".format(**cat))
```

The cat likes to eat fish, age is 3

The cat likes to eat fish, age is 3

③ 填充与格式化: 可以对字符串填充字符并进行格式化, 使用形式为:

[填充字符][对齐方式][宽度]

当[宽度]参数中给出的宽度大于字符串宽度时, 使用自定义字符进行填充, 如采用＊、#等符号。对齐符号主要有三种: 左对齐(<)、右对齐(>)、居中对齐(^)。

示例如下:

```
print("{0: >5}".format(7))          #填充字符为空格+右对齐+宽度5
print("{0: * >5}".format(7))        #填充字符为 * +右对齐+宽度5
print("{0: * <5}".format(7))        #填充字符为 * +左对齐+宽度5
print("{0: * ^5}".format(7))        #填充字符为 * +中间对齐+宽度5
```

        7

* * * *7

7* * * *

* *7* *

④ 精度与类型: 精度由小数点(.)开头, 对于浮点数, 精度表示小数部分输出的有效位数。对于字符串, 精度表示输出的最大长度。

示例如下:

```
print("{0: .2f}".format(12345.67890))
print("{0: H^20.3f}".format(12345.67890))
print("{0: .4}".format("PYTHON"))
```

12345.68

HHHHH12345.679HHHHHH

PYTH

类型表示输出整数和浮点数类型的格式规则。对于整数类型, 输出格式包括 6 种:

- b：输出整数的二进制方式；
- c：输出整数对应的 Unicode 字符；
- d：输出整数的十进制方式；
- o：输出整数的八进制方式；
- x：输出整数的小写十六进制方式；
- X：输出整数的大写十六进制方式。

示例如下：

```
print("{0: b}, {0: c}, {0: d}, {0: o}, {0: x}, {0: X}".format(425))
```

110101001, Σ, 425, 651, 1a9, 1A9

对于浮点类型，输出格式包括 4 种：

- e：输出浮点数对应的小写字母 e 的指数形式；
- E：输出浮点数对应的大写字母 E 的指数形式；
- f：输出浮点数的标准浮点形式；
- %：输出浮点数的百分形式。

示例如下：

```
print("{0: e}, {0: E}, {0: f}, {0:%}".format(3.14))
print("{0: .2e}, {0: .2E}, {0: .2f}, {0: .2%}".format(3.14))
```

3.140000e+00, 3.140000E+00, 3.140000, 314.000000%

3.14e+00, 3.14E+00, 3.14, 314.00%

浮点数输出时尽量使用<. 精度>表示小数部分的宽度，有助于用户更好地控制输出格式。

精度常与类型一起使用，如 '{: .2f}'.format(321.33345) 输出为 321.33，其中 .2 表示长度为 2 的精度，f 表示 float 类型。

⑤ 千位分隔符：<格式控制标记>中逗号(,)用于显示数字的千位分隔符。

示例如下：

```
print("{:,}".format(1234567890))
print("{0: -^20}".format(1234567890))
print("{0: -^20,}".format(12345.67890))
```

1, 234, 567, 890

-----1234567890-----

----12, 345.6789-----

format()方法可以方便地连接不同类型的变量或内容，如果需要输出大

括号，采用{{ }}表示。

示例如下：

```
print("{{ Hello }} {0}".format(42))
```

{ Hello } 42

3.5　上机实践

本章主要为读者介绍了 Python 的基础语法，包含常用的数据类型、运算符、关键字和注释等。读者可以完成下面的上机实践练习。

① 创建两个数值变量，分别命名为 a、b 并赋值，输出变量的值并将其转化为复数形式。

问题：分别创建两个变量并赋值，转化为复数后使用 print 语句输出。

输出格式示例：a、b 分别为 15、30。

解题代码示例：

```
a = 15
b = 30
print("a, b 分别是", a, b)
print("变量 a 对应的值转化为复数后为：", complex(a))
print("变量 b 对应的值转化为复数后为：", complex(b))
```

a, b 分别是 15 30
变量 a 对应的值转化为复数后为：（15+0j）
变量 b 对应的值转化为复数后为：（30+0j）

② 请创建五个变量，分别存储书籍的书名、作者、出版社、价格、评分信息，其中价格与评分为数值类型，其余变量为字符串类型。使用 format 格式化输出书籍信息，且保证价格的小数点位数为两位，评分的小数点位数为一位。

问题：创建五个变量，并为其赋值，之后使用 format 格式化输出结果。

解题代码示例：

```
book_name = "红楼梦"
author_name = "曹雪芹、高鹗"
publish = "人民文学出版社"
price = 59.70
rate = 9.6
print("书　名：{}".format(book_name))
print("作　者：{}".format(author_name))
```

```
print("出版社：{}".format(publish))
print("价　格：{:.2f}元".format(price))
print("评　分：{:.1f}".format(rate))
```

书　　名：红楼梦

作　　者：曹雪芹、高鹗

出版社：人民文学出版社

价　　格：59.70 元

评　　分：9.6

③ 使用百分号"%"进行字符串格式化输出第三题中的内容。要求书籍的书名、作者、出版社、价格、评分五项内容由用户自行输入，保证价格的小数点位数为两位，评分的小数点位数为一位。

问题：创建五个变量，并通过用户输入函数 input( )为其赋值，之后使用百分号"%"进行字符串格式化输出结果。

解题代码示例：

```
book_name = input("请输入书名：")
author_name = input("请输入作者名：")
publish = input("请输入出版社名：")
price = input("请输入价格：")
rate =  input("请输入评分：")
print("书　名：%s"%book_name)
print("作者名：%s"%author_name)
print("出版社：%s"%publish)
print("价　格：%.2f"%float(price))
print("评　分：%.1f"%float(rate))
```

请输入书名：红楼梦

请输入作者名：曹雪芹、高鹗

请输入出版社名：人民文学出版社

请输入价格：59.70

请输入评分：9.6

书　　名：红楼梦

作者名：曹雪芹、高鹗

出版社：人民文学出版社

价　　格：59.70

评　　分：9.6

课后习题

1. 布尔值分别有什么?

2. Python 中如何实现代码的单行注释与多行注释?

3. 声明变量的注意事项有哪些?

4. 移除"128 * 6"的引号,并输出计算结果。

5. 利用下划线将列表中的每一个元素拼接成字符串,a = "apple"。

6. 参考教材 3.4.5 节内容编写格式化输出代码,等待用户输入名字、爱好,根据用户的名字和爱好进行任意显示。例如:×××喜欢×××。

7. 制作表格:循环提示用户输入用户名、密码、邮箱(要求用户输入的长度不能超过 20 个字符,如果超过则只有前 20 个字符有效),如果用户输入 q 或者 Q 表示不再继续输入,将用户的内容以表格形式打印。

第4章 程序控制结构

程序的执行过程就像人生的道路一样，到达目的地的路径并不一定是一条笔直的大道，而是会遇到很多岔路口，甚至要走盘山公路、环形公路。编写程序时也会面临很多不同的情况要加以选择和处理，例如：用户登录需考虑正确和错误两种情况，计算1~100各数的和时需遍历每一位数字等。这就要用到本章即将学习的内容——程序控制结构。

程序控制结构是指以某种顺序执行的一系列动作，其目的是用于解决某个特定问题而设计的指令流程。理解程序控制结构是学习一门语言的重要组成部分，控制结构规定了程序语句执行的顺序，使其能根据用户的需求来执行指令。

4.1 控制结构概述

理论和实践证明，无论多复杂的算法，均可通过顺序结构、选择结构、循环结构三种基本的控制结构来实现。在计算机程序设计中，三种基本程序控制结构如图4-1所示，每种结构仅有一个入口和出口。由这3种基本结构组成的多层嵌套程序称为结构化程序。

图4-1中，图(a)是顺序结构的结构流程图，程序按语句编写的顺序从上至下逐一执行；图(b)是选择结构的结构流程图，程序会根据条件表达式的结果选择不同的语句执行；图(c)是循环结构的结构流程图，是在程序执行过程中需要反复执行某段功能的流程，其中需要反复执行的语句块称为循环体，由循环体中的条件来判断是执行该功能还是退出循环。

顺序结构中程序按代码编写顺序自上而下运行，没有分支，结构简单，易于理解。顺序结构是程序中的基础，但实际应用中绝大部分的问题不能

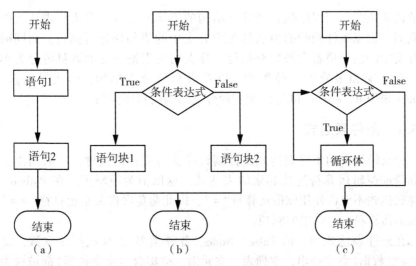

图 4-1　基本的程序控制结构

用单一的顺序结构解决，而要与选择结构和循环结构相结合。选择结构和循环结构中有一个或多个分支供程序运行选择，相比于顺序结构更为复杂。

4.2　顺序结构

　　所谓顺序结构的程序，就是指程序的语句是按照其出现的先后顺序来执行的程序结构，这是结构化程序中最简单的结构。一般而言，编程语言并不提供专门的控制流语句来表达顺序结构的语句，而是用程序语句的自然排列顺序来表达。计算机按照程序的语句顺序逐条执行语句，当一条语句执行完毕，会自动地转到下一条语句开始执行，这就是顺序结构的执行方式。在 Python 中，赋值语句、引入语句等都是常见的顺序结构语句。

　　例如：

```
import math
R = 2
s = math. pi * R * R
```

4.3　选择结构

　　选择结构又称为分支结构，程序会根据条件表达式的结果选择不同分支的语句执行。当程序执行到分支结构的语句时，首先要进行表达式的条件判断，根据条件判断的值选择相应分支中的语句块进行执行，而同时另一分支中的语句块就会被放弃执行。分支结构根据分支的数目可分为单分支、双分支和多分支三种形式，以及嵌套的分支结构，形式灵活多变。Python 采用 if、else、elif 等语句实现分支结构的程序控制。

4.3.1　条件表达式

分支结构中的条件表达式是控制程序执行路径的关键，一般是由关系运算符或逻辑运算符连接起来的表达式，返回值为逻辑值。在 Python 中，条件表达式不允许使用赋值运算符"="，以此避免误将关系运算符"=="写作赋值运算符"="带来的麻烦。

在条件表达式中，值 False、None、各种类型的 0(包括浮点数、复数等)、空数据(空字符串、空列表、空元组、空集合、空字典等)都被视为逻辑假，其他各种值则视为逻辑真。Python 中标准的逻辑真值为 True 和 False，这与其他语言(如 C 语言)中的标准真值为 0 和 1 实际上是一样的，区别在于名称不同。

例如：

```
True == 1
```

True

```
False == 0
```

True

```
True-False + 1        #相当于计算 1-0+1 的值
```

2

4.3.2　单分支结构

单分支结构是最简单的选择结构，包含一个基本的 if 语句和一个分支语句块，其结构流程图如图 4-2 所示。

单分支结构的基本语法格式为：

```
if <表达式>:
    <语句块>
```

其中表达式后面的冒号":"是不能缺少的，否则会发生异常。冒号的作用是提示新的语句块的开始，后面其他的分支结构和循环结构中的冒号也是同理。"表达式"可以是条件表达式，也可以只是一个值或变量。表达式为真，即结果是 True 时，执行后面的语句块；反之，结果为 False 时，则跳

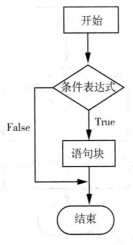

图 4-2 单分支结构

过语句块而执行 if 语句之后的程序。Python 中指定任何非 0 和非空(Null)值为 True，0 和 Null 为 False。语句块可以多行，用同一缩进来表示同一范围。

下面是一段简单的数值比较代码示例及运行结果：

```
a = input('Please input number：')
b = input('Please input number：')
if a > b：
    a, b = b, a
print(a, b)
```

Please input number：5
Please input number：2
2 5

4.3.3 二分支结构

二分支结构是在程序运行过程中面临二选一的情况时使用的结构，例如用户输入密码正确时进入系统，输入错误时出现提示。它包含一个 if-else 语句，这也是较常用到的一种结构，其结构流程图见图 4-3。

二分支结构的基本语法格式为：

if <表达式>：

<语句块 1>

else：

<语句块 2>

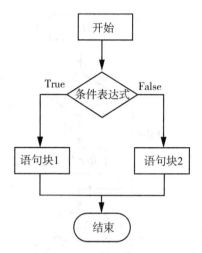

图 4-3　二分支结构流程图

其中"表达式"可以是条件表达式，也可以是布尔值或变量，表达式为真时，则执行后面的语句块 1。反之，结果为假，则跳过语句块 1 执行语句块 2。

运用二分支结构实现数值比较的代码示例及运行结果如下：

```
a = input('请输入一个数：')
b = input('请输入一个不同的数：')
if a > b:
    print(a, '大')

else:
    print(b, '大')          #实现比较大小的功能
```

请输入一个数：3
请输入一个不同的数：6
6　大
请输入一个数：3
请输入一个不同的数：1
3　大

需要注意的是，选择结构中 else 语句不能单独存在，它必须与 if 语句配对。如果出现多个 if 语句，Python 会根据缩进来确定 else 语句所配对的 if 语句。

例如下面代码示例中有两个 if 语句：

```
a = input('请输入一个数：')
b = input('请输入另一个数：')
```

```
if a ! = b:
    if a > b:
        print(a, '大')
    else:
        print(b, '大')
```

请输入一个数：3
请输入另一个数：5
5 大

　　以上这段代码，如果输入的数值相等，则不会有输出，因为 else 语句和第二个 if 语句是同一缩进，也就是说 else 语句配对的 if 语句是第二个，而第一个 if 语句由于没有 else 语句与其配对，因此没有任何输出。以下为另一段包含两个 if 语句的代码：

```
a = input('请输入一个数：')
b = input('请输入另一个数：')
if a ! = b:
    if a > b:
        print(a, '大')
else:
    print(b, '大')
```

　　多次执行上述代码的结果为：
请输入一个数：3
请输入另一个数：3
3 大
请输入一个数：6
请输入另一个数：3
6 大

　　上面这段代码中 else 语句配对的是第一个 if 语句，因为它们同缩进。所以当输入的数值相等时，会执行 else 语句，输出 b 大。而当输入的 a < b 时，将没有输出，因为第二个 if 语句没有配对的 else 输出语句。

　　除了上述通用的 if-else 语句外，Python 二分支结构还可以使用如下形式的表达式：

exp1 if 条件 else exp2

　　即当条件表达式为 True 时，该表达式的值为 exp1，否则表达式的值为 exp2。其中，exp1 和 exp2 可以是单个变量或者是复杂的表达式、函数调用或者基本输出语句等。

例如，下面是一段实现数值取绝对值的代码示例：

```
a = int(input('请输入一个数：'))
b = a if a > 0 else -a
print(b)
```

多次执行上述代码的结果为：

请输入一个数 5

5

请输入一个数：-4

4

请输入一个数：0

0

4.3.4 多分支结构

在实际生活应用中，人们要面临的不单单是一种选择，例如，用户登录界面中可以选择账号登录、手机号登录、微信登录、QQ 登录、微博登录等多种方法。在登录系统中就要用到多分支结构。多分支结构由 if-elif-else 语句构成，其中 elif 是 else if 的缩写，用于避免程序中出现过多的缩进。语句中可以有一个或多个 elif 部分，来保证复杂的业务逻辑的实现。其结构流程图如图 4-4 所示。

多分支结构的基本语法格式为：

```
if <表达式 1>:
    <语句块 1>
elif <表达式 2>:
    <语句块 2>
    ……
else:
    <语句块 n>
```

其中"表达式"可以是条件表达式，也可以是布尔值或变量，表达式为真时，则执行后面的语句块。若表达式为假，则跳过该语句块执行之后的表达式判断。若所有的表达式都判断为假，则执行 else 语句。所有的语句块都可以为多行，但要注意在同一范围内使用相同的缩进。同 else 语句一样，elif 语句不能单独使用，必须与 if 语句配对使用。

下面是一段利用多分支结构进行成绩转换的代码示例：

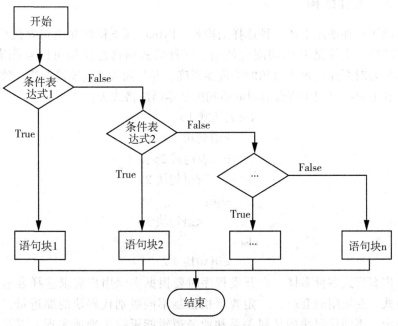

图 4-4　多分支结构流程图

```
score = int(input('Please enter your score：'))        #百分制成绩转换成等级制
if score >= 90：
    print('the result is A')
elif score >= 80：
    print('the result is B')
elif score >= 70：
    print('the result is C')
elif score >= 60：
    print('the result is D')
elif score >= 0：
    print('you fail to pass the test')
else：
    print('the score is wrong')
```

Please enter your score：92
the result is A

4.3.5 嵌套结构

除了单独使用上述三种选择结构外，Python 还支持将 if 语句放在其他 if 语句块中，也就是 if 语句嵌套使用。三种形式的选择结构可以互相嵌套，使用嵌套时要注意每个语句的缩进要正确，并与同级语句缩进保持一致。

在 if-else 语句中嵌套 if-else 语句的基本语法格式为：

```
if <表达式 1>:
    <语句块 1>
    if <表达式 2>:
        <语句块 2>
    else:
        <语句块 3>
else:
    <语句块 4>
```

嵌套形式多种多样，在开发程序时要根据实际用户需求选择合适的嵌套方式。在使用嵌套时，一定要严格控制不同级别代码块的缩进量，因为这决定了不同代码块的从属关系和业务逻辑能否被正确地实现，以及代码是否能被正确理解和执行。

例如：为判断学生考试是否过关，可以选用的嵌套结构为 if-else 语句中嵌套一个 if-else 语句，代码示例及运行结果如下：

```
score = eval(input('Please enter your score：'))
if score >= 0 and score <= 100:
    if score >= 60:
        print('You have passed the test! ')
    else:
        print('You fail to pass the test! ')
else:
    print('The score is wrong! ')
```

```
Please enter your score：95
You have passed the test!
Please enter your score：108
The score is wrong!
```

4.3.6 选择结构的应用

在实际生活中存在许多判断选择的情形，因此，用程序解决生活中的实际问题时会多次用到选择结构，它是非常重要的控制结构，例如成绩等级的判断、日期的判断、国籍的判断等。选择结构形式多样，具体选择哪一种或多种形式取决于程序要实现的业务逻辑。

以下代码能够实现的功能为：判断今天是当年的第几天。代码中采用了一个 if 语句和一个 if-else 语句来实现业务逻辑。

```
import time
date = time. localtime( )
year, month, day = date[ : 3]
day_month = [31, 28, 31, 30, 31, 30, 31, 31, 30, 31, 30, 31]    #列出每月
的天数
if ( ( year % 4==0) and ( year % 100 !=0) ) or ( year % 400 == 0) :
    day_month[1] = 29        #闰年的2月份的天数为29天
if month == 1 :
    sum_day = day        #如果是1月份，当天的日期就是全年的天数
else :
    sum_day = sum( day_month[ : month-1] ) + day
                        #其他月份则要计算之前每月的天数之后
print( 'Today is %d. %d. %d, \
    it is the %dth day of %d. '%( year, month, day, sum_day, year) )
```

Today is 2020. 1. 16, it is the 16th day of 2020.

4.4 循环结构

在程序中为达到目的，需要对某一些语句或者功能模块反复地执行，构成循环的程序结构。循环结构由条件表达式和循环体构成，根据条件表达式，可以判断程序是继续执行循环体中的语句块还是退出循环。根据判断条件的位置，循环结构又可细分为两种：先判断后执行的循环和先执行后判断的循环。因此，循环结构可以看成一个条件判断语句和一个向回转向语句的组合。在进行循环结构的程序设计时，还要注意三个要素：循环变量、循环体和循环终止条件。

循环结构的程序设计是面向过程编程的核心部分，在需要对操作指令进行重复执行时都会涉及循环结构。Python 中的循环语句有 while 循环和 for 循环两种，都是属于先判断后执行的循环结构。

4.4.1　while 循环

　　while 循环与单分支结构中的 if 语句类似, 是通过一个条件来判断是否执行某段代码, 一般用于循环次数难以提前确定的情况, 属于无限循环, 当然在实际应用中, 这种无法停止的无限循环是尽量避免的。当条件成立, 即为 True 时, 就会执行循环结构中的循环体。与其他循环不同的是, while 循环是带有向回转向语句的组合, 只要条件为真, 会一直反复执行语句中的代码块, 也就是循环体, 直到最终判断 while 条件为不成立, 即为 False 时, 该循环才终止。while 循环的结构流程图见图 4-5。

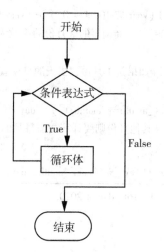

图 4-5　while 循环结构流程图

　　while 循环的基本语法格式为:

while <条件表达式>:
<循环语句块>

　　条件表达式是判断是否进入循环体的判断条件, 语句块就是循环体。在使用 while 循环时, 为避免产生真正的无限循环, 在循环体中需要添加改变条件表达式判断结果的语句, 最终在判断条件为 False 时结束循环。

　　例如, 求 1~100 所有整数的累加之和, 代码示例如下:

```
n, s = 1, 0
while n <= 100:
    s += n
```

```
    n += 1
print('sum=', s)
```

sum= 5050

与选择结构类似，while 循环之后也可以接 else 语句。但不同的是，在 while-else 循环语句中，只有当条件表达式判断为 False 时，也就是执行完循环语句块之后，程序会在退出整个循环之前继续执行 else 中的语句块，然后才结束 while 循环。

其基本语法格式为：

while <条件表达式>：

    <循环语句块 1>

else：

    <语句块 2>

例如，执行下面的代码，程序将循环输出"Python"字符串中的每个字符，并在循环结束之后输出"程序结束"的提示信息：

```
a, b = 'Python', 0
while b < len(a)：
    print(a[b])
    b += 1
else：
    print('程序结束！')
```

P
y
t
h
o
n
程序结束！

4.4.2　for 循环

Python 中另一种循环结构是 for 循环，一般用于循环次数可以提前确定的情况，特别适用于枚举或遍历元素的场景，它是一种遍历循环，可以用于遍历一个迭代对象的所有元素。也就是从一个迭代结构中逐一地取出每一个元素，并将其存储到相应的变量之中，每取一次元素都要执行一次循环体中的语句块。

遍历的迭代结构可以是字符串、元组和列表等组合数据类型以及其他的内置可迭代对象，也可以是一个 range( ) 函数。for 循环是程序设计中常用的一种循环，其结构流程如图 4-6 所示。

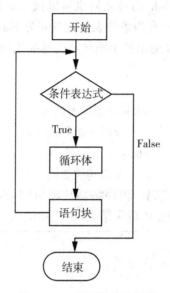

图 4-6　for 循环结构流程图

for 循环的基本语法格式为：

for <循环变量> in <遍历对象>：
<循环体>

在编程时一般优先考虑使用 for 循环，for 循环最常用也最基本的应用是数值循环，时常与 range( ) 函数结合使用。

例如，计算 1~100 所有整数的累加之和，用 for 循环的代码示例为：

```
s = 0
for i in range( 1, 101 )：        #遍历范围为[ 1, 100]，不包含 101。
    s += i
print( 'sum=', s)
```

sum= 5050

for 循环之后也可以接 else 语句，构成 for-else 循环，与 while-else 循环类似，在循环正常执行之后执行 else 中的语句块。其基本格式为：

for <循环变量> in <遍历结构>：

```
            <语句块 1>
      else:
            <语句块 2>
```

例如，下面是使用 for-else 语句，循环输出"Python"字符串中的每个字符，并在循环结束之后输出"程序结束"的提示信息。

```
for c in 'Python':
    print(c)
else:
    print('程序结束！')
```

在 Python 中，循环也可以嵌套，例如可以在 for 循环中嵌套 for 循环，基本格式如下：

```
      for <变量 1> in <对象 1>:
         for <变量 2> in <对象 2>:
               <循环体 2>
            <循环体 1>
```

例如，用 for 嵌套循环来实现输出一个九九乘法表，具体的代码示例如下：

```
for i in range(1, 10):
    for j in range(1, i+1):
        print(str(j) + "×" +str(i) + "=" + str(i * j) + "\ t", end='')
    print('')
print('Program is done！')
```

```
1×1=1
1×2=2   2×2=4
1×3=3   2×3=6   3×3=9
1×4=4   2×4=8   3×4=12   4×4=16
1×5=5   2×5=10   3×5=15   4×5=20   5×5=25
1×6=6   2×6=12   3×6=18   4×6=24   5×6=30   6×6=36
1×7=7   2×7=14   3×7=21   4×7=28   5×7=35   6×7=42   7×7=49
1×8=8   2×8=16   3×8=24   4×8=32   5×8=40   6×8=48   7×8=56   8×8=64
1×9=9   2×9=18   3×9=27   4×9=36   5×9=45   6×9=54   7×9=63   8×9=72   9×9=81
Program is done!
```

除了上述的嵌套外，还可以在 while 循环中嵌套 while 循环，在 while 循环中嵌套 for 循环，在 for 循环中嵌套 while 循环等，也可以实现更多层的嵌套。这里就不一一赘述了。

4.4.3　break 和 continue 语句

在一般情况下，在条件表达式逻辑为真时循环结构会不断地执行循环体的语句块，直到判断条件为假或遍历完序列中的所有元素。但是，如果在执行循环体的过程中，不需要每次都执行完全部的循环语句，即循环只需进行到某个步骤或满足某个中间条件时就结束当次循环，提前终止或者中断循环，则可以使用 break 或 continue 语句来控制程序语句。

（1）break 语句

break 语句用于终止循环语句，一旦 break 语句被执行，就会强行终止循环体的执行，跳出整个循环语句，不再返回到循环语句的条件判断部分。也就是说，即使 while 循环中的条件判断仍然为 True，或者 for 循环中迭代对象中还有元素没有遍历完，break 语句也会停止整个循环语句的执行。

例如，下面的代码将遍历"Python"字符串中所有的字符，直到遇到字母"h"为止。

```
for letter in 'Python':
    if letter == 'h':
        break
    print('当前字母：', letter)
```

当前字母：P
当前字母：y
当前字母：t

如果有多层嵌套循环，break 语句将停止执行最内层的循环，即跳出 break 语句所属层次的整个循环，也不会执行本层的 else 语句。但程序运行时不会停止 break 语句的外层循环，将继续执行外层循环中的条件判断等。

例如，下面是在输出九九乘法表的代码中插入了 break 语句的示例：

```
for i in range(1, 10):
    for j in range(1, i+1):
        if j == 5:
            break
        print(str(j) + "×" +str(i) + "=" + str(i*j) + "\t", end='')
    print('第', i, '行')
```

1×1=1	第 1 行			
1×2=2	2×2=4	第 2 行		
1×3=3	2×3=6	3×3=9	第 3 行	
1×4=4	2×4=8	3×4=12	4×4=16	第 4 行
1×5=5	2×5=10	3×5=15	4×5=20	第 5 行
1×6=6	2×6=12	3×6=18	4×6=24	第 6 行
1×7=7	2×7=14	3×7=21	4×7=28	第 7 行
1×8=8	2×8=16	3×8=24	4×8=32	第 8 行
1×9=9	2×9=18	3×9=27	4×9=36	第 9 行

上面的示例中，当 j 等于 5 时，终止了内循环，但是外循环的语句还是继续执行。

再例如，下面的代码实现了 1~100 素数的输出：

```
for i in range(2, 100):            #1 不是素数
    for j in range(2, i):
        if i % j == 0:
            break
    else:
        print(i, end = ', ')
print('\n Program is done! ')
```

2, 3, 5, 7, 11, 13, 17, 19, 23, 29, 31, 37, 41, 43, 47, 53, 59, 61, 67, 71, 73, 79, 83, 89, 97,
Program is done!

（2）continue 语句

与 break 语句终止整个循环不同，continue 语句只是中断本次循环的执行，并忽略 continue 之后的所有语句。在跳出本次循环之后，仍然回到循环的判断条件之处，继续执行下一轮循环。

例如，下面的代码将遍历"Python"字符串中所有的字符，但不打印字母"h"。

```
for letter in 'Python':
    if letter == 'h':
        continue
    print('当前字母：', letter)
```

当前字母：P
当前字母：y

115

当前字母：t

当前字母：o

当前字母：n

如果有多层嵌套循环，continue 语句只中断最内层的本次循环语句，仍然会回到本层循环的开始判断循环条件，进行本层循环的下一次执行。

例如，下面是在输出九九乘法表的代码中插入了 continue 语句的示例：

```
for i in range(1, 10):
    for j in range(1, i+1):
        if j == 5:
            continue
        print(str(j) + "×" +str(i) + "=" + str(i * j) + "\ t", end='')
    print('第', i, '行')
```

1×1=1　第 1 行

1×2=2　2×2=4　第 2 行

1×3=3　2×3=6　3×3=9　第 3 行

1×4=4　2×4=8　3×4=12 4×4=16　第 4 行

1×5=5　2×5=10 3×5=15 4×5=20　第 5 行

1×6=6　2×6=12 3×6=18 4×6=24 6×6=36　第 6 行

1×7=7　2×7=14 3×7=21 4×7=28 6×7=42 7×7=49　第 7 行

1×8=8　2×8=16 3×8=24 4×8=32 6×8=48 7×8=56 8×8=64　第 8 行

1×9=9　2×9=18 3×9=27 4×9=36 6×9=54 7×9=63 8×9=72 9×9=81　第 9 行

在上面的例子中，仅仅中断了 j 等于 5 时的内循环语句，而没有终止整个内循环，因此 j 等于 6~9 时的内循环仍然在执行。

4.5　异常处理

4.5.1　异常概述

保证程序在执行过程中的正确性是程序设计的基本要求之一，但是任何人也无法提前预见代码在执行过程中可能会遇到的所有情况，无法保证程序不会产生错误。这时候异常处理结构就是非常强大和适用的处理机制。

116

简单来说，异常是指程序在执行过程中引发的错误事件，并且该事件会影响程序的正常执行。异常产生的原因很多，如除数为零、超出数组下标范围、文件不存在、数据格式错误、网络无法连接等。如果在程序设计的过程中，没有专门的语句对各种异常情况加以处理，那么一旦有异常产生，就会发生程序崩溃从而导致程序终止运行。例如，如果用户因为不小心在需要输入日期的地方输入了电话号码，产生了数据格式的错误，却导致了整个程序的终止，这是用户所不能接受的，也是代码质量不高的一种表现。

如许多程序设计语言一样，Python 也提供特定的语法来实现异常处理，使得程序更加健壮，即可以让程序具有更高的容错性，在异常情况下也能够正确地加以处理，给用户提供更加友好的提示，引导程序回到正常运行的状态之下。

异常的种类有很多，Python 中常见的异常类别如表 4-1 所示。

表 4-1　　　　　　　　　　**Python 中常见的异常**

异常	描　　述
ZeroDivisionError	除数为 0 引发的错误
AttributeError	尝试访问未知的对象属性引发的错误
IOError	输入输出错误
ImportError	引入模块错误
IndexError	索引错误
KeyError	请求一个不存在的字典关键字引发的错误
MemoryError	内存不足
NameError	未声明或初始化对象
SyntaxError	Python 语法错误
IndentationError	缩进错误
TabErroe	Tab 和空格混用
TypeError	类型不合适引发的错误
ValueError	传入无效的参数
UnicodeDecodeError	Unicode 解码时错误
UnicodeEncodeErroe	Unicode 编码时错误

异常往往是在程序执行的过程中产生的，而在编写程序时并没有不正常情况产生，如语法错误等，所以在编写代码的时候，系统是不会检测到有可能产生异常的代码的。

例如，下面是一段有可能在执行时产生异常的代码：

```
a = 100
b = eval(input("请输入一个数:"))
print(a/b)
```

请输入一个数：0

Traceback (most recent call last)：

…

ZeroDivisionError：division by zero

在执行上述代码时，如果输入的数为 0，即变量 b 赋值为 0，就会出现 ZeroDivisionError 的错误提示，就是因为在算术表达式中，除数为零引发了异常。而如果输入的数不是 0，程序则可以正常执行。由此可见，异常一般是在特定的条件下引发的。

4.5.2 异常处理

如上所述，在程序执行的过程中，有可能产生异常的代码并不是在每次执行时都会出现异常，例如除法运算中如果输入的除数不为 0，程序就能正常运行。因此，在处理异常之前，需要有捕获异常的机制，也就是说，只有在捕获到异常的时候，程序才会进入异常处理的流程，否则程序会按照既定的正常流程执行代码。

Python 提供了不同形式的异常处理机制，可以用来处理可能出现的各种类型的异常。其基本思路都是先尝试运行代码，然后再处理可能发生的错误。异常处理流程与主程序逻辑无关，只是程序员专门编制的用来避免程序崩溃的一段代码。

一般使用 try-except 语句来捕获并处理异常，把容易出错和有可能产生异常的代码段放在 try 语句块里，把处理异常事件的代码段放在 except 语句块里。在程序运行时，如果 try 语句块中的代码产生了错误，该异常事件就会被系统捕获，然后按异常的类别执行 except 语句块中对应的异常处理语句。如果 try 语句块没有出现错误，则忽略 except 语句块，程序按正常的流程执行代码。try-except 语句的基本语法格式为：

try：

   <语句块>

```
        except <异常类型 1>:
            <异常处理语句块 1>
        except <异常类型 2>:
            <异常处理语句块 2>
```

　　try 语句对不同的输入有不同的执行结果，例如下面一段代码示例，当没有输入 0 时，程序会正常执行输出结果：

```
try:
    a = 100
    b = int(input("请输入一个数:"))
    print(a/b)

except(ZeroDivisionError):
    print("输入的数据不符合要求，程序出错!")
```

第一次执行结果：
请输入一个数: 3
33.333333333333336
第二次执行结果：
请输入一个数: 0
输入的数据不符合要求，程序出错!

　　如果 except 语句后面没有指定异常类型的名称，则表示程序会捕获全部类型的异常。在捕获异常时，如果要用同样的代码处理多个不同类型的异常，可以在 except 的参数中列举多个异常类型，即直接在第一个异常类型后面继续添加另外的异常类型，异常名之间用逗号分隔。在捕获到异常对象之后，程序会执行 except 中的异常处理语句，但不会终止，之后将继续执行。

　　例如，下面的代码在输入正确的数目时，会输出一个十六进制的数字。当输入不合适的整数时，即输入的不是整数，或者输入整数范围不在[0，15]，会产生不同的异常：ValueError 异常或者 IndexError 异常。程序能够处理这两个类型的异常，在异常发生时，程序给出提示信息，不会终止程序，直到得到正确的输入为止。

```
while True:
    try:
        str = "0123456789ABCDEF"
        n = int(input("请输入一个整数:"))
        print('十六进制数字的第%d 个是%s.'%(n, str[n]))
        break
```

```
    except (ValueError, IndexError):
        print("输入错误,请输入一个合适的整数!")
```

请输入一个整数: 2.4
输入错误,请输入一个合适的整数!
请输入一个整数: 25
输入错误,请输入一个合适的整数!
请输入一个整数: 2we
输入错误,请输入一个合适的整数!
请输入一个整数: 12
十六进制数字的第 12 个是 C.

except 语句后面还可以接 as 变量名,用来定义触发的异常实例。

例如,除数为零的异常代码也可以写成下面这种形式:

```
try:
    a = 100
    b = eval(input("请输入一个数:"))
    print(a/b)
except(ZeroDivisionError) as e:
    print(e)
```

请输入一个数: 0
division by zero

除了基础的 try-except 结构,Python 中还有一种异常处理结构: try-except-else 语句,即在 try-except 语句后再添加一个 else 语句。与选择结构中的 else 语句功能类似,异常处理中,当 try 语句块没有抛出异常时则执行 else 语句块,当抛出异常时则执行相应的异常处理代码,else 语句则不被执行。

try-except-else 语句的基本语法格式为:

```
        try:
            <语句块 1>
        except<异常类型>:
            <异常处理语句块>
        else:
            <语句块 2>
```

例如,下面的代码示例中没有异常时最后会输出"程序运行完成":

```
try:
    a = 100
    b = eval(input("请输入一个数:"))
```

```
        print('%d/%d = %.2f'%(a, b, a/b))
except(ZeroDivisionError) as e：
    print(e)
else：
    print('程序运行完成')
```

请输入一个数：10

100/10 = 10.00

程序运行完成

完整的异常处理语句除了 try-except 语句，应该还包含 finally 语句，它的功能是无论 try 语句中是否发生异常，也不管发生的异常是否被 except 语句处理，finally 语句中的代码都会被执行。

基本语法格式如下。

```
        try：
            <语句块 1>
        except<异常类型>：
            <异常处理语句块>
        finally：
            <语句块 2>
```

例如，下面比较完整地给出了一个代码示例，能够接受一个输入的整数，给出对应位置上的一个十六进制的数字，并能够进行一般的异常处理。

```
while True：
    try：
        str = "0123456789ABCDEF"
        n = int(input("请输入一个整数："))
        print('十六进制数字的第%d个是%s.'%(n, str[n]))
    except (ValueError, IndexError)：
        print("输入错误，请输入一个合适的整数!")
    else：
        print("没有发生异常!")
        break
    finally：
        print("程序执行完毕!")
```

请输入一个整数：34

输入错误，请输入一个合适的整数!

程序执行完毕!

请输入一个整数：ws
输入错误，请输入一个合适的整数！
程序执行完毕！
请输入一个整数：12
十六进制数字的第 12 个是 C.
没有发生异常！
程序执行完毕！

4.6 上机实践

①求数的阶乘，输入一个正整数，计算并输出该数的阶乘。
程序的代码示例如下：

```python
x = 1
y = int(input("请输入要计算的数:"))
for i in range(1, y + 1):
    x = x * i
print(x)
```

②编写代码完成一个猜数字游戏：系统随机生成一个 1~100 的数字，每个玩家共有 5 次猜测机会，每次猜测之后，系统会产生一次提示信息，说明猜测的数目太大还是太小，如果猜测正确，则游戏成功并退出；若连续 5 次未猜中，则游戏失败。
程序的代码示例如下：

```python
i = 1
import random
number = int(random.randint(1, 100))
while i <= 5:
    i += 1
    guess = int(input('请输入你认为的数字:'))
    if guess == number:
        print('恭喜!! 猜数正确')
        print('系统生成随机数为%d' %number)
        break
    elif guess > number:
        print('很遗憾，太大了')
    else:
        print('很遗憾，太小了')
print('系统生成随机数为%d' %number)
```

③编写一个小程序，按用户的输入计算苹果的总价，要求用户输入苹果单价和个数。如果是非数字输入，允许用户重新输入，直到输入正确并计算出结果。

以下是程序的预计执行结果：

请输入苹果个数：20

请输入单价：f

输入错误，请重新输入！

请输入苹果个数：20

请输入单价：3.80

应付 76.0 元。

代码示例如下：

```
while True:
    try:
        count = int(input("请输入苹果个数:"))
        price = float(input("请输入单价:"))
        Pay = count * price
        print("应付", Pay,"元。")
        break

    except ValueError:
        print("输入错误，请重新输入!")
```

④编写一个小程序，模拟幼儿园老师分苹果，要求每个人至少要分到一个苹果。如果不够，显示出错提示。程序的代码示例如下：

```
def division():
    apple = int(input("请输入苹果的个数:"))
    children = int(input("请输入小朋友个数:"))
    result = apple // children
    remain = apple - result * children
    if remain > 0:
        print(apple,"个苹果，平均分给", children, \
            "个小朋友，每人分", result,"个, 剩下", remain,"个。")
    else:
        print(apple,"个苹果，平均分给", children, \
            "个小朋友，每人分", result,"个。")
while True:
    try:
        division()
    except ZeroDivisionError:
```

```
        print("出错了，不能有 0 个小朋友，请重新输入!")
except ValueError：
        print("输入错误，请重新输入!")
else：
        print("苹果顺利分完!")
        break
```

以下是程序的预计执行结果：

请输入苹果的个数：12

请输入小朋友个数：0

出错了，不能有 0 个小朋友，请重新输入!

请输入苹果的个数：mn

输入错误，请重新输入!

请输入苹果的个数：12

请输入小朋友个数：4

12 个苹果，平均分给 4 个小朋友，每人分 3 个。

苹果顺利分完!

⑤编写代码，实现降序输出 1~100 的奇数。

以下是程序的预计执行结果：

99, 97, 95, 93, 91, 89, 87, 85, 83, 81, 79, 77, 75, 73, 71, 69, 67, 65,
63, 61, 59, 57, 55, 53, 51, 49, 47, 45, 43, 41, 39, 37, 35, 33, 31, 29,
27, 25, 23, 21, 19, 17, 15, 13, 11, 9, 7, 5, 3, 1,

程序的代码示例如下：

```
for n in range(100, 0, -1)：
    if n % 2 == 0：
        continue
    print(n, end = ', ')
```

课后习题

1. 在程序中预设一个 0~9 的整数，让用户通过键盘输入所猜数字，如果大于预设的数，显示"遗憾，太大了"；如果小于预设的数，显示"遗憾，太小了"；如此循环，直至猜到该数，显示"预测 N 次，你猜中了!"，其中 N 是用户输入数字的次数。

2. 用异常处理改进第 1 题中的代码，使程序能接受用户的任何输入。

3. 分别用 for 循环和 while 循环实现 1~100 所有偶数的求和。

第 5 章　组合数据类型

第 3 章介绍了 Python 的基础数据类型，本章将介绍实际应用中最常用的组合数据类型。当需要处理的问题比较复杂时，仅用基础数据类型往往无法解决，就要使用到组合数据类型。例如，在进行一次实验或者调查之后，往往会产生大量的数据，这些数据有可能是同一类型，也有可能是不同类型。组合数据类型能够将多个同类型或不同类型的数据组织起来，通过单一名称来表示数据集，从而使得对数据集的操作更为有序和容易。也就是说，用一条或多条语句对数据集进行批量操作，使程序的操作变得更为容易，提高了程序的运行效率。

Python 中常用的组合数据类型有三种：序列类型、集合类型和映射类型。在前文已经介绍过的字符串是最常见的序列类型，本章不再赘述，下面将介绍组合数据类型及其相应操作。

5.1　序列类型

Python 序列是有序排列的数据，类似于 Java 和 C 语言中的数组，但功能更为灵活。Python 序列是一维元素的向量，在一个序列中元素类型可以相同，也可以不同，这是其他语言如 Java 和 C 所不能允许的。序列中各成员元素间由序号引导，通过下标访问序列的特定元素。序号有正向递增序号和反向递减序号两种定义，就如同字符串一样，正向递增序号从左到右由 0 开始计数，反向递减序号从右到左由-1 开始计数。

Python 提供了三种基本的内置序列类型：字符串(str)、元组(tuple)和列表(list)；另外，还有专门为处理二进制数据而特别制定的三种附加序列类型：bytes、bytearray 和 memoryview。本节将重点介绍元组和列表两种序列类型。

5.1.1 列表和元组

(1)列表

列表(list)是 Python 语言提供的最常用的序列数据类型，是由一系列任意类型的对象按特定顺序排列而成的。列表用方括号"[ ]"加以界定，其内的各元素间用逗号分隔，例如：[2, 3, 4]、[(1, 2), (3, 4), 5]等。同一列表中可以包含多个不同类型的数据对象，不同的列表元素之间的数据类型也可以不同；任何种类的数据对象，包括数值、字符串、元组、集合甚至其他列表，都可以成为列表对象。因为它是对象列表，并且所有 Python 数据都存储为对象，所以列表可以是所选信息的任意组合。

列表不同于字符串，它是可变序列类型，没有固定的大小，支持对自身对象进行修改操作。列表创建后可以随意被修改、增加和删除元素，通常用于存放在程序运行周期中经常修改的序列数据。

由此可见，列表是 Python 语言中最具灵活性的组合数据类型。不过，在实际应用中，虽然可以将不同类型的数据元素存入同一列表，但是为了提高列表数据的可读性和易操作性，一般情况下还是在一个列表中只存放同一类型的数据元素。

列表对象的创建可以通过方括号"[ ]"把一系列对象或常量封装起来，各对象或常量之间用逗号分隔。也可以使用 list( )函数创建，该函数的功能是将元组、range 对象、字符串、集合、字典或其他类型的可迭代对象的数据类型作为参数，并将其转换成列表类型。特别要注意在进行字典的转换时，是将字典的"键"值转换为列表。如果在列表的创建过程中没有设置参数，结果将会是创建一个空列表。

例如，下面是创建列表的代码示例：

```
list("hello")
```

```
['h', 'e', 'l', 'l', 'o']
```

```
list()
```

```
[]
```

```
[]
```

```
[]
```

```
[(1, 2), (3, 4), 5]
```

[(1, 2), (3, 4), 5]

```
ls = ["wuhan", [2020, 1]]
    print(ls)
```

['wuhan', [2020, 1]]

（2）元组

元组（tuple）是 Python 中另一个重要的序列类型。每个元组可以包含 0 个或多个数据项，用小括号"( )"加以界定，元组内各元素间用逗号分隔。例如：(2, 3, 4)、((1, 2), (3, 4), 5)等。

元组中可以存放重复的元素，但是元组是不可变的序列类型，一旦创建就不能被修改，生成后就是固定的，其中任何数据项都不能被替换或删除。Python 字符串对象也一样，一旦创建就不可修改，每次对字符串的修改或者拼接，都会重新生成新的字符串对象。由于元组可以存放多个类型数据且不可更改，常用于保存在程序运行周期中不可修改的序列数据。

元组中的元素可以是整数、实数，也可以是字符串、列表、元组等数据类型，并且同一个元组中，元素的类型可以不同。空元组是两个不含任何内容的小括号，即"( )"。与列表类似，元组可以使用小括号或函数 tuple( )创建。小括号直接定义元组内容，函数 tuple( )的功能是将括号内的序列作为参数，并将其转换成元组类型。

例如：

```
tuple("hello")      #调用 tuple( ) 函数
```

('h', 'e', 'l', 'l', 'o')

```
tuple(range(1, 10, 2))     #将 range 函数生成的整数序列以元组形式输出
```

(1, 3, 5, 7, 9)

需要注意的是，创建元组时小括号并不是必需的，将元素直接用逗号分隔，也能自动创建一个元组。例如：

```
1, 2, 3
```

(1, 2, 3)

但是，如果要创建只包含一个元素的元组，也必须在这个元素的后面加逗号，否则并没有创建新元组，Python 解释器会将其当作常量表达式。采用逗号后强制将 Python 语句解释为元组。例如：

```
(2,)      #创建只包含一个元素的元组
```

(2,)

```
(2)      #没有创建元组!
```

2

```
1, + 2,     #元组的加法运算
```

(1, 2)

```
1 + 2      #一般的算术加法运算
```

3

5.1.2 序列的通用操作

Python 语言中每个数据对象都可以分为可变数据类型和不可变数据类型两种。在序列类型中，字符串和元组是不可变的，列表是可变的。作为序列，字符串、列表和元组有一些通用的操作方法和通用函数。

通用的序列操作包括索引、切片、加法、乘法、成员资格检查等，通用函数可用于确定序列的长度、找出序列中最大和最小的元素、序列排序等。序列类型的通用操作对可变序列类型和不可变序列类型都是适用的，同时，字符串和列表又各自有独特的操作指令。

序列类型常用的操作符如表 5-1 所示。

表 5-1　　　　　　　　　　序列类型通用操作

操作符	描　　述
x in s	如果 x 是序列 s 的元素，返回 True，否则返回 False
x not in s	如果 x 是序列 s 的元素，返回 False，否则返回 True
s + t	连接两个序列 s 和 t
s * n 或 n * s	将序列 s 复制 n 次
s[i]	索引
s[i: j]	序列 s 从 i 到 j 的切片
s[i: j: k]	序列 s 从 i 到 j 步长为 k 的切片

(1)序列成员检查

使用序列的可能取值时，需要检查特定的元素是否包含在当前序列之

中，即成员资格检查。成员资格检查操作可以使用布尔运算符 in 来实现。
如果特定的元素在序列中则返回 True，否则返回 False。

基本语法格式为：

value in sequence

其中，value 表示要检查的特定的元素，sequence 表示特定的序列。

下面是列表、元组、字符串中各元素成员资格检查的代码示例。

```
list = [1, 2, 3, 4, 5]
5 in list
```

True

```
users = ("Tom","Lucy","Lily")
input("Enter your user name:") in users
```

Enter your user name：Amy

False

```
str = "this is a beautiful university"
"university" in str
```

True

另外，Python 也可以使用关键字 not in 来检查特定的元素是否包含在当前序列中。如果待检查的元素不在序列中，则返回 True；如果检查的元素包含在序列中，则返回 False。

例如下面两段代码：

```
city = ["武汉","成都","长沙","北京","上海","香港"]
"武汉" not in city
```

False

```
"纽约" not in city
```

True

与列表、元组不同，字符串唯一的成员或者说元素就是它的字符。在对字符串的成员资格检查中，只要待检查的字符串是指定序列的一部分，就会返回 True，否则返回 False。

```
str = "university"
"un" in str
```

True

（2）序列加法

运算符"+"可以连接两个序列，这里的加号并不是指对应元素值的相加，而是指序列的首尾相接，所以加法并不会消除原序列中的重复元素。一般而言，加法运算不能连接不同类型的序列，否则就会出现 TypeError 的异常提示。而且，在连接不可变序列时会生成新的序列对象，这意味着利用加法重复拼接来构建新序列时，会增加额外的运行开销。

序列加法运算的代码示例如下：

```
"Hello!" + "Teachers"          #字符串相加
```
'Hello! Teachers'

```
(2019,) + (7,) + (7,)          #元组相加
```
(2019, 7, 7)

```
[1, 2, 3] + [1, 2, 3]          #列表相加
```
[1, 2, 3, 1, 2, 3]

```
"Hello!" + (2019,)             #不同类型的序列相加，抛出异常！
```
Traceback（most recent call last）:
　File "<pyshell#6>", line 1, in <module>
　　"Hello!" + (2019,)
TypeError：can only concatenate str（not "tuple"）to str

（3）序列乘法

通过乘法运算符"＊"可以复制序列，即原序列乘以数字 n，会将原序列复制 n 次然后生成一个新序列，相当于原序列与自身进行 n 次拼接。

例如，下面是字符串"hello!"复制三次的代码示例：

```
str = "hello!"
str * 3
```
'hello! hello! hello! '

当复制次数小于 0 时，会被当作 0 次来处理，生成一个与原序列同类型的空序列。

```
list0 = [2, 3] * -2
list0
```
[ ]

需要注意的是，在对原序列 s 进行序列乘法的时候，s 中的数据项并不会被拷贝，而是在生成新序列中多次被引用。

例如：

```
[] * 3      #空列表乘法，结果仍然是空序列
[]
```

```
myList = [[]] * 3      #对包含多个空列表的列表进行乘法，可以得到多个序列
                            的引用
myList
```

[[],[],[]]

在上面的第一个例子中，空序列本身做乘法，其结果仍然是空序列，因为空序列的数据项为空，无法多次引用；但是，对包含有一个空列表的列表 myList 做乘法，其数据项(即该列表的空序列对象)会被多次引用。

下面的代码显示了多次引用上述数据对象的过程。

```
kl = []              #kl 为空列表
ls = [kl] * 3         #ls 为一个将 kl 重复引用了 3 次的列表
print('kl=', kl, ', ls=', ls)   #输出 kl 和 ls 的内容
kl.append(1)          #向 kl 中添加一个元素
print('kl=', kl, ', ls=', ls)   #ls 中所有的元素都是 kl 对象的引用
```

kl= [], ls= [[],[],[]]
kl= [1], ls= [[1],[1],[1]]

可以看出，上面例子中列表 ls 中包含了多次对 kl 列表对象的引用，在 kl 的内容发生改变时，例如添加一个新元素，虽然程序没有对 ls 进行直接的操作，但是 ls 中所有的数据内容都发生了改变，因为 ls 中的数据元素就是 kl 对象的引用，是指向同一个对象空间的。

(4)序列索引

序列中所有成员元素都有编号，从 0 开始递增，索引就是通过编号访问各元素，即可以通过编号获取序列中的元素。此外，字符串、元组和列表都支持双向索引，当索引值为负数时，Python 将从右(即最后一个元素)往左计数，而-1 就是最右边一个元素的位置。需要注意的是，-0 位置的元素就是为 0 位置的元素，即第一个元素。当序列为嵌套序列，即序列中不止一种类型数据时，可以通过多重索引来访问元素。

例如：

```
s = [1, 2.3, 4, 5]
s[3]
```

5

```
s = 'helloworld'
s[1]
```

'e'

```
s = [1, 2, 3, 4, 5]
s[-2]
```

4

```
ls = ('中国', '湖北', 12)
ls[1][1]
```

'北'

(5)序列切片

当需要访问的成员元素较多时，还可使用切片操作来获取特定范围内的元素。为此，可以采用由冒号分隔的两个索引来进行。例如，对序列 s 进行切片的操作为 s[i: j]，其中，第一个索引 i 是切片中包含的第一个元素的编号，第二个索引 j 是切片操作后剩下的紧挨着被切元素的第一个元素的编号。即序列 s 从 i 到 j 的切片被定义为：s 中所有下标为 k 的元素组成的子序列，且 i≤k<j。

通过索引来指定切片的边界时，采取"取左不取右"的规则。如果切片是从第一个元素开始，可以省略第一个索引；如果切片到最后一个元素结束，可以省略第二个索引。

例如：

```
s = [1, 2, 3, 4, 5]
s[2: 4]        #列表切片
```

[3, 4]

```
s[: 3]         #从第一个元素开始切片
```

[1, 2, 3]

```
s[3:]          #切片到最后一个元素
```

[4, 5]

```
s = 'hello'
s[0: 3]        #字符串切片
```

'hel'

在执行切片操作时，如果第一个索引指定的元素位于第二个索引指定的元素后面，即 i 大于或等于 j 时，结果就为空序列。

例如：

```
s = [1, 2, 3, 4, 5]
s[4: 2]
```

[ ]

带步长参数的切片格式为：s[i: j: step]，其中 step 为步长参数。在普通切片中通常省略了步长参数，默认的步长为 1。如果指定的步长不为 1，每隔 2 个元素提取 1 个元素，则需要将步长参数设置为 2，此时步长不可省略。另外，步长不能为 0，但可以是负数，即从右向左提取元素。

例如：

```
s = [1, 2, 3, 4, 5, 6, 7, 8]
[: 6: 2]      #步长为 2
```

[1, 3, 5]

```
s[:: 3]       #步长为 3
```

[1, 4, 7]

```
s[:: -3]      #步长为 -3
```

[8, 5, 2]

```
s[:: 0]       #步长为 0，抛出异常
```

...

ValueError: slice step cannot be zero

(6) 通用函数

除了上述各操作符外，Python 还提供了大量的适用于序列的内置函数，为程序解决各类问题提供了丰富、强大、快速的解决方案。本节重点介绍几个常用的内置函数。

表 5-2　　　　　　　　　　序列类型常用函数

函数	描　　述
len(s)	返回序列 s 的长度
min(s)	返回序列 s 的最小元素，s 中元素需要可比较

续表

函数	描　述
max(s)	返回序列 s 的最大元素，s 中元素需要可比较
list( )	将序列转换为列表
str( )	将序列转换为字符串
tuple( )	将序列转换为元组
sum( )	计算元素和
sorted( )	对序列元素进行排序
reversed( )	反向序列中的元素
enumerate( )	将序列组合为一个索引序列

① len( )函数用于计算序列的长度，即函数返回值是序列包含的元素个数，例如：

```
str = "Hello! Teachers"        #计算字符串的长度
len( str)
```

15

当给定序列中的元素可以进行比较时，使用 max( )和 min( )函数可以分别返回给定序列中的最大元素或最小元素。不管是返回最大元素还是最小元素，都需要遵循一定的排序规则，按规则返回相应的值，而这个排序规则可以由 key 参数来指定。当元素是字符时，默认按 ASCII 编码方式排序。

例如：

```
lst = ['abcdhush8', 'abc9iujtwertwert', 'abcdjlas', 'abcdj897h']
a = min( lst)        #默认按 ASCII 编码方式排序时列表中最小元素
print( a)
```

'abc9iujtwertwert'

```
b = min( lst, key=len)          #按元素长度排序时的最小元素
print( b)
```

'abcdjlas'

② range( )函数可以生成一个整数序列，常用于序列遍历和 for 循环中。基本语法格式为：

$$range(start, stop, step)$$

其中，生成的序列从 start 开始计数（默认从 0 开始）；到 stop 结束，但不包括 stop；步长为 step，步长默认为 1。也就是说，rang( )函数是输出一个[start，stop)且步长为 step 的序列。

例如：

```
list(range(2, 10, 3))   #将生成的序列转化为列表
```

[2, 5, 8]

```
list(range(10))
```

[0, 1, 2, 3, 4, 5, 6, 7, 8, 9]

```
list(range(-10, -1))
```

[-10, -9, -8, -7, -6, -5, -4, -3, -2]

```
list(range(0, -10, -1))
```

[0, -1, -2, -3, -4, -5, -6, -7, -8, -9]

③ reversed( )函数可以使序列中的元素反向，即反转序列。

要注意 reversed( )函数没有返回值，需要通过打印被作用的列表才可以查看出具体的效果。例如，下面代码的功能为反转字符串"hello"。

```
s = "hello"
list(reverse(s))      #反转字符串 s 并以列表输出
```

['o', 'l', 'l', 'e', 'h']

④ sorted( )函数能对序列进行排序。

该函数返回的是一个列表副本，存放排序后的序列，并不是在原序列上进行排序操作，即原序列中的数据并没有改变。函数的基本语法格式为：

sorted(sequence, cmp = None, key = None, reversed = False)

其中，sequence 为待排序的序列，cmp 为默认的比较函数，参数 key 为进行比较的元素属性，参数 reversed 为排序规则。默认情况下，sorted( )函数将按序列升序进行排序，并返回一个新列表对象，原序列保持不变。当 reversed 参数设置为 True 时，序列将按降序排序。如果要按照某个特定的规则排序，则需指定参数 key。例如由字符串构成的序列，若想按照字符串的长度进行排序，则可将 key 参数设置为"len"。

例如：

```
l1 = 'university'
sorted(l1)   #默认情况
```

['e', 'i', 'i', 'n', 'r', 's', 't', 'u', 'v', 'y']

```
l1      #原序列保持不变
```

'university'

```
sorted(l1, reverse = True)       #降序排序
```

['y', 'v', 'u', 't', 's', 'r', 'n', 'i', 'i', 'e']

```
l2 = ['This', 'Bob', 'a', 'university']
sorted(l2, key = len)       #按字符串的长度排序
```

['a', 'Bob', 'This', 'university']

⑤ 若待排序的序列为复合结构，如由元组构成的列表，要按照元组的第二个元素进行排序，则可以使用 lambda 匿名函数。lambda 函数的基本格式为：

$$lambda \ argument : expression$$

其中 argument 为参数，有多个参数时各参数之间用逗号隔开，expression 为表达式，表达式的个数不能超过 1。例如：

```
l3 = [('sun', 3), ('li', 4), ('qian', 2), ('zhao', 1)]
sorted(l3, key = lambda x: x[1])       #按元组第二个元素的大小排序
```

[('zhao', 1), ('qian', 2), ('sun', 3), ('li', 4)]

```
l4 = [4, 2, 5, -3]
sorted(l4, key = lambda x: x * x)       #按数的平方大小排序
```

[2, -3, 4, 5]

5.1.3 列表常用方法

Python 对不同序列类型有通用的方法，而各个序列类型又有一些特有的方法或运算符。Python 序列类型中元组是不可变序列，对元组执行的操作以序列的通用操作为主，并且执行后返回的是一个新元组，不可对原元组进行修改。

列表为可变序列，灵活多变，除通用操作外，Python 还提供了其他的操作函数及方法，便于用户实现对列表进行修改、删除、插入等操作，如表 5-3 所示。

表 5-3   常用列表操作函数及方法

方法	描　述
ls[i] = x	将修改列表 ls 第 i 元素为 x

续表

方法	描　述
ls[i: j: k] = lt	用列表 lt 替换 ls 切片后所对应元素的子列表
del ls[i]	删除列表 ls 中第 i 元素
del ls[i: j: k]	删除列表 ls 中第 i 到第 j 以 k 为步长的元素
ls += lt	更新列表 ls，将列表 lt 元素增加到列表 ls 中
ls * = n	更新列表 ls，其元素重复 n 次
ls. append(x)	在列表 ls 最后增加一个元素 x
ls. clear()	删除列表 ls 中所有元素
ls. copy()	生成一个新列表，赋值 ls 中所有元素
ls. extend(lt)	将列表 lt 中的值附加到列表 ls 的末尾
ls. insert(i, x)	在列表 ls 的第 i 位置增加元素 x
ls. pop(i)	将列表 ls 中第 i 位置元素取出并删除该元素
ls. remove(x)	将列表 ls 中出现的第一个元素 x 删除
ls. reverse()	将列表 ls 中的元素反转
s. index(x) 或 s. index (x, i, j)	返回列表 s 从 i 开始到 j 位置中第一次出现元素 x 的位置
s. count(x)	返回列表 s 中出现 x 的总次数

(1) 列表的修改

列表的修改是通过赋值语句来实现的，但不是简单的形似"x = 1"的赋值语句，而是使用索引表示法给特定位置的元素赋值，如 ls[2] = 3。赋值时需要注意不能给列表中不存在的索引赋值，因此给出的列表索引必须正确有效。当要修改的数据元素个数为两个甚至更多个时，可以采取切片表示法进行修改，即用新列表替换原列表中的切片序列。例如：

```
ls = [1, 2, 2, 4]
ls[2] = 3       #修改索引位置 2 的元素为"3"
ls
```

```
[1, 2, 3, 4]
```

```
lt = [-2, 0]
```

```
ls[0: 2] = lt
ls
```

[-2, 0, 2, 4]

(2) 列表的删除

列表的删除操作可以通过 del 语句、pop( )、remove( )、clear( )四种方法实现。del 语句也可以删除字典等可变序列中的元素，但不能删除元组、字符串等不可变序列中的元素。同修改操作一样，需要先进行索引或切片，进而删除列表中的单个数据项或数据片。删除操作前，要先保证列表中数据元素存在，若数据不存在，则会出现 IndexError 异常提示。

例如：

```
ls = [1, 2, 3, 4]
del ls[0]
ls
```

[2, 3, 4]

```
del ls[0: 2]
ls
```

[4]

```
del ls[1]
ls
```

...

IndexError: list assignment index out of range

Python 中的 pop( )方法也可以用于删除列表元素，其中小括号内为待删除元素的位置(默认是最后一个)，该方法的返回值为待删除的数据元素，所以要查看删除操作执行效果，需要将列表打印出来。例如：

```
ls = [1, 2, 3, 4]
ls.pop(0)
```

1

```
ls          #执行 pop( )之后的列表
```

[2, 3, 4]

当不确定要删除的元素在列表中的具体位置时，可以使用列表对象的 remove( )方法实现删除，其中括号内为待删除的数据元素。若待删除元素不存在，则会出现 ValueError 异常。

例如：

```
city = ["北京","上海","广州","深圳","武汉","成都"]
city. remove("深圳")
city
```

['北京','上海','广州','武汉','成都']

```
city. remove("长沙")   #未事先判断元素是否在列表中
```

...

ValueError：list. remove(x)：x not in list

```
city = ["北京","上海","广州","深圳","武汉","成都"]
if "长沙" in city：   #使用条件语句判断元素是否在列表内
    city. remove("长沙")
print(city)
```

['北京','上海','广州','深圳','武汉','成都']

在执行列表的删除操作时，要尽量避免对中间元素的删除，因为这会影响该位置后面所有元素的下标。同理，在执行插入操作时，也最好尽可能地在列表的尾部操作，这能大幅度提高列表的处理速度。

(3)列表的插入

列表的插入操作可以通过加法操作符、append()、insert()、extend() 等方法实现。后三种方法属于原地操作，即直接改变作用对象，且不会产生返回值。原地操作并不影响列表在内存中的起始地址。当列表增加或删除元素时，列表对象会自动进行内存的扩展或收缩，从而保证元素之间没有缝隙，这个功能可以大幅度减少程序员的负担。

加法操作符并不是真的就在原列表上添加数据，而是创建一个新列表，并将原列表中的数据和待添加的数据复制到这个新列表中的内存空间。与加法操作符类似，extend()方法用于将另一个列表中的所有元素追加至原列表的尾部。

例如：

```
ls = ["hello!"]
ls += ["wuhan"]
ls
```

['hello! ', 'wuhan']

```
ls = ["hello!"]
ls. extend("wuhan")
ls
```

['hello! ', 'w', 'u', 'h', 'a', 'n']

由于需要创建新列表进行数据复制，上述方法在需要添加的数据过多时不宜使用。这时，可以使用列表对象中的 append( ) 方法，它是真正意义上的在原列表尾部增加新元素。

例如：

```
ls = ["hello!"]
ls. append("wuhan")
ls
```

['hello! ', 'wuhan']

当需要在任意指定位置插入元素时，还可使用 insert( ) 方法。该方法有两个参数：index 为需要插入对象的索引位置，object 为要插入列表中的对象。

例如，在列表的第三个元素处插入新元素的代码为：

```
ls = [1, 2, 3, 4]
ls. insert(2, 4)
ls
```

[1, 2, 4, 3, 4]

(4) 列表排序

在实际开发应用中，列表排序是经常用到的一种操作，如考试系统中学生成绩排名、歌单中歌名排序等。不同于 C 语言等其他编程语言中排序算法的繁琐，Python 语言提供了实现排序功能的简单方法，有两个基础的也是常用的对列表进行排序的函数：使用特定的列表函数 sort( ) 和使用序列内置函数 sorted( )。其中 sorted( ) 函数已经在前文中介绍了。

sort( ) 函数用于对给定列表中的元素进行排序，基本语法格式为：

$$list. sort(key = None, reverse = False)$$

其中，list 是给定的待排序的列表。key 是参数，指定用来进行比较时的元素属性，例如，"key = str. lower"表示在对列表进行排序时不区分字母的大小写。

reverse 是可选参数，表示按升序排列或降序排列。如果 reverse 设置为

True，则表示降序排列；如果 reverse 设置为 False，则表示升序排列。当没有设置时，默认为升序排列。

下面是对考试成绩进行排序的代码示例：

```
grade = [43, 99, 98, 89, 90, 79, 59, 60, 78]
grade. sort()
print("成绩升序排名:", grade)
```

成绩升序排名：[43, 59, 60, 78, 79, 89, 90, 98, 99]

```
grade. sort(reverse = True)
print("成绩降序排名:", grade)
```

成绩降序排名：[99, 98, 90, 89, 79, 78, 60, 59, 43]

sort()函数在对数值列表进行排序时很简单，但在对字符串列表排列时，它默认采用的方法是先对大写字母进行排序，然后再对小写字母排序，所以在对字符串列表进行排序时，要根据实际应用需求选择 key 参数。例如：

```
username = ['Tom', 'Lucy', 'luy', 'yht']
username. sort()
print("区分大小写字母:", username)
```

区分大小写字母：['Lucy', 'Tom', 'luy', 'yht']

```
username. sort(key = str. lower)
print("不区分大小写字母:", username)
```

不区分大小写字母：['Lucy', 'luy', 'Tom', 'yht']

由于 sort()函数对字符串采取的是按大小写字母排序，而中文排序中经常采用的是按音序排列或者笔画排序，所以 sort()函数对中文字符串列表并不友好，在实际开发时并不能直接使用。

另外，sort()函数是直接对给定列表中的元素进行排序，并没有创建新的列表，属于原地操作。如果要不改变原列表中元素的顺序，就要使用 Python 中内置的序列函数 sorted()。在使用 sorted()函数时会建立一个新的列表副本，用于存放排序后的列表。

（5）遍历列表

列表的遍历即输出列表中的每个数据项，在遍历的过程中可以执行查询、修改等对列表元素进行的操作。本节介绍 Python 语言中主要的两种遍历方法：for 遍历和 enumerate 遍历。

第一种遍历列表的方法是直接使用 for 循环实现遍历。其基本格式为：

    for 变量 in 列表名：

      <语句体> #输出变量

  例如，遍历列表["spring","summer","autumn","winter"]，且同时输出元素下标：

```
i = 0
list1 = ["spring","summer","autumn","winter"]
for j in list1:
    print(i, list1[i])
    i += 1
```

0 spring

1 summer

2 autumn

3 winter

  第二种遍历方法是使用内置函数 enumerate()实现遍历。该函数将列表组成一个索引序列，同时列出数据元素和元素下标。在实际应用中，enumerate()函数一般会和 for 循环一起使用。其基本语法格式为：

    for index, item in enumerate(listname)：

      <语句体>

  其中，index 是数据元素的索引，item 是获取的元素值变量。

  例如，使用 for 循环和 enumerate()函数遍历列表["spring","summer","autumn","winter"]：

```
list1 = ["spring","summer","autumn","winter"]
for i, item in enumerate(list1):
    print(i, item)
```

0 spring

1 summer

2 autumn

3 winter

(6)列表统计

  Python 语言提供了丰富的函数来实现列表的统计、计算等功能，主要有 count()、index()和 sum()等方法。使用列表对象的 count()方法可以获取指定元素在当前列表中出现的次数；使用 index()方法可以获取指定元素在当前列表中首次出现的位置(即索引);使用 sum( )方法可以统计数值列表中各元素的和。

例如:

```
name = ["浣溪沙","菩萨蛮","虞美人","沁园春","浣溪沙","念奴娇","虞美人"]
name. count("浣溪沙")
```

2

```
name. index("浣溪沙")
```

0

```
grade = [99, 100, 89, 78, 98, 67, 59, 87, 78, 76, 94]
sum(grade)
```

925

5.1.4 列表推导式

列表推导式是 Python 语言中广泛应用的技术,它可以用非常简洁的方式快速生成满足特定需求的列表,使代码具有非常强的适用性和可读性。列表推导式在逻辑上相当于一个循环,但可以大幅度精简语句。常用的列表推导式语法格式有以下三种。

(1)生成指定范围的数值列表

数值列表在 Python 程序中经常使用,例如学生的考试成绩、比赛中的得分情况、抽奖时的随机号码等,都是用数值列表来表示和存储。可以用列表推导式来简化创建数值列表,其基本的语法格式为:

列表名 = [表达式 for 变量 in range]

例如生成 6 个在[0,50]范围内的随机号码:

```
import random
result = [random. randint(0, 50) for i in range(6)]
print("随机号码为:", result)
```

随机号码为:[24, 7, 40, 28, 47, 10]

(2)根据所给列表生成满足指定需求的列表

某些时候所给列表不能直接满足编程需求,而是需要利用列表推导式,根据列表中的给定数据来创建满足需求的新列表,如商品打折问题中的商品价格列表就是在原商品价格类别的基础上生成的。这类列表推导式的基本语法格式为：

列表名 = ［表达式 for 变量 in 给定列表名］

例如下面一段商品打折信息的代码示例：

```
price = ［399, 499, 599, 368, 486, 588］
sale = ［int(i * 0.5) for i in price］
print("打五折后的价格:", sale)
```

打五折后的价格：［199, 249, 299, 184, 243, 294］

（3）从所给列表中选择符合条件的元素组成新的列表

当程序并不需要所给列表的全部元素时，可以在列表推导式中使用 if 语句进行筛选，只保留符合条件的元素。基本语法格式为：

列表名 = ［表达式 for 变量 in list if 条件式］

例如：

```
#生成一个 10 以内(包含 10)的偶数列表
s1 = ［i for i in range(10) if i % 2 == 0］
print(s1)
```

［0, 2, 4, 6, 8］

```
#将两个列表中不相等的元素组合起来
s2 = ［(x, y) for x in ［1, 2, 3］ for y in ［2, 3, 4］ if x ! = y］
print(s2)
```

［(1, 2), (1, 3), (1, 4), (2, 3), (2, 4), (3, 2), (3, 4)］

5.1.5　序列解包

在程序执行中把多个值赋给一个变量时，Python 会自动地把多个值封装成元组，这种操作称为序列封包。

例如：

```
numbers = 1, 3, 5
print(numbers)
```

(1, 3, 5)

而序列解包可以把一个序列的数据内容直接赋给多个变量。当序列中元素的个数与赋值运算符左边的变量个数相同时，Python 程序会把序列中的各个元素依次赋值给每个变量，这种操作称为序列解包。如果赋值运算符右边含有表达式，则先计算表达式的值，然后再进行赋值。如果被赋值的变量个数与列表中的元素个数不一致，则会报错。

　　序列解包是 Python 3 中非常实用的一项功能，它能简化代码，使程序能以简洁的语句完成复杂的功能，大大节省了时间成本，提高了代码的可读性。

　　例如，下面是几段序列解包的操作代码：

```
s = "ABC"
a, b = s       #当元素个数与变量个数不同时，将会报错
```

...

ValueError：too many values to unpack（expected 2）

```
a, b, c = s
print((a, b, c))
```

('A', 'B', 'C')

```
a, b, c = c, b, a  #交换两个变量的值
print((a, b, c))
```

('C', 'B', 'A')

```
x = [1, 2, 3, 4, 5]   #切片也支持序列解包
x[: 3] = map(str, range(4))
print(x)
```

['0', '1', '2', '3', 4, 5]

　　在序列解包时，如果只需要解出部分数据，可以使用表达式" * "来获取单个变量中的多个值，这些值的默认数据类型为列表。例如：

```
s = "ABCD"
a, b, *c = s   #将 'C', 'D' 赋给 c
print('a=', a)
print('b=', b)
print('c=', c)
```

a= A

b= B

c= ['C', 'D']

```
a, b, c, d, *e = s
print('e=', e)
```

e=[ ]

5.1.6 序列的应用

序列中的元组与列表虽然看起来相似，都是包含元素顺序的序列，但它们有着不同的特点，通常是在不同的应用场景被使用。两者最本质的区别就是列表是可变序列，类似于用铅笔写字，书写后可以用橡皮擦修改，而元组是不可变序列，类似于用钢笔写字，书写后是不能修改的。

元组是不可变的，不能使用 append( )、insert( )、pop( ) 等方法，无法直接向原始元组中添加元素，也无法对其进行 del 操作删除元素。元组中通常包含不同种类的元素，而且往往通过序列解包或者索引进行访问。元组是自动封包和解包的默认类型，也可以用于格式化字符串。由于它的不可变性，元组可用作字典的键，还可用于保护数据安全。

列表是可变的，Python 中有一系列函数和方法对其进行特殊操作，并且列表中的元素一般是同种类型元素，通过迭代访问这些元素。列表方法使得实现数据"后进先出"非常容易，故列表很容易作为堆栈来应用，最后插入，最先取出。如果要添加一个元素到堆栈，就是将该元素添加到堆栈的顶端，也可以使用 append( ) 方法。而要从堆栈中取一个元素，也只能从堆栈的顶部取出一个元素，可以使用 pop( ) 方法，且不需要指定元素的索引。

列表也可以用作队列来使用，即"先进先出"。但是，由于在列表的尾部添加和删除元素一般都非常快，而在列表的头部插入或删除元素时则会引起列表中大量数据元素的移动，所以队列的出队操作(删除队首元素)执行起来速度较慢，效率比较低。因此，应尽量从列表末端进行元素的增加和删除操作，这样一来，可以大大提高列表的处理速度。

例如，输入一个包含表示年和月的两个整数的序列，需要编写程序判断这个月有多少天。在这里不需要修改元素，且序列中只包含 2 个整数，所以采用列表或元组均可，两者的运行效率没有差别。但当序列中包含大量元素时，元组的使用效率会更高。

实现代码如下：

```
x = eval(input('请输入一个年月序列：'))
if x[1] in (1, 3, 5, 7, 8, 10, 12):
    d = 31
elif x[1] in (4, 6, 9, 11):
    d = 30
elif x[1] == 2:
    if x[0] % 4 == 0 and x[0] % 100 > 0 or x[0] % 400 == 0:
```

```
        d = 29
    else:
        d = 28
else:
    d = 0
    print('输入的月份值有误')
if d > 0:
    print('该月天数为 ', d)
```

请输入一个年月序列：[2309，2]
该月天数为 28

5.2 集合类型

集合也是一种组合数据类型，与数学中的集合概念相似。集合数据类型往往是由无序的、不重复的元素所组成的数据组合。Python 语言的集合有两种不同的类型，分别是可变集合类型(set)和不可变集合类型(frozenset)。其中，可变集合类型可以添加或删除元素，但其存储的数据元素不能执行哈希操作。

同理，字典 dict 和列表 list 也是可变组合数据类型，其数据元素不能执行哈希操作。而不可变集合类型 frozenset 的对象是不能添加或删除元素的，但其中存储的数据元素是可以执行哈希操作的。本节将介绍可变集合类型 set 的操作与应用。

5.2.1 集合定义与创建

集合 set 中存放的数据元素是无序的，同一个集合中不能存放重复的数据，即每一个元素都是唯一的，不允许重复。集合中数据元素的类型只能是不可变数据类型，如整数、浮点数、字符串、元组等，而列表、字典、集合类型本身都是可变数据类型，不能作为集合的元素出现。

集合用大括号"{}"加以界定，各元素之间用逗号分隔，例如{1，2，3}、{"one"，(1，2)}等。集合的创建有两种方法，第一种方法是用大括号直接将集合赋值给变量而创建一个集合对象；另一种方法使用 set()函数将列表、元组等可迭代对象转换为集合。

建立空集合时，必须使用 set()函数进行操作，不能直接使用大括号进行赋值，因为后者是创建一个空字典。无论使用哪种创建方法，如果原始数据项存在重复元素，创建后的集合对象中只保留一个。例如：

```
{"one", (1, 2)}
```

```
{(1, 2), 'one'}
```

```
s = set([0, 1, 1, 2, 2, 3, 3])
print(s)
```

```
{0, 1, 2, 3}
```

```
s = set(range(5))
print(s)
```

```
{0, 1, 2, 3, 4}
```

5.2.2　集合操作

(1) 集合的运算

在数学领域，集合支持交集、并集、差集等运算，在 Python 中集合也有类似的运算。

- 在进行集合的并集运算时，使用"|"操作符；
- 在进行集合的交集运算时，使用"&"操作符；
- 在进行集合的差集运算时，使用"-"操作符；
- 在进行集合的对称差集运算时，使用"^"操作符。

除了这四个基本的运算符，集合还提供布尔运算符支持子集、包含关系的查询以及增强操作符实现集合运算和更新同步，详见表 5-4 与表 5-5。

表 5-4　　　　　　　　　　　　集合的 6 个操作符

操作符	描　　述
S | T	返回一个新集合，包括 S 和 T 中的所有元素
S - T	返回一个新集合，包括在 S 但不在 T 中的元素
S & T	返回一个新集合，包括同时在集合 S 和 T 中的元素
S ^ T	返回一个新集合，包括集合 S 和 T 中的非相同元素
S <= T 或 S < T	返回 True/False，判断 S 和 T 的子集关系
S >= T 或 S > T	返回 True/False，判断 S 和 T 的包含关系

表 5-5	集合的 4 个增强操作符
操作符	描述
S ∣= T	更新集合 S，包括在集合 S 和 T 中的所有元素
S −= T	更新集合 S，包括在集合 S 但不在 T 中的元素
S &= T	更新集合 S，包括同时在集合 S 和 T 中的元素
S ^= T	更新集合 S，包括集合 S 和 T 中的非相同元素

例如：

```
a = set('university')
b = set('beautiful')
a − b        #差集运算
```
{'r', 'v', 'n', 'y', 's'}

```
a ∣ b        #并集运算
```
{'r', 'u', 'a', 't', 'v', 'b', 'n', 'y', 's', 'e', 'i', 'f', 'l'}

```
a & b        #交集运算
```
{'u', 't', 'e', 'i'}

```
a ^ b        #对称差集运算
```
{'r', 'a', 'v', 'b', 'n', 'y', 's', 'f', 'l'}

```
a < b        #判断子集操作
```
False

```
a
```
{'r', 'u', 't', 'v', 'n', 'y', 's', 'e', 'i'}

```
a −= b
a            #交集运算并更新集合 a
```
{'r', 'v', 'n', 'y', 's'}

（2）集合的插入

集合对象的 add( )方法和 update( )方法可以实现集合的插入操作。

① add( )方法可以将元素添加到集合中，如果该元素已存在集合中，则忽略该操作。

例如：

```
s = set(('country', 'province', 'city'))
s.add('town')
s
```

{'province', 'city', 'town', 'country'}

② 当需要添加的元素是列表、元组、集合、字典等数据类型中的数据项时，可以用方法 update( ) 进行数据项的合并。

```
s = set(('country', 'province', 'city'))
s.update([1, 2], [2, 3])
s
```

{'province', 1, 2, 3, 'country', 'city'}

(3) 集合的删除

集合的删除可以通过 pop( )、remove( )、discard( )、clear( ) 方法来实现。

- pop( ) 方法用于随机删除并返回集合中的一个元素；
- remove( ) 方法和 discard( ) 方法的功能都为删除集合中的特定元素，但若元素不存在时，前者会抛出异常，后者会忽略此操作；
- clear( ) 方法用于清空集合中的所有元素。

例如：

```
s = set(('country', 'province', 'city'))
print(s)          #构建 s 时会自动排序
```

{'province', 'city', 'country'}

```
s.pop()
```

'province'

```
s.remove('country')
print(s)
```

{'city'}

```
s.remove('country')
```

...

KeyError: 'country'

```
s.discard('country')
print(s)
```

{'city'}

```
s = set(('country', 'province', 'city'))
s.clear()
print(s)
```

set()

5.2.3　集合的应用

集合中的元素不允许重复，因此可以利用集合快速提取某一序列中的单一元素，这比利用列表的实现效率要快得多。

例如，某同学想做一份问卷调查，他先用计算机随机生成 1~10 的整数，随后对用户输入数字去重，对于重复的数字，只保留一个，其中的去重操作就能用集合来完成。

代码示例如下：

```
import random
N = int(input('请输入 1~10 之间的随机整数：'))
s = set([])
print('r=', end=' ')
for i in range(1, N+1):
    r = random.randint(1, 10)
    print(r, end=', ')
    s.add(r)
print('\ns=', s)
```

请输入 1~10 之间的随机整数：5
r= 4, 2, 2, 4, 4,
s= {2, 4}

5.3　映射类型

在某些现实问题中，在数据集合中访问或查询数据用索引不方便。例如，有一个由学生姓名和成绩组成的数据集，想要在其中查找某位同学的成绩，但因为不知道姓名和成绩的存储位置，此时用序列索引并不方便。解决这类问题的一个有效方法就是使用映射类型存储数据。

Python 中映射数据类型是由"键-值"数据项构成的组合，并且也是可迭代的。在进行迭代时，映射类型以任意顺序提供其数据项。映射对象键和值是一对多的关系，即"键"是不允许重复的，但"值"可以重复。

字典是 Python 中唯一的映射类型，提供了存取数据项及其键、值的方法。

5.3.1　字典定义与创建

字典(dict)是"映射"的体现，通过"键值对"来进行数据索引的扩展，键值对之间是无序，如{1：2}、{'one'：1, 'two'：2}等。只有可进行哈希运算的数据对象才可用作字典的键，如字符串、元组等不可变序列，而列表、集合、字典等可变序列则不能作为字典的键。字典中每个键关联的值实际上是一个对象的引用，可以引用任意类型的对象，包括字符串、元组、列表、字典、集合、函数等，都可以作为字典的值元素。

同一个字典中，相同的键只能出现一次，它是访问字典中数据的索引。如果给一个键重复赋值，后赋的值将会覆盖前面的值。

字典通常用大括号"{}"来界定，键值对用冒号"："表示。创建字典可以使用内置函数 dict()，键与值之间的对应关系用等号表示，也可以直接使用大括号进行赋值。若要将其他类型数据转换为字典，则原始数据必须是包含两个对象的序列或集合、字典。

例如：

```
a = dict(one=1, two=2)
a
```

{'one'：1, 'two'：2}

```
list1 = ["one","two","three"]
list2 = [1, 2, 3]
dict(zip(list1, list2))
```

{'one'：1, 'two'：2, 'three'：3}

5.3.2　字典操作

(1)读取字典

字典中的每个元素表示一种映射关系，根据提供的"键"就能读取其中的"值"，即以键作为下标读取字典元素。如果使用的键在字典中不存在，则会产生异常。因此，通过键读取字典时最好与条件判断或异常处理结构相结合。

例如：

```
d = {'name': 'zhang', 'tel': 335678}
d['name']        #按键读取字典
```

'zhang'

```
d['age']
```

...

KeyError：'age'

Python 还提供了方法 get( )获取指定键对应的值，但是与通过下标访问字典不同的是，当字典中键不存在时，程序会没有返回值或返回特定的值。

例如：

```
d. get('age')         #没有返回值
d. get('age',"Not exists")
```

'Not exists'

(2)修改字典

与读取字典的操作类似，当以指定键为下标为字典赋值时，可以直接修改该键的值。但是如果原字典中该键不存在，则该操作为添加一个新的键值对。

例如：

```
d['tel'] = 338798        #修改键值
d
```

{'name': 'zhang', 'tel': 338798}

```
d['sex'] = 'male'        #添加键值对
d
```

{'name': 'zhang', 'tel': 338798, 'sex': 'male'}

字典对象方法 update( )可以将另一个字典的键值对全部添加到当前字典中，如果两个字典中存在相同的键，则键对应的值修改为新字典中的值。

例如：

```
d. update({'sex': 'female'})
d
```

{'name': 'zhang', 'tel': 335678, 'sex': 'female'}

（3）删除字典

字典的删除可以通过 del 语句、clear（）、pop（）、popitem（）方法来实现。

① 语句 del dictname 为删除整个字典对象，语句 del dictname[k]为删除字典中指定键对应的值。

例如：

```
del d['sex']
print(d)
```

{'name': 'zhang', 'tel': 338798}

② 方法 clear（）为清空字典中所有的键值对，即清空字典。

例如：

```
d. clear( )
print(d)
```

{ }

③ 字典方法 pop（）也可以删除指定键对应的值，当字典中该键不存在时，会抛出异常。而方法 popitem（）则会随机从字典中删除一个键值对，并以元组形式返回。

例如：

```
d = {'name': 'zhang', 'tel': 335678, 'sex': 'female'}
d. pop('name')
```

'zhang'

```
d. popitem( )
```

('sex', 'male')

```
print(d)
```

{'tel': 335678}

（4）遍历字典

Python 提供了三种方法来进行字典的遍历：items（）、keys（）、values（）。当需要遍历字典中的键值对列表时，可以使用方法 items（）；当只需要遍历字典中的键列表时，可以使用方法 keys（）；当只需要遍历字典中的值列表时，可以使用方法 values（）。

例如：

```
d = {'name': 'zhang', 'tel': 335678}
d. items()              #获取键值对列表
```

dict_items([('name', 'zhang'), ('tel', 335678)])

```
d. keys()               #获取键列表
```

dict_keys(['name', 'tel'])

```
d. values()             #获取值列表
```

dict_values(['zhang', 335678])

5.3.3　字典的应用

字典独有的映射关系可有效应用于统计分析，在许多领域都有重要用途，如统计字符出现的次数、每个人的手机号码等。另外，内置函数 sorted()可以通过 key 参数，充分利用字典的键或值进行排序，并返回一个新列表。

下面是一段定义手机通讯录的代码操作示例，其中联系人姓名与号码是一一对应的字典键值对关系。

```
addressBook = {}            #定义通讯录
while 1:
    temp = input('请输入指令代码：')
    if not temp. isdigit():
        print("输入的指令错误，请按照提示输入")
        continue
    item = int(temp)        #转换为数字

    #结束使用
    if item == 4:
        print("感谢使用通讯录程序")
        break
    name = input("请输入联系人姓名:")

    #查询
    if item == 1:
        if name in addressBook:
            print(name, ': ', addressBook[name])
            continue
```

```
        else:
            print("该联系人不存在!")

    #添加
    if item==2:
        if name in addressBook:
            print("您输入的姓名在通讯录中已存在--", name,":", addressBook
[name])
            isEdit=input("是否修改联系人资料(Y/N):")
            if isEdit=='Y':
                userphone = input("请输入联系人电话:")
                addressBook[name]=userphone
                print("联系人修改成功")
                continue
            else:
                continue
        else:
            userphone=input("请输入联系人电话:")
            addressBook[name]=userphone
            print("联系人加入成功")
            continue

    #删除
    if item==3:
        if name in addressBook:
            del addressBook[name]
            print("删除成功")
            continue
        else:
            print("联系人不存在")
```

执行结果:

请输入指令代码: 2

请输入联系人姓名: 张三

请输入联系人电话: 555666

联系人加入成功

请输入指令代码：1
请输入联系人姓名：张三
张三：555666

请输入指令代码：3
请输入联系人姓名：张三
删除成功

请输入指令代码：1
请输入联系人姓名：张三
该联系人不存在！

请输入指令代码：4
感谢使用通讯录程序

5.4　上机实践

①有 5 名同学 xiaoyun、xiaohong、xiaoteng、xiaoyi 和 xiaoyang，其 QQ 号分别是 88888、5555555、11111、12341234 和 1212121，用字典将这些数据组织起来。编程实现以下功能：用户输入某一个同学的姓名后输出其 QQ 号，如果输入的姓名不在字典中，则输出字符串"Not Found"。

程序的代码示例如下：

```
ad = {"xiaoyun": 88888, "xiaohong": 5555555, "xiaoteng": 11111, \
    "xiaoyi": 1234321, "xiaoyang": 1212121}


def qq():
    name = input('Please input the name：')
    if name in ad.keys():
        print(ad[name])
    else:
        print('Not Found')
qq()
```

②模拟超市交易系统，能实现下列操作。
- 输入自己所有的钱。
- 展示商品的序号、名称及其价格。
- 输入要买商品的序号。

- 输入要买商品的数量。
- 购物车中显示购买的水果名称及其对应的数量和剩余钱。
- 如果序号输入有误就提示用户重新输入。
- 如果钱不够了提示用户钱不够，并且退出程序。

程序的代码示例如下：

```python
myMoney = int(input('请输入您所有的钱数：\n'))

#展示报价表
lst = [['苹果', 5], ['香蕉', 8], ['西瓜', 10], ['菠萝', 7]]
shopping_cart_dic = {}
print('序号\t', '水果名称\t', '价格(元)')
for inner_lst in lst:    #遍历得到每个内列表
    name = inner_lst[0]
    price = inner_lst[1]
    print(lst.index(inner_lst) + 1, '\t\t', name, '\t\t', price)
    #得到每个内列表的索引，加一后就是序号


#买了很多东西肯定用余额来递归，每运算一次就改一下余额
shopping_cart_dic['余额'] = myMoney
while True:
    fruit_seq = int(input('请输入您想购买的水果序号：\n'))
    #序号不对则持续提示，直到正确为止
    while 0 > fruit_seq - 1 or fruit_seq - 1 >= len(lst):
        fruit_seq = int(input('输入有误，请重新输入：'))
    fruit_num = int(input('请输入水果数量(个)：'))


    #计算本次购买花费金额
    money_sum = fruit_num * lst[fruit_seq - 1][1]
    #每一次的购买价格超过所携带的钱数就退出
    # 保证了第一次购买不能超过携带的钱数，否则直接退出
    #若不超过，则计算余额，如果余额不足，还是退出
    if money_sum > myMoney:    # lst[fruit_seq-1][1]得到序号对应的价格
        print('您的余额不足，请及时充值。')
        break
    #单次购买没超过你输入的钱，则开始计算余额
    else:
```

```
fruit_buy = lst[fruit_seq - 1][0]    #购买的水果名称
left_money = shopping_cart_dic['余额'] - money_sum
# 剩余的钱
#若已购买这种水果,增加数量,减少余额
if fruit_buy in shopping_cart_dic.keys() and left_money >= 0:
    shopping_cart_dic[fruit_buy] += fruit_num
    shopping_cart_dic['余额'] = left_money
    print(shopping_cart_dic)
#若不是重复的水果,购物车放入购买的水果,减少余额,
elif left_money >= 0:
    shopping_cart_dic[fruit_buy] = fruit_num
    shopping_cart_dic['余额'] = left_money
    print(shopping_cart_dic)
else:
    print('您的余额不足,请及时充值。')
    break
```

课后习题

1. 一个数如果恰好等于它的因子之和,这个数就称为完数。例如 6 的因子是 1、2、3,而且 6 = 1+2+3,所以 6 就是一个完数。编写程序,求出 1000 以内的所有完数。

2. 代码实现:首先生成包含 1000 个随机字符的字符串,然后统计每个字符的出现次数。

3. 应用列表和元组将以下电影按票房由高到低进行排列:

《哪吒之魔童降世》,票房:49.34 亿;

《疯狂的外星人》,票房:21.83 亿;

《流浪地球》,票房:46.18 亿;

《我和我的祖国》,票房:29.64 亿;

《烈火英雄》,票房:16.76 亿;

《中国机长》,票房:28.46 亿。

第6章　函数与代码复用

函数可以说是代码的集合，进一步而言，函数是一组可以被重复使用的代码的集合。那什么是代码复用呢？在程序编写的过程中，无法避免地需要重复实现某一特定功能，就会在多处、多次地完成同一重复的工作。如果此时将这些完成同一重复工作的代码提取出来定义成函数，就可以在后续的编程过程中直接通过调用函数来完成这一工作，从而省去大量的不必要的代码复制，减少代码冗余。这就是代码复用。

因此，在必要性与实用性方面，函数能够很好地提高应用的模块性和代码的重复利用率。具体而言，Python 为了方便对函数的管理，将函数分类存放在不同的函数库中，每个库就是一组函数的集合。大多数函数库在 Python 中以模块的形式提供，同时 Python 本身也提供了许多可直接调用的内置函数。此外，用户也可以根据需要灵活地编写自己的函数。

本章将探讨函数的构成、函数调用、函数参数及变量的作用域等概念，并对匿名函数和递归函数进行学习。

6.1　函数的定义与调用

6.1.1　函数的定义

函数是完成特定功能的代码片段，为了便于调用，必须先定义才能在脚本中使用。使用函数时，只要按照函数定义的形式向函数传递必需的参数，就可以让函数完成所需的功能。

在 Python 中，使用 def 定义一个函数。完整的函数是由函数名、参数列表以及函数语句组成的。定义函数的一般形式如下：

def 函数名(参数列表)：

　　　　　函数语句
　　　　　return 返回值

定义函数时需要注意的几点内容：

- 由保留字"def"引入函数；
- 函数名命名规则与 C 语言相同，即为由字母、数字和下划线组成的字符串，且不能以数字开头；
- 函数的参数并非必须存在，函数的参数可以有一个，也可有多个，当然也可以没有，但在无需传递参数时，仍需要在函数名后带上一对小括号"( )"；
- 参数括号后必须带有一个冒号"："，以此表示函数语句的开始；
- 函数语句必须在 def 语句下缩进；
- 函数的返回值并非必须存在，当返回对象数为 0，即不返回任何值时，对应的对象类型为 None。

与 C 语言不同的是，Python 在函数中表示语句未结束、仍属于函数体时，不再沿用一对大括号"｛""｝"界定函数语句的边界，而是通过使用缩进块来表示。缩进是 Python 组织语句的方式：在交互式命令行里，每个语句前的缩进采用 Tab 键或者多个空格键来完成；而一般的 Python 代码文本编辑器或者 IDE(集成编程环境)工具都有自动缩进的功能。

需要注意的是，在交互式命令行里进行函数定义的时候，如果需要进行多行组合语句的输入，则在同一语句块中的每一行语句都要缩进相同的长度，而且还需要在最后敲一个空白行来表示输入函数语句块的完成。这是因为对于多行组合语句，Python 的语法分析器无法辨识哪一行语句是语句块的最后一行。

函数在被主程序调用以后，会执行函数体中的语句，并向主程序返回所取得的运算结果，即函数的返回值。通过执行 return 语句，函数将返回值返回给主程序，让主程序能够直接得到函数处理的结果，而不必关心函数内部复杂繁重的运算过程，从而大大提高了编程效率。在 Python 中，函数的返回值并非必须存在，但若函数有返回值，则需使用 return 语句返回计算结果；若函数没有返回值，仅仅执行输出打印的过程，则可以不使用 return 语句，相当于返回值是 None。

例如，下面的代码定义了一个求绝对值的函数，函数名为 Abs，参数为 x，函数的功能是求参数 x 的绝对值。函数被调用时会执行函数体中的语句，当执行到语句 return 时，函数过程就执行完毕，并返回执行之后的结果 x。

```
def Abs(x):              #定义求绝对值函数
    if x>=0:
        return x         #函数结果返回
    else:
        return -x
Abs(-5)
```

5

```
Abs(10)
```

10

在 Python 中定义一个函数，不需要声明函数的返回类型，也不需要声明每个参数的类型，有些函数可以既不需要传递参数也没有返回值。因此，也不存在为不同类型的参数声明多个相同名字函数的情况。在多数情况下，可以用同一个函数调用不同数据类型的参数。

例如，下面的 PrintAll(A)函数没有返回值，其功能是打印参数对象 A 中的所有成员，在调用函数时，既可以向参数 A 传递一个列表，也可以传递一个元组。代码如下：

```
def PrintAll(A):            #定义打印全体成员函数
    for i in A:             #函数体为循环语句
        print(i)
L=[1, 2, 3]                 #定义列表 L
T=('a','b','c')             #定义元组 T
PrintAll(L)                 #打印列表 L 中的全体成员
```

1

2

3

```
PrintAll(T)                          #打印元组 T 中的全体成员
```

a

b

c

上述代码只声明了一个 PrintAll(A)函数，并没有指定参数的类型。由此可见，不管参数是作为一个列表，还是作为一个元组，函数都能被准确地执行。

但是，这并不表示可以向函数传递任何参数，还是要看函数语句的实现。例如，下面的代码定义了一个求和的函数，函数名为 add，参数为 x 和

y，函数的返回值是参数 x 与 y 之和。但是，如果在调用 add 函数并传入参数时不正确，如传入一个整数和一个字符串，由于整数和字符串不能相加，系统就会提示报错。因此，函数并不是能接收任意参数的。

```
def add(x, y):          #定义求和函数
    return x+y          #函数结果返回
print(add(1, 'a'))      #调用函数，传入参数不当
```

...

TypeError: unsupported operand type(s) for +: 'int' and 'str'

根据函数有无参数、有无返回值等情况，可以将函数分为四个类型：有参数有返回值的函数、有参数无返回值的函数、无参数有返回值的函数和无参数无返回值的函数。

6.1.2　函数的调用

如前文所提及，在使用函数时，只要按照函数定义的形式向函数传递必需的参数，就可以调用函数完成所需功能。调用函数的一般形式如下：

$$函数名(实参列表)$$

Python 在调用函数的时候，需要使用函数名指定要调用的函数，然后在函数名后的圆括号中给出需要传递给函数参数的值。函数名其实就是指向一个函数对象的引用，也可以把函数名赋给一个变量，这相当于给这个函数起了一个"别名"。

例如：

```
a= abs          #变量 a 指向 abs 函数，即将函数名 abs 赋值给变量 a
a(-5)           #可以通过 a 调用 abs 函数
```

5

函数的调用必须在函数定义之后才能实现。

例如：

```
def add(x, y):          #定义求和函数
    return x+y          #函数结果返回
print(add(3, 4))        #调用函数
```

7

若函数定义在调用之后，系统将执行报错：

```
print(sub(6, 4))        #调用函数
def sub(x, y):          #定义求差函数
    return x-y          #函数结果返回
```

. . .

NameError：name 'sub' is not defined

在调用函数时需要注意以下几点：

① 函数参数的类型及个数是否和已知函数参数相匹配，若有多个参数，则要用","隔开不同参数。即使函数不需要参数，也要在函数名后使用一对空的圆括号。

② 调用函数的时候，如果传入的参数数量不对，会报 TypeError 的异常。例如，abs 函数有且仅有 1 个参数，但当给出两个参数时，则会报 TypeError 异常：

```
abs(3, 4)
```

. . .

TypeError：abs() takes exactly one argument (2 given)

③ 如果传入的参数数量是对的，但参数类型不能被函数所接受，也会报 TypeError 的异常。例如，给 abs 函数传入字符串参数时，系统会给出 TypeError 异常"str 是错误的参数类型"：

```
abs('a')
```

. . .

TypeError：bad operand type for abs()：'str'

6.1.3 Python 常用内置函数

Python 提供了许多用于完成常见目标的内置函数，最常见的有输出函数 print()、输入函数 input() 和返回表达式结果函数 eval() 等。Python 软件标准手册文档按首字母顺序罗列了内置函数列表，并对每一函数进行了解释。例如：

① print()：基本输出函数，使用该函数可以输出 Python 中的所有数据类型的值，而不需要事先指定要输出的数据类型。其中，print() 函数会将所有传进来的参数值全部打印出来，和直接输入要显示的表达式不一样，print() 函数能处理多种参数，包括浮点数、字符串等。在处理字符串时，print() 函数会打印不带引号的内容，并且在参数项之间会插入一个空格，以方便对输出的打印结果进行格式化操作。

② input()：基本输入函数，该函数将用户输入的内容作为字符串形式返回；如果想获取数字类型的返回值，则可以使用转换函数 int() 将字符串转为数字。

③ eval( )：返回表达式结果函数，该函数执行一个字符串表达式，并返回表达式的值。

（1）数学运算函数

Python 内置的与数学运算相关的常用函数有：绝对值函数、最大值函数、最小值函数、四舍五入函数、求和函数等。

常用的数学运算函数如表 6-1 所示。

表 6-1　　　　　　　　　　　　常用的数学运算函数

函数名	描　　　述
abs( )	返回一个数的绝对值。如果实参是一个复数，返回它的模
divmod( )	把除数和余数运算结果结合起来，返回一个包含商和余数的元组(a // b，a % b)
max( )	最大值函数，该函数用于返回可迭代对象中最大的元素，或者返回两个及以上实参中最大的；若有多个最大元素，则此函数将返回第一个找到的
min( )	最小值函数，该函数用于返回可迭代对象中最小的元素，或者返回两个及以上实参中最小的；若有多个最小元素，则此函数将返回第一个找到的
pow( )	返回 x^y(x 的 y 次方)的值
round( )	返回浮点数 x 的四舍五入值
sum( )	对序列进行求和计算

其中，max( )函数还有另外一种形式：max(-9.9，0，key = abs)，其第三个参数是运算规则，结果是取绝对值后再求最大值。

例如：

```
abs(-7)            #返回参数的绝对值
```
7

```
max(0, -10, -3)        #返回实参中最大的值
```
0

```
min(0, -10, -3)        #返回实参中最小的值
```
-10

```
pow(3, 3)              #返回 3 的立方的值
```
27

```
round(2.576)           #返回浮点型参数的四舍五入值
```
3

(2) 转换函数

转换函数主要用于不同数据类型之间的转换，常见的内置转换函数如表 6-2 所示。

表 6-2   常用的转换函数

函数名	描述
bin( )	将一个整数转变为一个前缀为"0b"的二进制字符串
bool( )	返回一个布尔值，True 或者 False
chr( )	返回 Unicode 码位为整数 i 的字符的字符串格式，是 ord( ) 的逆函数
complex( )	complex([real[, imag]])返回值为 real+imag * j 的复数，或者将字符串或数字转换为复数
float( )	用于将整数和字符串转换成浮点数
hex( )	用于将 10 进制整数转换成 16 进制，以字符串形式表示
list( )	用于将元组转换为列表
int( )	用于将一个字符串或数字转换为整型
oct( )	将一个整数转换成 8 进制字符串
ord( )	对单个 Unicode 字符的字符串，返回代表 Unicode 码点的整数，是 chr( ) 的逆函数
str( )	将对象转化为适于阅读的字符串形式
tuple( )	将列表转换为元组

其中，int( ) 函数不传入参数时，返回值为 0。float( ) 函数不传入参数时，返回值为 0.0。complex( ) 函数如果第一个参数为字符串，则不需要指定第二个参数；如果两个参数都不提供时，则返回复数 0j。

例如：

```
int('123')             #将字符串转换为整型
```

123

int(12.45)	#将非整型数字转换为整型

12

float('12.34')	#将字符串转换成浮点数

12.34

str(100)	#将数字对象转换为字符串形式

'100'

bool(4)	#返回布尔值

True

bool()	#返回布尔值

False

complex(1，2)	#将数字转换为复数

(1+2j)

(3) 序列操作函数

序列作为一种重要的数据结构，包括字符串、列表、元组等，表 6-3 中的函数主要针对列表、元组两种数据类型。

表 6-3　　　　　　　　　常用序列操作函数

函数名	描　　述
all()	如果参数的所有元素为真(或迭代器为空)，返回 True
any()	如果参数的任一元素为真则返回 True；如果迭代器为空，返回 False
range()	可创建一个整数列表，一般用在 for 循环中完成计数循环
map()	根据提供的函数对指定序列做映射
len()	返回对象(字符、列表、元组等)长度或项目个数
filter()	用于过滤序列，过滤掉不符合条件的元素，返回由符合条件元素组成的新列表
reversed()	按反向排列列表中元素
sorted()	对所有可迭代的对象进行排序操作

函数名	描　　述
zip( )	用于将可迭代的对象作为参数，将对象中对应的元素打包成一个个元组，然后返回由这些元组组成的列表；如果各个迭代器的元素个数不一致，则返回列表长度与最短的对象相同，利用 * 号操作符，可以将元组解压为列表

① range( )函数。

range( )函数用于创建一个整数列表，一般用在 for 循环中完成计数循环。

语法格式为：

$$range([start,] stop[, step])$$

其中 start、step 为可选参数，计数从 start 开始，默认是从 0 开始；计数到 stop 结束，但不包括 stop；step 步长默认为 1。

当只传递一个参数给 range( )函数时，该参数应为计数结束 stop 参数，并默认计数从 0 开始，step 步长为 1。如以下代码所演示，语句 range(5)即指创建一个从 0 开始、步长为 1、到 5 结束(不包括 5)的整数列表。

```
range(5)
```
range(0, 5)

```
for i in range(5):          #for 循环中完成计数循环
    print(i)                #依次输出每一个 i 值
```
0
1
2
3
4

```
list(range(5))        #以列表形式输出
```
[0, 1, 2, 3, 4]

```
list(range(0))        #以列表形式输出 0-0 之间的整数，列表应为空
```
[ ]

另外，还可以采用第二种构造方法，把两个或三个参数传递给 range( )函数。

例如：

```
list(range(0, 30, 5))      #创建一个从 0 开始、步长为 5 到 30 结束(不包括 30)
                             的整数列表
```

[0, 5, 10, 15, 20, 25]

```
list(range(0, 10, 2))      #创建一个从 0 开始、步长为 2 到 10 结束(不包括 10)
                             的整数列表
```

[0, 2, 4, 6, 8]

```
list(range(0, -10, -1))    #创建一个从 0 开始、步长为-1 到-10 结束(不包
                             括-10)的整数列表
```

[0, -1, -2, -3, -4, -5, -6, -7, -8, -9]

```
list(range(1, 0))      #创建一个从 1 开始、步长为 1 到 0 结束(不包括 0)的整数
                         列表
```

[ ]　　　　　　#逻辑不符,列表为空

② map( )函数。

函数 map( )用于将指定序列中的所有元素作为参数,通过指定函数将结果构成一个新序列的 map 对象返回,如果要转换为列表,可以使用 list( )来转换。

语法格式为：

$$map(function, iterable, ...)$$

其中,第一个参数 function 以参数序列中的每一个元素调用 function 函数,返回包含每次 function 函数返回值的新列表,iterable 为一个或多个序列,其个数由映射函数 function 的参数个数决定。

例如,设计一个求平方的函数,利用 map( )可以对指定的序列实现求平方的函数,也可用 lambda 匿名函数(将在 6.3 节具体介绍)作为指定函数,再使用 map( )函数实现。

```
def square(x):      #计算平方数
    return x * * 2

list(map(square, [1, 2, 3, 4, 5]))      #计算列表各个元素的平方,并转为
                                          list 输出
```

[1, 4, 9, 16, 25]

```
#使用 lambda 匿名函数计算平方
list(map(lambda x: x * * 2, [1, 2, 3, 4, 5]))
```

[1, 4, 9, 16, 25]

```
#提供了两个列表，对相同位置的列表数据进行相加
list(map(lambda x, y: x + y, [1, 3, 5, 7, 9], [2, 4, 6, 8, 10]))
```

[3, 7, 11, 15, 19]

③ filter() 函数。

函数 filter() 用于过滤序列，过滤掉不符合条件的元素，返回一个迭代器对象，如果要转换为列表，可以使用 list() 来转换。

语法格式为：

$$filter(function, iterable)$$

其中两个参数一个为判断函数，另一个为可迭代序列，序列的每个元素作为参数传递给函数进行判断，然后返回 True 或 False，最后将返回 True 的元素放到新列表中。

例如，下面是使用 filter() 函数过滤出列表中所有奇数的代码，其思路为先设置一个判断奇数的函数，再将需判断数值范围作为迭代序列，将两者传递给 filter() 函数，得到的结果再使用 list() 函数转换成列表形式输出。

```
def is_odd(n):                          #判断函数，判断是否为奇数
    return n % 2 == 1
tmplist = filter(is_odd, [1, 2, 3, 4, 5, 6, 7, 8, 9, 10])   #传递参数给 filter()
newlist = list(tmplist)                 #判断结果转换为列表
print(newlist)                          #输出奇数列表
```

[1, 3, 5, 7, 9]

④ zip() 函数。

函数 zip() 用于将可迭代的对象作为参数，将对象中对应的元素打包成一个个元组，然后返回由这些元组组成的对象，这样做的好处是节约了不少的内存。

语法格式为：

$$zip([iterable, ...])$$

例如，下面的代码将两个列表对象传递给 zip() 函数，返回其打包后的对象，并将结果转换为列表形式输出。zip(*) 可理解为解压过程，将传入的参数分别作为二维矩阵返回。

```
a = [1, 2, 3]
b = [4, 5, 6]
c = [4, 5, 6, 7, 8]
zipped = zip(a, b)        #返回一个对象
```

```
print(zipped)
```

<zip object at 0x103abc288>

```
list(zipped)              #list()转换为列表
```

[(1, 4), (2, 5), (3, 6)]

```
list(zip(a, c))           #元素个数与最短的列表一致
```

[(1, 4), (2, 5), (3, 6)]

```
a1, a2 = zip( * zip(a, b))      #与 zip 相反，zip( * )可理解为解压，返回二维矩
                                阵式
print(list(a1), list(a2))
```

[1, 2, 3], [4, 5, 6]

(4) 系统操作函数

Python 提供了系统操作的相关函数，可用于查询对象或方法的信息，如表 6-4 所示。

表 6-4　　　　　　　　　　　常用 **Python** 操作相关函数

函数名	描　　述
dir( )	函数不带参数时，返回当前范围内的变量、方法和定义的类型列表；带参数时，返回参数的属性、方法列表。如果参数包含方法__dir__( )，该方法将被调用。如果参数不包含__dir__( )，该方法将最大限度地收集参数信息
id( )	用于获取对象的内存地址
hash( )	用于获取取一个对象(字符串或者数值等)的哈希值
type( )	如果只有第一个参数则返回对象的类型，三个参数返回新的类型对象
help( )	用于查看函数或模块用途的详细说明

① hash( )函数。

函数 hash( )用于获取一个对象(字符串或者数值等)的哈希值。即通过一定的哈希算法(如 MD5、SHA-1 等)，将一段较长的数据映射为较短小的数据，这段小数据就是大数据的哈希值。对于每一段数据而言，其哈希值是唯一的，一旦原数据发生了变化，即使是一个微小的变化，其哈希值也

会发生变化。

语法格式为：

$$hash(object)$$

例如：

```
hash('test')      #字符串
```

6543569847403846626

```
hash('test ')      #字符串，包含一个空格
```

6425025632767673480

```
hash(1)          #数字
```

1

```
hash(str([1, 2, 3]))      #集合
```

1335416675971793195

```
hash(str(sorted({'1': 1})))      #字典
```

7666464346782421378

② id( )函数。

函数 id( )用于获取对象的内存地址。

例如：

```
a = 'runoob'
print(id(a))
```

4531887632

```
b = 1
print(id(b))
```

140588731085608

除了上述介绍的常用内置函数以外，Python 还有其他许多内置函数，如表 6-5 所示。

表 6-5 　　　　　　　　　　**Python 内置函数列表**

函数名	描　　述
ascii( )	返回一个对象可打印的字符串
bytearray( )	返回一个新的 bytes 数组

函数名	描　　述
bytes( )	返回一个新的"bytes"对象，是一个不可变序列，包含范围为 0 <= x < 256 的整数
callable( )	如果实参是可调用的，返回 True，否则返回 False
classmethod( )	把一个方法封装成类方法
compile( )	将一个字符串编译为字节代码
delattr( )	用于删除属性，delattr(x, 'foobar') 等价于 del x. foobar
dict( )	用于创建一个字典
enumerate( )	用于将一个可遍历的数据对象(如列表、元组或字符串)组合为一个索引序列，同时列出数据和数据下标，一般用在 for 循环当中
exec( )	用来执行储存在字符串或文件中的 Python 语句
format( )	字符串格式化
frozenset( )	返回一个冻结的集合，冻结后集合不能再添加或删除任何元素
getattr( )	用于返回一个对象属性值
globals( )	会以字典类型返回当前位置的全部全局变量
hasattr( )	用于判断对象是否包含对应的属性
isinstance( )	来判断一个对象是否是一个已知的类型，类似 type( )
issubclass( )	用于判断参数 class 是否是类型参数 classinfo 的子类
iter( )	用来生成迭代器
locals( )	会以字典类型返回当前位置的全部局部变量
memoryview( )	返回给定参数的内存查看对象(memory view)
next( )	返回迭代器的下一个项目
object( )	返回一个没有特征的新对象，object( )是所有类的基类，它具有所有 Python 类实例通用方法。这个函数不接受任何实参
open( )	用于打开一个文件，创建一个 file 对象，相关的方法才可以调用它进行读写
property( )	在新式类中返回属性值
repr( )	将对象转化为供解释器读取的形式

函数名	描　　述
set( )	创建一个无序不重复元素集，可进行关系测试，删除重复数据，还可以计算交集、差集、并集等
setattr( )	对应函数 getattr( )，用于设置属性值，该属性不一定是存在的
slice( )	实现切片对象，主要用在切片操作函数里的参数传递
staticmethod( )	返回函数的静态方法，该方法不强制要求传递参数
super( )	用于调用父类(超类)的一个方法
vars( )	返回对象 object 的属性和属性值的字典对象
__import( )	用于动态加载类和函数，若一个模块经常变化就可以使用 __import __( ) 来动态载入

6.2　用户自定义函数

6.2.1　函数的声明

在前文中已经提到 Python 是使用 def 来定义一个函数。完整的函数是由函数名、参数列表以及函数语句组成的。在 C 或 C++中，函数定义与函数声明是有所区分的：一个函数声明包括对函数名、参数名及参数类型的声明，不必给出具体的函数语句；而函数定义需要在函数声明的基础上增加具体的函数语句代码。这是由于 C 和 C++是编译型语言，可以对完整的程序进行扫描，进行跨文本域的联系。

而在 Python 中有所不同，由于 Python 是解释型语言，Python 在解释器执行脚本文件的时候，相当于把脚本文件里的内容一行一行输入进解释器并执行。这就造成了如果执行的当前语句要调用某一函数，解释器就会在该调用语句之前的输入内容中寻找该函数的定义并加以执行。如果没有找到函数的定义，则无法执行并报错。

该机制导致 Python 语言不能像 C/C++那样进行先声明再定义。换而言之，Python 没有对函数声明与函数定义加以区分，可以视为将两者融为一体进行使用。

6.2.2　函数的参数

函数的参数传递方式有多种。定义函数的时候，可以把参数的名字和位置确定下来，函数的接口定义就完成了。对于函数的调用者来说，只需要知道如何传递正确的参数，以及函数将返回什么样的值就够了，而无需去了解被封装在函数内部的复杂程序逻辑。

Python 的函数定义非常简单，但灵活度却非常大。除了正常定义的位置参数外，还可以使用默认参数、命名参数、可变长参数和关键字参数，使得函数定义出来的接口不但能处理复杂的参数，还可以简化调用者的代码。

(1)位置参数：按照位置顺序从左至右匹配

位置参数就是指调用函数时根据函数定义的参数位置来传递参数。也就是说，传入的几个参数值会按照位置顺序，从左至右依次赋给对应参数。位置参数是函数调用中最常见的参数传递类型。

位置参数举例如下，mi( ) 函数中 x、n 均为位置参数，当传入两个正确的参数时，函数运行正确。

```
def mi(x, n)：      #定义一个求幂函数
    return x * * n  #参数 x 与 n 均为位置参数，按从左至右顺序匹配

mi(2, 10)           #传递 2 个参数
```

1024

但是，不难发现，如果只传递一个参数给 mi( ) 函数，就会产生程序报错，因为后一个参数没有被传入参数值。

```
mi(2)               #传递 1 个参数
```
...

TypeError：Mi( ) missing1 required positional argument：'n'

(2)默认参数：为没有传入值的参数定义参数值

在 Python 中，可以在声明函数时，预先为参数设置一个默认值。当调用函数时，如果某个参数具有默认值，则可以不向函数传递该参数，这时函数将使用声明函数时为该参数设置的默认值。声明一个具有默认值参数的函数形式如下：

def 函数名(参数 = 默认值)：

函数语句

以下代码声明了一个有单个默认参数的 func( ) 函数，其默认参数值为 5。但是，用户可以在调用 func( ) 函数时自定义参数值为 2，函数会按自定义参数值 2 计算返回值。

```
def func(x=5):              #定义 func 函数，参数默认值为 5
    return x * *3

func()                      #调用函数，计算默认参数 5 的立方
```

125

```
func(2)                     #调用函数，计算输入参数 2 的立方
```

8

以下代码声明了一个有多个默认参数的函数 m_fun( )，当调用函数时，可以向其传递多个参数值，传递一个值时即传给了 x，两个值时即传给了 x 和 y。

```
def m_func(x=1, y=2, z=3):    #定义 func 函数，参数设置默认值
    return (x+y-z) * *3

m_func(0)                   #向参数传递 1 个值，是传递给 x
```

−1

```
m_func(3, 3)                #向参数传递 2 个值，是传递给 x, y
```

27

```
m_func( , , 5)              #错误传递
```

. . .

SyntaxError: invalid syntax

从上述代码中可以看出，在 Python 中传递参数是按照声明函数时定义的参数的顺序依次传递的。若在调用函数时使用","表示向最后一个参数传递值，则会引发错误。

(3)命名参数：按照参数名传递值

在 Python 中，参数值的传递不只是按照声明函数时参数的顺序进行传递的，实际上，Python 还提供了另外一种传递参数的方法——按照参数名传递。使用按参数名传递参数的方式调用函数时，语法格式类似于设置参数的默认值，要在调用函数名后的圆括号里为函数的所有参数赋值，赋值的

顺序不必按照函数声明时的参数顺序。

在 Python 中，可以使用按顺序传递参数和按参数名传递参数两种方式来调用函数。但是，需要注意的是，按顺序传递的参数要位于按参数名传递的参数之前，且不能有重复情况。

下面的例子中，自定义了一个有 2 个参数的求和函数 mysum( )，在调用该函数时，可以同时使用位置参数与命名参数进行传递，但按位置传递的参数所在的位置必须是按顺序的。例如，把位置参数 1 放在首位时，即是将 1 作为参数值传递给 x，而接下来的命名参数又为 y、z 传递了值，这样的格式是合法的。

```
def mysum(x, y, z):      #定义 mysum 求和函数
    return x+y+z

mysum(1, z=3, y=2)    #同时使用位置参数与命名参数进行传递
```
6

但是，若将位置参数 1 放在参数列表结尾时，系统会将 1 作为参数值传递给 z，而命名参数 z 已有赋值，x 参数则无传入值，程序将会报错。

```
mysum(z=3, y=2, 1)            #错误传递
```
...

SyntaxError：positional argument follows keyword argument

```
mysum(5, z=6, x=7)            #错误传递
```
...

TypeError：mysum( ) got multiple values for argument 'x'

（4）可变长参数：收集任意多基于位置或关键字的参数

在 Python 中，函数可以具有任意个参数，而且不必在声明函数时对所有参数进行定义。使用可变长参数的函数时，其所有参数都保存在一个元组里，在函数中可以使用 for 循环来处理。声明函数时，若在参数名前加一个"＊"，则表示该参数是一个可变长参数。声明一个具有可变长参数的函数形式如下：

def 函数名(＊参数)：
函数语句

函数参数列表中，在可变长参数之前，可能会出现零个或多个普通参数。即在一般情况下，可变长参数将在形式参数列表的末尾，专门收集传

递给函数的所有剩余输入参数。

例如，下面定义了一个有可变长参数的函数 mylist( )，该函数的作用是将参数中的所有列表合并为一个列表并返回。

```
def mylist( * list):                    #定义一个可变长参数的函数
    L=[ ]
    for i in list:                      #循环处理参数
        L. extend(i)                    #将所有参数中的列表合并
    return L
```

可以按照以下方式实现对函数的调用。

```
a, b=[1, 2, 3], [4, 5, 6]              #定义列表
mylist(a, b)                            #调用函数，传递两个参数
```

[1, 2, 3, 4, 5, 6]

(5)关键字参数：通过参数名进行匹配

关键字参数允许传入 0 个或任意个含参数名的参数，这些关键字参数在函数内部自动组装为一个字典，使用 name=value 的语法。在声明函数时，可在参数名前加两个"*"，即采用"**参数名"的形式表示该参数是一个关键字参数。

声明一个具有关键字参数的函数形式如下：

$$def\ 函数名(\ *\ *参数):$$
$$函数语句$$

关键字参数可以扩展函数的功能。比如，在一个函数里，如果允许调用者提供更多的参数，可以在声明函数时采用关键字参数。

例如，在一个提供用户注册功能的代码中，除了用户名和年龄是必填项外，其他都是可选项，这时利用关键字参数来定义这个函数就能很容易满足注册的需求。

```
def person(name, age, * *kw):    #定义一个 person 函数，含一个关键字参数
    print('name: ', name, 'age: ', age, 'other: ', kw)

person('Bob', 27, Gender='M', city='NY')          #调用 person 函数
```

name: Bob age: 27 other: { 'Gender': 'M', 'city': 'NY'}

在 Python 中定义函数时，以上几种参数都可以组合使用。但是请注意，参数定义的顺序必须是：位置参数、默认参数/命名参数、可变参数、关键

字参数。

6.2.3 函数的嵌套使用

函数的嵌套是指在函数的内部调用其他函数。C 和 C++仅允许在函数体内部嵌套,而 Python 不仅支持函数体内的嵌套,还支持函数定义的嵌套。

例如,计算表达式(x+y)＊(m−n)的值,其步骤可以分为三步:

- 计算 x+y 的值;
- 计算 m−n 的值;
- 计算前两步中得到的值的乘积。

由此可以定义三个函数:求和的 sum()函数、求差的 sub()函数和求乘积的 mul()函数,函数之间的调用情况如以下代码所示:

```
def sum(x, y):          #定义 sum()求和函数
    return x+y
def sub(m, n):          #定义 sub()求差函数
    return m−n
def mul():              #定义 mul()乘积函数
    return sum(x, y) * sub(m, n)


x, y, m, n=1, 2, 6, 3
mul()                   #调用 mul()函数
```
9

值得注意的是,函数嵌套的层数不宜过多,否则容易造成代码的可读性差、不易维护等问题。一般来说,函数的嵌套调用控制在 3 层以内为好。

上例中的代码也可换一种方式实现,就是将 sum()函数与 sub()函数作为 mul()函数的内部定义,函数之间的调用情况如以下代码所示:

```
def mul():
    def sum(x, y):          #在 mul()内部定义 sum()函数
        return x+y
    def sub(m, n):          #在 mul()内部定义 sub()函数
        return m−n
    return sum(x, y) * sub(m, n)#在 mul()内部调用 sum()函数和 sub()函数


x, y, m, n=1, 2, 6, 3
mul()                   #调用 mul()函数
```
9

内部函数 sum( )、sub( ) 也可以直接使用外部函数 mul( ) 定义的变量，如以下代码所示：

```
def mul( ):
    x, y, m, n=1, 2, 6, 3
    def sum( ):              #sum( )函数无任何参数
            return x+y       #在 sum( )函数内部使用外部变量 x, y
    def sub( ):              #sub( )函数无任何参数
            return  m-n      #在 sub( )函数内部使用外部变量 m, n
    return sum( ) * sub( )

mul( )
```

9

但是，尽量不要在函数内部定义函数，因为这种方式不便于程序的维护，容易造成逻辑上的混乱，并且嵌套定义函数的层次越多，程序维护的代价越大。

6.2.4　变量的作用域

所谓变量的作用域，就是变量的有效范围，是指变量可以在哪个范围以内使用。有些变量可以在所有代码文件中使用，有些变量只能在当前的文件中使用，有些变量只能在函数内部使用，而有些变量则只能在一个循环语句内部使用。变量的作用域由变量的定义位置决定，在不同位置定义的变量，它的作用域是不一样的。

Python 中的变量按作用域范围可分为局部变量和全局变量，即变量并非在任意位置均可访问。一般来说，访问权限决定于该变量是在哪里赋值的，这也决定了不同的程序代码块可访问的变量不尽相同。Python 的作用域范围的详细分类有四种，分别是：

- L(Local)：函数内作用域，包括局部变量和参数。
- E(Enclosing)：外部嵌套函数作用域，常见为闭包函数。
- G(Global)：全局作用域。
- B(Built-in)：内置作用域。

Python 检索变量时会采用 LEGB 原则，即按照 L-E-G-B 的作用域顺序依次检索。

（1）全局变量和局部变量

在 Python 脚本中，不同的函数可以具有相同的参数名，在函数中已经声明过的变量名，在函数外还可以使用，且在脚本运行过程中，其值不相互影响。

在 Python 中，内置作用域、全局作用域和局部作用域之间的关系如下：

- 内置作用域是 Python 预先定义的，全局作用域是所编写的整个脚本，局部作用域是定义在某个函数内部范围的变量所拥有的。
- 局部作用域内变量的改变并不影响全局作用域内的变量，除非通过引用的形式传递参数。
- 变量的作用域决定了在哪一部分程序可以访问哪个特定的变量名称，由此可以产生两种最基本的变量：全局变量、局部变量。

局部变量只能在其被声明的函数内部访问，而全局变量可以在整个程序范围内访问。不同函数内部可以定义同名的变量，这不会影响到各函数内的变量。

例如：

```
def f1(a, b):
    a = 10              #f1 函数中的局部变量 a
    b = 20              #f1 函数中的局部变量 b
    avg = (a+b)/2
    return avg

def f2(a, b):
    a = 15              #f2 函数中的局部变量 a
    b = 25              #f2 函数中的局部变量 b
    print(a, b)
    avg = (a+b)/2
    return avg

f1(5, 10)
```

15.0

```
f2(5, 10)
```

15 25
20.0

在函数内部定义与全局变量同名的变量，则该变量仍为局部变量。

例如：

```
m = 100              #全局变量
def func(a, b):
```

```
    m = 50    #与全局变量同名的局部变量
    sum = m+a+b
    print(sum)
print(m)    #输出为全局变量
```

100

```
func(7, 10)                    #调用为局部变量
```

67

调用函数时，所有在函数内声明的变量名称都被加入到作用域中。如果要在函数内部声明或修改全局变量，则可以在变量名前使用 global 关键词。

（2）global 语句

global 语句是 Python 中唯一看起来类似于声明语句的语句。但是，它并不是一个类型或大小的声明，而是一个命名空间的声明①。它告诉 Python 函数将要生成一个或多个全局变量名，即存在于整个模块内部作用域(命名空间)的变量名。该语句中包含的关键字 global，其后跟着一个或多个由逗号分开的变量名。当这些被 global 声明的变量在函数主体中被赋值或引用时，会被映射到整个模块的作用域内，即在整个模块中都是可以使用的。

global 关键字用来在函数或其他局部作用域中使用全局变量。但如果不修改全局变量，也可以不使用 global 关键字。

例如，在自定义的 fun() 函数中使用了 global 关键词声明 a 为全局变量，则在函数外部修改 a 的值会影响 fun() 函数的结果。当 a 取值从 5 改为 2 时，fun(3) 的调用结果从 8 变为 5。

```
def fun(x):                    #声明函数
    global a                    #使用 global 关键词声明 a 为全局变量
    return a+x

a = 5                          #a 为全局变量，即 fun 函数中的 a
fun(3)                         #调用函数
```

8

```
a = 2                          #修改 a 的值
fun(3)                         #调用函数
```

5

---

① 杨佩璐，宋强 . Python 宝典[M]. 北京：电子工业出版社，2014.

（3）nonlocal 关键字

nonlocal 关键字也可以用于声明全局变量，其主要用于在一个嵌套的函数中修改嵌套作用域中的变量。

例如：

```
def func():
    m = 10              #函数 func 内部的变量
    def innerf():       #嵌套函数 innerf()
            m = 100
    innerf()            #调用嵌套函数 innerf()，对变量 m 赋新值
    print(m)


func()      #调用 func() 函数观察变量 m 的值
```

10

从上述例子中可以看到，调用 func() 函数后 m 的值没有发生变化，因为在调用嵌套函数 innerf() 试图对变量 m 重新赋值时，此时的变量 m 已不再是 func() 函数中的变量了，而是一个新的变量。因此，若要修改嵌套作用域中的变量 m，就需要使用 nonlocal 关键字。

例如：

```
def func():
    m = 10              #函数 func 内部的变量
    def innerf():       #嵌套函数 innerf()
        nonlocal m      #使用 nonlocal 关键字
        m = 100
    innerf()            #调用嵌套函数 innerf()，对变量 m 赋新值
    print(m)
func()                  #调用 func() 函数观察变量 m 的值
```

100

经过在嵌套函数 innerf() 中使用 nonlocal 关键字后，在嵌套作用域中修改变量 m 的值可以直接影响 func() 函数中的变量 m 值。

（4）闭包

闭包是一种重要的语法结构，Python 支持闭包这种结构。如果一个内部函数引用了外部函数作用域的变量，这个内部函数被称为闭包。被引用的

变量将和这个闭包函数一同存在，即使已经离开了创建它的外部函数也不例外。因此，闭包是由函数和与其相关的引用环境组合而成的实体①。

在 Python 中创建一个闭包需要满足以下条件：

- 闭包函数必须有嵌套函数；
- 嵌套函数需要引用外部函数中的变量；
- 外部函数需要将嵌套函数名作为返回值返回。

为了更好地认识闭包，举例代码如下：

```
def out(s=0):                #外部函数
    count=[s]                #函数内部变量
    def inner():             #内部函数
        count[0]+=1          #引用外部函数的变量
        return count[0]
    return inner             #返回内部函数的名称


func=out(5)
print(func())
```
6

上例中定义了一个嵌套函数，其中 out() 为外部函数，inner() 为内部函数。在 out() 函数中首先定义了一个表示列表的变量 count，该列表只有一个元素，又定义了一个 inner() 函数，最后将 inner() 函数的名称返回。

在 inner() 函数中，引用了外部函数定义的列表 count，并对 count 的元素进行修改，修改后的列表元素使用 return 返回。又将调用外部函数 out 的结果赋值给变量 func，而 func 引用的是 inner() 函数占用的内存空间。print() 函数调用 func 函数，实质上就是 inner() 函数。

从变量的生命周期角度来讲，在 out() 函数执行结束后，变量 count 已经被销毁了。当 out() 函数执行完成后，会再执行内部的 inner() 函数，由于 inner() 内部函数中使用了 count 变量，所以程序应该出现运行时错误。但程序却能正常运行，其原因主要在于函数的闭包会记得外部函数的作用域，在 inner() 函数(闭包)中引用了外部函数的 count 变量，故程序不会释放这个变量。

---

① 刘德山，付彬彬，黄和 . Python 3 程序设计基础[M]. 北京：科学出版社，2018.

6.3　匿名函数

6.3.1　匿名函数的创建

在计算机程序设计中，匿名函数是未绑定到标识符的函数定义。匿名函数也称为 lambda 函数，通常是一种没有函数名、不使用 def 定义的函数形式。当定义的一个函数仅需要实现某些简单功能且使用一次或有限次数时，使用 lambda 函数可以省去使用 def 定义函数的过程，使得代码脚本在语法上更简洁。

lambda 函数在函数式编程语言和具有一级函数的其他语言中普遍存在，在这些语言中，lambda 函数对函数类型所起的作用与对其他数据类型所起的作用相同。也就是说，在传入简单的函数时，可以不需要显式地定义函数，而直接传入更为方便的 lambda 函数。因此，lambda 函数更适用于快速定义一个小型简单函数。

lambda 表达式是常见的匿名函数定义方式，这是一类比较特殊的函数形式，最初源于 LISP 语言，在 Python 中也是使用 lambda 保留字来定义匿名函数，一般形式如下：

lambda 参数列表：表达式

其中，冒号左边是函数的参数列表，参数数量可以有 0 个或多个（包括可变长参数），多个参数间须使用逗号隔开；而冒号右边是函数体，即函数表达式，其计算结果即为函数返回值。创建 lambda 函数时需要注意以下几点：

- lambda 语句所创建的函数没有具体的函数名，故无需考虑函数重名问题；
- lambda 函数体中仅能封装单一的表达式，而不能包含其他语句，其函数体比 def 定义的复杂语句简单很多；
- 使用 lambda 声明的函数仅可以返回一个值，并且在调用函数时可直接使用该返回值。
- lambda 函数拥有自己的命名空间，但不能访问自有参数列表之外或全局命名空间里的参数。虽然 lambda 函数看起来只能写一行，却不等同于 C 语言中的内联函数，后者的目的是在调用小函数时不占用栈内存从而增加运行效率。
- def 定义函数与 lambda 定义函数的区别之处具体可参见表 6-6。

表 6-6 **def 定义函数与 lambda 定义函数区别之处**

区别项	def 定义函数	lambda 定义函数
函数名称	有函数名	无函数名
返回值	返回值可赋值给变量	返回一个对象或表达式
函数体	复杂语句	表达式
表达式	多个	仅一个
函数规模	定义复杂函数	定义简单函数
函数调用	可被调用	不可调用

例如，使用 lambda 定义并调用函数的几种情况如下：

```
#无参数的情况
func1 = lambda：'python lambda'    #使用 lambda 定义的该函数作用仅为输出字符串
func1()                           #调用 lambda 定义的函数
```

'python lambda'

```
#有参数的情况
func2 = lambda x：x ** x-x    #使用 lambda 定义一个函数，返回函数值
func2(3)                     #调用 lambda 定义的函数
```

24

```
func2                    #func2 实际指向 lambda 定义的函数地址
```

<function <lambda> at 0x000001FCD1987AE8>

```
#有参数默认值的情况
func3 = lambda x = 2, y = 8：x+y   #使用 lambda 定义的求和函数
func3(3)                          #调用 lambda 定义的函数，x 取 3，y 取默认值 8
```

11

此外，lambda 函数表达式中也可以调用其他函数或使用条件判断语句和 for 循环语句，如调用 print() 函数和使用 if... else... 进行条件判断等。但需要注意的是，在 lambda 函数中使用 if 进行条件判断时，else 语句是必须声明的(若不返回任何结果可以用 else None 表示)，否则程序会引起报错。if... elif... else 的多条件判断也适用于 lambda 函数，但可能会使代码过于复杂，因此不推荐使用。

例如，在下面的第一个函数块中，print() 函数作为 show() 函数的语句，可以用 lambda 调用 show() 函数以实现 print() 函数的功能；第二个函数块

中，lambda 函数表达式中使用了完整的条件判断语句，程序通过。

```
#lambda 函数调用其他函数
def show():           #使用 def 声明 show 函数
    print('lambda')


f=lambda: show()  #在 lambda 中调用 show 函数 f()#调用使用 lambda 生成的函数
```

lambda

```
#lambda 函数使用条件判断语句
fun=lambda x: print(str(x) +" is even") if x%2= =0 else print(str(x) +" is odd")
fun(257)
```

257 is odd

6.3.2　高阶函数中的匿名函数

在实际应用中，匿名函数常用于传递给高阶函数的参数，或用于构造需要返回函数的高阶函数的结果。其中，高阶函数是指将函数作为参数传递的一种函数。

例如，下例中 function_ sub 就是一个高阶函数，square() 函数作为高阶函数的实参对形参 f() 赋值，赋值后可以仅传入函数名便完成函数调用。

```
def function_sub(f, x, y):     #定义高阶函数 function_ sub
    return f(x)-f(y)           #将传给 f 的函数先对 x 和 y 进行处理，再进行
                               求差并返回结果


def square(x):                 #定义函数 square
    return x ** 2              #square 函数作用是返回 x 的平方


print(function_sub(square, 5, 4))   #调用高阶函数 function_ sub
```

9

同理，匿名函数也可作为实参传递给高阶函数的形参，例如，为实现与上例相同的操作，可直接使用 lambda 函数代替 def 定义 square() 函数并调用的过程。

```
def function_ sub(f, x, y):    #定义高阶函数 function_ sub
    return f(x)-f(y)           #将传给 f 的函数先对 x 和 y 进行处理，再进行
                               求差并返回结果
```

```
def square(x):                    #定义函数 square
    return x ** 2                 #square 函数作用是返回 x 的平方

print(function_sub(square, 5, 4))   #调用高阶函数 function_ sub
```

9

在 Python 3 中，常见的使用 lambda 函数的高阶函数主要有 map( )函数、filter( )函数和 sorted( )函数，下面我们一一来进行介绍。

●map( )函数

map( )函数用于将指定序列中的所有元素作为参数，通过指定函数将结果构成一个新序列的 map 对象返回，如果要转换为列表，可以使用 list( )来转换。

其语法格式为：map(指定函数，可迭代对象列表)，lambda 函数可以作为其中的指定函数实现不同的序列变化，例如：

```
#在 map( )函数中使用 lambda 函数计算列表元素的平方
list(map(lambda x: x ** 2, [1, 2, 3, 4, 5]))   #list 中每个元素均会调用
                                                        lambda 函数
```

[1, 4, 9, 16, 25]

```
#提供了两个列表，使用 lambda 函数对相同位置的列表数据进行相加
list(map(lambda x, y: x+y, [1, 3, 5, 7, 9], [2, 4, 6, 8, 10]))
```

[3, 7, 11, 15, 19]

●filter( )函数

filter( )函数接收一个函数和一个 list 列表，作用是对列表中的元素进行过滤，以过滤掉不符合条件的元素，最终返回一个迭代器对象。

其语法格式为：filter(指定函数，可迭代对象)，lambda 函数可以作为其中的指定函数实现列表元素不同条件的筛选过滤，例如：

```
#lambda 函数作为 filter( )函数的参数，过滤列表 lst 中的偶数
lst = [1, 2, 3, 6, 7, 9, 10, 12, 15, 18]   #定义一个列表 lst
lst = list(filter(lambda x: x % 2 == 0, lst))   #lambda 函数判断列表元素是否为
                                                        偶数
print(lst)
```

[2, 6, 10, 12, 18]

●sorted( )函数

sorted( )函数用于对所有可迭代的对象进行排序操作，并返回一个新的

可迭代对象。

其语法格式为：sorted(可迭代对象[，比较函数 cmp[，比较元素 key[，排序规则 reverse]]])，lambda 函数可以作为其中的比较元素 key 对可迭代对象中的指定参数进行排序操作，例如：

```
#lambda 函数作为 sorted( )函数的 key 参数，对列表 students 中的元素按特定顺序
排序
students = [('john', 'A', 15), ('jane', 'B', 12), ('dave', 'B', 10)]
#指定按列表中第三个元素的降序顺序排序
print(sorted(students, key=lambda s：s[2], reverse=True))
```

[('john', 'A', 15), ('jane', 'B', 12), ('dave', 'B', 10)]

由此可见，lambda 表达式在创建简单不重复使用的函数中具有明显优势，但在复杂计算和代码的可读性以及性能的提高上存在一定程度的劣势。

6.4　递归函数

6.4.1　递归的概念

在函数内部，可以调用其他函数。如果一个函数在内部调用自己本身，这个函数就是递归函数，即递归函数是一种特殊的函数嵌套。也就是说，递归函数可在函数主体内直接或间接地调用自己。

递归是一种程序设计方法，它的过程主要分为两个阶段：递推和回归。在递推阶段，递归函数在内部调用自己。每一次函数在调用自己之后，又重新开始执行此函数的代码，直到某一级递归程序结束为止；在回归阶段，递归函数是从后往前逐级返回的。递归函数从函数调用的最后一级（也就是递归程序最先结束的那一层）开始逐层返回，一直到返回到函数调用的第一层（也就是产生第一次调用的函数体内）。递归函数逐级返回的顺序与其逐级调用顺序相反。

采用递归策略解决问题，通常可以把一个大型复杂的问题层层转化为一个与原问题相似的规模较小的问题来求解，只需少量的程序就可描述出解题过程所需要的多次重复计算，大大地减少了程序的代码量。递归的能力在于用有限的语句来定义对象的无限集合，因此用递归思想写出的程序往往十分简洁易懂。

需要注意的是，在使用递归策略时，函数中必须有一个明确的递归结束的条件，称为递归出口，否则递归程序将无法结束。一般是通过判断语

句来作为递归出口，结束递归程序。递归函数广泛地应用于解决以下三类问题：

- 数据的定义是可以按递归方式定义的，如 Fibonacci(斐波那契)函数、阶乘函数；
- 问题的求解算法按递归策略实现更为简洁，如 Hanoi(汉诺塔)问题；
- 数据的结构形式是按递归方式定义的，如二叉树、广义表等。

下面举例说明递归函数的定义过程和用法。

例如，mysum()函数用于求列表 L 中各个数之和，在每一层，该函数都用递归调用自身，为便于理解，给函数加了一个 print()函数以打印当前层级上的列表。代码如下：

```
def mysum(L):          #声明 mysum 求和函数
    print(L)
    if len(L)==0:      #if 循环判断列表是否为空，若为空则递归循环结束并
                       返回 0
        return 0
    else:
        return L[0]+mysum(L[1:])   #递归调用自身来求和

mysum([1, 2, 3, 4, 5])        #调用 mysum 函数
```

```
[1, 2, 3, 4, 5]
[2, 3, 4, 5]
[3, 4, 5]
[4, 5]
[5]
[]
15
```

求数的阶乘是递归调用的经典例子，用迭代的方法给出 n! 的代码如下：

```
def f(i):
    t=1
    for i in range(1, i+1):
        t * =i
    return t
print(f(6))
```

720

　　若用递归策略来实现 n! 函数，则是采用递归方式来进行阶乘函数的定义：n! = n * (n-1)!。在函数 recursive_f(i)定义的过程中，需要先判断 i 是否为 0，若 i 为 0 则返回 1，即递归出口；若 i 不为 0，则返回 i 与 recursive_f(i-1)的乘积，此时 recursive_f (i-1)即为递归调用。

```
def recursive_f(i):
    if i==0:
        return 1

    else:
        return i * recursive_f(i-1)


print(recursive_f(6))
```

720

　　使用递归函数的优点是逻辑简单清晰，而在理论上，所有的递归函数都可以写成循环迭代的方式来进行实现，但循环的逻辑结构不如递归方式清晰。

　　每次调用递归函数都会复制函数中所有的变量，再执行递归函数，这样一来程序需要较多的存储空间，这对程序的性能会有一定影响。故使用递归函数最大的缺点就是过深的调用会导致栈溢出。

　　在计算机中，函数调用是通过栈(stack)这种数据结构实现的，每当进入一个函数调用，栈就会加一层栈帧，每当函数返回，栈就会减一层栈帧。由于计算机的内存有限，栈的大小也不是无限的，当递归调用的次数过多，就会导致栈溢出的程序错误。这也是为什么在使用递归函数时需要注意防止栈溢出的情况。

　　解决递归调用时的栈溢出问题可以通过尾递归优化的方法。如果一个函数中所有递归形式的调用都出现在函数的末尾，则称这个递归函数是尾递归的。也就是说，当递归调用是整个函数体中最后执行的语句，且它的返回值不属于表达式的一部分时，这个递归调用就是尾递归。尾递归函数的特点是在回归过程中不用做任何操作，这是一个很重要的特征，有些现代的编译器或者解释器就可以利用这个特点自动生成优化的代码，进行尾递归的优化，使得递归函数本身无论被调用多少次都只占用一个栈帧，从而不会出现栈溢出的情况。

　　从一般意义上而言，尾递归事实上和循环是等价的，有些没有循环语句的编程语言只能通过尾递归实现循环。

　　尾递归的举例代码如下。

```
def fact( n) :
        return fact_iter( n, 1)

def fact_iter( num, product) :
        if num = = 1 :
            return product
        return fact_iter( num-1, num * product)    #仅返回递归函数本身
```

需要注意的是，Python 标准的解释器并没有针对尾递归做代码优化，因此采用标准的 Python 解释器执行程序，任何递归函数都有可能存在栈溢出的问题。

6.4.2 递归与循环

正如前文所述，递归函数的调用在内存空间和执行时间上的成本都比较高，在一般的程序设计中并不经常采用。更加常用的是过程式的循环语句，如 while 和 for 循环等。

上一节递归算法中的案例都可以用循环语句方便地实现，分别如下：

① while 循环的实现。

```
L=[1, 2, 3, 4, 5]        #定义一个列表 L
sum = 0                  #对 sum 设置一个初始值 0
while L:                 #while 循环求列表和
        sum += L[0]
        L=L[1:]

print( sum)
```

15

② for 循环的实现。

```
L=[1, 2, 3, 4, 5]        #定义一个列表 L
sum = 0                  #对 sum 设置一个初始值 0
for x in L:              #for 循环求列表和
        sum += x
print( sum)
```

15

通过比较以上算法可以发现，循环语句不论是在内存空间上还是执行时间方面，都比递归有更高的效率，因此循环语句在解决一些问题上总会

被优先考虑。

6.5 Python 模块

6.5.1 Python 模块的基本用法

为了便于用户保存自定义的方法和变量，Python 提供了一个办法，可以把用户定义方法和变量存放在文件中，在以后的脚本中或者交互式的解释器实例中使用，这个文件被称为模块。Python 模块是一个包含了用户定义的函数、类和变量的文件，文件名就是模块名后跟文件后缀".py"。在一个模块内部，模块名(作为一个字符串)可以通过全局变量"__name__"的值获得。用作模块的 Python 脚本与其他脚本没有任何区别。

模块能定义函数、类和变量，也能包含可执行的代码。每个模块都有自己的私有符号表，该表在模块中用来定义所有函数的全局符号，以避免函数名称和变量名称的重复，所以在不同的模块中可以存在相同名字的函数名和变量名。模块的作者也可以在模块内使用全局变量，而不必担心与用户的全局变量发生意外冲突。但是，用户自定义的模块名称不能与 Python 系统的内置模块名重复。

(1) 创建模块

例如，将下面的代码保存到一个名为"Mymodule.py"的文件，即定义了一个名为 Mymodule 的模块。其中，在该模块中定义一个函数 func( )和一个类 Myclass，在 Myclass 类中定义一个方法 myFunc( )。

```
#一个名为 Mymodule.py 的模块
def func( ):
    print('Mymodule.func( )')
class Myclass:
    def myFunc(self):
        print('Mymodule.Myclass.myFunc( )')
```

然后，可以在 Mymodule.py 模块所在的目录下执行下面的代码，调用 Mymodule 模块中的函数和类。

```
import Mymodule          #导入模块 Mymodule
Mymodule.func( )         #调用模块的函数 func( )
```

Mymodule.func( )

myclass = Mymodule. Myclass( )	#创建实例 myclass
myclass. myFunc( )	#调用类的方法 myFunc( )

Mymodule. Myclass. myFunc( )

也可以在同一目录下创建一个名为"call_Mymodule. py"的文件存放上面的代码，调用 Mymodule 模块的函数和类。需要注意的是，Mymodule. py 和 call_Mymodule. py 必须放在同一个目录下，或放在 sys. path 所列出的目录下，否则 Python 解释器找不到自定义的模块。

在此引入了另一问题，当 Python 导入一个模块时是怎样查找路径的呢？例如，当一个名为 Mymodule 的模块被导入的时候，解释器首先查找是否具有该名称的内置模块。如果没有找到，解释器就从 sys. path 变量给出的目录列表里查找名为 Mymodule. py 的文件。可以通过下面的代码查看 sys. path 变量的内容。

import sys	#导入 Python 内置模块 sys
sys. path	#显示 sys. path 变量的内容

['', '/Library/Frameworks/Python. framework/Versions/3. 7/lib/python 36, zip',...]

不同的用户，sys. path 变量的内容可能不相同，其初始目录地址包括：
- 输入脚本的目录，或者未指定文件时的当前目录；
- 环境变量 PYTHONPATH 所表示的一个包含目录名称的列表，与 shell 变量 PATH 有一样的语法；
- 所安装 Python 默认的安装路径。

在初始化后，Python 程序可以更改 sys. path 的内容，将包含正在运行脚本的文件目录放在搜索路径的开头处，放在标准库路径之前。这意味着在调用模块的时候，可以首先加载当前目录中的脚本，而不是查找标准库中的同名模块。

（2）导入模块

导入模块的用法与导入第三方库和软件包的一样，通过导入模块可以使用模块中所定义的函数、类和变量。在 Python 中有两种方法进行导入：导入整个模块，或者仅仅导入模块中的指定函数。

import 模块名［as 新模块名］

from 模块名 import 函数名

第一种方法中，如果模块名之后带有 as，则跟在 as 之后的新名称将直接绑定为所导入的模块名称，模块将以新名称存在。由以上两种方法可以看出，import 一般用于导入整个模块，而 from 则用于导入模块中的某一指定函数。可以认为 from 是 import 语句的一个变体，可以将函数名从一个被调模块内直接导入到现模块的符号表里。如果要用 import 语句来实现调用导入模块中的某一函数，则需要在导入一模块后，以模块名加". 函数名"来调用该函数。但使用 from 语句就能直接调用函数而不需加上模块名，调用函数会方便得多。

　　import 语句还有一个变体，可以导入模块内定义的所有以非下划线(_)开头的名称：

from 模块名 import ＊

　　即在 from 中使用"＊"通配符，表示导入模块中的所有函数。下面以 math 模块来举例说明使用 import 和 from 导入模块的功能。

```
import math          #使用 import 导入 math 模块
math. sqrt(9)        #使用 math 模块中的 sqrt 函数
```

3.0

```
sqrt(9)              #直接使用 sqrt 名字调用函数，系统报错
```

…

NameError：name 'sqrt' is not defined

```
from math import sqrt        #使用 from 导入 math 模块中的 sqrt 函数
sqrt(9)                      #直接使用 sqrt 名字调用函数
```

3.0

```
from math import ＊          #从 math 模块中导入所有函数
sqrt(9)                      #重新调用 sqrt 函数
```

3.0

6.5.2　模块的属性与函数

(1)模块的属性

　　模块有一些内置属性，用于完成特定的任务，如__name __、__doc __等。每个模块都有一个名称，属性__name __用于判断当前模块是否是程序的入口，如果当前程序正在作为主程序被使用，__name __的值为"__main __"。通常可以给每个模块都添加一个条件语句，用于单独测试该模块的功能。

　　例如，下面的代码创建了一个模块 Mymodule1：

```
if __name__ == '__main__:          #判断模块是否作为主程序运行
    print('Mymodule1 作为主程序运行！')
else:
    print('Mymodule1 被另一个模块调用！')
```

如果直接运行模块 Mymodule1. py 程序，则会输出结果：

Mymodule1 作为主程序运行！

如果创建一个如下的模块 call_Mymodule. py，在其中导入模块 Mymodule1：

```
'''This is the call_Mymodule modle.'''
import Mymodule1
print(__doc__)                     #调用模块属性__doc__
```

运行模块 call_Mymodule. py，其输出结果为：

Mymodule1 被另一个模块调用！

This is the call_Mymodule modle.

属性__doc__为模块字符串，模块字符串通常写在 Python 文件的第一行，是用三个引号包含起来的字符串，用来说明文件的内容，如以上案例代码所示。

(2) dir( ) 函数

如果需要获得导入模块中所有声明的函数、变量和类的名称，可以使用 Python 内置的函数 dir( ) 来进行操作。语法格式为：

$$dir([object])$$

例如，以下所示代码可以获得 math 模块中定义的所有名称。

```
import math
dir(math)
```

['__doc__', '__loader__', '__name__', '__package__', '__spec__', 'acos', 'acosh', 'asin', 'asinh', 'atan', 'atan2', 'atanh', 'ceil', 'copysign', 'cos', 'cosh', 'degrees', 'e', 'erf', 'erfc', 'exp', 'expm1', 'fabs', 'factorial', 'floor', 'fmod', 'frexp', 'fsum', 'gamma', 'gcd', 'hypot', 'inf', 'isclose', 'isfinite', 'isinf', 'isnan', 'ldexp', 'lgamma', 'log', 'log10', 'log1p', 'log2', 'modf', 'nan', 'pi', 'pow', 'radians', 'remainder', 'sin', 'sinh', 'sqrt', 'tan', 'tanh', 'tau', 'trunc']

内置函数 dir( ) 可用于查找当前作用域中的名称列表，得到一个排序过的字符串列表。参数"object"为可选参数，即要列举的模块名。如果 dir( ) 没有参数，则会列出当前作用域的全部名称，包括变量、模块、函数等。但是，dir( ) 函数不会列出内置函数和变量的名称。如果需要这些名称，可以将标准模块 builtins 传入到 dir( ) 函数的参数中。

例如，在下面的代码中，先定义一个列表 a 和一个字符串 b，调用dir( )函数后返回值会列出当前作用域的所有名称，含自定义的列表 a 和字符串 b；当再定义一个函数 fun( )时，调用 dir( ) 函数后其返回值包含自定义的列表 a、字符串 b 和函数名 fun。

```
a=[1, 3, 6]            #定义一个列表
b='python'             #定义一个字符串

dir( )                 #使用 dir( ) 函数获得当前脚本所有名字列表
```

[' __annotations __', ' __builtins __', ' __doc __', ' __loader __', ' __name __', ' __package __', ' __spec __', 'a', 'b']

```
def fun( ):            #定义一个函数
    print( 'python' )

dir( )                 #再次使用 dir( ) 函数
```

[' __annotations __', ' __builtins __', ' __doc __', ' __loader __', ' __name __', ' __package __', ' __spec __', 'a', 'b', 'fun']

6.5.3 包

通常一个模块是一个文件，而一个包则可以是一个包含有多个文件(模块)的目录。可以使用 import 导入整个包的模块，或者使用 from + import 来导入包中的部分模块。包也可以看作一种用"带点号的模块名"的格式来构造 Python 模块命名空间的方法，即模块名"A. B"表示 A 包中名为 B 的模块。在包的引用模式下，不同的模块中即使有同名的全局变量，相互之间也不会影响。另外，相同名称的模块也有可能出现在不同包中，使用"A. B"的格式，可以使得多模块软件包的作者不必担心彼此间同名模块的冲突。

同一个包里面的模块可以被视为处于同一目录中的文件。因此，导入所需的模块可以先在 Python 中使用目录名(包名)，然后再使用模块名。在包的每个目录中都包含一个名为"__init __. py"(init 的前后均是两条下划线)的文件，其主要用途是设置"__all __"变量以及初始化包所需的代码。在 from 语句中使用" * "通配符导入包内所有模块时，在__init __. py 中设置__all __变量可以保证模块名字的正确导入。

__init __. py 也可以是一个空文件，仅用于表示该目录是一个包。如果包目录里面除了包含一些模块文件之外，还有子目录，而子目录中也有__init __. py，那么这些子目录就是这个包的子包。

例如，一个简单的 Python 包目录组成结构为：A 目录下有__init__.py 文件、B 目录和 C 目录，B 目录下又有一个__init__.py 文件和 a.py 文件，C 目录下有另一个__init__.py 文件以及 a.py 和 b.py 文件。

如果需要导入 B 目录中的 a.py 模块，则在 Python 中可以使用下面的语句之一。

例如：

```
from A. B import a
```

或者：

```
import A. B. a
```

有了包的概念就可以很好地解决查找被导入模块的路径的问题。只要将所有的模块放在当前目录中的某一文件夹内，然后在该文件夹中新建一个空的__init__.py 文件，就可以通过目录结构的层次导入所需的模块。而不必像前边的例子那样，需要将子目录的路径添加到 sys.path 的列表中以后，才能查找到该子目录下的模块文件。

Python 包中的模块也可能需要相互引用。对于上面例中的位于 C 目录中的 b.py 模块，如果要引用同样位于 C 目录中的 a.py 模块，可以在 b.py 文件中直接使用以下语句：

```
import a
```

如果位于 C 目录中的 b.py 模块要引用位于 B 目录中的 a.py 模块，则需要使用：

```
from A. B import a
```

一般而言，若自定义的模块名与非内置的标准模块重名，那么根据优先级，前者会覆盖后者；若自定义的模块名与内置模块重名，后者会覆盖前者。

6.6 上机实践

①汉诺塔问题。

汉诺塔(又称河内塔)问题源于印度一个古老传说的益智玩具：开天辟地的神博拉码创造世界时做了三根金刚石柱子，在一根柱子上套着 64 片黄金圆盘，最大的圆盘在最底下，其余圆盘从下往上依次按大小顺序排列。神博拉码命令婆罗门把所有圆盘从底下开始按大小顺序重新摆放在另一根柱子上。并且规定，在小圆盘上不能放大圆盘，一次只能移动一个圆盘，可以利用中间的一根棒作为帮助。

设三个柱子分别编号为 A、B、C，圆盘个数为 N，若需将 A 柱上的所有 N 个圆盘移到 C 柱上，请思考：当 n 取不同值时圆盘移动的步骤？

问题：编写一个函数，给定输入 N、A、B、C，输出圆盘移动的步骤。

输入格式示例：共有几个圆盘：4

输出格式示例：移动步骤为：

　　　　　　　从 A 到 B

　　　　　　　……

思路：汉诺塔问题是一个函数递归调用问题，若当 a 上有一个圆盘时，可直接把该圆盘移动到 c；又当 a 上有 n 个盘子时(n>1)，需要先把 a 上 n-1 个圆盘移动到 b，再把 a 上最后一个盘子移动到 c，最后把 b 上所有盘子移动到 c。

解题代码案例：

```
def hannoi(n, a, b, c):        #定义 hannoi( )函数
  if n==1:
     print("从", a,"到", c)    #当 a 上只有一个圆盘时则直接从 a 到 c
  else:
     hannoi(n-1, a, c, b)      #首先将 a 上（n-1）个圆盘移动到 b
     hannoi(1, a, b, c)        #将 a 的最后一个圆盘移动到 c
     hannoi(n-1, b, a, c)      #再将 b 上的(n-1)个圆盘移动到 c
N=abs(int(input("共有几个圆盘:")))   #将输入从字符串型转换为整型
print("移动步骤为:")
hannoi(N, 'A', 'B', 'C')       #调用递归函数 hannoi( )
```

②水仙花数。

"水仙花数"是指一个三位数，其各位数字的立方之和的结果等于该数本身。例如：153 是一个"水仙花数"，因为 $153 = 1^3 + 5^3 + 3^3$。

问题：编写一个函数，要求输出所有的"水仙花数"。

输入格式示例：无

输出格式示例：水仙花数有：

　　　　　　　153，370，371，407

解题代码案例：

```
def narcissistic_number( ):
    for num in range(100, 1000):
    sum = 0
    n = len(str(num))        #求正整数的位数
```

```
    temp = num
    while temp > 0:
        digit = temp % 10
        sum += digit * * 3
        temp // = 10
    if num = = sum:
        print(num, end = ', ')
print("水仙花数有:", narcissistic_number())
```

③回文数。

回文数是指正读(从左往右)和反读(从右往左)都一样的一类数字。五位回文数指个位与万位相同、十位与千位相同的对称型五位数,如 12321 是回文数。

问题:编写一个函数,输入一个 5 位数,要求判断它是不是回文数,并输出判断结果。

输入格式示例:请输入一个 5 位整数:12321

输出格式示例:12321 是一个回文数

解题代码案例:

```
a = int(input("请输入一个 5 位整数:"))    #输入一个 5 位数
s = str(a)
if s[0] = = s[-1] and s[1] = = s[-2]:
    print(" %d 是一个回文数" % a)
else:
    print(" %d 不是一个回文数" % a)
```

④判断闰年。

判断某一年是否为闰年,可以根据"四年闰百年不闰,四百年又闰"来判断。

问题:编写一个 leap 函数,要求输入一个年份,判断其是否为闰年,并输出判断结果。

输入格式示例:输入一个年份:2020

输出格式示例:2020 年是闰年

解题代码案例:

```
def leap(y):
    if y%4==0:
        if y%100!=0:
            return True
```

```
        elif y%400= =0:
            return True
    else:
        return False
y=int(input("输入一个年份:"))
if leap(y)= =True:
    print("%d 年是闰年"%y)
else:
    print("%d 年不是闰年"%y)
```

课后习题

1. 编写函数求两个整数的最大公约数和最小公倍数。

2. 编写一个自定义函数 Binary( )来模拟转换函数 bin( )，即将十进制转换为二进制。

3. 编写一个函数，功能是对输入的四位整数分别求其千位数、百位数、十位数和个位数。

4. 编写一个函数 Cacluat( )，它可以对接收的任意多个数返回一个元组，这个元组的第一个值为所有参数的平均值，第二个值为大于平均值的所有数。

5. 用递归函数将输入的字符串以相反顺序输出。

6. 编写函数计算并用元组输出从用户输入的数字 X 开始的、X+100 以内的所有质数。

7. 分别用递归函数和非递归函数的形式实现：输入两个 1～10000 的正整数，输出这两个数之间的所有 Fibonacci 数列。提示：Fibonacci 数列为 1，1，2，3，5，8，13，21……

8. 编写函数计算 $1^2-2^2+3^2-4^2+\cdots\cdots-98^2+99^2$ 的值。

9. 编写函数计算 1! +2! +3! +……+20! 的值。

10. 编写一个函数，使用字典存储学生信息，学生信息包括学号和姓名，并分别根据学生学号升序、学生姓名首字母升序输出学生的信息。

第7章　面向对象程序设计

本书第1章1.4节初步介绍了面向对象思想，本章将结合 Python 语言，详细介绍面向对象编程技术的基本知识。如果读者已经学过某种面向对象语言(如 Java、C++、PHP 等)，那么学习本章将会比较轻松。

面向对象编程(object oriented programming，OOP)是一种程序设计思想，将程序视为一组对象的集合，对象又是封装了一系列数据和操作数据的方法的单元体。OOP 尽可能模拟人的思维，将现实世界中的一切实体特征和结构抽象成类，把实体本身抽象成问题域中的对象。OOP 的核心概念就是类和对象。

类是一种模板，是一组具有相同数据结构和操作的对象集合，它定义对象的行为和状态，但不具有实体。对象是类的实例，拥有具体的行为和状态。例如，古代在制造金银器时，并不是直接用真金白银铸造，而是会先炼制铸模，将金银器融化后再倒入铸模凝固成型。这样一来既可以选择金水炼制成金器，也可以选择银水和铜水炼制成银器、铜器等。这里的铸模就相当于类，而炼制而成的金器、银器和铜器等就是铸模的具体对象。

Python 是一种面向对象的语言，与其他语言相比，Python 是在尽可能不加入新的语法和语义的情况下加入了类的机制。

7.1　Python 中的类

7.1.1　定义类

Python 中使用 class 关键字来定义一个类，定义类的语法格式如下：

```
class ClassName：
```

    <statement-1>

    . . .

    <statement-N>

其中：

- class：Python 中定义类的关键字。
- ClassName：类的名字，Python 规定类名的首字母必须大写。
- statement：类中的用来定义数据和方法的语句。

例如：

```
class MyFirstClass:
    '''This is my first class.'''      #类的说明文字，__doc__属性的值
    i = 12345
    def fuc():
        print('hello world!')
```

7.1.2　使用类

  如上所述，类给出了数据的定义，是一种抽象结构，并没有实体。在 Python 中，类通常只有在实例化之后才能使用，即必须先要创建类的对象，才能使用类定义的方法和数据。类的实例化与调用方法相似，只需要在类名后加一对小括号就可以调用类的构造方法，实例化一个类。一个类可以实例化出多个对象，每个对象的实例属性都是一个独立副本，互不影响。关于对象和实例属性本书在后面会提到，在此先来看一个类使用的示例 7-1。

例 7-1　类的使用

```
myClass = MyFirstClass()      #使用"()"创建了 MyFirstClass 的实例对象
print(myClass.__doc__)        #显示属性值
```

This is my first class.

  上面的示例中，使用了上一节创建的 MyFirstClass 类，这个类中有一条说明语句(用单引号括起来的部分)，这条说明语句是该类的描述。使用类名称加单括号，即 MyFirstClass()，对该类进行实例化，创建了一个对象，并将对象的引用地址赋予了变量 myClass，然后调用了 print 方法输出了__doc__属性值。Python 会为每个对象创建一个__doc__属性，用来描述该对象的信息。程序运行后会在控制台会打印出"This is my first class."。

注意：__doc __属性说通俗一点就是对类进行说明的注释内容。在规范的开发中，应该对每个模块都加入注释说明，用来解释该模块的功能等详细信息。

7.1.3 类的方法

如果一个类只定义了类的描述属性，而没有定义任何类的方法（操作），这样的类是没有功能意义的。在进行属性定义的同时，可以在类中定义一些行为操作，让这个类具有某种特定的功能，即创建类的方法。在 Python 中，类包含三种类型的方法：实例方法、类方法和静态方法。

类中的三种方法定义与 Python 的普通方法一致，保留关键字为：def+方法名+参数列表。

（1）实例方法

Python 实例方法的定义与其他面向对象语言中对象方法定义大致相同，需要注意的是在实例方法定义的参数列表中，第一个参数必须要预留给 self。当然也可以采用别的标识符，如 a、b、c 等，但是最好命名为 self，这是一个约定俗成的形式，也能够使代码更清晰。关键词 self 指向的是调用该方法的具体类对象的引用。

示例程序如下：

例 7-2　类的实例方法

```
class Room：
    def volume(self, x, y, z)：
        return x * y * z
classRoom = Room()
print('The room volume is', Room. volume(2, 3, 4))
                #Error statement
```

Traceback (most recent call last)：
    File "<stdin>", line 1, in <module>
TypeError：volume() missing 1 required positional argument：'z'

```
print('The room volume is', classRoom. volume(2, 3, 4))
```

The room volume is 24

例 7-2 定义了一个房间类，并且定义了一个方法 volume() 用来返回房间的体积，第一个约定成俗的 self 参数指向调用该方法的类的实例对象，本例中即是指向 classRoom 指向的对象引用。

实例方法必须要类的实例对象才能调用，如果使用类对象调用方法 Room. volume（2，3，4），程序会报错："volume（）missing 1 required positional argument：'z'"。

实例方法有一个固定的参数 self，用户在调用实例方法的时候虽然不用显式地传入 self 参数，但在使用类的实例对象调用该方法的时候，比如 classRoom. volume（2，3，4），Python 解释器会自动将该实例对象 classRoom 作为参数传入 self。如调用当前方法的是类对象而不是类的实例对象，Python 解释器就会将第一个参数常量 2 视为当前对象 self，当然如果加上任一个参数给 self，比如 42，代码 Room. volume（42，2，3，4）会正常运行，输出 24。如下所示：

```
Room. volume(42, 2, 3, 4)
```

24

但是这会带来意想不到的结果，所以不建议用类对象调用类的实例方法，读者需牢记类的实例方法只能由类的实例对象来调用。当类的实例对象调用实例方法的时候，不需要传参给 self，Python 解释器会自动将 self 指向当前调用该方法的对象引用。

（2）类方法

类方法和实例方法类似，需要预留出第一个参数，只不过第一个参数约定命名不再是 self 而是 cls（class 的缩写）。顾名思义，类方法中的 cls 指向的就是类对象本身而并不是类的实例对象。与其他面向对象语言不同的是，Python 的类方法既可以被类的实例对象调用，也可以被类对象调用。Python 中定义类方法需要使用@classmethod 装饰器。

类方法的案例程序如下：

例 7-3　类方法案例

```
class Room：
    @ classmethod      #装饰器，声明该方法是类方法
    def class_fun(cls, str)：
        print('class_fun called by'+ str)
myRoom = Room( )
myRoom. class_fun('myRoom')    #打印 "class_fun called by myRoom"
```

class_fun called by myRoom

```
Room. class_fun("Room")        #打印 "class_fun called by Room"
```

class_fun called by Room

（3）静态方法

静态方法与类方法相似，声明需要@ staticmethod 装饰器，可以被类对象调用也可以被类的实例对象调用。与类方法和实例方法不同的是，静态方法不需要约定参数形式。

类的静态方法应用程序示例如下：

例 7-4   类的静态方法

```
class Room：
    @ staticmethod                    #装饰器，声明该方法是静态方法
    def static_fun(str)：
        print("static_fun called by " + str)
myRoom = Room()
myRoom.static_fun("myRoom")   #打印 "static_fun called by myRoom"
```

static_fun called by myRoom

```
Room.static_fun("Room")           #打印 "static_fun called by Room"
```

static_fun called by Room

（4）构造方法

Python 类中还有一对特殊的方法：构造方法、析构方法。学过 C++的读者可能对构造方法和析构方法并不陌生。在创建一个新对象的时候，在类名后加一对括号"()"，这对括号就相当于构造方法。默认的构造方法参数为空，也就是除了新建一个对象并返回对象引用，不做任何事情。下面先介绍类的构造方法。

Python 中类的构造方法固定命名为"__init__(参数列表)"，开始和结束都是双下划线"__"，这是 Python 的约定和规范，避免与其他方法重名。如果在一个类中没有自定义的构造方法，Python 会给该类提供一个默认的构造方法，只不过这个默认的构造方法除了开辟对象空间并返回对象引用，几乎不做任何其他操作。构造方法在用于构造该类的对象时，会被系统自动地调用。

在刚刚开始创建一个新对象的时候，往往希望同时赋予该对象一些基本信息，这样就可以使得该对象在创建的时候变得更有意义。在这种情况下，可以使用构造方法构造对象，在对象创建之初就赋予对象一些基本信息，如例 7-5 所示。

例 7-5　类的构造方法

```
#定义一个类 Room
class Room：
    def __init__(self, name, x, y, z)：
        self.name = name
        self.x = x
        self.y = y
        self.z = z
    def volume(self)：
        return self.x * self.y * self.z
    def show(self)：
        print(" This is a " +self.name + " it's volume is :" +str(self.volume()))
#类的使用
bedRoom = Room("bedRoom", 2, 3, 4)
bathRoom = Room("bathRoom", 1, 2, 3)
bedRoom.show()        #打印"This s a bedRoom it's volume is : 24"
```

This s a bedRoom it's volume is：24

```
bathRoom.show()        #打印"This s a bathRoom it's volume is : 6"
```

This s a bathRoom it's volume is：6

在例7-5中，定义的构造方法传入了 Room 的名字 name 属性，以及长宽高 x、y、z 属性，定义了 volume()方法计算出房间的体积，定义了 show()方法来展示房间信息。show()方法中的 str()方法用于将整型数据转换成字符串输出。

构造方法中的"self. 属性名"，如 self.x，代表该属性是类的实例对象属性(关于属性的详细讲解将在下一节中提到)。即每个 Room 的实例对象都包含了名字 name 和长宽高 x、y、z 属性，在类内部可以通过"self. 属性名"来访问或者修改该属性。在创建 bedRoom 对象时，传入了"bedRoom"参数来为 bedRoom 这个实例对象的 name 属性赋值，传入了三个整型常数：2、3、4，来为 bedRoom 的长宽高属性赋值。这样一来，bedRoom 在创建之初，其长宽高属性就已经被赋值了，bathRoom 也是如此。最后调用 show()打印相关信息。

注意：虽然构造方法__init__没有 return 语句，即没有显示返回任何信息，但 Python 在处理构造方法的时候，会先调用特殊方法__new__()创建一个类的实例对象，再调用__init__()方法。调用__init__()方法，Python

会自动返回该对象的引用并赋值给变量 bedRoom 和 bathRoom。读者可以使用 print(bedRoom)或者 print(bathRoom)来进行验证实践，结果会输出对象在内存中的地址。

（5）析构方法

析构方法与构造方法相反，构造方法用于对象创建的时候调用，而析构方法用于对象销毁的时候调用。在 Python 程序中，对象可以被程序设计者显式地销毁（使用 del 语句），也可以被 GC（Garbage Collection）机制回收，或者是在程序执行完毕之后释放内存空间的时候被销毁。析构方法也有特定的名称：__del__()。

析构方法主要用于释放对象占用的多余空间，特别是当程序体达到了一定规模的时候，内存空间的利用率变得格外重要。析构方法的示例如下：

例 7-6　类的析构方法

```
#定义一个类 Room
class Room:
    def __init__(self, name):
        self.name = name
        print(name + " has been build")
    def __del__(self):
        print(self.name + " has been destroyed")
bedRoom = Room("bedRoom")        #打印"bedRoom has been build"
```

bedRoom has been build

```
del bedRoom                      #打印"bedRoom has been destroyed"
print("--------------")
```

bedRoom has been destroyed

例 7-6 中使用了显式的 del 语句，删除对象的引用 bedRoom，该对象就会被销毁，从而调用了析构方法，打印出"bedRoom has been destroyed"。最后一条打印语句是为了证明 bedRoom 指向的对象的确是在程序结束之前就被销毁，即在 del 语句执行之后就立即调用了析构方法。其实，即使不显式地使用 del 语句，在程序执行完毕时候所有的内存空间都将被释放，也会调用析构方法打印。

上面的例子中，del 语句删除的并不是对象本身，只是对象的一个引用。通俗地讲，del bedRoom 只是删除了 bedRoom 这个变量，假如在该语句下面加上 print(bedRoom)，程序就会报错："'bedRoom' is not defined"。

　　Python 真正回收对象的判断条件是根据对象的引用数。

　　如前所述，对于语句 bedRoom = Room()（此处省略构造方法参数），Python 只是将新建的一个对象的引用赋予了 bedRoom，而并非对象本身。当创建一个对象或者对象被一个新变量引用的时候，该对象引用数就会加 1；当删除该对象的一个引用的时候，该对象的引用数就会减 1。当对象的引用数为 0，就说明该对象已经不需要再使用，Python 就会自动回收该对象。这种回收对象的方法类似于 Java 的 GC 机制。在例 7-6 中，由于该对象只有一个引用 bedRoom，如果我们删除了 bedRoom，该对象的引用会变成 0，对象就会被回收。

　　下面，再来看 del 语句的示例：

例 7-7　del 语句示例

```
class Room：
    def __init__(self, name)：
        self.name = name
        print(name + "has been build")
    def __del__(self)：
        print(self.name + " has been destroyed")
bedRoom = Room("bedRoom")      #打印"bedRoom has been build"
bedRoom2 = bedRoom
del bedRoom      #并没有执行析构方法
print("nothing happend")
del bedRoom2
print("-------------")
```

bedRoomhas been build

nothing happend

bedRoom has been destroyed

　　执行上面的代码会发现，在执行了 del bedRoom 语句之后程序并没有打印析构方法中的内容，而是在执行了 del bedRoom2 之后才打印的。这是因为 bedRoom2 = bedRoom 这条语句，将 bedRoom2 这个变量也指向了我们最开始新建的实例对象，所以这个实例对象的引用数为 2，即 bedRoom 和 bedRoom2 两个。在删除了 bedRoom 之后，该对象还有另一个引用，因此对象并没有被回收，也就没有执行析构方法。

　　注意：Python 中对于对象引用数的监听没有上述那么简单，上面的例子只是为了方便说明。

① Python 中对象引用数增加的情况有：

- 对象被创建；
- 对象被新变量引用；
- 对象作为参数传递给方法；
- 对象被作为容器(如 list)的元素；

② 对象引用数减小的情况有：

- 局部引用离开作用域。比如作为参数传递给方法时，方法执行完毕；
- 一个对象的引用别名被显示销毁，比如本章例子中的 del bedRoom；
- 一个对象的引用别名指向了其他对象，比如执行 bedRoom = 2；
- 当对象被储存在容器中，容器引用数增加则对象引用数增加，反之亦然。

(6)私有方法

上面提到的方法，无论是在类内部还是在类外部，都可以通过类的实例对象或者类对象访问。Python 的类方法中还有一种私有方法，只能够在类内部调用，在类外部访问私有方法是非法的。

例 7-8　类的私有方法

```python
class Room:
    def __init__(self, color, price):
        self.color = color
        self.price = price
    def __price(self):
        print("price is " + str(self.price))
    def __color(self):
        print("color is " + self.color)
    def show(self):
        self.__color()
        self.__price()
bedRoom = Room("white", 100)
#bedRoom.__price()       #报错，提示 no attribute '__price'
bedRoom.show()
```

color is white

price is 100

Python 规定类的私有方法的方法名须以"__"开头(双下划线"__")。在类内部访问私有方法跟访问实例方法相同，使用"self.＿方法名(方法参数)"。程序示例如例 7-8 所示，其中定义了两个私有方法：__price()和__color()，来输出类的价格和颜色信息，并在 show()方法中调用，这是合法的。但是如果在类的外部调用私有方法，Python 程序就会报错，提示找不到该私有属性或者方法。

注意：实际上，Python 并没有实现真正的私有化，换句话说 Python 并没有私有化结构。Python 在处理私有方法的时候，首先会检测到私有方法，即方法名之前是不是有双下划线(注意只是之前而并非结尾)，如果有 Python 就判定该方法是私有方法，Python 就会在该方法名前加上"_类名"。比如例 7-8 中的__price()方法，Python 在检测到用户想将该方法定义为私有方法的时候，就会在类内部将该方法名重写成"_Room__price()"的形式。所以，Python 才会提示并没有__price 属性。

例如，下面的示例对此做出了验证：

例 7-9　类的私有方法实现方式验证

```
class Room:
    def __init__(self, color, price):
        self.color = color
        self.price = price
    def __price(self):
        print("price is " + str(self.price))
    def __color(self):
        print("color is " + self.color)
    def show(self):
        self.__color()
        self.__price()
bedRoom = Room("white", 100)
#bedRoom.__price()报错，提示 no attribute '__price'
bedRoom._Room__price()      #正常输出
bedRoom.show()
```

price is 100

color is white

price is 100

可以看到 bedRoom._Room__price()这行语句仍然能够正常打印出"price is 100"。可见 Python 并没有真正实现私有化，只是对外"隐藏"了方法，但并非不能访问。所以在编写 Python 程序时，尽量不要定义私有方法，这样只会增加程序的复杂度。一般只有在调试或者测试的时候使用私有方法或者私有属性。

7.1.4 类的属性

无论是在 Python 语言中，还是在整个面向对象思想中，属性都是类不可或缺的一部分。方法用来描述对象的行为，而属性用来描述对象的状态。在前面的例子中，已经多次使用了属性，例如：例 7-5 中的 name、x、y、z，例 7-9 中的 color、price 等，都属于类的属性。

与类的方法类似，类的属性也包括实例属性和类属性两大类型。实例属性属于特定的类的实例对象，也就是说类的每个实例对象都有其对应的实例属性，不同对象间的实例属性彼此独立存在，互不相干。类属性是类对象本身的属性，它与类的实例对象无关，或者说所有该类的实例对象共享类属性，可以对其进行访问、修改。

（1）实例属性

截至目前，本章中所有的例子中的属性都是实例属性。实例属性一般在构造方法 __init__ 中通过"self. 属性名"的形式创建，比如例 7-9 中的 self. color 和 self. price。实例属性可以在类内，也可以在类外通过"对象名. 属性名"的形式访问，不同的实例对象持有不同的实例副本。程序例 7-10 如下所示：

例 7-10 类的实例属性

```
class Room:
    def __init__(self, color, price):
        self. color = color
        self. price = price
    def show(self):
        print("price is " + str(self. price))
        print("color is " + self. color)
    def setColor(self, newColor):
        self. color = newColor
    def setPrice(self, newPrice):
        self. price = newPrice
bedRoom = Room("red", 100)
print("bedRoom's color is " + bedRoom. color)
bathRoom = Room("white", 200)
print("bathRoom's color is " + bathRoom. color)
```

bedRoom's color is red

bathRoom's color is white

```
print("before change:")
bedRoom. show()
print("bedroom show() is done!")
bathRoom. show()
print("bathroom show() is done!")
```

before change：

price is 100

color is red

bedroom show() is done!

price is 200

color is white

bathroom show() is done!

```
bedRoom. setColor("blue")
bedRoom. setPrice(150)
bathRoom. setColor("gray")
bathRoom. setPrice(250)
print("after change: ")
bedRoom. show()
print("bedroom show() is done!")
bathRoom. show()
print("bathroom show() is done!")
```

after change：

price is 150

color is blue

bedroom show() is done!

price is 250

color is gray

bathroom show() is done!

在例 7-10 中，__init__ 方法里面通过 self. color 和 self. price 定义了实例属性 color 和 price，并对它们赋予了初始值。在实例方法 setColor() 和 setPrice() 中，为属性 color 和 price 赋予了一个新的值，类似于 Java 类中的 getter 和 setter 机制。在类定义之后的程序代码中，定义了两个类的实例对象 bedRoom 和 bathRoom，在类外通过 bedRoom. color 访问了实例属性 color，并通过 setColor 和 setPrice 方法修改了该实例属性。

（2）类属性

类属性是属于类本身的属性，并不属于特定的类的实例对象。类属性相较实例属性而言比较复杂。不同类别的类属性，其传递参数的方式也不同。类属性可分为：可变变量属性和不可变变量属性。

① 可变变量属性：如列表、字典以及其他类的对象等。

当类属性是可变变量属性的时候，类对象本身和类的所有实例对象共享该属性，即该属性在内存中只有一个副本。

② 不可变变量属性，如整型 int、字符串类型 string 等。

当类属性是不可变变量属性的时候，类所有实例对象都拥有该属性的一个独立副本，且各个对象之间互不影响。类对象本身也含有该属性的一个副本，并且也是独立的。

下面，以不可变变量 string 类型作为类属性给出代码案例及输出结果。如例 7-11 所示。

例 7-11　不可变变量作为类属性

```python
class Room:
    color = "red"

room1 = Room()
room2 = Room()
print("Room's color is " + Room.color)
print("room1's color is " + room1.color)
print("room2's color is " + room2.color)
```

Room's color is red
room1's color is red
room2's color is red

```python
room1.color = "blue"
print("room1 changes color to blue")
print("Room's color is " + Room.color)
print("room1's color is " + room1.color)
print("room2's color is " + room2.color)
```

room1 changes color to blue
Room's color is red
room1's color is blue
room2's color is red

```python
room2.color = "black"
print("room2 changes color to black")
```

```
print("Room's color is " + Room.color)
print("room1's color is " + room1.color)
print("room2's color is " + room2.color)
```

room2 changes color to black
Room's color is red
room1's color is blue
room2's color is black

```
Room.color = "gray"
print("Room changes color to gray")
print("Room's color is " + Room.color)
print("room1's color is " + room1.color)
print("room2's color is " + room2.color)
```

Room changes color to gray
Room's color is gray
room1's color is blue
room2's color is black

例 7-11 中类 Room 只包含一个类属性 color，并且是字符串类型，即不可变变量的属性，随后的程序创建了两个对象 room1 和 room2。由于 color 是不可变变量，因此 Python 会为类的对象本身 room1 和 room2 都创建一个 color 属性，并且互不影响。初始状态下，类和对象的 color 属性值都是 red，当 room1 改变 color 至 blue 之后，就只有 room1 的 color 属性值变成了 blue，而类对象 Room 和另一个实例对象 room2 的 color 仍然都是 red。同理，当 room2 的 color 属性值变成 black 之后，room1 的 color 属性值仍然保持 blue，而类对象的 color 属性值仍然保持 red。最后，Room 的类变量 color 属性值修改为 gray，三者最终 color 的属性分别变成了 gray、blue 和 black。由此可见，不可变变量作为类属性的时候，类对象本身以及类的所有实例变量都各自拥有一个独立副本。

再来看另一个例子，当采用可变变量属性(数组)作为类属性的时候会是什么情况。例 7-12 代码及输出结果如下。

例 7-12　可变变量(数组)作为类属性

```
class Room:
    things = ["wall", "floor"]
room1 = Room()
room2 = Room()
print("Room has " + str(Room.things))
print("room1 has " + str(room1.things))
```

215

```
print("room2 has " + str(room2.things))
```

Room has ['wall', 'floor']

room1 has ['wall', 'floor']

room2 has ['wall', 'floor']

```
room1.things.append("chair")
print("room1 add chair")
print("Room has " + str(Room.things))
print("room1 has " + str(room1.things))
print("room2 has " + str(room2.things))
```

room1 add chair

Room has ['wall', 'floor', 'chair']

room1 has ['wall', 'floor', 'chair']

room2 has ['wall', 'floor', 'chair']

```
room2.things.append("desk")
print("room2 add desk")
print("Room has " + str(Room.things))
print("room1 has " + str(room1.things))
print("room2 has " + str(room2.things))
```

room2 add desk

Room has ['wall', 'floor', 'chair', 'desk']

room1 has ['wall', 'floor', 'chair', 'desk']

room2 has ['wall', 'floor', 'chair', 'desk']

```
Room.things.append("water")
print("Room add water")
print("Room has " + str(Room.things))
print("room1 has " + str(room1.things))
print("room2 has " + str(room2.things))
```

Room add water

Room has ['wall', 'floor', 'chair', 'desk', 'water']

room1 has ['wall', 'floor', 'chair', 'desk', 'water']

room2 has ['wall', 'floor', 'chair', 'desk', 'water']

在例 7-12 中，首先定义了一个 things 列表，表示房间中包含的物品。初始只有墙壁和地板两种。让 room1 添加了"椅子"物品之后，类对象 Room 和类实例对象 room2 的 things 属性都变成了['wall', 'floor', 'chair']。

同理，当 room2 和 Room 添加了物品之后，三者的 things 全都同步进行了改变。这说明可变变量类型的属性 things 在内存中只有一份拷贝，并且被类对象和类的所有实例对象所共享，其中任意一方改变 things 属性的值，都会影响到全局。

在类对象与所有实例对象都共享可变变量类属性的情况下，如果在类变量和实例变量中同时定义一个同名的属性，会发生什么情况呢？

下面来看一下例 7-13 的代码与输出结果。

例 7-13　在类变量和实例变量中同时定义一个属性

```
class Room：
    things = ["wall","floor"]
    def __init__(self, things)：
        self.things = things
room1 = Room(["chair"])
room2 = Room(["desk"])
print("Room has " + str(Room.things))
print("room1 has " + str(room1.things))
print("room2 has " + str(room2.things))
```

```
Room has ['wall', 'floor']
room1 has ['chair']
room2 has ['desk']
```

```
room1.things.append("chair at room1")
print("room1 add chair at room1")
print("Room has " + str(Room.things))
print("room1 has " + str(room1.things))
print("room2 has " + str(room2.things))
```

```
room1 add chair at room1
Room has ['wall', 'floor']
room1 has ['chair', 'chair at room1']
room2 has ['desk']
```

```
room2.things.append("desk at room2")
print("room2 add desk at room2")
print("Room has " + str(Room.things))
print("room1 has " + str(room1.things))
print("room2 has " + str(room2.things))
```

room2 add desk at room2

Room has ['wall', 'floor']

room1 has ['chair', 'chair at room1']

room2 has ['desk', 'desk at room2']

```
Room. things. append("water")
print("Room add water")
print("Room has " + str(Room. things))
print("room1 has " + str(room1. things))
print("room2 has " + str(room2. things))
```

Room add water

Room has ['wall', 'floor', 'water']

room1 has ['chair', 'chair at room1']

room2 has ['desk', 'desk at room2']

例 7-13 在构造方法中定义了实例属性 things，同时也定义了类属性 things。从输出结果上来看，代码中定义的实例属性 things 会覆盖掉类的同名类属性，并且各个对象之间的实例属性仍然互不影响。即对象 room1 拥有一份 things 属性，对象 room2 也拥有一份 things 属性，两者互不相干，同时与类对象的 things 属性也不相干。

但是，此时类对象仍然保留一份属于类的 things 属性。此外，相对于类的实例对象而言，类对象还具有动态属性。动态属性是在类定义之外的属性。

例如：

例 7-14 动态属性

```
class Room:
    def __init__(self, things):
        self. things = things
room1 = Room(["wall"])
room2 = Room(["desk"])
room1. color = "red"
print(room1. color)      #打印 red
```

Red

```
print(room2. color)   # error, room2 并没有 color 属性
```

Traceback (most recent call last):

  File "<stdin>", line 1, in <module>

AttributeError: 'Room' object has no attribute 'color'

　　上面的例子中，Room 类本来并没有包含 color 属性，在程序运行过程中，执行语句：room1. color = "red"，系统在类中找不到 color，就会为对象 room1 动态创建一个 color 属性。需要注意的是，动态属性只是给类的实例对象绑定一个新属性，而并非面向该类创建一个新属性。因此，在没有创建该属性副本的情况下，类的其他对象是不能够访问到动态属性的。例7-14 中的 room2 就没有动态地创建 color 属性，因此打印 room2. color 就会报错。

　　此外，类还有私有属性。类的私有属性的性质跟类的私有方法类似，在声明属性的时候加上双下换线"＿＿"作为前缀，比如 self. ＿＿price。这里的 price 就是一个私有属性，无法在类的外部访问。

　　当然，正如前文所述，Python 并没有真正的私有化方法和属性，实现私有属性的机制类似实现私有方法的机制，请读者自行验证，详见本章 7.1.3 类的私有方法小节。

7.2　继承和多态

　　面向对象编程的三大特征分别是：封装、继承和多态。封装是指将某事物的属性和行为包装到对象中，这个对象只对外公布需要公开的属性和行为，而这个公布也是可以有选择性地公布给其他对象。

　　在一些面向对象设计语言中，如 Java，就使用 private、protected、public 三种修饰符对外部对象访问自身对象的属性和行为进行了限制。如前文所述，与其他面向对象设计语言不同，Python 中并没有严格的私有化方法和属性的机制。

　　继承是为了代码重用而设计的，是一种联结类的层次模型，允许和鼓励类之间的代码重用，同时提供了一种明确表述类之间共性的方法。对象的一个新类可以从现有的类中派生，这个过程称为类继承。新类继承了原始类的特性，则新类被称为原始类的派生类(子类)，而原始类则称为新类的基类(父类)。

　　父类和子类都可以分别实例化产生父对象和子对象。子对象可以继承父对象的属性和行为，亦即父对象拥有的属性和行为，其子对象也就拥有了这些属性和行为。这非常类似于大自然中物种的继承和遗传，体现了一般与特殊之间的关系。

　　比如，可以首先设计一个房间 Room 类，当程序越来越丰富的时候，可能会出现卧室 BedRoom 类、卫生间 BathRoom 类、客厅 LivingRoom 类等。如果将所有房间类型所需要的数据结构和方法都写在同一个 Room 类的代码里面，那么给每一种房间类添加的细节会越来越多，Room 类的代码量也会越来越大，从而变得极度复杂。

而且，这种机制体现了各种房间的共性，例如，所有的房间都有长、宽、高等属性，但却无法体现各种房间的特殊性，如 BedRoom 类有 bed 属性，而 BathRoom 类里面没有 bed 属性，却有 waterTap 属性。这种将所有代码放在同一个类中的机制，也给后期的代码的阅读和维护带来困难，假如 BedRoom 中需要添加一个衣柜的属性，则所有的房间都会不约而同地也加上衣柜(因为它们都属于 Room 类)，这显然是不合理的。

因此，为了解决上述情况，可以将所有相似类中的共同属性和方法抽取出来放到父类(也叫超类或基类)之中，采用继承的机制由父类派生出子类。子类能够继承父类已有的属性和方法，拥有父类的功能，并且子类还能在自身中添加新的成员变量和方法，扩展自身以完成父类不能完成的任务。

Python 中的继承语法很简单，格式如下。

class SubClassName(SuperClassName)

其中，SubClassName 是子类的名称，SuperClassName 是父类的名称。子类可以同时继承多个父类，各个父类之间用","分隔。

7.2.1　单继承

单继承指子类只继承自一个父类，本节利用单继承说明 Python 中的继承机制。这里仍然沿用房间类 Room 的例子，首先设计一个房间类 Room，而会议室 MeetingRoom 类、卧室 BedRoom 类等都可以称为房间类，因此 Room 类被定义为父类，并且所有的房间类都包含面积、墙壁颜色、功能说明属性等。下面的例子展示了 Room 类及其子类的定义过程，代码如下。

例 7-15　单继承

```python
class Room:
    def __init__(self, area, color):
        self.area = area
        self.color = "white"
    def use(self):
        print("this is just a Room")
    def show(self):
        print("name: " + self.__class__.__name__ +
            ", area: " + str(self.area) +
            ", color: " + self.color)
```

```
class MeetingRoom( Room) :
    def __init __( self, area, color, capacity) :
        super( ). __init __( area, color)
        self. capacity = capacity
    def show( self) :
        print( "name: " + self. __class __. __name __ +
            ", area: " + str( self. area) +
            ", capacity: " + str( self. capacity) )
class BedRoom( Room) :
    def __init __( self, area, color, bedContain) :
        super( ). __init __( area, color)
        self. bedContain = bedContain
    def use( self) :
        print( "this is a bedrooom" )
    def show( self) :
        print( "name: " + self. __class __. __name __ +
            ", area: " + str( self. area) +
            ", bedContain: " + str( self. bedContain) )

print( 'defining three classes: Room, MeetingRoom and BedRoom. ')
```

defining three classes: Room, MeetingRoom and BedRoom.

```
room = Room( 10, "white" )
meetingRoom = MeetingRoom( 50, "white", 15)
bedRoom = BedRoom( 15,"pink", 1)
room. use( )
room. show( )
```

this is just a Room

name: Room, area: 10, color: white

```
meetingRoom. use( )
meetingRoom. show( )
```

this is just a Room

name: MeetingRoom, area: 50, capacity: 15

```
bedRoom. use( )
bedRoom. show( )
```

this is a bedrooom

name：BedRoom，area：15，bedContain：1

在例 7-15 中定义了类 Room，两个派生类 BedRoom 和 MeetingRoom 都继承自 Room 类，并且在 BedRoom 类中新加了 bedContain 属性(卧室的居住人数)，在 MeetingRoom 中新加入了 capacity 属性(会议室的容纳人数)。

其中，MeetingRoom 类继承自 Room 类后，定义了属于自己的属性 capacity。在其构造方法__init__( )中有一句代码：super( ). __init__(area，color)，这里的 super( )指向的是其父类 Room，即在子类的构造方法中调用父类的构造方法。super( )方法能够将父类和子类关联起来，这样子类就能够直接获得父类的实例属性，并且能够方便地对继承自父类的实例属性赋予初始值。在创建 MeetingRoom 对象的时候，调用构造方法的语句：MeetingRoom(50，"white"，15)，传入了三个参数，前面两个参数会被传递到父类的构造方法中，为 area 和 color 赋值，分别为 50 和 white。在构造 BedRoom 的对象 bedRoom 时，其构造方法也进行了类似的操作。

MeetingRoom 类重写了父类的 show( )方法，因此父类 Room 的对象 room 打印出来的是自身对象 room 的信息，而 MeetingRoom 类的对象 meetingRoom 则打印出来 meetingRoom 的信息，两者并不相同。

在上面继承的案例中，进行了方法重写的操作，方法重写是继承中的重要概念。在继承的过程中，父类是不能访问子类中定义的新变量或者新方法的，如在例 7-15 中，如果执行语句 room. capacity 或者 room. bedContain 就会报错。因此，当父类的方法不能够满足子类的要求时，子类可以对父类的方法进行重写。重写方法的时候，被重写的子类中的方法名必须与父类的方法名相同，这样程序将不会再使用父类中的方法，而只使用子类中重写后的方法。在例 7-15 中，父类 Room 的 show( )方法不能够输出子类 BedRoom 的属性 bedContain 和 MeetingRoom 的属性 capacity，因此必须在子类中重写 show( )方法以满足子类的要求。

如果父类的方法能够满足子类的要求，子类就不需要重写覆盖父类的方法，也不需要在子类中重新定义新的方法，而是可以直接调用父类的方法。在例 7-15 中，MeetingRoom 类没有重写父类的 use( )方法，也没有在其内部重新声明该方法，但仍然可以执行 meetingRoom. use( )，这相当于直接执行了父类的 use( )方法，因此可以得到相应的输出："this is just a Room"。这就是继承的特点之一，子类可以定义新的成员变量和成员方法，可以覆盖父类的内容，也可以选择沿用父类的成员变量和成员方法。

注意：如果子类重写了父类的方法，但仍然需要调用父类的原有方法，则可以考虑使用强制调用的方式。强制调用的语法为："super. 方法名"（用于单继承），或者"父类名 . 方法名"（用于多继承）。如在例 7-15 中，在子类的构造方法中采用 super( ) 的形式调用了父类的构造方法，这也算重写强制调用的一种。

　　另外，在面向对象程序设计中，与重写（override）相对应的还有重载（overload）的概念。重写和重载的区别在于，重写是指子类继承父类之后，父类的方法不能满足子类的要求，子类重新声明该方法，子类重写父类的方法也叫方法覆盖或者方法覆写。重载则是指在一个模块或者类中，可以定义多个同名的方法，但是各个方法的参数个数或者参数类型不同。比如，设定义一个 Compare 类用于比较对象，其中可以声明方法名为 max( ) 的方法，用来返回两个或者三个数中最大的数，就可以采用重载的方式进行定义，其代码片段如下：

```
def max( num1, num2 ) :
    pass

def max( num1, num2, num3 ) :
    pass
```

　　以上的代码形式就是对 max( ) 方法的重载。

　　在 Python 的继承机制中还有一点需要注意，即如果是私有对象或者私有方法，在继承中会出现什么情况？如前所述，Python 对私有化的处理其实就是改变了变量名或者方法名，在声明变量和方法的时候，在原来的名称前面加上双下划线"__"作为前缀，这样一来，其子类中依然能够访问到父类的私有成员，但是这种访问方式已经发生了改变，与继承的概念背道而驰，因此算不上是严格意义上的继承。所以，在一般情况下，不主张在 Python 的类中定义私有成员。

7.2.2　多继承

　　多继承的语法跟单继承相同，只是在声明子类的时候需要用","将多个父类分隔开来。例如，设一个多媒体房间类 MulMediaRoom，它既能够用来开会，是一个 MeetingRoom 类，又能够用来上课，是一个 ClassRoom 类，则在声明 MulMediaRoom 类时可以用下面的定义方式来实现多继承：

　　　　　　　class MulMediaRoom(MeetingRoom, ClassRoom)

　　多继承是分先后次序的，先被继承的父类的优先级高于后被继承的父类。假如继承的多个父类包含同一个方法，而子类并没有重写该方法，当子类调用该方法时, 会按优先级高到优先级低(从左到右)的次序, 依次查找每个父类, 直到在某个父类中找到该方法的定义为止。如果在所有的父类中都找不到该方法, Python 会继续向上查找, 即查找父类的父类中所有的方法, 若一直查到最初的基类都找不到该方法的定义, 系统就会报错。

在多继承的机制中, 如果子类重写了父类的某一方法, 和单继承类似, 子类仍然可以强制地调用父类中被重写的方法, 采用 SuperClassName. method( )的形式。如例 7-16 所示。

例 7-16　多继承

```python
class Room:
    def use(self):
        print("this is just a Room")
class MeetingRoom(Room):
    def use(self):
        print("this is a meetingroom")
class ClassRoom(Room):
    def use(self):
        print("this is a classroom")
    def show(self):
        print("used by students and teachers")
class MulMediaRoom(MeetingRoom, ClassRoom):
    pass
class MulMediaRoom2(MeetingRoom, ClassRoom):
    def use(self):
        MeetingRoom.use(self)
        ClassRoom.use(self)
mediaRoom = MulMediaRoom()
mediaRoom2 = MulMediaRoom2()
mediaRoom.use()
mediaRoom.show()
print("----------------")
mediaRoom2.use()
```

```
this is a meetingroom
used by students and teachers
----------------
this is a meetingroom
this is a classroom
```

例 7-16 中定义了会议室 MeetingRoom 类和教室 ClassRoom 类，都继承自 Room 类，并且都重写了 Room 类的 use( )方法，教室 ClassRoom 类定义了一个新方法 show( )。多媒体房间 MulMediaRoom 类则多继承自 MeetingRoom 类和 ClassRoom 类；而另一个多媒体房间 MulMedirRoom2 类也多继承自 MeetingRoom 类和 ClassRoom 类，并且重写了 use( )方法。

MeetingRoom 类和 ClassRoom 类都重写了 use( )方法，当执行 mediaRoom. use( )的时候，Python 首先会到继承优先级高的 MeetingRoom 中查找 use( )方法，如果找到了该方法的定义，则执行。执行 mediaRoom. show( )的时候也是遵循同样的机制，Python 在 ClassRoom 中找到该方法的定义，因此输出了"used by students and teachers"。

MulMediaRoom2 类重写了父类的 use( )方法，当重写了父类方法但仍需要调用父类的这一方法时，可以利用 SuperClassName. method( )语句。例 7-16 中 MulMediaRoom2 重写的 use( )方法中就调用了父类 MeetingRoom. use( )和 ClassRoom. use( )，两个父类的信息都被输出了。

多继承中属性的继承和方法的继承相同，这里不再赘述，请读者自行验证。

注意：上面的例子中的多继承是比较简单的多继承。当子类没有重写父类方法时，调用某一方法时会依次到父类中按照从左到右的顺序查找。当继承层次更多更复杂的时候，Python 的新式类（Python3 之后的类全部定义为新式类，默认继承自 Object 类）的向上查找遵循广度优先算法，并且路径不重复。

比如下面的例子：

```
class A:
    pass
class B(A):
    pass
class C(A):
    pass
class D(B):
    pass
class E(C):
    pass
class F(D, E):
    pass
```

上面代码相对于例 7-16 而言，其多继承的方式更为复杂，它的继承顺序如图 7-1 所示。当类 F 的实例对象调用某个方法或者属性的时候，它的查找顺序则如图 7-2 所示。

类 F 中调用父类的方法时，向上查找的顺序为 F→D→E→B→C→A，遵循图结构的广度优先算法，对于广度优先算法有兴趣的读者可以自行查阅资料。

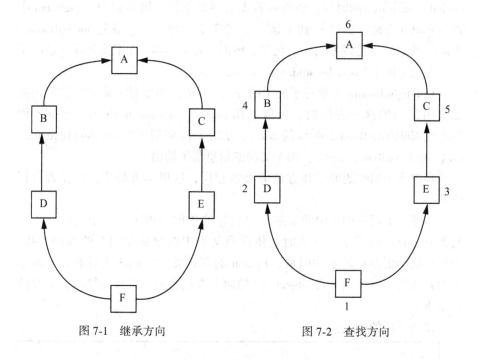

图 7-1　继承方向　　　　　　　图 7-2　查找方向

另外，Python 2.×中默认类都是经典类，除非显示强调继承自 Object 类才是新式类。与新式类不同，经典类的继承机制是遵循的深度优先算法。

7.2.3　多态

本小节将介绍面向对象编程的另一重要特征——多态性（polymorphism）。简单地讲，多态是指同一个实体同时具有多种形式和状态。在面向对象编程中，多态往往表现为同一操作作用于不同的对象，可以有不同的解释，产生不同的执行结果。多态的机制基于面向对象的继承机制以及代码重写和重载的操作。具体而言，多态性是指父对象中的同一个行为能在其多个子对象中有不同的表现，也就是说，子对象可以通过对父对象行为的重写，使其在该行为中拥有不同于父对象和其他子对象的表现。即多态允许不同类的对象对同一消息做出不同的响应，同一消息也可以根据发送对象的不同而采用多种不同的行为方式。实现多态的技术称为动态绑定（dynamic binding），是指代码在执行期间才判断所引用对象的实际类型，然后根据其实际的类型，动态地调用相应的方法进行执行。下面给出一个多态的实现案例。

例 7-17　多态的实现

```
class Room:
    def use(self):
        print("this is just a Room")


class MeetingRoom(Room):
    def use(self):
        print("this is a MeetingRoom")
class BedRoom(Room):
    def use(self):
        print("this is a BedRoom")


def showUse(x):
    x.use()


room = Room()
meetingRoom = MeetingRoom()
bedRoom = BedRoom()
showUse(room)
showUse(meetingRoom)
showUse(bedRoom)
```

this is just a Room

this is a MeetingRoom

this is a BedRoom

在例 7-17 中定义了 MeetingRoom 类和 BedRoom 类继承自 Room 类，并且两个子类都重写了父类的 use() 方法。在类外定义了 showUse() 方法，在参数定义中并没有指明传入的参数对象是哪个类型，但在函数体中隐含了该参数类型的对象需要包含 use() 方法。

在具体执行 showUse( )方法时, 分别传入了 3 种不同类型的对象: room、meetingRoom、bedRoom, 而 showUse( )方法会根据不同的参数对象, 对应执行各自拥有的 use( )方法, 得到不同的执行结果。这就是面向对象中多态性的体现。

但 Python 所提供的动态绑定功能远不止此, Python 是一门面向对象语言, 同时也是一门动态语言。在例 7-17 中, showUse( )中传入的参数都是 Room 类或者其子类, 从根本上而言还是属于同一类型。而实际上, Python 对于任意一个类, 只要它包含了 use( )方法, 都可以将它的实例对象作为参数传入 showUse( )程序, 其结果也能正常运行, 如例 7-18 所示。

例 7-18　非同一类型的多态

```python
class Room:
    def use(self):
        print("this is just a Room")


class BedRoom(Room):
    def use(self):
        print("this is a BedRoom")


class OtherClass:
    def use(self):
        print("this is NOT a room!")


def showUse(x):
    x.use()
room = Room()
bedRoom = BedRoom()
other = OtherClass()
showUse(room)
showUse(bedRoom)
showUse(other)
```

this is just a Room

this is a BedRoom

this is a NOT a room!

其中, OtherClass 类并非继承自 Room 类, 但其对象 other 仍然可以传入

showUse()方法正常执行。这就是 Python 跟其他面向对象语言最为与众不同的地方。

7.3 抽象类与接口

7.3.1 抽象类

在面向对象的概念中，所有的对象都是通过类来描绘的，即所有的对象都属于某一对象类。但是反过来，并不是所有的类都是用来实例化对象的，如果一个类中没有包含足够的信息来描绘出一个具体的对象，那么这样的类就是抽象类。如果说对象类是对客观世界物品的抽象，那么抽象类就是类的抽象。抽象类从本质上讲仍然是类，它与普通类一样，同样包含成员变量和方法，抽象类最大的特点就是它只能够被子类继承，而不能够被实例化。

与抽象类对应的一个概念是抽象方法，即只有方法声明，而没有具体方法体的方法。抽象类中可以包含抽象方法，但抽象方法必须包含于抽象类之中。在实际应用中，抽象方法往往存在于基类之中，抽象方法在基类中只有方法定义而并不需要具体实现。当一个子类继承了含有抽象方法的抽象父类时，继承自抽象父类的子类必须要实现父类中的抽象方法，即为抽象方法定义方法体，否则该子类也必须声明为抽象类，不然程序就会报错。在 Python 中，严格意义上的抽象方法必须声明在抽象类中。

这里为什么要强调严格意义上的抽象方法呢？因为 Python 同时也提供了一个灵活的机制，能够强制子类重写父类的方法，但是父类不必声明为抽象类，而是通过抛出异常的方式来强制子类实现父类的方法，如例 7-19 所示。

例 7-19　通过抛出异常强制子类重写方法

```
class Room:
    def use(self):
        print("hello world")        #父类中的方法会被重写
        raise NotImplementedError("method 'use()' not implemented")
class ClassRoom(Room):
    pass
classroom = ClassRoom()
classroom.use()
```

```
hello world
-------------------------------------------------------
NotImplementedError                    Traceback（most recent call last）
<ipython-input-10-602cf022b46c> in <module>
      6        pass
      7 classroom = ClassRoom（）
----> 8 classroom.use（）


<ipython-input-10-602cf022b46c> in use（self）
      2        def use（self）：
      3            print（"hello world"）#父类中的方法会被重写
----> 4            raise NotImplementedError（"method 'use（）' not imple-mented"）
      5 class ClassRoom（Room）：
      6        pass


NotImplementedError：method 'use（）' not implemented
```

在例 7-19 中，通过"raise NotImplementedError（"method 'use（）' not implemented"）"语句的抛出异常机制，可以强制子类实现 use（）方法。

其中子类 ClassRoom 并没有重写 Room 类的 use（）方法，当程序运行到 classroom.use（）的时候，就会抛出异常"NotImplementedError：method 'use（）' not implemented"，即显示在异常定义的括号中写入的字符串。需要注意的是：

- 采用这种方法强制子类实现父类方法时，只有在子类的实例对象调用该方法的时候才会被检测出来，而子类创建实例对象的时候并不会被检测。
- 由于子类必须要重写父类的方法，父类的方法体会被强制重写。此时，如果强制通过 Room.use（）语句调用父类的方法，即便子类重写了该方法，但仍会抛出异常。这就等同于将父类的 use（）方法体设置为空，也就实现了跟抽象方法类似的机制。

抽象类的本质仍是一个类，可以拥有成员变量和成员方法，也可以实现这些成员方法。但是，与其他面向对象语言如 Java、C++等相比，最大的不同在于 Python 抽象类的抽象方法中也可以包含方法体。Python 中声明抽象类的方法是导入 ABC（即 Abstract Base Class 的缩写）模块，利用 ABC 模块中的元类 ABCMeta 来指定一个抽象类。

读者可以把元类理解为类的类，即它能够指定类的类别。抽象类的继承机制与普通类的继承机制相同，如例 7-20 所示。

例 7-20 抽象类的继承

```python
import abc
class Room(metaclass = abc.ABCMeta):
    def __init__(self, color, area):
        self.color = color
        self.area = area
    @abc.abstractmethod
    def use(self):
        print("This is a abstarct room")
        return "return a word"
    def show(self):
        print("area: %i color: %s" % (self.area, self.color))
class ClassRoom(Room):
    def use(self):
        print("this is a classroom")
        var = Room.use(self)
        print(var)
#room = Room("white", 10)        #报错语句
classroom = ClassRoom("blue", 15)
classroom.use()
classroom.show()
```

this is a classroom

This is a abstarct room

return a word

area: 15 color: blue

在例 7-20 中定义了 Room 类，并指定它的元类类型是 ABC 模块中的 ABCMeta，即声明它为一个抽象类。Room 类中包含构造方法 __init__()、普通成员方法 show() 和一个抽象方法 use()。利用注解 @abc.abstractmethod 可以声明一个方法为抽象方法。在 Python 3.3 之前有单独声明抽象实例方法的注解 @abc.abstractmethod、抽象类方法注解 @abc.abstractclassmethod、抽象静态方法注解 @abc.abstractstaticmethod。由于三者的实现方式相同，为了简化程序，在 Python 3.3 之后统一声明规范为 @abc.abstractmethod。

由于 Room 类被声明为抽象类，所以 Room 类不能够被实例化，如果执行实例化声明语句：room = Room("white", 10)，则会出现报错信息：

"Can't instantiate abstract class Room with abstract methods use"。

ClassRoom 类继承了 Room 类，并且重写了 use ( ) 方法，是一个实例类，能够被用来创建 ClassRoom 类的实例对象。否则，如果 ClassRoom 类没有实现 use ( ) 方法，Python 仍会把 ClassRoom 类视为继承自 Room 类的抽象类，在创建 ClassRoom 类的对象时也会报错。一直到某个子类实现了 use ( ) 方法以后，程序才能够为该子类创建实例对象。

从例 7-20 可以看出，在 Room 类中虽然 use ( ) 方法被声明为抽象方法，但是它仍然可以拥有方法体，如在该例中返回了一个字符串。ClassRoom 类在重写 Room 类的抽象方法 use ( ) 时，变量 var 接受了这个字符串并且正常输出。Room 类除了抽象方法之外，还包含普通的实例变量 color 和 area，以及普通的实例方法 show ( )，这些属性和方法与普通继承相同，子类 ClassRoom 调用 show ( ) 方法的时候打印出对应的信息。

从例 7-20 可以得出结论，在抽象类的继承中，抽象类除了需要声明元类类型，其继承方法和规则跟普通类型的继承完全相同，即便是声明了抽象方法，该方法仍然能够包含方法体。唯一不同的是，在实例化子类的时候，子类必须要实现抽象父类中的抽象方法，或者说重写抽象父类中的抽象方法。

7.3.2　接口

在面向对象编程中，接口可以被看作一种特殊的抽象类。而实际上，在 Python 中并没有提供定义接口的机制，但在大多数面向对象语言中有支持接口的模块，如 Java、C++等。接口的设计是为了归一化处理，让调用者无需关注接口实现的内部细节，就可以将所有实现了该接口的不同对象统一处理。Python 虽然并不支持接口，但是开发者为了使其满足面向对象语言的特征，会编写一些模块使得 Pyton 程序的设计也能够进行归一化处理。因此 Python 虽然无接口类型，但可以按编程中开发人员的自我约束人为地定义接口。

Python 中的接口，从形式上来看与抽象类一模一样，唯一不同的是 (人为的规定)：在接口中不能定义变量，只能定义方法，并且所有的方法都必须是抽象方法，方法中不能包含任何功能代码。这样一来，该抽象类也就实现了接口的功能。

因此，从内容上来看，Python 中的接口不过是抽象类的一种特例而已。例如：

例 7-21　抽象类作为接口实现

```python
import abc
class Room(metaclass=abc.ABCMeta):
    def __init__(self, length, width, height, pps):
        self.length = length
        self.width = width
        self.height = height
        self.pps = pps

class IRoom(metaclass=abc.ABCMeta):          #房间方法接口类
    @abc.abstractmethod
    def area(self):
        pass
    @abc.abstractmethod
    def volume(self):
        pass

    @abc.abstractmethod
    def price(self):
        pass

    @abc.abstractmethod
    def show(self):
        pass

class StoreRoom(Room, IRoom):
    def __init__(self, length, width, height, pps):
        super().__init__(length, width, height, pps)
    def area(self):
        return self.length * self.width
    def volume(self):
        return self.length * self.width * self.height
    def price(self):
        return self.pps * self.area()
    def show(self):
        print("[%s area: %i; volume: %i; price: %i]"
            % (self.__class__.__name__,
```

```
                    self. area( ),
                    self. volume( ),
                    self. price( ) ) )
class BathRoom( Room, IRoom) :
    def __init __(self, length, width, height, pps) :
        super( ). __init __(length, width, height, pps)
    def area( self) :
        return self. length * self. width
    def volume( self) :
        return self. length * self. width * self. height
    def price( self) :
        return self. pps * ( self. area( )
                            + 2 * self. width * self. height
                            + 2 * self. length * self. height)
    def show( self) :
        print( "[ %s area: %i; volume: %i; price: %i]"
            % ( self. __class __. __name __,
            self. area( ),
            self. volume( ),
            self. price( ) ) )


storeRoom = StoreRoom( 2, 3, 3, 50)
bathRoom = BathRoom( 2, 2, 3, 150)
storeRoom. show( )
bathRoom. show( )
```

　　例 7-21 中定义了一个抽象基类 Room，在它的构造方法中声明了长、宽、高属性，以及单位面积的装修价格 pps(Price Per Square)属性。该程序定义了一个 IRoom 抽象类作为接口(以 I 开头，表示它是一个接口 Interface)，在接口中定义了四个方法：计算房间的占地面积 area( )，计算房间的体积 volume( )，计算房间的装修价格 price( )，展示房间信息的 show( )方法。所有实现该抽象接口的类必须要实现这四个方法，每个类对该接口中的方法的具体实现可以不同。

　　程序中定义了两个实体类 StoreRoom 和 BathRoom，其中 StoreRoom 类计算装修价格较为简单，只需要计算地面装修价格，而 BathRoom 类计算装修价格需要计算地面和四面墙壁，两者实现 price( )的方法不同。

最后调用 show( )方法输出房间信息输出为：

　　　［Storeroom area：6；volume：18；price：300］

　　　［BathRoom area：4；volume：12；price：4200］

例 7-21 中，没有为 IRoom 类添加任何属性，也没有在 IRoom 类的抽象方法中编写任何语句，这不过只是人为的约束。如此一来，IRoom 类与接口一模一样，但是从形式上它仍然是一个抽象类，所以只能继承该抽象类，才能实现 IRoom"接口"中的抽象方法。

7.4　上机实践

① 简要叙述面向对象程序设计的三个特性及类与对象的区别。

② 阅读以下代码，说明程序中的错误，并改正错误。

```
class Room：
    count = 0
    def __init__(self, price, area, name)：
        self. __price = price
        self. area = area
        self. name = name
        Room. count += 1

def getPricePerUnit(self)：
        return self. __price / self. area

def show(self)：
print("name：%s；price %i $/m²"%(self. name, self. getPricePerUnit()))

room = Room( )
bedRoom = Room(50000, 80, "bedRoom")
print(bedRoom. price)
price = bedRoom. getPricePerUnit
bedRoom. show( )
```

③ 阅读下面的程序，指出程序的输出并说明原因。

```
class Room：
count = 0
    def __init__(self)：
```

```
        Room. count += 1

def __del__(self):
        Room. count -= 1

room1 = Room( )
room2 = Room( )
room3 = Room( )
print( Room. count)
room = room1
del room2
del room1
room3 = 1
print( Room. count)
print( "-----------" )
```

课后习题

1. 设计一个房间类，要求能够统计房间数量，并且能够储存房间类型。

2. 设计一个 Circle(圆)类，包括圆心位置、半径、颜色等属性。编写构造方法和其他方法，计算周长和面积。请编写程序验证类的功能。

3. 定义一个动物行为接口(使用抽象类实现)，动物可以吃，也可以说话。定义动物基类 Animal，并且只包含一个 name 属性。定义三种动物猫、狗和鸡继承自 Animal，并实现动物行为接口。定义全局方法 behave，输出三种动物行为。

第 8 章　Python 基础扩展模块

任何 Python 编程人员都可以编写模块，并且把这些模块放到网上供其他的编程人员使用。在安装了 Python 语言之后，就会有一些模块被系统默认安装了，这些默认的模块就是"标准库"。Python 拥有一个强大的标准库，标准库中的模块不需要单独安装就可以直接使用，包括的模块涉及范围十分广泛。除了常用的文本处理、二进制数据服务、算术运算、文件操作等功能模块之外，Python 标准库还提供时间处理、数学函数、制图绘图等基础的扩展模块，在本章中将依次介绍。

8.1　时间模块

Python 提供了用于时间处理的标准模块，包括进行时间处理的 time 模块、进行日期处理的 date 模块、提供 time 和 date 两个模块功能的 timedate 模块，以及进行日历转换和格式化输出的 calendar 模块。上述模块都是 Python 的标准模块，无需安装，直接导入模块即可使用。本节对 time 模块、datetime 模块和 calendar 模块的常用函数及其功能进行介绍。

8.1.1　time 模块

time 模块是 Python 的时间处理标准模块，提供了各种时间相关的函数，用于对时间的访问与转换。

（1）导入模块

import time

（2）Python 的时间表示方式

Python 使用两种时间表示方式：时间戳和表示时间的元组 struct_time。

表 8-1   **struct_time 对象字段**

索引	字段	值
0	tm_year	（例如，1993）
1	tm_mon	range[1, 12]
2	tm_mday	range[1, 31]
3	tm_hour	range[0, 23]
4	tm_min	range[0, 59]
5	tm_sec	range[0, 61]
6	tm_wday	range[0, 6]，周一为 0
7	tm_yday	range[1, 366]
8	tm_isdst	0、1 或-1，夏令时生效时为 1，不生效时为 0，未知为-1
N/A	tm_zone	时区名称的缩写
N/A	tm_gmtoff	以秒为单位的协调世界时向东偏离

时间戳是指从时间开始的点 epoch 到现在的秒数，epoch 取决于平台，对于 Unix 纪元 epoch 是 1970 年 1 月 1 日 00：00：00(UTC)，UTC 是协调世界时间(以前称为格林威治标准时间，或 GMT)。中国使用的时间与 UTC 的时差为 +8，即 UTC+8。要找出给定平台的 epoch，可通过调用 time.gmtime(0)查看。struct_time 是一个带有已命名元组接口的对象，其时间值可由 gmtime()、localtime()和 strptime()等函数返回，可以通过索引和字段名访问各字段。struct_time 对象包含 9 个字段，字段的索引序号和取值范围见表 8-1。

请注意，与 C 语言提供的时间结构不同，Python 的 time 模块中 struct_time 对象的月份取值范围是[1, 12]，而不是[0, 11]。当一个长度不正确或具有错误类型元素的元组被传递给期望参数为 struct_time 对象的函数时，会引发 TypeError 异常。

例如：将字符串"20190707"作为参数传递给 mktime()，该函数的功能是将 struct_time 对象转换为浮点数形式的时间戳。

示例代码及运行结果如下：

```
import time
time. mktime("20190707")
```

…

TypeError：Tuple or struct_time argument required

（3）常用函数

time 模块中常用函数可分为以下三个类别：

① 时间获取及格式转化相关函数。

即能够获取当前时间，并转换为时间字符串或 struct_time 对象，包括 time( )、ctime( )、gmtime( )、localtime( )、mktime( )，具体说明见表 8-2。

表 8-2　　　　　　　　　　　时间获取及格式转化函数

函数	说　　明
time( )	返回当前浮点数形式的时间戳
ctime([timestamp])	将时间戳转换为表示当地时间的字符串，若 timestamp = None 或未提供，则使用 time( )返回的当前时间
gmtime([timestamp])	将时间戳转换为 struct_time 对象，若 timestamp = None 或未提供，则使用 time( )返回的当前时间，该函数的反函数是 calendar. timegm( )
localtime([timestamp])	将时间戳转换为当地时间的 struct_time 对象，若 timestamp = None 或未提供，则使用 time( )返回的当前时间
mktime(t)	这是 localtime( )的反函数，t 为表示当地时间的 struct_time 对象或完整的 9 元组，返回一个浮点数形式的时间戳

示例：

● 分别获取当前时间戳、当地时间字符串、当前的 struct_time 对象以及当地时间的 struct_time 对象。

代码和运行结果如下：

```
import time        #导入 time 模块
time. time()        #获取当前时间戳
```

1562383033. 924262

```
time. ctime()        #获取当前字符串形式时间
```

239

'Sat Jul 6 11：17：24 2019'

time. gmtime( )　　　　#获取当前时间的 struct_time 对象

time. struct_time(tm_year = 2019, tm_mon = 7, tm_mday = 6, tm_hour = 3, tm_min = 17, tm_sec = 36, tm_wday = 5, tm_yday = 187, tm_isdst = 0)

time. localtime( )　　　　#获取当前当地时间的 struct_time 对象

time. struct_time(tm_year = 2019, tm_mon = 7, tm_mday = 6, tm_hour = 11, tm_min = 17, tm_sec = 44, tm_wday = 5, tm_yday = 187, tm_isdst = 0)

- 调用 mktime( )函数将当地时间的 struct_time 对象转换为浮点数形式的时间戳。

代码和运行结果如下：

time. mktime(time. localtime( ))　　　　#获取转换后的当前时间戳

1562383161. 0

② 时间格式化相关函数。

时间格式化相关函数能够实现格式化字符串与 struct_time 对象的相互转换，包括 strftime( )、strptime( )，具体说明见表 8-3。

表 8-3　　　　　　　　　　　　　时间格式化函数

函数	说　　明
strftime(format[, t])	将 struct_time 对象转换为由 format 字段指定的字符串，若未提供 t 则使用 localtime( )返回的当地时间
strptime(string [, format])	根据 format 解析表示时间的字符串，返回 struct_time 对象

请注意：

- 调用 strftime(format[, t])函数时，format 必须是一个字符串，如果 t 中的任何字段超过允许范围，则会引发 ValueError 异常。以下字段可以嵌入 format 字符串中，并被 strftime( )结果中的指示字符替换。

格式化指令字符及其意义见表 8-4。

表 8-4　　　　　　　　　　　　　格式化指令字符

指令	意　　义
%a	本地化的缩写星期中每日的名称，Mon ~ Sun

续表

指令	意　义
%A	本地化的星期中每日的完整名称，Monday~Sunday
%b	本地化的月缩写名称，Jan~Dec
%B	本地化的月完整名称，January~December
%c	本地化的适当日期和时间表示
%d	十进制数[01，31]表示的月中的第几天
%H	十进制数[00，23]表示的小时(24 小时制)
%I	十进制数[01，12]表示的小时(12 小时制)
%j	十进制数[001，366]表示的一年中的第几天
%m	十进制数[01，12]表示的月
%M	十进制数[00，59]表示的分钟
%p	本地化的 AM 或 PM
%S	十进制数[00，61]表示的秒
%U	十进制数[00，53]表示的一年中的周数(星期日作为一周的第一天)，在第一个星期日之前的新年中的所有日子都被视为在第 0 周
%w	十进制数[0，6]表示的周中第几天，0 表示星期日
%W	十进制数[00，53]表示的一年中的周数(星期一作为一周的第一天)，在第一个星期一之前的新年中的所有日子都被视为在第 0 周
%x	本地化的适当日期表示
%X	本地化的适当时间表示
%y	十进制数[00，99]表示的没有世纪的年份
%Y	十进制数表示的带世纪的年份
%z	时区偏移以格式+HHMM 或-HHMM 形式的 UTC/GMT 的正或负时差指示，其中 H 表示十进制小时数字，M 表示小数分钟数字[-23：59，+23：59]
%Z	时区名称(如果不存在时区，则不包含字符)
%%	字面的'%'字符

　　例如，由 gmtime() 函数获取系统当前时间戳并转换为 struct_time 对象，

再由 strftime( ) 函数格式化并输出。

示例代码和运行结果如下:

```
from time import gmtime, strftime      #从 time 模块导入 gmtime 和 strftime 函数
strftime("%a, %d %b %Y %H:%M:%S + 0000", gmtime( ))
                    #获取当前格式化时间
```

'Sat, 06 Jul 2019 03:22:41 + 0000'

- 函数 strptime(string[, format]) 中的 format 字段的使用与 strftime( ) 相同,它默认为匹配 ctime( ) 函数返回格式的"%a %b %d %H:%M:%S %Y", string 和 format 都必须是字符串。

例如,将 2000 年 11 月 30 日转换为 struct_time 对象并输出。代码和运行结果如下:

```
import time
time. strptime("30 Nov 00","%d %b %y")        #获取 2000 年 1 月 1 日的 struct_
time 对象
```

time. struct_time(tm_year = 2000, tm_mon = 11, tm_mday = 30, tm_hour = 0, tm_min = 0, tm_sec = 0, tm_wday = 3, tm_yday = 335, tm_isdst = −1)

③ 程序计时相关函数。

程序计时相关函数即能够使程序休眠或返回计数器的值,包括 sleep( )、perf_counter( ) 等函数。

程序计时函数的具体说明见表 8-5。

表 8-5   程序计时函数

函数	说　明
sleep(secs)	暂停执行调用线程达到给定的秒数 secs
perf_counter( )	返回性能计数器的值(以小数秒为单位),可根据差值测量时间

例如,绘制文本进度条,通过执行循环语句显示程序执行进度百分比,并在循环语句块前后分别调用 perf_counter( ) 函数,测量循环执行时间。

示例代码及运行结果如下:

```
import time
scale = 10
start = time. perf_counter( )
#记录循环语句开始执行时间
print("--------------执行开始--------------")
```

```
for i in range(scale + 1):
    a = '*' * i
    b = '.' * (scale - i)
    c = (i / scale) * 100
        print("{:^3.0f}%[{}->{}]".format(c, a, b))
        time.sleep(0.1)
print("--------------执行结果--------------")
end = time.perf_counter()        #记录循环语句执行结束时间
dur = end - start
print("{}s".format(dur))
```

```
--------------执行开始--------------
0 %[->......... ]
10 %[ *->........ ]
20 %[ * *->....... ]
30 %[ * * *->...... ]
40 %[ * * * *->..... ]
50 %[ * * * * *->.... ]
60 %[ * * * * * *->... ]
70 %[ * * * * * * *->.. ]
80 %[ * * * * * * * *->. ]
90 %[ * * * * * * * * *->. ]
100%[ * * * * * * * * * *->]
--------------执行结果--------------
1.6463538663367354s
```

说明：time.sleep()用于在每次执行循环时休眠 0.1 秒，放大程序运行时间，更清晰地展现文本进度条的绘制过程。

其中，start 和 end 变量分别记录了循环执行前后 time.perf_counter()的返回值，其差值 dur 则表示执行循环语句所经历的时间，单位是秒。可以看出，该循环语句执行了约 1.65 秒。

8.1.2　datetime 模块

datetime 模块提供了通过多种方式操作日期和时间的类，在支持日期时间数学运算的同时，更着重于如何能够更有效地解析其字段用于格式化输出和数据操作。

datetime 模块包含以下类：表示日期的 date 类、表示时间的 time 类、表示日期和时间的 datetime 类、表示日期或时间间隔的 datedelta 类、表示时区的 tzinfo 类和 timezone 类。下面分别介绍常用的 date 类、time 类、datetime 类和 datedelta 类的使用方法、构造函数、常用字段以及其他常用方法。

（1）date 类

date 类即一个 date 对象表示在理想化的日历中的一个日期，包括年、月、日。

① 导入类。

from datetime import date

② 构造函数。

date(year, month, day)

其中，所有字段都是必选的。字段取值可以是下面范围内的整数：

- 1 = MINYEAR <= year <= MAXYAER = 9999;
- 1 <= month <= 12;
- 1 <= day <=给定年月对应的天数。

③ 类字段与对象字段，具体说明见表 8-6。

表 8-6 **date 类字段与对象字段**

	字段	说明
类字段	date. min	最小的日期 date(MINYEAR, 1, 1)
	date. max	最大的日期 date(MAXYEAR, 12, 31)
	date. resolution	两个 date 对象的最小间隔，即一天
只读的对象字段	date. year	date 对象的 year 字段值，在 MINYEAR 和 MAXYEAR 之间
	date. month	date 对象的 month 字段值，在 1~12
	date. day	date 对象的 day 字段值，介于 1 到指定年月之间的天数

④ 常用方法，具体说明见表 8-7。

⑤ date 对象支持比较运算。

若 date1 的日期先于 date2，则 date1 < date2 成立。两个 date 对象的差值可以赋值给 datedelta 对象，具体见下文对 datedelta 类的说明。

例如，获取当地的当前日期的 date 对象 d1，并通过 replace 函数生成一个新的 date 对象 d2，将日期替换为 2020 年 1 月 1 日，输出 d1 对应的时间元组及格式化日期字符串，以及 d2 属于星期几的整数和日期字符串。

表 8-7　　　　　　　　　　　　**date 类常用方法**

方法	说明
类方法：datetime. date. today( )	返回当地的当前日期
对象方法	date. replace(year = self. year，month = self. month，day = self. day)	生成一个新的 date 对象，用字段的值取代原有字段值，原 date 对象不变
	date. timetuple( )	将 date 对象转换为 struct_time 对象
	date. weekday( )	返回一个代表 date 对象星期几的整数，星期一为 0，星期天为 6
	date. ctime( )	返回一个表示当前 date 对象的时间字符串
	date. strftime(format)	返回一个由 format 字段指定的代表当前 date 对象的字符串，format 指令字符见表 8-4

示例代码及运行结果如下：

```
from datetime import date       #从 datetime 模块导入 date 类
d1 = date. today( )             #d1 为当前日期对象
d2 = d1. replace( year = 2020，month = 1，day = 1)    #d2 为 2020 年 1 月 1 日的日期
                                                        对象
print( "{} \ n{}". format( d1，d2))    #输出 d1，d2
```

2019-07-07
2020-01-01

```
d1. timetuple( )        #将 d1 转换为时间元组输出
```

time. struct_time(tm_year = 2019，tm_mon = 7，tm_mday = 7，tm_hour = 0，tm_min = 0，tm_sec = 0，tm_wday = 6，tm_yday = 188，tm_isdst = -1)

```
d1. strftime( "%Y 年%m 月%d 日")        #将 d1 转换为相应格式的日期字符串并
                                           输出
```

'2019 年 07 月 07 日 '

```
d2. weekday( )        #输出 d2 的星期值
```

5

```
d2. ctime( )        #将 d2 以字符串形式输出
```

'Sat Jan　1 00：00：00 2000'

（2）time 类

一个 time 对象代表一天中的某个当地时刻，不属于特定的某天，字段包括小时、分钟、秒和毫秒，字段值根据 tzinfo 对象的值进行适当调整。

① 导入类。

$$\text{from datetime import time}$$

② 构造函数。

$$\text{time(hour}=0,\ \text{minute}=0,\ \text{second}=0,\ \text{microsecond}=0,\ \text{tzinfo}=\text{None},\ *,\ \text{fold}=0)$$

其中，所有字段均为可选字段。若 tzinfo 字段不提供则默认为 None，也可以是一个 tzinfo 子类的对象。其余的字段取值为以下范围内的整数，不提供则默认为 0。

- $0 <= \text{hour} < 24$；
- $0 <= \text{minute} < 60$；
- $0 <= \text{second} < 60$；
- $0 <= \text{microsecond} < 1000000$；
- fold 取 0 或 1，用于在重复的时间段中消除边界时间歧义（当夏令时结束时，回调时钟或由于政治原因导致当前时区的 UTC 时差减少，就会出现重复的时间段）。取值 0(1) 表示两个时刻早于（晚于）所代表的同一边界时间。

若提供的字段值超出上述范围，则引发 ValueError 异常。

③ 类字段，具体说明见表 8-8。

表 8-8 **time 类字段**

字段	说　明
time. min	可表示的最早时间，为 time(0, 0, 0)
time. max	可表示的最晚时间，为 time(23, 59, 59, 999999)
time. resolution	两个不相等的 time 对象的最小差异，为 1 微秒

④ 只读的对象字段，具体说明见表 8-9。

表 8-9 **time 类对象字段**

字段	说　明
time. hour	time 对象的 hour 字段值，介于 0~23

续表

字段	说　　明
time. minute	time 对象的 minute 字段值，介于 0~59
time. second	time 对象的 minute 字段值，介于 0~59
time. microsecond	time 对象的 microsecond 字段值，介于 0~999999
time. tzinfo	time 对象的 tzinfo 字段值，与传递给构造函数的一致，默认为 None
time. fold	取 0 或 1，用于在重复的时间段中消除边界时间歧义

⑤常用对象方法，具体说明见表 8-10。

表 8-10　　　　　　　　　　　　**time 类常用方法**

方法	说　　明
time. replace （ hour = self. hour，minute = self. minute，second = self. second，microsecond = self. microsecond，tzinfo =self. tzinfo，＊fold=0)	生成一个新的 time 对象，用字段的值取代原有字段值，原 time 对象不变
time. isoformat (timespec ='auto')	返回符合 ISO 8601 格式的时间的字符串，默认为 HH：MM：SS. ffffff，如果 microsecond 为 0，则为 HH：MM：SS。可选参数 timespec 指定要包括的 time 对象其他组件的数量(默认值为 'auto')。它可以是以下之一：'auto'：同 'seconds'，如果 microsecond 为 0，则同 'microseconds'；'hours'：只包含 hour 两位数的 HH 格式；'minutes'：包含 hour 和 minute，采用 HH：MM 格式；'seconds'：包含 hour、minute 和 second，以 HH：MM：SS 格式；'milliseconds'：包含完整时间，但小数秒部分截断为毫秒，为 HH：MM：SS.sss 格式；'microseconds'：包含完整时间，为 HH：MM：SS. ffffff 格式
time. strftime(format)	返回一个由 format 字段指定格式的表示时间的字符串，format 指令字符见表 8-4

⑥ time 对象支持比较运算。

若 time1 的时间先于 time2，则 time1 < time2 成立。两个 time 对象的差值可以赋值给 datedelta 对象，具体见下文对 datedelta 类的说明。

例如：构造 time 对象 t1，时间为 9：18：00，并通过 replace 函数生成一个新的 time 对象 t2，将时间替换为 20：20：05，输出 t1 和 t2 及对应的格式化时间字符串。

代码及运行结果如下：

```
from datetime import time #从 datetime 模块中导入 time 类
t1 = time(9, 18, 0) #构造 t1
t2 = t1.replace(20, 20, 5) #替换 t1 参数值，生成 t2
print(t1)
```

09：18：00

```
print(t2)
```

20：20：05

```
t1.strftime("%H 时%M 分%S 秒") #格式化输出 t1
```

'09 时 18 分 00 秒'

```
t2.strftime("%H 时%M 分%S 秒") #格式化输出 t2
```

'20 时 20 分 05 秒'

（3）datetime 类

一个 datetime 对象包含了一个 date 对象和一个 time 对象的所有信息，即日期和时间。

① 导入类。

from datetime import datetime

② 构造函数。

datetime(year, month, day, hour = 0, minute = 0, second = 0, microsecend = 0, tzinfo = None, ∗, fold = 0)

其中，year、month、day 三个字段是必选的，tzinfo 可以是 None，或者是一个 tzinfo 子类的对象，其余字段应是以下范围内的整数：

- 1 = MINYEAR <= year <= MAXYAER = 9999；
- 1 <= month <= 12；
- 1 <= day <=给定月份的天数；
- 0 <= hour < 24；
- 0 <= minute < 60；
- 0 <= second < 60；
- 0 <= microsecond < 1000000；

- fold 取 0 或 1，用于在重复的时间段中消除边界时间歧义，取值 0
（1）表示两个时刻早于（晚于）所代表的同一边界时间。

③ 类字段，具体说明见表 8-11。

表 8-11　　　　　　　　　　**datetime 类字段**

字段	说明
datetime. min	可表示的最早日期时间，为 datetime（MINYEAR，1，1，tzinfo =None）
datetime. max	可表示的最晚日期时间，为 datetime（MAXYEAR，12，31，23，59，59，999999）
datetime. resolution	两个不相等的 datetime 对象的最小差异，为 1 微秒

④ 只读的对象字段，具体说明见表 8-12。

表 8-12　　　　　　　　　　**datetime 对象字段**

字段	说明
datetime. year	datetime 对象的 year 字段值，在 MINYEAR 和 MAXYEAR 之间，包含边界
datetime. month	datetime 对象的 month 字段值，介于 1~12
datetime. day	datetime 对象的 day 字段值，为 1 到指定年月的天数之间的数字
datetime. hour	datetime 对象的 hour 字段值，介于 0~23
datetime. minute	datetime 对象的 minute 字段值，介于 0~59
datetime. second	datetime 对象的 second 字段值，介于 0~59
datetime. microsecond	datetime 对象的 microsecond 字段值，介于 0~999999
datetime. tzinfo	datetime 对象的 tzinfo 字段值，与传递给构造函数的一致，默认为 None
datetime. fold	取 0 或 1，用于在重复的时间段中消除边界时间歧义，取值 0（1）表示两个时刻早于（晚于）所代表的同一边界时间

⑤ 常用方法，具体说明见表 8-13。
⑥ 支持的运算，包括时间的加减和比较运算：

表 8-13 **datetime 类常用方法**

方 法		说 明
类方法	datetime. today( )	返回当前本地日期时间的 datetime 对象
	datetime. now(tz＝None)	返回当前本地日期时间的 datetime 对象，若提供了 tz，则获取 tz 字段所指时区的本地日期时间
	datetime. utcnow( )	返回当前 UTC 日期时间的 datetime 对象
	datetime. fromtimestamp (timestamp, tz＝None)	返回与 POSIX 时间戳对应的本地日期和时间，如由 time. time( ) 返回的时间戳。如果可选参数 tz 的 None 或没有指定，时间戳转换为平台的本地日期和时间，如果 tz 不是 None，则它必须是 tzinfo 子类的实例，并且时间戳将转换为 tz 的时区
	datetime. combine(date, time, tzinfo＝self. tzinfo)	返回一个新 datetime 对象，日期等于给定的 date 对象，时间等于给定的 time 对象。如果提供了 tzinfo 参数，则其值用于设置返回结果的 tzinfo 属性，否则使用 time 参数的 tzinfo 属性
	datetime. strptime(date_string, format)	返回根据 format 解析的 date_string 字符串对应的 datetime 对象
对象方法	datetime. date( )	返回表示当前日期的 date 对象
	datetime. time( )	返回表示当前时间的 time 对象
	datetime. replace(year, month, day, hour, minute, second, microsecend)	生成一个新的 datetime 对象，用字段的值取代原有字段值，原 datetime 对象不变
	datetime. isoweekday( )	返回星期值，周一为 1，周日为 7
	datetime. isocalendar( )	返回一个包含 3 个值的元组，包括年份、周数、星期值
	datetime. isoformat(sep＝'T', timespec＝'auto')	返回符合 ISO 8601 格式的日期时间字符串，sep 指定日期和时间之间的分隔符
	datetime. strftime(format)	返回符合 format 格式的日期时间字符串

- datetime2 = datetime1 + datedelta;
- datetime2 = datetime1 − datedelta;

- datedelta = datetime1 − datetime2（datedelta 对象表示时间间隔，详细见下文介绍）；
- datetime1 < datetime2，比较两个 datetime 对象的大小。

例如，下面的代码可获取当前的日期时间，并将该 datetime 对象转换为 date 对象和 time 对象，输出星期、日历元组以及日期时间字符串。

示例代码及运行结果如下：

```
from datetime import datetime    #从 datetime 模块导入 datetime 类
datetime. today( )    #获取当前日期时间的 datetime 对象
```

datetime. datetime(2019, 7, 7, 18, 25, 18, 91992)

```
datetime. now( )    #获取当前日期时间的 datetime 对象
```

datetime. datetime(2019, 7, 7, 18, 25, 31, 951330)

```
datetime. utcnow( )    #获取当前 UTC 日期时间的 datetime 对象
```

datetime. datetime(2019, 7, 7, 10, 25, 56, 355995)

```
d1 = datetime. today( ) #    d1 为当前日期时间的 datetime 对象
d1. date( )    #将 d1 转换为 date 对象输出
```

datetime. date(2019, 7, 7)

```
d1. time( )    #将 d1 转换为 time 对象输出
```

datetime. time(18, 26, 45, 387075)

```
d1. isoweekday( )    #输出 d1 的星期值
```

7

```
d1. isocalendar( )    #输出当前日期的三元日历元组
```

(2019, 7, 7)

```
d1. isoformat( )    #输出当前日期时间的默认 ISO 格式的字符串
```

'2019-07-07T18：26：45. 387075'

（4）timedelta 类

一个 timedelta 对象表示了两个 date 对象、两个 time 对象或者两个 date-time 对象之间的时间间隔。

① 导入类。

from datetime import timedelta

② 构造函数。

datetime. timedelta(days = 0, seconds = 0, microseconds = 0, milliseconds = 0, minute = 0, hours = 0, weeks = 0)

所有字段均可选参数，默认为 0，字段值可以是整数或浮点数，可以是正值或负值。构造函数只存储 days、seconds、microseconds，其他字段按下面规则转换：

- 1 毫秒(millisecond)转换为 1000 微秒(microsecond)；
- 1 分钟(minute)转换为 60 秒(second)；
- 1 小时(hour)转换为 3600 秒(second)；
- 1 周(week)转换为 7 天(day)。

其中，microsecond、second、day 字段取值范围如下：

- 0 <= microseconds < 1000000；
- 0 <= seconds < 3600 * 24(一天的秒数)；
- −999999999 <= days <= 999999999。

③ 类字段与对象字段，具体说明见表 8-14。

表 8-14   **timedelta 类字段与对象字段**

字段	说　明
timedelta. min	timedelta 所能表示的最小值，等价于 timedelta(−999999999)
timedelta. max	timedelta 所能表示的最大值，等价于 timedelta (days = 999999999，hours = 23，minutes = 59，seconds = 59，microseconds = 999999)
timedelta. resolution	两个不相等的 timedelta 对象的最小差值，等价于 timedelta(microseconds = 1)
以下为只读对象字段	
timedelta. days	timedelta 对象包含的天数，介于−999999999 ~ 999999999
timedelta. seconds	timedelta 对象包含的秒数，介于 0 ~ 86399
timedelta. microseconds	timedelta 对象包含的微秒数，介于 0 ~ 999999

④ 常用方法：timedelta. total_seconds( )，返回以秒为单位的日期时间间隔。

⑤ 支持的运算，具体见表 8-15。

表 8-15　　　　　　　　　　　　timedelta 对象支持的运算

运　算	结　　果
t1 = t2 + t3	t2 与 t3 相加
t1 = t2 − t3	t2 与 t3 相减
t1 = t2 * i 或 t1 = i * t2	t1 等于 i 倍的 t2, i 为整数
t1 = t2 * f 或 t1 = f * t2	t1 等于 f 倍的 t2, f 为浮点数
f = t2 / t3	t2 与 t3 相除, 返回一个浮点对象
t1 = t2 / f 或 t1 = t2 / i	t2 被一个浮点数或整数除
t1 = t2 // i 或 t1 = t2 // t3	t2 被一个整数或 datedelta 对象整除
t1 = t2 % t3	t2 与 t3 整除后的余数
q, r = divmod(t1, t2)	获得 t1 与 t2 相除的商和余数, 其中, q = t1 // t2, r = t1 % t2
+ t1	返回一个具有相同字段取值的 datedelta 对象
− t1	返回一个具有相反字段取值的 datedelta 对象, 相当于 datedelta(−t1. days, −t1. seconds, −t1. microsecond)
abs(t)	返回 t 的绝对值, 当 t. days > = 0 时, 相当于+t, 当 t. days < 0 时, 相当于−t
str(t)	返回一个代表时间间隔的字符串

例如, 以下代码获取当前日期时间 d1, 构造 datetime 对象 d2(2000, 1, 1), 并将 d1 和 d2 的差值赋值给 timedelta 对象 td, 输出 td 以及其对应的总秒数。

代码及运行结果如下:

```
''' 从 datetime 模块导入 datetime 类和 timedelta 类 '''
from datetime import datetime, timedelta
d1 = datetime.today()   #d1 为当前日期时间
d2 = datetime(2000, 1, 1)   #d2 为 2000 年 1 月 1 日日期时间
td = d1 − d2            #td 为 d1, d2 差值
print('from', d2, 'to', d1, 'are', td. days, 'days.')   #输出 td 的天数
```

from 2000−01−01 00: 00: 00 to 2020−01−15 21: 08: 39. 898329 are 7319 days.

```
td. total_seconds()         #输出 td 总秒数
```

632437719. 898329

8.1.3 calendar 模块

calendar 模块用于输出日历格式，并且提供其他与日历相关的函数。默认情况下，星期一为一周的第一天，星期日为一周的最后一天，可以使用 setfirstweekday( )函数，将整数作为指定日期的字段，设置每周的第一天为星期日(整数 6)或者其他任意一天。

在这个模块中定义的函数和类都基于一个理想化的日历，现行公历向过去和未来两个方向无限扩展。另外，ISO 8601 标准还规定了 0 和负数年份，0 年指公元前 1 年，–1 年指公元前 2 年，依此类推。

① 导入模块。

import calendar

② 构造函数。

calendar. Calendar(firstweekday = 0)

创建一个 Calendar 对象，firstweekday 字段设置星期的第一天，默认值为 0，表示周一作为每星期的第一天，星期日则设置为整数 6。Calendar 对象提供了一些可被用于准备日历数据格式化的方法，这个类本身不执行任何格式化操作，由其子类来完成。

③ Calendar 基类可以生成纯文本的日历子类 TextCalendar 和 HTML 日历子类 HTMLCalendar。

- TextCalendar 类。

TextCalendar 对象提供了一些生成纯文本日历的方法，可以返回一个多行字符串来表示指定年月的日历。其具体说明见表 8-16。

表 8-16   **TextCalendar 对象方法**

方法	说　　明
formatmonth (theyear, themonth, w = 0, l = 0)	返回一个多行字符串来表示指定年月的日历，w 为日期的宽度，l 为每星期占用的行数
formatyear(theyear, w = 2, l = 1, c = 6, m = 3)	返回一个多行字符串来表示指定年份的日历，m 为列数，w 表示日期列宽度，l 表示周的行数，c 表示月之间的间隔

例如，下面的代码生成 2020 年 1 月的纯文本日历。

代码及运行结果如下：

```
import calendar        #导入 calendar 模块
TC = calendar.TextCalendar()      #初始化 calendar 对象
TC.formatmonth(2020，1)      #返回 2020 年 1 月日历的多行字符串
```

'January 2020 \ nMo Tu We Th Fr Sa Su \ n 　　1　2　3　4　5 \ n6　7　8　9 10
11 12 \ n13 14 15 16 17 18 19 \ n20 21 22 23 24 25 26 \ n27 28 29 30 31 \ n'

- HTMLCalendar 类。

HTMLCalendar 对象可以返回一个完整的 HTML 页面，对象方法具体说明见表 8-17。

表 8-17　　　　　　　　　　**HTMLCalendar 对象方法**

方法	说　　明
formatmonth (theyear, themonth, withyear = True)	返回一个 HTML 表格作为指定年份的日历，若 withyear 为真，则年份将会包含在表头，否则只显示月份
formatyear (theyear, width = 3)	返回一个 HTML 表格作为指定年份的日历，width(默认为 3)用于规定每一行显示月份的数量
formatyearpage (theyear, width = 3, css = 'calendar.css', encoding = None)	返回一个完整的 HTML 页面作为指定年份的日历，width 默认为 3，用于规定每一行显示的月份数量，css 为层叠样式表的名字，默认为 None，encoding 为输出页面的编码，默认为系统的默认编码

例如，下面的代码生成 2020 年 1 月的网页格式日历。
代码及运行结果如下：

```
import calendar
HC = calendar.HTMLCalendar()      #初始化 calendar 对象
HC.formatmonth(2020，1)      #返回 2020 年 1 月的 HTML 日历
```

'<table border = "0" cellpadding = "0" cellspacing = "0" class = "month" > \ n<tr><th colspan = "7" class = "month" >January 2020</th></tr> \ n<tr><th class = "mon" > Mon</th><th class = "tue" >Tue</th><th class = "wed" >Wed</th><th class = " thu" >Thu</th><th class = "fri" >Fri</th><th class = "sat" >Sat</th><th class = " sun" >Sun</th></tr> \ n<tr><td class = "noday" > </td><td class = "noday" > </td><td class = "wed" >1</td><td class = "thu" >2</td><td class = " fri" >3</td><td class = "sat" >4</td><td class = "sun" >5</td></tr> \ n<tr><td class = "mon" >6</td><td class = " tue" >7</td><td class = "wed" >8</td><td

```
class="thu">9</td><td class="fri">10</td><td class="sat">11</td><td
class="sun">12</td></tr>\n<tr><td class="mon">13</td><td class="tue">
14</td><td class="wed">15</td><td class="thu">16</td><td class="fri">
17</td><td class="sat">18</td><td class="sun">19</td></tr>\n<tr><td
class="mon">20</td><td class="tue">21</td><td class="wed">22</td><td
class="thu">23</td><td class="fri">24</td><td class="sat">25</td><td
class="sun">26</td></tr>\n<tr><td class="mon">27</td><td class="tue">
28</td><td class="wed">29</td><td class="thu">30</td><td class="fri">
31</td><td class="noday"> </td><td class="noday"> </td></tr
>\n</table>\n'
```

其运行结果是 HTML 格式的表格文字，将其导入 NotePad++编辑器，得到如图 8-1 所示的日历表格页面。

January 2020

Mon	Tue	Wed	Thu	Fri	Sat	Sun
		1	2	3	4	5
6	7	8	9	10	11	12
13	14	15	16	17	18	19
20	21	22	23	24	25	26
27	28	29	30	31		

图 8-1　网页日历

④ 对于文本日历，calendar 模块提供了以下类方法，具体说明见表 8-18。

表 8-18　**calendar 模块常用类方法**

类方法	说　明
calendar. calendar (year, w = 2, l=1, c=6, m=3)	返回一个多行字符串格式的 m 栏的 year 年历，日期列宽度为 w，每周行数为 l，月份间隔为 c
calendar. firstweekday( )	返回当前设置的每星期第一天的数值
calendar. setfirstweekday(weekday)	设置每周起始日期
calendar. isleap(year)	若 year 年是闰年返回 True，否则返回 False
calendar. leapdays(y1, y2)	返回 y1、y2 两年之间的闰年总数

续表

类方法	说　明
calendar. weekday（year，month，day）	返回指定日期的日期码，周一为 0
calendar. monthrange（year，month）	返回 year 年 month 月的第一天的日期码及该月的天数
calendar. monthcalendar （year，month）	返回 year 年 month 月的日历矩阵，每行表示一周，默认每周从周一开始，该月之外的日期设置为 0
calendar. month（year，month，w=0，l=0）	返回一个多行字符串的 year 年 month 月日历
calendar. timegm（tuple）	接受一个 struct_time 对象，返回对应时刻的时间戳

例如，下面的代码生成 2020 年 1 月的矩阵日历和字符串日历。

代码及运行结果如下：

```
import calendar
calendar. monthcalendar(2020，1)    #输出 2020 年 1 月的日历矩阵
```

[[0, 0, 1, 2, 3, 4, 5], [6, 7, 8, 9, 10, 11, 12], [13, 14, 15, 16, 17, 18, 19], [20, 21, 22, 23, 24, 25, 26], [27, 28, 29, 30, 31, 0, 0]]

```
calendar. month(2020，1)    #输出 2020 年 1 月的日历字符串
```

' January 2020 \ nMo Tu We Th Fr Sa Su \ n　　　　1　2　3　4　5 \ n6　7　8　9 10 11 12 \ n13 14 15 16 17 18 19 \ n20 21 22 23 24 25 26 \ n27 28 29 30 31 \ n'

8.2　数学模块

Python 提供了支持各种类型数据进行数学函数运算的模块。例如，math 模块提供了对于实数的 C 语言标准定义的数学函数的访问，cmath 模块支持复数运算，decimal 模块支持十进制定点和浮点运算，fractions 模块支持分数运算。另外，random 模块能够实现各种分布的伪随机数生成器，满足编程的需要。上述模块均为 Python 的标准模块，使用时直接导入模块即可。下面对上述模块的基本使用依次进行介绍。

8.2.1　math 模块与 cmath 模块

math 模块提供对于实数的 C 语言标准定义的数学函数的访问，除特别

说明外，函数的返回值均为浮点数。cmath 模块的函数跟 math 模块的函数基本一致，区别在于 cmath 模块进行复数的计算。若调用 math 模块函数得到复数结果，程序会抛出异常。math 模块提供了一系列常数和函数可用于数学运算。

① 导入模块。

import math 或 import cmath

② math 模块提供了一些常用的数学常数，具体说明见表 8-19。

表 8-19　　　　　　　　　　　　　**math 模块常数**

常数	说　　明
math. pi	数学常数 π = 3. 121592…，精确到可用精度
math. e	数学常数 e = 2. 718281…，精确到可用精度
math. tau	数学常数 τ = 2π = 6. 283185…，精确到可用精度
math. inf	浮点正无穷大，负无穷大使用-math. inf，相当于 float('inf')的输出
math. nan	浮点"非数字"值，相当于 float('nan')的输出

示例：输出 math 模块提供的常数。

代码及运行结果如下：

```
import math        #导入模块
print(math. pi)    #输出 math. pi
```

3. 141592653589793

```
print(math. e)     #输出 math. e
```

2. 718281828459045

```
print(math. tau)   #输出 math. tau
```

6. 283185307179586

```
print(math. inf)   #输出 math. inf
```

Inf

```
print(math. nan)   #输出 math. nan
```

nan

③ math 模块提供数论与表示函数、幂函数与对数函数以及三角函数。下面对这些函数分别进行介绍。

● 数论与表示函数，具体说明见表 8-20。

表 8-20　　　　　　　　　　　　　　　数论与表示函数

函数	说　明
math. ceil(x)	返回 x 的向上取整
math. floor(x)	返回 x 的向下取整
math. copysign(x, y)	返回一个基于 x 的绝对值和 y 的符号的浮点数
math. fabs(x)	返回 x 的绝对值
math. factorial(x)	返回 x 的阶乘，若 x 非正整数则引发 ValueError
math. fmod(x, y)	返回 x % y，通常为整数
math. frexp(x)	返回一个二元组(m, e)，满足 x == m * 2 ** e，且 0.5 <= abs(m) < 1
math. ldexp(x, i)	返回 x * (2 ** i)，基本等于 math. frexp( ) 的反函数
math. gcd(a, b)	返回整数 a 和 b 的最大公约数
math. isclose (a, b, rel_tol = 1e-09, abs_ tol=0. 0)	若 a 和 b 的值比较接近则返回 True，否则返回 False，rel_tol 是相对容差，abs_tol 是最小绝对容差。注意，NaN 不与任何值接近，包括 NaN；inf 和-inf 只与自己接近
math. isfinite(x)	若 x 既不是无穷大也不是 NaN，则返回 True，否则返回 False
math. isnan(x)	若 x 是 NaN(不是数字)，则返回 True，否则返回 False
math. modf(x)	返回 x 的小数和整数部分，两个结果均带有 x 的符号并且是浮点数
math. trunc(x)	返回 x 截断小数部分的整数值

例如：随机生成一个浮点数和正整数，求上述函数值。
代码及运行结果如下：

```
import math      #导入 math 模块
import random    #导入 random 模块，用于生成随机数
f = random. uniform(1, 10)    #f 为[1, 10]之间的随机浮点数
int1 = random. randint(1, 100)   #int1 为[1, 100]之间的随机整数
print(f)     #输出 f
```

6. 106062347575602

```
print(int1)      #输出 int1
```

55

```
math. ceil(f)      #求 f 的向上取整
```

7

```
math. floor(f)      #求 f 的向下取整
```

6

```
math. copysign(f, -1)      #求-abs(f)
```

-6. 106062347575602

```
math. fabs(-1)      #求-1 的绝对值
```

1. 0

```
math. factorial(10)      #求 10 的阶乘
```

3628800

```
int2 = random. randint(1, 10)      #int2 为[1, 10]之间的随机整数
print(int2)      #输出 int2
```

10

```
math. fmod(int1, int2)    #输出 int1 取余 int2 的结果
```

5. 0

```
math. frexp(f)    #输出(m, e), 使得 f==m*(2**e)成立
```

(0. 7632577934469502, 3)

```
math. ldexp(f, 3)    #输出 f*(2**3)的值
```

48. 848498780604814

```
math. gcd(int1, int2)    #输出 int1 和 int2 的最大公约数
```

5

- 幂函数与对数函数，具体说明见表 8-21。

表 8-21   **幂函数与对数函数**

函数	说 明
math. exp(x)	返回 e 的 x 次幂，通常比 math. e**x 或 pow(math. e, x)更精确
math. expm1(x)	返回 e 的 x 次幂减 1

续表

函数	说　明
math. log(x[, base])	若不提供 base，返回 x 的自然对数；若提供 base，则返回以 base 为底的 x 的对数
math. log1p(x)	返回(1+x)的自然对数
math. log2(x)	返回 x 以 2 为底的对数，通常比 log(x, 2)更精确
math. log10(x)	返回 x 以 10 为底的对数，通常比 log(x, 10)更精确
math. pow(x, y)	返回 x 的 y 次幂
math. sqrt(x)	返回 x 的平方根

例如：生成两个随机整数，求上述函数值。
代码及运行结果如下：

```
import math #导入 math 模块
import random #导入 random 模块
int1 = random. randint(1, 10) #int1 为[1, 10]之间的随机整数
print(int1) #输出 int1
```

8

```
int2 = random. randint(1, 100) #int2 为[1, 100]之间的随机整数
print(int2) #输出 int2
```

73

```
math. exp(int1) #求 e 的 int1 次幂
```

2980. 9579870417283

```
math. expm1(int1) #求 e 的 int1 次幂减 1
```

2979. 9579870417283

```
math. log(int2) #求以默认 e 为底，int2 的对数
```

4. 290459441148391

```
math. log1p(int2) #求以 e 为底，(1+int2)的对数
```

4. 30406509320417

```
math. log2(int2) #求以 2 为底，int2 的对数
```

6. 189824558880018

```
math. log10(int2) #求以 10 为底，int2 的对数
```

1. 863322860120456

```
math. pow(math. e, int1)   #求 e 的 int1 次幂
```

2980. 957987041727

```
math. sqrt(int2) #求 int2 的平方根
```

8. 54400374531753

- 角度转换函数, 用于度与弧度之间的相互转换, 具体说明见表 8-22。

表 8-22   **角度转换函数**

函数	说　明
math. degrees(x)	将 x 从弧度转换为度
math. radians(x)	将 x 从度转换为弧度

例如: 将 3/4π 转换为度, 将 175 度转换为弧度。

代码及运行结果如下:

```
import math      #导入 math 模块
math. degrees(0. 75 * math. pi)      #将 0. 75 * Pi 转换为度
```

135. 0

```
math. radians(175)      #将 175 度转换为弧度值
```

3. 0543261909900767

④ cmath 模块。

cmath 模块提供关于复数的数学函数, 该模块函数的字段为整数、浮点数或复数。cmath 模块拥有与 math 模块同名的幂函数、对数函数、三角函数、双曲函数以及表示函数。与之不同的是, 除了 math 模块同名常数之外, cmath 模块还提供了 cmath. infj 和 cmath. nanj 两个常数, 以及用于直角坐标和极坐标之间相互转换的函数。

- cmath 模块常数, 具体说明见表 8-23。

表 8-23   **cmath 模块常数**

常数	说　明
cmath. infj	表示实部为 0, 虚部为正无穷大的复数, 相当于 complex(0. 0, float ('inf'))

常数	说　明
cmath. nanj	表示实部为 0，虚部为 NaN 的复数，相当于 complex（0.0, float（'nan'））

- 坐标转换函数。

Python 复数 z 使用直角坐标或笛卡儿坐标在内部存储，由实部 z. real 和虚部 z. imag 决定，即 z=z. real + z. imag * 1j。极坐标给出了表示复数的另一种函数。在极坐标系中，复数 z 由模 r 和相位角 phi 定义。模 r 是从 z 到原点的距离，而相位 phi 是从 x 轴到连接原点到 z 的线段的逆时针角度，以弧度测量。下面的函数可用于直角坐标与极坐标的相互转换，具体说明见表8-24。

表 8-24　　　　　　　　　　　**坐标转换函数**

函数	说　明
cmath. phase（x）	以浮点形式返回 x 的相位（也称为 x 的字段），结果在[−π，π]范围内，结果的符号与 x. imag 的符号相同，即使 x. imag 为零
cmath. polar（x）	返回极坐标中 x 的表示形式（r，phi），其中 r 是 x 的模，phi 是 x 的相位，等于（abs（x），phase（x））
cmath. rect（r，phi）	返回带有极坐标 r 和 phi 的复数 x，相当于 r * （math. cos（phi） + math. sin（phi） * 1j）

另外，复数 x 的模（绝对值）可以使用内置的 abs（）函数计算。此操作没有单独的 cmath 模块功能。

例如：求复数−1.0 + 1.0j 的模和相位，以及模为 100、相位为 π/4 的复数。

代码及运行结果如下：

```
import cmath #导入 cmath 模块
cmath. phase（complex（-1.0, 1.0）)        #求复数（-1.0, 1.0）的相位
```

2. 356194490192345

```
cmath. polar（complex（-1.0, 1.0）)        #求复数（-1.0, 1.0）的极坐标表示形式
```

（1. 4142135623730951, 2. 356194490192345）

```
cmath. rect( 100, cmath. pi/4)          #求模为 100，相位为 π/4 的复数
```

(70. 71067811865476+70. 71067811865474j)

8.2.2 decimal 模块

decimal 模块支持快速正确舍入的十进制定点和浮点运算，与 float 数据类型相比，decimal 模块中十进制数字可以准确表示，算术运算能够得到精确结果，并且保留尾随零。另外，decimal 模块具有用户可更改的精度，默认为 28 位。

① 导入模块。

from decimal import *

② Decimal 对象。

decimal 模块处理小数的方法通常是创建 Decimal 对象，然后在活动线程的当前运算环境中进行算术操作。

*   构造函数。

decimal. Decimal(value = '0')

value 可以是整数、字符串、元组、浮点数或另一个 Decimal 对象：

如果没有给出 value 值，则返回 Decimal('0')；

若 value 是一个字符串，应该在前导和尾随空格字符以及下划线被删除之后符合十进制数字字符串语法，例如：语句 Decimal('_0. 987') 的构造结果是 Decimal('0. 987')；

若 value 为元组，则包含 3 个组件：一个符号(0 表示正数，1 表示负数)、一个数字的元组、一个整数指数；

若 value 是浮点数，则二进制浮点值无损地转换为其精确的十进制等效值，此转换通常需要 53 位或更多位的精度。

*   Decimal 对象与其他内置数值类型共享许多属性，如 float 和 int，对所有常用的数学运算和特殊方法都适用，如四则运算等。但 Decimal 对象的算数与整数和浮点数存在一点区别。当余数运算符"%"应用于 Decimal 对象时，结果的符号是被除数的符号，而不是除数的符号。整除运算则返回真商截断为零的整数部分，而不是向下取整。

另外，Decimal 对象不能与浮点数或 fractions. Fraction 对象在算术运算中结合使用，若将 Decimal 加到 float，会引发 TypeError 异常。但在 Python 中可以使用比较运算符来比较 Decimal 对象 x 和另一个数字 y，不会产生对不同类型的数字进行相等比较时的混淆结果。

除了标准的数字属性，Decimal 对象还有许多专门的方法，见表 8-25。

表 8-25　　　　　　　　　　　　**Decimal 对象方法**

方法	说　　明
adjusted( )	返回移出最右边的数字之后的指数，直到只剩下前导数字
as_integer_ratio( )	返回一对(n, d)整数，表示给定的 Decimal 对象作为分数的最简形式项，并带有正分母
as_tuple( )	返回一个元组表示的数字，即 Decimal (sign, digits, exponent)
compare (other, context = None)	比较两个 Decimal 实例的值，compare( )返回一个对象：若某一对象值为 NaN 则返回 Decimal('NaN')；若 a < b 则返回 Decimal('-1')；若 a = b 则返回 Decimal('0')；若 a > b 则返回 Decimal('1')
exp(context = None)	返回给定数字的自然指数函数 e * * x 的值
from_float(f)	将浮点数转换为十进制数
fma (other, third, context = None)	混合乘法加法，返回 self * other+third，中间乘积 self * other 没有四舍五入
log10(context = None)	返回以 10 为底的对数
number _ class (context = None)	返回描述操作数类的字符串，返回值是以下 10 个字符串之一："-Infinity"，"-Normal"，"-Subnormal"，"-Zero"，"+Zero"，"+Subnormal"，"+Normal"，"+Infinity"，"NaN"，"sNaN"
quantize (exp, rounding = None, context = None)	返回一个值，该值等于舍入后的第一个操作数，并具有第二个操作数的指数
sqrt(context = None)	返回操作数的平方根
to _ eng _ string (context = None)	转换为字符串，如果需要指数，则使用工程符号
to_integral_value(rounding = None, context = None)	四舍五入到最接近的整数，不发出不精确或四舍五入的信号。如果给定舍入规则，则应用舍入；否则，使用提供的运算环境或当前运算环境的舍入方法

代码示例及运行结果如下：

```
from decimal import *        #导入 decimal 模块所有函数
Decimal('321e+5'). adjusted( )        #调整指数
```

7

```
Decimal('-3.14').as_integer_ratio()    #转换为分数
```

(-157, 50)

```
Decimal('-3.14').as_tuple()    #转换为小数元组
```

DecimalTuple(sign=1, digits=(3, 1, 4), exponent=-2)

```
Decimal('-3.14').compare(Decimal('0'))    #将-3.14 与 0 进行比较
```

Decimal('-1')

```
Decimal('-3.14').exp()    求 e**(-3.14)的值
```

Decimal('0.04328279790196590079772976615')

```
Decimal().from_float(3.14)        #将浮点数 3.14 转换为 Decimal 对象
```

Decimal('3.140000000000000124344978758017532527446746826171875')

```
Decimal('-3.14').number_class()    #输出-3.14 的值类型
```

'-Normal'

```
Decimal('3.14').sqrt()        #求 3.14 的平方根
```

Decimal('1.772004514666935040199112510')

```
Decimal('-3.14e+5').to_eng_string()    #将-3.14e+5 转换为字符串输出
```

'-314E+3'

```
Decimal('-3.14').to_integral_value()    #将-3.14 转换为整数，输出新的 Decimal
                                          对象
```

Decimal('-3')

8.2.3　fractions 模块

fractions 模块支持分数运算。

① 导入模块。

$$\text{from fractions import *}$$

② 构造函数。

$$\text{fractions. Fraction(value)}$$

value 可以是一对整数、一个分数、一个浮点数、一个 decimal. Decimal 对象或一个字符串。即：

- fractions. Fraction(numerator=0, denominator=1)，分子默认为 0，分母默认为 1；

- fractions. Fraction(other_fraction)；
- fractions. Fraction(float)；
- fractions. Fraction(decimal)；
- fractions. Fraction(string)。

值得注意的是，由于二进制浮点运算的问题，语句 Fraction(1.1) 的结果并不等于表达式 11/10 的值，所以该构造语句不会返回通常认为的 Fraction(11, 10) 对象，可以通过 Fraction 对象的 limit_denominator( ) 函数返回近似的分数值。

例如：语句 Fraction(1.1) 的构造结果是 Fraction(2476979795053773, 2251799813685248)，而语句 Fraction(1.1). limit_denominator( ) 的结果是 Fraction(11, 10)。

当 value 为字符串时，通常形式为"[sign]numerator['/' denominator]"，其中，sign 为"+"或"-"，numerator 和 denominator(若提供)为十进制数字的字符串。另外，任何代表有限值以及能够被 float 构造的字符串也能作为 Fraction 构造器所接受。

下面是构造 Fraction 对象的一些举例。

```
from fractions import Fraction    #导入 fraction 模块中 Fraction 类的所有函数
Fraction(16, -10)    #构造分数实例-16/10
```
```
Fraction(-8, 5)
```
```
Fraction(123)    #构造分数实例 123
```
```
Fraction(123, 1)
```
```
Fraction( )    #构造分数实例，使用默认值
```
```
Fraction(0, 1)
```
```
Fraction('3/7')    #构造分数实例 3/7
```
```
Fraction(3, 7)
```
```
Fraction('-3/7')    #构造分数实例-3/7
```
```
Fraction(-3, 7)
```
```
Fraction('1.414')    #构造最接近 1.414 的分数实例
```
```
Fraction(707, 500)
```
```
Fraction('7e-6')    #构造值为 7e-6 的分数实例
```
```
Fraction(7, 1000000)
```
```
Fraction(1.1)    #构造值为 1.1 的分数实例
```

Fraction(2476979795053773, 2251799813685248)

```
from decimal import Decimal      #导入 decimal 模块中 Decimal 类所有函数
Fraction( Decimal('1.1'))         #构造值为十进制 1.1 的分数实例
```

Fraction(11, 10)

③ Fraction 类继承自 numbers. Rational 基类，支持该类的所有方法和运算操作。另外，Fraction 还拥有以下自己的变量和方法。

  • Fraction 对象变量：

numerator，最简分数形式的分子；

denominator，最简分数形式的分母。

最简分数指的是分子、分母只有公因数 1 的分数，或者说分子和分母互质的分数，又称既约分数，如 1/2、2/3、9/8 等，而 3/9 则不是最简分数。

  • Fraction 对象方法，具体说明见表 8-26。

表 8-26   **Fraction 对象方法**

方法	说　明
from_float(flt)	将浮点数 flt 转换为精确分数值
from_decimal(dec)	将 Decimal 对象 dec 转换为精确分数值
__floor()	返回 Fraction 对象向下取整的值
__ceil()	返回 Fraction 对象向上取整的值
__round()	返回与 Fraction 对象值最接近的整数
__round(ndigits)	将 Fraction 对象舍入到最接近的分数倍数(1, 10 * * ndigits)，此方法也可以通过 round()函数访问
limit_denominator (max_denominator = 1000000)	找到并返回与 Fraction 对象最接近的分数实例，max_denuminator 为分母可取的最大值，该方法可用于发现给定的浮点数的有理近似值

例如：将浮点数和 decimal 对象转换为 Fraction 实例，求 Fraction 实例的向上取整值和向下取整值、舍入值以及近似估计值。代码及运行结果如下：

```
from fractions import Fraction   #导入 fraction 模块中 Fraction 类的所有函数

from decimal import Decimal      #导入 decimal 模块中 Decimal 类所有函数

Fraction( ). from_float(1.14)    #将 1.14 转换为分数实例
```

Fraction(5134103575202365, 4503599627370496)

```
Fraction( ). from_decimal( Decimal('1. 1') )       #将十进制 1. 1 转换为分数实例
```

Fraction(11, 10)

```
Fraction('1. 5'). __floor __( )       #求向上取整值
```

1

```
Fraction('1. 5'). __ceil __( )       #求向下取整值
```

2

```
Fraction('1. 5'). __round __( )       #求舍入为整数的值
```

2

```
Fraction('1. 5'). __round __(1)     #求 1. 5 的满足 1/10 的倍数的分数值
```

Fraction(3, 2)

```
Fraction(1. 1). limit_denominator( ) #求浮点数 1. 1 的近似分数值
```

Fraction(11, 10)

8. 2. 4　random 模块

random 模块是 Python 中常用的标准模块之一，实现了各种分布的伪随机数生成器。

- 对于整数，提供从范围中进行统一选择的函数；
- 对于序列，提供随机元素的统一选择函数、用于生成列表的随机排列的函数以及用于随机抽样且不改变原列表的函数；
- 对于实数，则在实数轴上提供平均、正态(高斯)、对数正态、负指数、伽马和贝塔分布的函数来生成随机实数。为了生成角度分布，还可以使用 von Mises 分布。

① 导入模块。

import random

② random 模块的函数可分为簿记功能函数、整数用函数、序列用函数和实值分布类函数，下面对它们分别进行介绍。

- 簿记功能函数。

簿记功能函数能够初始化随机数生成器，并可以设置和获取生成器当前的内部状态。函数和说明见表 8-27。

表 8-27   **random 簿记功能函数**

函数	说　明
random.seed（a = None, version = 2）	初始化随机数生成器，如果 a 被省略或为 None，则使用当前系统时间；若 a 为 int 类型，则直接使用；若 a 为 str、bytes 或 bytearray 对象，则转换为 int
random.getstate()	返回捕获生成器当前状态的对象，这个对象可以传递给 setstate()来恢复状态
random.setstate（state）	state 由之前调用 getstate()获得，该函数将生成器的内部状态恢复到 getstate()被调用时的状态
random.getrandbits（k）	返回 k 位的随机 Python 整数

例如：生成 4 位和 16 位的随机整数。

代码及运行结果如下：

```
import random
random.getrandbits(4)      #生成 4 位的随机整数
```

12

```
random.getrandbits(16)        #生成 16 位的随机整数
```

29557

- 整数用函数。

整数用函数能够生成满足某些条件的随机整数，函数和说明见表 8-28。

表 8-28   **random 整数用函数**

函数	说　明
random.randrange（start, stop[, step]）	返回一个[start, stop-1]之间以 step 为步长的随机整数
random.randint（a, b）	返回随机整数 N 满足 a <= N <= b，相当于 randrange(a, b+1)

例如：生成随机整数。

代码及运行结果如下所示：

```
from random import *      #导入 random 模块所有函数
randrange(1, 10, 2)      #返回[1, 10]范围内以 2 为步长的随机整数
```

1

randint(1, 10)	#返回[1, 10]范围内的随机整数

5

- 序列用函数。

序列用函数包括提供随机元素的统一选择函数、用于生成列表的随机排列的函数以及用于随机抽样且不改变原列表的函数，具体说明见表 8-29。

表 8-29　　　　　　　　　　　　**random 序列用函数**

函数	说　　明
random. choice(seq)	从非空序列 seq 返回一个随机元素
random. choices(population, weights = None, cum _ weights = None, k=1)	从 population 中选择元素，返回一个新的大小为 k 的元素列表，weight 序列指定相对权重，cum_weight 序列指定累计权重
random. shuffle (x [, random])	将序列 x 随机打乱位置，可选参数 random 是一个 0 参数函数，在[0.0, 1.0)中返回随机浮点数，默认为 random()
random. sample (population, k)	返回从总体序列或集合中选择的唯一元素的新的 k 长度列表，可用于无重复的随机抽样

示例：

from random import *　　　#导入 random 模块所有函数 choice(range(1, 10))　　　#返回 range(1, 10)之间的随机元素

7

choices(range(1, 10), k=3)　　#返回 range(1, 10)之间 3 个随机元素的新列表

[9, 9, 4]

sample(range(1, 10), 3)　　#返回 range(1, 10)之间的无重复抽样 3 个元素的新列表

[4, 1, 3]

seq = [1, 2, 3, 4, 5]　　　#定义一个列表 seq print(seq)　　　　　　　#输出 seq

[1, 2, 3, 4, 5]

shuffle(seq)　　　　　#打乱 seq print(seq)　　　　　　#输出打乱后的 seq

[3, 5, 4, 1, 2]

- 实值分布函数。

以下函数能够生成特定的实值分布，返回分布内的随机实数，具体见表 8-30。

表 8-30   **random 实值分布函数**

函数	说　　明
random. random( )	返回 [0.0, 1.0) 范围内的下一个随机浮点数
random. uniform(a, b)	返回一个随机浮点数 N，当 a <= b 时 a <= N <= b；当 b < a 时 b <= N <= a
random. triangular (low, high, mode)	返回一个随机浮点数 N，使得 low <= N <= high，mode 参数默认为边界之间的中点，给出对称分布
random. betavatiate(alpha, beta)	Beta 分布，参数的条件是 alpha > 0 和 beta > 0，返回值的范围介于 0 和 1 之间
random. expovariate (lambd)	指数分布，如果 lambd 为正，则返回值的范围为 0 到正无穷大；如果 lambd 为负，则返回值为负无穷大到 0
random. gammavariate (alpha, beta)	Gamma 分布，参数的条件是 alpha > 0 和 beta > 0
random. gauss(mu, sigma)	高斯分布，mu 是平均值，sigma 是标准差
random. lognormvariate (mu, sigma)	对数正态分布，mu 是平均值，sigma 是标准差
random. normalvariate (mu, sigma)	正态分布，mu 是平均值，sigma 是标准差
random. vonmisevariate (mu, kappa)	mu 是平均角度，以弧度表示，介于 0 和 2 * pi 之间，kappa 是浓度参数，必须大于等于零
random. paretovariate (alpha)	帕累托分布，alpha 是形状参数
random. weibullvariate (alpha, beta)	威布尔分布，alpha 是比例参数，beta 是形状参数

例如：

```
from random import *        #导入 random 模块所有函数
random( )                   #生成[0.0, 1.0)内的随机浮点数
```

0.7657272075548429

uniform(2.0, 3.0)	#生成[2.0, 3.0]内的随机浮点数

2.1745669590691947

triangular(-1, 1)	#生成[-1, 1]内的以 0 为中点的对称分布的随机函数值

-0.5506009464471489

normalvariate(0, 1)	#生成以 0 为均值,1 为标准差的正态分布的随机函数值

0.7994256634811251

8.3　绘图模块

图形用户界面(graphical user interface, GUI)是一种人与计算机通信的界面显示格式,允许用户使用鼠标等输入设备操纵屏幕上的图标或菜单选项,以选择命令、调用文件、启动程序或执行其他一些日常任务。与通过键盘输入文本或字符命令来完成例行任务的字符界面相比,图形用户界面有许多优点。图形用户界面由窗口、下拉菜单、对话框及其相应的控制机制构成,在各种新式应用程序中都是标准化的,即相同的操作总是以同样的方式来完成,在图形用户界面,用户看到和操作的都是图形对象,应用的是计算机图形学的技术①。

在进行图形用户界面设计时,往往会基于一些 GUI 开发框架。Python 语言有许多开源的 GUI 开发框架,常用的有 Tkinter、PyQt、wxPython 等。其中,Tkinter(也称为 Tk 接口)的历史悠久,是 20 世纪 90 年代初推出的一个轻量级的跨平台 GUI 开发工具,可以在大多数的 Unix 平台、Windows、和 Macintosh 系统中使用。Tkinter 是 Python 事实上的标准 GUI 工具包,IDEL 就是使用 Tkinter 实现的图形界面。

8.3.1　turtle 模块介绍

turtle 模块是 Python 中一个常用的绘图工具,使用 Tkinter 框架实现基本的图形绘制功能,其原理是想象在绘图区内有一只会移动的机器海龟,起始位置在 xy 二维平面的(0, 0)点,以海龟走过的路线为轨迹,通过控制海

---

①　杨钦,徐永安,翟红英. 计算机图形[M]. 北京:清华大学出版社,2005.

龟的前进方向、前进距离以及画笔风格等元素，绘制出想要的图形。

使用前需要进行模块的导入：

import turtle 或者 from turtle import *

turtle 模块提供了面向对象和面向过程两种绘图方式，如果在图形界面中需要调用多个海龟同时绘图，则必须使用调用模块的面向对象方式接口进行绘图。

面向对象的接口主要包括两个类：

① TurtleScreen 类，定义图形窗口作为绘图场所，即绘图海龟的活动区域，该窗口在 turtle 对象作为某个程序的一部分的时候使用，即使用 turtle 绘图只是该程序的功能之一。另外，Screen( )函数返回一个 TurtleScreen 子类对象，应在 turtle 作为独立绘图工具时使用，即该程序只使用 turtle 绘图，无其他功能。

② RawTurtle/RawPen 类，定义海龟对象在 TurtleScreen 上移动，即定义如何绘图。从 RawTurtle 派生出子类 Turtle/Pen，该对象需在 Screen 实例上绘图，如果未主动创建 Screen 实例，程序会自动创建一个 Screen 实例用于海龟对象的移动即绘图。

turtle 模块的面向过程接口提供了与 screen 和 turtle 类的方法相对应的函数，函数名与上述面向对象接口中对应的方法名相同。在进行面向过程的编程时，当 screen 类的方法对应的函数被调用时会自动创建一个 screen 对象，当 turtle 类的方法对应函数被调用时会自动创建一个匿名的 turtle 对象，即面向过程的绘图虽然未显式定义 Screen 对象和 Turtle 对象，但系统会自动创建上述对象进行绘图。

8.3.2　海龟绘图相关函数

本节介绍的 RawTurtle/Turtle 类及其函数，可以在面向过程的编程中使用。Turtle 类的方法可分为三个类别：动作类、状态类和画笔控制类，下面将分别进行介绍三个类别中的常用方法。本节示例中的方法大多通过 Turtle 类的实例 turtle 来进行调用。

(1)动作类方法

包括海龟(画笔)的移动和绘制、获取画笔状态、设置度量单位等。
① 画笔的移动和绘制方法，详见表 8-31。

表 8-31　　　　　　　　　　　　移动和绘制方法

方法	说　　明
forward(distance) 或 fd (distance)	distance 可为整型或浮点型，指定海龟前进的距离，方向为海龟当前的朝向
back(distance)或 bk(distance) 或 backward(distance)	distance 可为整型或浮点型，指定海龟后退的距离，方向与海龟当前的朝向相反，但海龟朝向不变
right(angle) 或 rt(angle)	angle 可为整型或浮点型，指定海龟右转的单位，默认为角度
left(angle) 或 lt(angle)	angle 可为整型或浮点型，指定海龟左转的单位，默认为角度
goto(x, y = None) 或 setpos (x, y = None) 或 setposition(x, y = None)	x、y 指定海龟移动到的绝对坐标，当 x 为一个数值时，y 也应为一个数值；当 x 为一个数值对向量时，y 应为 None。若画笔已落下将会画线，移动不改变海龟的朝向
setx(x)	x 可为整型或浮点型，设置海龟的横坐标为 x，纵坐标不变
sety(y)	y 可为整型或浮点型，设置海龟的纵坐标为 y，横坐标不变
setheading (to _ angle) 或 seth(to_angle)	to_angle 可为整型或浮点型，指定海龟的朝向
home( )	海龟移至初始坐标(0, 0)，并设置朝向为初始方向
circle(radius, extent = None, steps = None)	绘制一个 radius 指定半径的圆弧，圆心在海龟左边 radius 个单位，extent 指定绘制圆的角度，默认为整圆，steps 指定内切多边形边的数量，未指定边数则自动确定
dot(size = None, * color)	绘制一个直径为 size，颜色为 color 的圆点，若 size 未指定，则取 pensize+4 和 2 * pensize 中的较大值，color 为一个颜色字符串或颜色数值元组
stamp( )	在海龟当前位置印制一个海龟形状，返回该印章的 stamp_id
clearstamp(stampid)	删除 stampid 指定的印章，stampid 必须是之前 stamp( )调用的返回值
clearstamps(n = None)	n 为一个整型数，删除全部或前/后 n 个海龟印章，如果 n 为 None 则删除全部印章，n > 0 则删除前 n 个印章，n < 0 则删除后 n 个印章

续表

方法	说　明
undo( )	撤销最近的一个(或多个)海龟动作，可撤销的次数由撤销缓冲区的大小决定
speed(speed＝None)	设置海龟移动的速度，speed 为一个[0，10]范围内的整型数或速度字符串，速度字符串与速度值的对应关系如下："fastest"/0 表示最快；"fast"/10 表示快；"normal"/6 表示正常；"slow"/3 表示慢；"slowest"/1 表示最慢；speed ＝ 0 表示没有动画效果

示例如下：

```
import turtle
turtle. position( )          #获取海龟当前位置
turtle. forward(100)         #从当前画笔方向移动 100 个像素
turtle. left(90)             #逆时针移动 90°
turtle. backward(200)        #在当前画笔方向的反方向移动 200 个像素
turtle. right(90)            #顺时针移动 90°
turtle. circle(200)          #画一个半径为 200 的圆，圆心在画笔左边
turtle. pendown( )           #落下画笔
turtle. goto(150, 150)       #移动到(150, 150)的位置
turtle. speed(60)            #速度为 60
turtle. home( )              #海龟回到初始坐标(0. 00, 0. 00)
```

运行结果如图 8-2 所示。

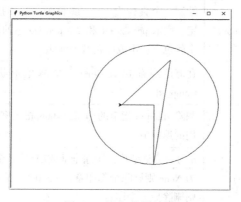

图 8-2　海龟绘图效果

② 获取画笔状态方法，详见表 8-32。

表 8-32　　　　　　　　　　获取海龟状态方法

方法	说　　　明
position( )或 pos( )	返回海龟当前的坐标(x, y)
towards(x, y = None)	计算海龟位置到由(x, y)矢量或另一海龟对应位置的连线的夹角，x 可为一个数值、数值对或海龟实例，对应的 y 可为一个数值或 None
xcor( )	返回海龟的 x 坐标
ycor( )	返回海龟的 y 坐标
heading( )	返回海龟当前的朝向
distance(x, y = None)	返回从海龟位置到由(x, y)矢量或另一海龟对应位置的单位距离，x 可为一个数值、数值对或海龟实例，对应的 y 可为一个数值或 None

示例如下：

```
turtle.goto(10, 10)      #海龟移至(0, 0)
turtle.towards(0, 0)     #计算海龟位置到(0, 0)连线与初始朝向之间的夹角
```

225.0

```
turtle.home( )
turtle.left(67)      #海龟左转 67 度
turtle.heading( )    #获取当前海龟朝向
```

67.0

```
turtle.distance(30, 40)      #计算海龟到(30, 40)的距离
```

50.0

③ 设置度量单位方法，详见表 8-33。

表 8-33　　　　　　　　　　设置度量单位方法

方法	说　　　明
degrees (fullcircle = 360. 0)	设置角度的度量单位，即设置一个圆周为多少"度"，默认值为 360 度

方法	说　明
radians( )	设置角度的度量单位为弧度，其值等于 degrees(2 * math. pi)

代码示例及运行结果如下：

```
turtle. setheading(90)        #设置海龟朝向为 90 度
turtle. heading( )            #获取当前海龟朝向
```

90. 0

```
turtle. degrees(400)          #设置一个圆周为 400 度
turtle. heading( )
```

100. 0

```
turtle. radians( )            #将角度度量单位设置为弧度
turtle. heading( )
```

1. 5707963267948966

(2)画笔状态类方法

包括设置可见性方法、设置外观方法方法。

①设置可见性方法，详见表 8-34。

表 8-34　　　　　　　　　　　　　　设置可见性方法

方法	说　明
hideturtle( )或 ht( )	设置海龟不可见，可加快绘制速度
showturtle( )或 st( )	设置海龟可见
isvisible( )	如果海龟可见返回 True，否则返回 False

代码示例及运行结果如下：

```
turtle. hideturtle( )         #隐藏海龟
turtle. isvisible( )          #获取海龟是否可见状态
```

False

```
turtle. showturtle( )         #显示海龟
turtle. isvisible( )
```

True

②设置外观方法，详见表 8-35。

表 8-35　　　　　　　　　　　　　　设置外观方法

方法	说　　明
shape(name=None)	设置海龟形状为 name 指定的形状名，如未指定形状名则返回当前的形状名，name 指定的形状名应存在于 TurtleScreen 的 shape 字典中
resizemode(rmode=None)	设置海龟大小调整模式为以下值之一："auto""user""noresize"，"auto"，表示根据画笔粗细调整，"user"表示根据 shapesize()设置值调整，"noresize"表示不调整

代码示例及运行结果如下：

```
turtle. shape( )        #获取当前海龟形状
```

'classic'

```
turtle. shape("turtle")        #将海龟形状设置为"turtle"
turtle. shape( )
```

'turtle'

(3)画笔控制方法

包括绘图状态相关方法、颜色控制相关方法、设置填充方法和其他方法等。

①绘图状态相关方法，详见表 8-36。

表 8-36　　　　　　　　　　　　　　绘图状态相关方法

方法	说　　明
pendown( )或 pd( )或 down( )	画笔落下，即移动时画线
penup( )或 pu( )或 up( )	画笔抬起，即移动时不画线
pensize(width=None)或 width(width=None)	设置画笔的粗细为 width，若不指定 width 则返回当前画笔粗细值
pen(pen=None, * *pendict)	设置画笔的属性，若不指定则返回当前画笔属性
isdown( )	若画笔落下返回 True，否则返回 False

代码示例及运行结果如下：

```
turtle.penup()        #抬起画笔
turtle.isdown()
```

False

```
turtle.pendown()        #落下画笔
turtle.isdown()
```

True

```
turtle.pensize(10)        #将画笔粗细设为 10
turtle.pensize()          #获取当前画笔粗细值
```

10

② 颜色控制相关方法，详见表 8-37。

表 8-37 　　　　　　　　　　　**颜色控制相关方法**

方　法	说　　明
pencolor(* args)	设置画笔颜色，若不指定则返回当前画笔颜色，参数可为一个颜色字符串或颜色数值元组
fillcolor(* args)	设置填充颜色，若不指定则返回当前填充颜色，参数可为一个颜色字符串或颜色数值元组
color(* args)	设置画笔颜色和填充颜色，若不指定则返回当前画笔颜色和填充颜色，参数可提供一个或两个颜色字符串和颜色数值元组

代码示例与运行结果如下：

```
tup = (0.2, 0.8, 0.55)
turtle.pencolor(tup)        #将画笔颜色设置为 tup 元组值
turtle.pencolor()
```

(0.2, 0.8, 0.5490196078431373)

```
turtle.fillcolor("#ffffff")        #将填充颜色设置为#ffffff
turtle.fillcolor()
```

(1.0, 1.0, 1.0)

```
turtle.color("red","green")        #将画笔颜色和填充颜色分别设置为红色和绿色
turtle.color()
```

('red', 'green')

③ 设置填充方法，详见表 8-38。

表 8-38　　　　　　　　　　　　　设置填充方法

方法	说　明
filling( )	返回填充状态，填充为 True，否则为 False
begin_fill( )	在绘制要填充的形状之前调用
end_fill( )	填充上次调用 begin_fill( )之后绘制的形状

示例如下：

```
turtle. color( "blue" , "red" )    #将画笔颜色和填充颜色分别设为蓝色和红色
turtle. begin_fill( )
turtle. circle( 150 )       #绘制一个半径为 150 的整圆
turtle. end_fill( )       #进行填充
turtle. done( )
```

④ 画笔控制其他方法，详见表 8-39。

表 8-39　　　　　　　　　　　　画笔控制其他方法

方法	说　明
reset( )	从屏幕中删除该海龟的绘图，海龟回到原点，并设置所有变量为默认值
clear( )	从屏幕中删除该海龟的绘图，海龟的状态和位置以及其他海龟的绘图不受影响

示例如下：

```
turtle. goto( 0, -22)    #将海龟移至坐标点( 0, -22)
turtle. left( 100)      #海龟左转 100 度
turtle. position( )     #获取当前海龟位置
```

(0. 00, -22. 00)

```
turtle. heading( )      #获取当前海龟朝向
```

100. 0

```
turtle. reset( )      #重置海龟位置和状态
turtle. position( )
```

(0.00, 0.00)

```
turtle. heading( )
```

0.0

8.3.3 窗口设置相关函数

本节介绍 TurtleScreen/Screen 类及其函数的用法，该类也可在面向过程的编程中使用。Screen 类的函数可分为四个类别：窗口控制、窗口设置、屏幕事件以及 screen 专有方法等。

下面将介绍常用窗口控制以及 screen 专有方法，用于设置绘图窗口的属性，包括设置背景颜色和图片、窗口大小和位置等。窗口设置和屏幕事件函数属于进阶函数，读者可自行查阅 turtle 库文档学习使用。本节示例中的方法多通过 Screen 类的实例 screen 进行调用。

① 窗口控制相关方法，详见表 8-40。

表 8-40　　　　　　　　　　窗口控制相关方法

方法	说　　明
bgcolor(* args)	设置或返回(不给定参数时)TurtleScreen 的背景颜色，参数可为一个颜色字符串或颜色数值元组
bgpic(picname = None)	设置背景图片或返回当前背景图片名称，picname 可为一个字符串、文件名、"nopic"、None，若为"nopic"则删除当前背景图片，默认值 None 返回当前背景图片文件名
screensize (canvwidth = None, canvheight = None, bg = None)	设置或返回当前画布的宽度、高度和背景颜色，canvwidth 和 canvheight 应为正整数，bg 为颜色字符串或颜色元组
setworldcoordinates (llx, lly, urx, ury)	设置用户自定义坐标系，激活"world"模式后所有图形将根据新的坐标系进行重绘
clearscreen( )	删除所有海龟的全部绘图，并将已清空的 TurtleScreen 重置为初始状态
resetscreen( )	将屏幕上的所有海龟重置为初始状态

示例如下：

```
screen. bgcolor( "orange" )        #将画布背景设为橘色
screen. bgcolor( )
```

'orange'

```
screen. bgcolor("#800080")        #将画布背景颜色设为"#800080"
screen. bgcolor()
```

(128.0, 0.0, 128.0)

```
screen. bgpic()        #获取当前画布背景图片名称
```

'nopic'

```
screen. bgpic("landscape. gif")        #将画布背景图片设为 landscape. gif 文件
screen. bgpic()
```

"landscape. gif"

```
screen. screensize(2000, 1500)        #将画布宽度和高度分别设为 2000 像素和 1500
                                       像素
screen. screensize()
```

(2000, 1500)

```
screen. resetscreen()        #将画布上所有海龟重置为初始位置和状态
screen. setworldcoordinates(-50, -7.5, 50, 7.5)        #设置自定义坐标系
```

② screen 专有方法，详见表 8-41。

表 8-41 screen 专有方法

方法	说　明
bye()	关闭海龟绘图窗口
setup(width, height, startx, starty)	设置绘图窗口的大小和位置，width 和 height 可为整数数值(表示像素)或浮点数值(表示屏幕占比)，默认 width 为屏幕 50%，height 为屏幕 75%；startx 表示初始位置距屏幕左边缘多少像素，starty 表示距上边缘多少像素，默认为居中
title(titlestring)	设置海龟绘图窗口的标题为 titlestring 指定的文本

示例如下：

```
screen. setup(width = 200, height = 200, startx = 0, starty = 0)
''' 将窗口设为 200x200，位于屏幕左上角 '''
screen. setup(width = .75, height = 0.5, startx = None, starty = None)
''' 将窗口设为屏幕 75%宽，50%高，并居中 '''
screen. title("Welcome to the turtle zoo!")        #设置窗口标题
```

turtle 库综合使用实例见下文上机实践中的练习④。

8.4　上机实践

①请使用 datetime 模块求取用户年龄(用户生日由用户输入),并判断用户属于青年人、中年人还是老年人。

拓展资料:根据 2017 年联合国世界卫生组织发布的年龄分段,44 岁及以下为青年人,45 岁到 59 岁为中年人,60 岁到 74 岁为年轻老年人,75 岁到 89 岁为老年人,90 岁及以上为长寿老年人。

参考答案:

```
from datetime import datetime   #从 datetime 模块中导入 datetime 类
birthday = input("请输入出生日期(格式为××××年××月××日):")
        #获取用户生日字符串
birthday = datetime. strptime(birthday,"%Y 年%m 月%d 日")   #将字符串转换为
                                                          datetime 对象
today = datetime. today()   #获取当时的 datetime 对象
''' 计算用户的年龄 '''
t = today. replace(year=birthday. year)   #t 为替换年份的 datetime 对象,用于运算
if t > birthday:
    flag = 0
else:
    flag = 1
age = today. year-birthday. year-flag
print("年龄:{:}". format(age))
''' 计算用户的年龄分段 '''
if age < 45:
    print("青年人")
elif age < 60:
    print("中年人")
elif age < 75:
    print("年轻老年人")
elif age < 90:
    print("老年人")
else:
    print("长寿老年人")
```

说明:计算年龄时,先求当前年份与出生年份之间的差值,然后判断

当年是否已过生日。若已过生日，flag 置为 0，差值即为年龄值；若未过生日，flag 置为 1，差值-1 为年龄值。

②时间模块提供三种时间表示方式，分别是时间戳 timestamp、格式化时间字符串 format string 以及时间元组 struct_time。其中，时间戳和格式化时间字符串可通过特定函数与时间元组之间进行相互转换，转换条件如图 8-2 所示。

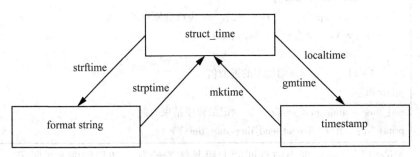

图 8-3   时间表示方式转换图

请参考上图编写代码获取系统当前时间戳，并转换为时间元组和格式化时间字符串输出，时间字符串格式要求为：

×××年××月××日 ××：××：××

参考答案：

```
import time
timestamp = time.time( )  #获取当前时间戳
struct_time = time.localtime( timestamp)  #将时间戳转换为当地时间的时间元组
format_string = time.strftime( "%Y 年%m 月%d 日 %H:%M:%S", struct_time)
        #格式化字符串
print( "当前时间戳：{:} \ n".format( timestamp) +" 时间元组：{:} \ n".format
( struct_time) +"格式化时间字符串:" +format_string)
```

③已知蒙特卡洛方法使用随机数（或更常见的伪随机数）来解决计算问题，可以通过撒点后点的分布得出面积比，进而求出圆周率的近似值，这体现了 Python 能够用计算思维解决数学问题。

请使用蒙特卡洛方法计算圆周率的近似值，并输出程序执行时间。参考答案①：

---

① Python-蒙特卡洛方法计算圆周率 [EB/OL]. [2019-08-02]. https：//blog. csdn. net/q1694222672/article/details/ 81985391.

```
import random, math, time
start_time = time. perf_counter()   #记录程序开始运行时间
s = 1000 * 1000   #设置循环次数(即撒点数量)
hits = 0   #初始化落入圆中的点的数量
for i in range(s):
    x = random. random()
    y = random. random()
    z = math. sqrt(x * * 2+y * * 2)   #z 为点到原点的距离
    if z <= 1:   #若 z 落入圆内 hits+1
        hits += 1
PI = 4 * (hits/s)   #求圆周率的近似值
print(PI)
end_time = time. perf_counter()   #记录程序结束时间
print("{:.2f}s". format(end_time-start_time))
```

④请编写程序实现当前日期的七段晶体管绘制。效果如图 8-4 所示。

图 8-4　七段晶体管时间绘制

提示：每段线段之间应设置一定距离的分隔，每个数字的绘制轨迹可以相同，在这种情况下可以利用画笔的落下与抬起实现某段线段的绘制或跳过。

参考答案①：

```
import turtle, time
''' 定义函数 drawGap 用于前进线条之间的分隔 5 个像素 '''
def drawGap():
    turtle. penup()
    turtle. fd(5)
''' 定义函数 drawLine 用于绘制一段线条 '''
def drawLine(draw):
```

---

① 嵩天，礼欣，黄天羽. Python 语言程序设计基础(第二版)〔M〕. 北京：高等教育出版社，2017.

```
        drawGap()
        turtle.pendown() if draw else turtle.penup()
        turtle.fd(40)
        drawGap()
        turtle.right(90)
''' 定义函数 drawDigit 用于绘制数字 '''
def drawDigit(dight):
        drawLine(True) if dight in [2, 3, 4, 5, 6, 8, 9] else drawLine(False)
        drawLine(True) if dight in [0, 1, 3, 4, 5, 6, 7, 8, 9] else drawLine
(False)
        drawLine(True) if dight in [0, 2, 3, 5, 6, 8, 9] else drawLine(False)
        drawLine(True) if dight in [0, 2, 6, 8] else drawLine(False)
        turtle.left(90)
        drawLine(True) if dight in [0, 4, 5, 6, 8, 9] else drawLine(False)
        drawLine(True) if dight in [0, 2, 3, 5, 6, 7, 8, 9] else drawLine(False)
        drawLine(True) if dight in [0, 1, 2, 3, 4, 7, 8, 9] else drawLine(False)
        turtle.left(180)
        turtle.penup()
        turtle.fd(20)      #前进数字之间的分隔20像素
''' 定义函数 drawDate 用于设置画笔颜色和绘制汉字 '''
def drawDate(date):
        turtle.pencolor("red")
        for i in date:
                if i == '-':
                        turtle.write("年", font=("Arial", 18,"normal"))
                        turtle.pencolor("green")
                        turtle.fd(40)
                elif i == '=':
                        turtle.write("月", font=("Arial", 18,"normal"))
                        turtle.pencolor("blue")
                        turtle.fd(40)
                elif i =='+':
                        turtle.write("日", font=("Arial", 18,"normal"))
                else:
                        drawDigit(eval(i))
''' 定义主函数 '''
def main():
```

```
    turtle. setup( 800, 350, 200, 200)   #定义绘图窗口大小
    turtle. penup( )
    turtle. fd( -300)
    turtle. pensize(5)   #定义画笔粗细
    drawDate( time. strftime( "%Y-%m=%d+", time. gmtime( ) ) )
    ''' 将当前日期的格式化字符串作为参数传递给 drawDate 函数 '''
    turtle. hideturtle( )   #绘制结束后隐藏海龟
    turtle. done( )   #绘制结束后保留绘图窗口
''' 运行主函数 '''
main( )
```

课后习题

1. 获取当前日期时间，并输出当月的日历。

2. 将浮点数 3.14 和 decimal 对象 Decimal(3.14) 转换为 Fraction 实例，并求该实例的向上取整值和向下取整值、舍入值以及近似估计值。

3. 定义一个序列，元素为 range(1, 10)，打乱该序列后随机抽取一个元素和一个长度为 3 的样本。

4. 使用 turtle 模块绘制一个红色五角星。

第 9 章　Python 文件读写

9.1　文件数据读写

9.1.1　什么是文件

文件按载体进行分类可分为计算机文件和普通纸质文件。与普通纸质文件载体不同，计算机文件是以计算机硬盘为载体存储在计算机上的信息集合。如无特别说明，本书中提到的文件均是指计算机文件。

计算机文件的分类方式有许多种，例如：

按照文件的逻辑结构的不同，可以把文件分成流式文件和记录式文件。构成流式文件的基本单位是字符或者字节，如 ASCII 码文件或者二进制文件；构成记录式文件的基本单位是记录，一条记录又由若干数据项构成。

按照保护级别可以将文件分为只读文件、只写文件、可读可写文件、可执行文件和不受保护文件等。例如，只读文件只授权用户进行数据读取，而不能进行修改等操作。

计算机文件通常具有文件名和文件扩展名，其中扩展名用于指示文件格式。计算机文件的格式主要包括文本文件格式、图形文件格式、数据库文件格式等，例如，图片文件常以 JPEG 格式保存并以 .jpg 为文件扩展名，文本文件则常以 .txt 为扩展名。本节将针对 txt 文件、csv 文件、excel 文件、json 文件四种类型的文件进行 Python 文件读写相关操作的介绍。

9.1.2　文件的打开与关闭

对文件的操作通常涉及文件的打开与关闭，用户可以根据文件路径或文件描述符打开文件，实现对文件的读写操作，操作完毕后应注意及时关闭文件，避免文件被误用。

Python 提供了内置函数 open( ) 来打开文件，使用 with 语句或文件对象的 close( ) 方法来关闭文件。

(1) 打开文件

open( ) 函数的常用调用语法及参数如下：

$$open(file, [mode = 'r'], encoding = None)$$

该函数用来打开指定的文件，并在程序中返回一个对应的文件对象，如果被指定的文件不存在或者无法打开，则有可能引发 FileNotFoundError 的异常提示。

open( ) 函数最常用的两个参数是 file 和 mode。

其中，file 参数是一个路径类对象，表示被指定打开文件的路径，可以是绝对路径或者当前工作目录的相对路径，也可以是一个整数类型的文件描述符。

mode 参数是一个可选字符串，用于指定打开文件的模式，默认值为 'r'，表示以只读的文本模式打开文件，相当于 'rt'。

model 参数常用的文件打开模式如表 9-1 所示。

表 9-1　　　　　　　　　　　　　文件打开模式

字符	意　　义
't'	文本模式(默认)
'x'	排他性创建文件，如果文件已存在则失败
'b'	二进制模式
'+'	更新磁盘文件(读取并写入)
'r'	读取文件
'rb'	以二进制格式、只读模式打开一个文件，文件指针将指向文件的开头
'r+'	以读写模式打开一个文件，文件指针将指向文件的开头
'rb+'	以二进制格式打开一个文件，可用于读写，同时文件指针指向文件的开头
'w'	写入文件，如果文件已存在则打开文件，并从文件开头开始编辑，即原有内容会被删除；如果该文件不存在，创建新文件

续表

字符	意　义
'wb'	以二进制格式打开一个文件仅用于写入文件，如果文件已存在则打开文件，并从文件开头开始编辑，即原有内容会被删除；如果该文件不存在，创建新文件
'w+'	打开一个文件用于读写，如果文件已存在则打开文件，并从文件开头开始编辑，即原有内容会被删除，如果该文件不存在，创建新文件
'wb+'	以二进制格式打开一个文件用于读写，如果文件已存在则打开文件，并从文件开头开始编辑，即原有内容会被删除；如果该文件不存在，创建新文件
'a'	打开一个文件用于追加，如果该文件已存在，文件指针将指向文件的结尾，即追加内容将会被写入到已有内容之后；如果该文件不存在，创建新文件进行写入
'ab'	以二进制格式打开一个文件用于追加，如果该文件已存在，文件指针将指向文件的结尾，即追加内容将会被写入到已有内容之后；如果该文件不存在，创建新文件进行写入
'a+'	打开一个文件用于读写，如果该文件已存在，文件指针将指向文件的结尾，文件打开时为追加模式；如果该文件不存在，创建新文件用于读写
'ab+'	以二进制格式打开一个文件用于读写；如果该文件已存在，文件指针将指向文件的结尾，文件打开时为追加模式；如果该文件不存在，创建新文件用于读写

Python 将文件分为二进制文件和文本文件两类。如果以二进制模式打开文件(即 mode 参数中包含'b')，open( ) 函数的返回为一个字节对象，并不进行解码，也就是说，从文件中读取的数据内容是二进制的序列。

如果以文本模式打开文件(默认情况或者 mode 参数中包含't')，open ( ) 函数的返回为一个字符串对象，且使用指定的 encoding 方式或者采用平台默认的字节编码方式对文件内容进行解码。

encoding 参数用于指定对文件内容进行解码或编码的方式，仅在文本模式下使用。如果不指定编码，则采用平台的默认编码，可通过 locale. getpreferredencoding( ) 函数获知。encoding 参数可以设为任何 Python 支持的文本编码方式，常用的有"ascii""gbk""utf-8"等。

open()函数还有一些不太常用的参数，如 buffering、opener、errors、newline、closefd 等，相关的具体用法及说明请自行查阅 Python 官方文档。

(2) 关闭文件

文件打开以后，会产生一个文件对象，负责对该文件进行读取和写入等操作。在使用完文件以后，应该关闭文件对象，以防止文件被再次误用。关闭文件的含义是解除文件对象与外存上的文件的对应联系，释放打开文件时占用的资源。关闭文件的方式有两种：采用 with 语句操作文件时可自动触发关闭操作，或者调用 close()函数进行关闭。

在对文件对象进行操作时，可以使用 with 关键字，这也是 Python 推荐的文件对象操作方式。因为在文件操作的过程中，有可能因各种原因产生异常而中止当前读写文件代码的执行，采用 with 语句的文件操作模式，即便是文件操作没有正常结束，文件对象依然会被正确地关闭，从而降低异常控制带来的不确定性。with 语句使用示例如下：

```
with open('workfile') as fp:
        read_date = fp. read()    #文件操作代码块
fp. closed
```

True

如果没有使用 with 关键字，则需要在文件使用完毕以后，调用 fp. close()方法来关闭文件对象并释放其使用的系统资源。不过，如果没有显性的执行 close()方法关闭文件，Python 的垃圾回收机制也会定期地检查文件对象的使用情况，没有使用完毕的文件对象，会触发垃圾回收机制，该文件对象会被销毁并关闭。但这样做的风险是在文件对象被销毁前该文件会一直保持打开状态，有可能被误用。不论是通过 with 语句还是调用 fp. close()方法关闭文件对象后，都无法再次使用该文件对象。

文件的打开与关闭两种方式的示例代码如下：

```
fp = open("E:/test. txt", "wb")                    #打开一个文件
print("文件名: ", fp. name)
print("是否已关闭 : ", fp. closed)
print("访问模式 : ", fp. mode)
fp. close()                                         #关闭该文件
print("是否已关闭 : ", fp. closed)
```

文件名： E:/test. txt
是否已关闭 ： False

访问模式： wb

是否已关闭： True

```
with open('E:/test.txt',"r") as fp:        #设置文件对象
    print("文件名：", fp.name)
    str = fp.read()                        #可以是随便对文件的操作
print("是否已关闭：", fp.closed)
```

文件名： E:/test.txt

是否已关闭： True

9.2　txt 文件读写

txt 文件即文本文档，是以 .txt 为后缀名的文件。它是微软在操作系统上附带的一种文本格式，是一种最常见的文件格式，主要存储文本信息，即文字信息。通常 txt 文件使用记事本等程序保存，并且可通过大多数软件进行查看。txt 文件可以直接通过 Python 中的 open() 函数与 close() 函数打开和关闭。

9.2.1　txt 文件读取

txt 文件中数据的读取有四种方式，分别是 f.read(size)、f.readline(size)、f.readlines(hint) 及行遍历。

（1）f.read(size)

从文件当前位置起读取 size 指定的字符数，并将其作为字符串(文本模式下)或字节对象(二进制模式下)返回。

size 是一个可选的数字参数，如果未给定 size 或 size 为负数，则读取并返回文件的全部内容。若文件当前位置指向文件末尾，语句 f.read() 将返回一个空字符串。

代码示例如下：

```
f = open("E:/test.txt","r")
lines1 = f.read(5)
print("lines1:")
print(lines1)
lines2 = f.read()
print("lines2:", lines2)
f.close()
```

lines1:

Hello

lines2:

Welcome

上述代码表示,以只读模式打开存储在 E 盘中的文本文档 test.txt,通过语句 f.read(5)读取文档中的前五个字符并赋值给 lines1 输出,紧接着不指定 size 将 f.read()赋值给 lines2,从当前位置读取剩余全部字符并输出。

(2)f.readline(size)

每次从文件中读取一行内容,包括每一行末尾的"\ n"换行字符。

size 表示从文件每一行中读取的字节数,如果指定了一个非负数的参数,则返回指定大小的字节数,包括"\ n"字符。如果未给定 size 或 size 为负数,则读取并返回文件每一行的全部内容。若读取到空行用"\ n"表示,如果已到达文件末尾,语句 f.readline()将返回一个空字符串。

代码示例如下:

```
f = open("E:/test.txt", "r+")    #打开文件
line1 = f.readline()
print("读取第一行:", line1)
line2 = f.readline()
print("读取的字符串为:", line2)
line3 = f.readline(4)
print("读取的字符串为:", line3)
f.close()                        #关闭文件
```

读取第一行:This is the first line of the file.

读取的字符串为:

读取的字符串为:Thir

从以上代码运行结果可以看出,语句 line2 = f.readline()是接着上一条居于 line1 = f.readline()指针所指位置继续,进行第二行的读取。由于第二行为空,因此返回一个空行。

语句 line3 = f.readline(4),表示阅读第三行的前 4 个字符,也就是"Thir"。

(3)f.readlines(hint)

从文件中读取 hint 指定的行数,保存在一个列表(list)当中,每行作为

列表中的一个元素。

　　如果未给定 hint 或 hint 为负数，则读取所有行内容，并返回以每行内容为元素形成的一个列表；若读取到空行则用"\n"表示。

　　代码示例如下：

```
f = open("E:/test.txt","r")
lines = f.readlines()
print(type(lines))
print(lines)
f.close()
```

\<class 'list'\>
['This is the first line of the file. \n', '\n', 'Third line of the file \n']

（4）其他读取方式

　　除以上三种读取方式外，用户还可以通过循环遍历文件对象来读取文件中的行，这不但能够简化代码，还有利于提高运行效率。

　　代码示例如下：

```
f = open("E:/test.txt","r")
for line in f:
    print(line, end = '')
f.close()
```

This is the first line of the file.

Third line of the file

9.2.2　txt 文件写入

　　向 txt 文件中写入数据有两种方式，分别为：f.write（string）和 f.writelines（sequence）。

（1）f.write（string）

　　向文件中写入指定的字符串，且不会自动在字符串末尾添加'\n'换行字符，string 为要写入文件的字符串。

　　在文件关闭前或缓冲区刷新前，字符串内容存储在缓冲区中，这时用户在文件中看不到写入的内容，函数返回值为用户写入的字符数。

　　代码示例如下：

```
f = open("E:/test. txt", "r+")
str = "This is the first line of the file. "
print(f. write(str))
f. close()
```

35

当用户向文件中写入字符串"This is the first line of the file. "时，程序运行成功后将返回字符串的长度 35。

（2）f. writelines(sequence)

参数为序列，如列表，该方法将迭代写入文件，但不会自动在字符串末尾添加'\n'换行字符。若列表中字符串的末尾没有换行符，则相当于写入了一行数据。

代码示例如下：

```
f1 = open("E:/test1. txt", "r+")        #以读写模式打开文件 test1,指针指向文件
                                          开头
f2 = open("E:/test2. txt", "r+")        #以读写模式打开文件 test2,指针指向文件
                                          开头
f1. writelines(['love\n','python\n'])   #向文件中写入 2 行数据
f2. writelines(['love','python'])       #向文件中写入数据
f1. close()
f2. close()
with open("E:/test1. txt","r") as f1:   #再次以只读模式打开文件,指针指向文件
                                          开头
    print("f1:")
    for line in f1:
        print(line, end='')
with open("E:/test2. txt","r") as f2:   #再次以只读模式打开文件,指针指向文件
                                          开头
    print("f2:", end='')
    for line in f2:
        print(line, end='')
```

f1:
love
python
f2:lovepython

296

9.2.3　使用指针随机读写

在对文件进行读写操作时，文件对象的位置指针指向当前读写的位置，顺序读写一个字符后，该位置指针自动移动指向下一个字符。除顺序读写外，Python 提供了 seek 函数改变位置指针的指向，从而实现对文件的随机读写。另外，通过 tell 函数可以得知位置指针的当前位置。

（1）seek 函数

调用形式为：

$$f. seek(offset，startpoint=0)$$

通过向参考点 startpoint 添加偏移量 offset 来计算位置。

其中，startpoint 参数在 0、1、2 中取值，0 表示文件开始，1 表示当前位置，2 表示文件末尾。startpoint 参数可缺省，默认值为 0，即从文件开头进行读写。

offset 偏移量指以 startpoint 为基点，往后移动的字节数。seek 函数返回值为指针移动后的位置，用相对于文件开头的偏移量（单位是字节）来表示。

代码示例如下：

```
f = open("E:/test. txt","rb+")
print("第二行代码 f. write()返回值:", f. write(b'0123456789abcdef'))
print("第三行代码 f. seek()返回值:", f. seek(5))
print("第四行代码 f. read()返回值:", f. read(2))
print("第五行代码 f. seek()返回值:", f. seek(-4, -2))
print("第六行代码 f. read()返回值:", f. read(1))
f. close()
```

第二行代码 f. write()返回值: 16
第三行代码 f. seek()返回值: 5
第四行代码 f. read()返回值: b'56'
第五行代码 f. seek()返回值: 13
第六行代码 f. read()返回值: b'd'

首先以读写模式打开 test. txt 文件，第二行代码使用 write() 函数将字符串写入文件当中，运行结果返回字符串的总长度 16。

第三行代码中 startpoint 值缺省，默认为 0，表示从文件开头位置开始，偏移量为 5，因此语句 f. seek(5) 的运行结果为指针指向第 5 个位置。从指针当前位置开始读取，指定读取 1 位，因此运行结果为 5，表示指针所指位置读取的字符为 5。

第四行代码从指针当前位置开始读取，指定读取 2 位，因此运行结果为 56，表示指针所指位置读取的字符为 56。

第五行代码中 startpoint 值为 2，表示从文件末尾位置开始查找，并向前偏移 4 个位置，因此指针指向 13 这个位置。

第六行代码中从当前指针指向的位置进行字符的读取，指定读取 1 位字符，可以看到运行结果为 d，表示当前指针指向位置的字符为 d。

（2）tell( ) 函数

调用形式为：

fileObject. tell( )

其中 fileObject 表示文件对象。当开发者多次调用指针偏移函数后不知道当前指针所指向的位置时，可以调用 tell 函数得到位置指针的当前位置，用相对于文件开头的偏移量（单位：字节）来表示。

代码示例如下：

```
f = open("E:/test. txt",'r')
print(f. tell( ))
print(f. read(9))
print(f. tell( ))
f. close( )
```

```
0
hello wor
9
```

可以看到，当使用 open( ) 函数打开文件时，文件指针的起始位置为 0，表示指向文件的开头处，当使用 read( ) 函数从文件中读取 9 个字符之后，文件指针同时向后移动了 9 个字符的位置。这就表明，当程序使用文件对象读写数据时，读写了多少个字符，文件指针就自动向后移动多少个位置。

9.3 csv 文件读写

csv（comma-separated values）文件是一种电子表格和数据库中最常见的输入、输出文件格式。csv 文件以行为单位，每行数据通常以逗号为分隔符分隔成单元格。尽管 csv 文件的分隔符可能不尽相同，但文件的大致格式是相似的，因此 Python 提供了一个专门处理 csv 文件的模块来高效处理此类数据，可使用户忽略读写数据的繁琐细节，专注对数据的处理。

在 Python 中，csv 文件可以直接通过 Python 中的 open( ) 函数与 close( ) 函数打开和关闭。在使用 csv 模块前需要进行模块的安装，命令为 pip install csv，使用时则进行模块的调用：import csv，然后利用这个库提供的方法进行对文件的读写。

9.3.1　csv 文件读取

在 Python 中读取 csv 文件常用的方法是 csv. reader( )，其调用格式和常用参数如下：

$$csv. reader(csv\_file, dialect = 'excel')$$

该方法用于从 csv 文件中读取数据，返回一个可以按行读取文件的对象。其中，csv_file 是文件对象或列表对象；dialect 是一个可选参数，用于指定 csv 文件的格式，包括"excel""excel-tab"和"unix"等取值，可以是 Dialect 类的子类实例或者由 list_dialect( ) 函数返回的字符串，一般采用默认值"excel"，即以逗号为分隔符。reader( ) 方法还有一些其他的参数，如 delimiter 用来指明分割符，quotechar 用来指明引用符，quoting 用来指明引用的模式，doublequote 用来处理表格文本中出现双引号的情况。读者可以参考相关规范进行了解。

从 csv 文件读取的每一行都将作为字符串列表返回，除非用户指定了格式选项，否则不会执行自动数据类型转换。

函数调用的示例代码如下：

```
import csv
with open('E:/test. csv', 'r') as f:
    reader = csv. reader(f)
    print(type(reader))
    for row in reader:
        print(row)
```

```
<class '_csv. reader'>
['id', 'name', 'age']
['0001', 'Mike', '20']
['0002', 'Bob', '22']
['0003', 'Jane', '21']
```

以上代码以列表形式输出 test. csv 文件中的每一行数据，若用户想要获取其中的某一列内容，可以对输出加一个下标。

例如：

```
import csv
with open('E:/test.csv', 'r') as f:
    reader = csv.reader(f)
    print(type(reader))
    for row in reader:
        print(row[1])
```

<class '_csv.reader'>

name

Mike

Bob

Jane

上述代码成功获取了文件中的第二列数据，如果用户仅想要读取其中的某一行，可以先对 reader 对象进行类型转换，用 list 函数将其转换成列表，然后对列表进行元素的获取。

例如：

```
import csv
with open('E:/test.csv', 'r') as f:
    reader = csv.reader(f)
    result = list(reader)
    print(result[1])
```

['0001', 'Mike', '20']

通过输出结果可知，此处获取的数据为 test.csv 文件中的第二行数据。

9.3.2 csv 文件写入

与 reader() 相对应，在 Python 中写入 csv 文件常用的方法是 csv.writer()，其调用格式和常用参数如下：

$$csv.writer(csv\_file, dialect='excel')$$

该方法用于向 csv 文件写入数据，返回一个 writer 对象负责将用户的数据写入制定的文件中，并将数据内容转换为带分隔符的字符串。其中，csv_file 是支持使用 writer() 方法进行写入的对象。writer() 方法的参数含义与 reader() 方法相类似。

按照写入的方式划分，writer 对象写入数据的方式为 writerow() 和 writerows()。

（1）writerow( )

writerow( )方法每次写入一行数据，示例如下：

```
import csv
with open('E:/test. csv', 'r+') as f:
    header = ['class', 'name', 'sex', 'height', 'year']
    writer = csv. writer(f)
    writer. writerow(header)
```

（2）writerows( )

writerows 方法每次可写入多行数据，示例如下：

```
import csv
with open('E:/test. csv', 'r+') as f:
    rows = [[1, 'xiaoming', 'male', 168, 23],
            [1, 'xiaohong', 'female', 162, 22],
            [2, 'xiaozhang', 'female', 158, 21],
            [2, 'xiaoli', 'male', 158, 21]]
    writer = csv. writer(f)
    writer. writerows(rows)
```

9.3.3　以字典形式读写

用户通过 csv 模块中的 DictReader( )方法和 DictWriter( )方法，可以字典的形式读写 csv 文件中的数据。其中，DictReader( )方法用于以字典形式从 csv 文件中读取数据，DictWriter( )方法用于以字典形式写入数据至 csv 文件中。

（1）DictReader( )

函数调用格式为：

csv. DictReader(csv_file, fieldnames)

该函数创建一个 DictReader 对象，将 csv 文件每行的内容映射到一个 OrderedDict(Python 模块 collections 的子类)的对象上。该 OrderedDict 对象的键由可选的 fieldnames 参数给定。fieldnames 参数是一个序列，如果省略该参数，则默认文件 csv_file 第一行中的值将用作字段名，不管字段名是如何确定的，OrderedDict 对象都会保留其原始顺序。

DictReader( )方法还有一些其他的参数，如 restkey 参数，如果一行中的字段多于字段名，则剩余数据将放入列表中，并使用 restkey 指定的字段名存储(默认为无)。如果非空行的字段少于字段名，则缺少的值将用 None 填充。具体可以参考相关规范进行了解。

DictReader 类的应用示例代码如下：

```
import csv
with open('names. csv', newline='') as csvfile:
    reader = csv. DictReader(csvfile)          #构造 DictReader 对象
    for row in reader:                          #循环遍历 reader 中的行
print(row['first_name'], row['last_name'])      #输出名和姓
```

Eric Idle
John Cleese

（2）DictWriter( )

函数调用格式为：

csv. DictWriter(csv_file, fieldnames)

该函数创建一个 DictWriter 对象，将字典映射到输出行。fieldnames 参数是一个键序列，用于标识传递给 writerow( )方法的字典中的值写入文件csv_file 的顺序。

DictWriter 方法还有一些其他的参数，如 restval 参数用于指定当字典在fieldnames 中缺少键时要写入的值。如果传递给 writerow( )方法的字典包含在字段名中找不到的键，则可选的 extrasaction 参数指示要采取的操作。如果将其设置为"raise"，则会引发默认值 ValueError 异常；如果设置为"ignore"，则忽略字典中的额外值。任何其他可选参数或关键字参数都将传递给基础 writer 实例。读者可以参考相关规范进行了解。

注意，与 DictReader 类不同，DictWriter 类的 fieldnames 参数不是可选的，不可缺省。

DictReader 类的应用示例代码如下：

```
import csv
with open('names. csv', 'w', newline='') as csvfile:
    fieldnames = ['first_name', 'last_name']   #定义键序列
    writer= csv. DictWriter(csvfile, fieldnames=fieldnames)      #构造 DictWriter 对象
    writer. writeheader()   #写入构造函数指定的字段名
    writer. writerow({'first_name': 'Baked', 'last_name': 'Beans'})      #写入行
```

```
writer. writerow( {'first_name': 'Lovely', 'last_name': 'Spam'} )
writer. writerow( {'first_name': 'Wonderful', 'last_name': 'Spam'} )
```

9.3.4　Reader 对象的方法和属性

csv 模块提供了对于 Reader 对象的方法和属性，可用于 DictReader 实例和由 reader( )函数返回的对象。

Reader 对象的通用方法：

- csvreader. next( )：将可迭代的 Reader 对象的下一行内容作为列表（如果对象由 read( )函数返回）或字典（如果对象是一个 DictReader 实例）返回。

Reader 对象的共有属性：

- csvreader. dialect：解析器正在使用的 dialect 的只读描述。
- csvreader. line_num：从源迭代器中读取的行数，与返回的记录数不同，因为记录可以跨多行。

DictReader 对象的独有属性：

- DictReader. fieldnames：如果在创建对象时未作为参数传递，则在第一次访问或从文件中读取第一条记录时初始化此属性。

9.3.5　Writer 对象的方法和属性

csv 模块提供了对于 Writer 对象的方法和属性，可用于 DictWriter 实例和由 writer( )函数返回的对象。对于 Writer 对象，行必须是可迭代的字符串或数字，对于 DictWriter 对象，行必须是将字段名映射为字符串或数字的字典（首先通过 str( )传递）。

Writer 对象的通用方法：

- csvwriter. writerow(row)：将 row 参数写入 Writer 的文件对象，并根据当前 dialect 进行格式化。
- csvwriter. writerows(rows)：将 rows 中的所有元素（一个可迭代的行对象）写入 Writer 的文件对象，并根据当前 dialect 进行格式化。

Writer 对象的共有属性：

- csvwriter. dialect：当前 Writer 对象正在使用的 dialect 的只读描述。

DictWriter 对象的独有方法：

- DictWriter. writeheader( )：写入一行在构造函数中指定的字段名。

9.4　xls 与 xlsx 文件读写

Microsoft Excel 是微软公司为使用 Windows 和 Apple Macintosh 操作系统的电脑编写的一款电子表格软件。Microsoft Excel 最初的版本在 1989 年推出，其版本随着时间不断更新，文件的扩展名有两种，分别为 . xls 和 . xlsx。2003 及以前版本默认生成的文件格式的后缀为 . xls，而 2007 及以后版本生成的文件格式后缀默认保存为 . xlsx。从核心结构的角度来看，xls 是一个特有的二进制格式，其核心结构是复合文档类型的结构，而 xlsx 的核心结构是 XML 类型的结构，采用的是基于 XML 的压缩方式，使其占用的空间更小。

不论是以 . xls 为后缀的 excel 文件还是以 . xlsx 为后缀的 excel 文件，通常在 Python 程序中均使用 xlrd 模块与 xlwt 模块实现对 excel 文件内容的读取和写入，xlrd 模块实现内容读取，xlwt 模块实现内容写入。

9.4.1　excel 文件读取

本节将介绍如何运用 xlrd 模块实现表格文件的读取。首先在相应的文件夹中新建一个 excel 文件，命名为 example. xlsx，同时在该工作簿中建立两张工作表(Sheet)，分别为 STUDENT 和 BOOK，STUDENT 表格内容如图 9-1 所示，BOOK 表为空表。

	A	B	C	D
1	NAME	AGE	GENDER	
2	A	20	MALE	
3	B	21	FEMALE	
4	C	22	MALE	
5	D	23	FEMALE	
6				

图 9-1　EXCEL 表示例

xlrd 模块支持读取 excel 表格数据，包含 xlsx 和 xls 格式的 excel 文件。模块的安装方式为 pip install xlrd，在使用模块之前需要导入模块，语句为：import xlrd。对 xlrd 模块中的基本函数介绍如下：

① 打开 workbook 获取 Book 对象。

在 Python 中打开 excel 文件常用的方法是 xlrd. open_workbook( )，其调用格式和常用参数如下：

xlrd. open_workbook(filename[, logfile, file_contents, ...])

该函数用于打开 excel 文件，调用函数后得到一个 Book 对象。其中，filename 参数用于指定需操作的文件名（包括文件路径和文件名称），若 filename 不存在，则生成 FileNotFoundError 异常；若 filename 存在，则返回值为一个 xlrd. book. Book 对象。

示例如下：

```
import xlrd
data = xlrd. open_workbook( r'E:\example. xlsx')
```

需要注意的是，在打开表格文件时需要注意文件路径的填写，如果路径错误会导致程序运行失败。

② 获取 Book 对象中所有工作表名称。

BookObject. sheet_names( )

该函数用于获取所有工作表的名称并以列表方式显示，BookObject 为 excel 文件被打开后返回的 Book 对象名称。

示例如下：

```
import xlrd
data = xlrd. open_workbook( r'E:\example. xlsx')
sheet_name = data. sheet_names( )   #获取所有 sheet 的名称
print( sheet_name)
```

['STUDENT', 'BOOK']

从以上结果可以看出，在 example 表格中包含两张工作表单，名称分别为 STUDENT 和 BOOK。

③ 获取 Book 对象中所有工作表对象。

在打开表格文件后，需要针对 Book 对象（工作簿）中具体工作表对象（Sheet 表单）进行操作，用户可以使用三种函数获取 Book 对象中所有工作表对象，函数返回值均为各工作表对象的 16 进制地址：

- sheets( )[index]。

通过索引获取所有 Sheet 对象，并以列表形式显示，其中 index 为表单的索引。

- sheet_by_index(num)。

通过 Sheet 索引获取所需 Sheet 对象，其中，num 为索引值，索引从 0

开始计算；若 num 超出索引范围，则报 IndexError 异常；若 num 在索引范围内，则返回值为 xlrd. sheet. Sheet 对象及其地址。

- sheet_by_name（sheet_name）。

通过 Sheet 名称获取所需 Sheet 对象，其中 sheet_name 为 Sheet 的实际名称。若 sheet_name 不存在，则报 xlrd. biffh. XLRDError 异常；若 sheet_name 存在，则返回值为 xlrd. sheet. Sheet 对象及其地址。

示例如下：

```
#通过 sheet 页的索引获取 sheet 表
workbook1 = data. sheets（）[0]
print（workbook1）
#第二种索引方式
workbook1 = data. sheet_by_index（1）
print（workbook1）
#通过 sheet 页的名字获取 sheet 表
workbook1 = data. sheet_by_name（'STUDENT'）
print（workbook1）
```

<xlrd. sheet. Sheet object at 0x000002C1DEC22278>

<xlrd. sheet. Sheet object at 0x000002C1DEC22CF8>

<xlrd. sheet. Sheet object at 0x000002C1DEC22278>

运行结果表明 STUDENT 表单的 16 进制地址为 0x000002C1DEC22278，BOOK 表单的 16 进制地址为 0x000002C1DEC22CF8。

④ 判断 Book 对象中某个工作表是否导入。

$$BookObject. sheet\_loaded（sheet\_name\_or\_index）$$

该函数通过工作表名称或索引判断工作表是否导入成功。BookObject 为打开 excel 文件返回的 Book 对象名称，sheet_name_or_index 参数供用户指定工作表名称或索引。函数的返回值为 bool 类型，若返回值为 True 表示已导入；若返回值为 False 表示未导入。

示例如下：

```
import xlrd
data = xlrd. open_workbook（r'E：\ example. xlsx'）
print（data. sheet_loaded（'STUDENT'））
```

True

⑤ 对工作表对象中的行操作。

- SheetObject. nrows。

该函数用于获取某工作表的有效行数。

- SheetObject. row_values(rowx[, start_colx = 0, end_colx = None])。

该函数用于获取工作表中第 rowx+1 行从 start_colx 列到 end_colx 列的数据，返回值为列表。若 rowx 在索引范围内，以列表形式返回数据；若 rowx 不在索引范围内，则报错 IndexError。

- SheetObject. row(rowx)。

该函数用于获取工作表中第 rowx+1 行单元，返回值为列表；列表每个值内容为："单元类型 ：单元数据"。

- SheetObject. row_slice(rowx[, start_colx = 0, end_colx = None])。

该函数以切片方式获取工作表中第 rowx+1 行从 start_colx 列到 end_colx 列的单元，返回值为列表；列表每个值内容为："单元类型 ：单元数据"。

- SheetObject. row_types(rowx[, start_colx = 0, end_colx = None])。

该函数用于获取工作表中第 rowx+1 行从 start_colx 列到 end_colx 列的单元类型，返回值为 array 类型。常见的单元类型有：empty 为 0，string 为 1，number 为 2，date 为 3，boolean 为 4，error 为 5(左边为类型，右边为类型对应的值)。

- SheetObject. row_len(rowx)。

该函数用于获取工作表中第 rowx+1 行的长度。Rowx 为行标，行数从 0 开始计算(0 表示第一行)，是必填参数。

示例如下：

```
import xlrd
data = xlrd. open_workbook( r'E：\example. xlsx')
workbook1 = data. sheets( )[0]
print("STUNDT 工作表行数为：", workbook1. nrows)
print("第二行内容为：", workbook1. row_values(1))
print("第二行单元类型及对应内容为：", workbook1. row(1))
print("第二行从第二列至第三列的内容为：", workbook1. row_slice(1, 1, 3))
print("第二行从第二列至第三列的单元类型为：", workbook1. row_types(1, 1,
3))
print("第二行的长度为：", workbook1. row_len(1))
```

STUNDT 工作表行数为：5
第二行内容为：['A', 20. 0, 'MALE']
第二行单元类型及对应内容为：[text：'A', number：20. 0, text：'MALE']
第二行从第二列至第三列的内容为：[number：20. 0, text：'MALE']

第二行从第二列至第三列的单元类型为：array('B', [2, 1])

第二行的长度为：3

```
print('按行循环获取整个表格内容')
for all_row in range(workbook1.nrows):        #按行循环获取整个表格内容
    row_value = workbook1.row_values(all_row)
    print('row%s value is %s' % (all_row, row_value))
```

按行循环获取整个表格内容

row0 value is ['NAME', 'AGE', 'GENDER']

row1 value is ['A', 20.0, 'MALE']

row2 value is ['B', 21.0, 'FEMALE']

row3 value is ['C', 22.0, 'MALE']

row4 value is ['D', 23.0, 'FEMALE']

⑥ 对工作表对象中的列操作。

● SheetObject.ncols。

该函数用于获取某工作表中的有效列数。

● SheetObject.col_values(colx[, start_colx=0, end_colx=None])。

该函数用于获取工作表中第 colx+1 列从 start_colx 列到 end_colx 列的数据，返回值为列表。若 colx 在索引范围内，以列表形式返回数据；若 colx 不在索引范围内，则报错 IndexError。

● SheetObject.col(colx)。

该函数用于获取工作表中第 colx+1 列单元，返回值为列表；列表每个值内容为："单元类型：单元数据"。

● SheetObject.col_slice(colx[, start_colx=0, end_colx=None])。

该函数以切片方式获取工作表中第 colx+1 列从 start_colx 列到 end_colx 列的单元，返回值为列表；列表每个值内容为："单元类型：单元数据"。

● SheetObject.col_types(colx[, start_colx=0, end_colx=None])。

该函数用于获取工作表中第 colx+1 列从 start_colx 列到 end_colx 列的单元类型，返回值为 array 类型。

示例如下：

```
import xlrd
data = xlrd.open_workbook(r'E:\example.xlsx')
workbook1 = data.sheets()[0]
print("STUNDT 工作表列数为:", workbook1.ncols)
print("第二列内容为:", workbook1.col_values(1))
print("第二列单元类型及对应内容为:", workbook1.col(1))
```

```
print("第二列从第二列至第三列的内容为:", workbook1.col_slice(1, 1, 3))
print("第二列从第二列至第三列的单元类型为:", workbook1.col_types(1, 1,
3))
```

STUNDT 工作表列数为:3

第二列内容为:['AGE', 20.0, 21.0, 22.0, 23.0]

第二列单元类型及对应内容为:[text:'AGE', number:20.0, number:21.0, number:22.0, number:23.0]

第二列从第二列至第三列的内容为:[number:20.0, number:21.0]

第二列从第二列至第三列的单元类型为:[2, 2]

```
print('按列循环获取整个表格内容')
for all_col in range(workbook1.ncols):       #按列循环获取整个表格内容
    col_value = workbook1.col_values(all_col)
    print('col%s value is %s' % (all_col, col_value))
```

按列循环获取整个表格内容

col0 value is ['NAME', 'A', 'B', 'C', 'D']

col1 value is ['AGE', 20.0, 21.0, 22.0, 23.0]

col2 value is ['GENDER', 'MALE', 'FEMALE', 'MALE', 'FEMALE']

⑦ 对工作表对象的单元格执行操作。

● ShellObeject.cell(rowx, colx)。

该函数用于获取工作表对象中第 rowx+1 行、第 colx+1 列的单元对象,返回值为 'xlrd.sheet.Cell' 类型, 返回值的格式为"单元类型:单元值"。

● ShellObject.cell_value(rowx, colx)。

该函数用于获取工作表对象中第 rowx+1 行、第 colx+1 列的单元数据,返回值为当前值的类型(如 float、int、string…)。

● ShellObject.cell_type(rowx, colx)。

该函数用于获取工作表对象中第 rowx+1 行、第 colx+1 列的单元数据类型值。

示例如下:

```
import xlrd
data = xlrd.open_workbook(r'E:\example.xlsx')
workbook1 = data.sheets()[0]
cell_info = workbook1.cell(rowx=1, colx=2)
print(cell_info)
print(type(cell_info))
print(workbook1.cell_value(rowx=1, colx=2))
print(workbook1.cell_type(rowx=1, colx=2))
```

```
text: 'MALE'
<class 'xlrd. sheet. Cell'>
MALE
1
```

9.4.2　excel 文件写入

xlwt 模块支持对 excel 文件进行数据写入，包含 xlsx 和 xls 格式的 excel 表格。模块的安装方式为 pip install xlwt，在使用模块之前需要导入模块，语句为：import xlwt。对 xlwt 模块中的基本方法介绍如下：

① 工作簿类 Workbook。

$$xlwt.\,Workbook(\,encoding = '\,')$$

xlwt 模块中使用该方法创建工作簿对象，括号中 encoding 参数可供用户设置文件的编码形式，如 encoding = 'utf-8'，将编码形式设置为 utf-8：

```
import xlwt
workbook = xlwt. Workbook(encoding = 'utf-8')    #创建第一个 sheet
```

② 工作表类 WorkSheet。

$$workbook.\,add\_sheet(\,[\,name\,]\,)$$

在创建工作簿对象后，用户可以通过 workbook. add_sheet([name])函数在创建的工作簿中添加新的表单，name 为表单名称，若该值缺省，默认建立的工作表名称为 Sheet1、Sheet2 等，例如：

```
sheet1 = workbook. add_sheet('sheet1')
```

③ 写入数据并存储文件。

● sheet1. write(row, col, label = 'str', style)。

用户可使用 write()函数将需要输入的内容写入表单中，其中，sheet1 为表单的名称，row 可以指定单元格的行，col 指定单元格的列，label 指定需要输入的内容，style 变量用于指定单元格的样式，需要用户自行定义。

● workbook. save(path)。

该函数用于保存表单，若不指定文件保存路径，默认保存至当前文件夹当中。

示例如下：

```
import xlwt
workbook = xlwt. Workbook(encoding = 'utf-8')    #创建第一个 sheet
sheet1 = workbook. add_sheet('sheet1', cell_overwrite_ok = True)
sheet1. write(0, 0, label = 'just a test')        #参数对应行，列，值
workbook. save('E:\example1. xls')           #表格存储文件夹路径
```

　　需要注意的是，save( )函数的对象为工作簿的名称而非表单的名称，因此在上述代码块中，将 workbook 名称对应的工作簿存入 E 盘中的 example. xls。

　　④ 单元格样式设置。

　　xlwt 模块还提供单元格格式的设置，如单元格字体、单元格宽度和长度等的设置。xlwt. XFStyle( )方法用于实例化表格样式对象，xlwt. Font( )用于设置字体样式。具体用法示例如下：

```python
import xlwt
#实例化一个工作簿对象
workbook = xlwt. Workbook( encoding = 'utf-8')
#获取工作表对象 Worksheet

worksheet = workbook. add_sheet( 'work_sheet')
#实例化表格样式对象

xstyle = xlwt. XFStyle( )
#设置字体样式

xfont = xlwt. Font( )
xfont. colour_index = 0x04    #设置字体颜色
xfont. bold = True            #字体加粗
xfont. height = 20 * 18       #设置字体高度(20 是基数不变, 18 是字号用于调整
                               大小)

xfont. underline = 0x01       #设置字体带下划线
xfont. name = '华文彩云'       #设置字体
                              #将字体对象赋值给样式对象

xstyle. font = xfont
for i in range(3) :
    for j in range(3) :
            #向工作表中添加数据(参数对应 行, 列, 值, 样式)
            worksheet. write(i, j, label = 'test_' + str(j), style = xstyle)
#保存数据到硬盘
workbook. save( r'E:\example1. xls')
```

生成的表格文件内容如图 9-2 所示：

　　代码中首先产生一个实例化的表格样式对象 xstyle，设置字体样式对象 xfont，然后通过代码 xstyle. font = xfont 将字体对象赋值给表格样式对象。这样一来，向工作表中写入数据时，可以将定义好的样式赋值给 style 参数，设置写入表格字体。

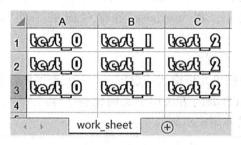

图 9-2　代码运行结果示例

xlwt 模块中常用设置样式的函数如表 9-2 所示：

表 9-2　　　　　　　　　　**xlwt 模块设置单元格格式**

函数	含　义
font = xlwt. Font( )	为样式创建字体
font. name = ' '	设置字体类型，在单引号中填入字体类型，如 Times New Roman
font. colour_index = n	设置字体颜色，其中 n 表示字体颜色对应代码，如 1 对应黑色
font. bold = n	设置字体是否加粗，其中 n 取值为 True 为加粗，False 为不加粗
font. underline = n	设置字体是否下划线，其中 n 取值为 True 是下划线，False 为不下划线
font. italic = n	设置字体是否斜体，其中 n 取值为 True 为斜体，False 为不斜体
alignment = xlwt. Alignment( )	设置单元格对齐方式
alignment. horz = n	n 取值为 0x01(左端对齐)、0x02(水平方向上居中对齐)、0x03(右端对齐)
alignment. vert = n	n 取值为 0x00(上端对齐)、0x01(垂直方向上居中对齐)、0x02(底端对齐)
alignment. wrap = n	设置自动换行，n 取值为 1 时，自动换行，为 0 时则相反
borders = xlwt. Borders( )	设置边框

续表

函数	含　义
borders. left = n borders. right = n borders. top = n borders. bottom = n	设置左、右、上、下边框。n 取值为 1(细实线)、2(小粗实线)、3(细虚线)、4(中细虚线)、5(大粗实线)、6(双线)、7(细点虚线)
borders. left_colour = n	设置左边框颜色，其中 n 表示字体颜色对应代码，如 1 对应黑色
borders. right_colour = n	设置右边框颜色，其中 n 表示字体颜色对应代码，如 1 对应黑色
borders. top_colour = n	设置上边框颜色，其中 n 表示字体颜色对应代码，如 1 对应黑色
borders. bottom_colour = n	设置下边框颜色，其中 n 表示字体颜色对应代码，如 1 对应黑色

9.5　JSON 文件格式转换

JSON 数据是一种文本字符串，是 JavaScript 的原生数据格式，即 JavaScript 对象标记(JavaScript Object Notation，JSON)。JSON 是一种常用的轻量级的标准数据交换格式，采用完全独立于编程语言的文本格式来存储和表示数据，具有简洁和清晰的结构层次，易于阅读和编写以及机器解析和生成，能够有效地提升网络传输效率。

在 JavaScript 语言中，一切都是对象，任何其支持的类型都可以用 JSON 表示，包括字符串、数字、对象、数组等。其中，对象和数组是比较常用的类型，用键值对表示，数据由逗号分隔。JSON 是 JavaScript 对象的字符串表示法，使用文本表示一个 JavaScript 对象的信息，本质是一个字符串。

JSON 数据的形式类似于字典，形如：{"名称 1"："值 1"，"名称 2"："值 2"，…，"名称 n"："值 n"}，是采用键值对来保存 JS 对象的一种方式，键值对组合中的键名写在前面并使用双引号，使用冒号分隔，然后是值。例如：{"firstName"："Json"} 等价于以下 JavaScript 语句：{firstName："Json"}。

Python 的 json 模块能够实现 Python 的字典(dict)对象和 JSON 格式之间

的互相转换，即序列化和反序列化。使用 json 模块需要用 import json 语句进行导入。

json 模块的 dump 方法和 dumps 方法将 Python 的 dict 对象序列化(编码)为 JSON 格式字符串，load 方法和 loads 方法将 JSON 格式反序列化(解码)为 Python 的 dict 对象。下面对上述四个方法进行介绍。

9.5.1　json. dump( )方法

该方法用于将一个 Python 的 dict 类型数据转成字符串，并写入到一个 JSON 文件中，其常用的参数及调用格式为：

$$json. dump(dict\_obj, file\_obj, ensure\_ascii = True)$$

其中，dict_obj 是一个 Python 的 dict 对象，被序列化为一个 JSON 格式的流，并输出到文件对象 file_obj 中，file_obj 要能够支持用 write( )方法进行写入操作。由于 json 模块产生的输出流是字符串类型而非 bytes 对象，file_obj. write( )必须支持字符串输入。

参数 ensure_ascii 设定写入字符串的编码方式，默认值为 True，即按 ASCII 进行编码，所有输入的非 ASCII 字符将被转义输出；如果 ensure_ascii 是 False，这些字符会原样输出。

例如，下面的代码按 ASCII 编码将字符串写入相应文件：

```
import json
stu_num = {'a': '1111', 'b': '2222', 'c': '3333', 'd': '4444'}
stu_filename = 'E:\stu_json. json'
json. dump( stu_num, open('stu_json. json', 'w'))    #ASCII encoding
```

如果要写入中文字符，下面的代码按 UTF-8 编码将字符串写入相应文件：

```
import json
stu_num = {'张三': '1111', '李四': '2222', '小明': '3333', '小红': '4444'}
stu_filename = 'E:\stu_json. json'
with open( stu_filename, 'w', encoding='utf-8') as fp:
    json. dump( stu_num, fp, ensure_ascii = False)    #UTF-8 encoding
```

9.5.2　json. dumps( )方法

该方法将 dict 类型的数据转成字符串类型，如果直接将 dict 类型的数据写入 JSON 文件中会发生报错，可以在将数据写入时调用该函数。其常用的调用格式为：

json. dumps(data, ensure_ascii = True)

其中，data 为 dict 类型的数据，该方法将 data 序列化成一个 JSON 格式的字符串并返回，其他参数的含义与 dump( )中的相同。

函数使用示例如下：

```
import json
stu_num = {'a': '1111', 'b': '2222', 'c': '3333', 'd': '4444'}
jsObj = json. dumps( stu_num)
print( type( stu_num) , stu_num)
print( type( jsObj) , jsObj)
```

<type 'dict'> {'a': '1111', 'c': '3333', 'b': '2222', 'd': '4444'}

<type 'str'> {"a": "1111", "c": "3333", "b": "2222", "d": "4444"}

此外，还有其他可选的参数可以用于控制输出字符串的格式，例如：

```
import json
json. dumps([1, 2, 3, {'4': 5, '6': 7}], separators = (',', ':'))
    #序列化一个数组
```

'[1, 2, 3, {"4": 5,"6": 7}]'

```
print( json. dumps( {'4': 5, '6': 7}, sort_keys = True, indent = 4))
    #序列化一个对象，并根据键进行排序，且设置缩进等级为 4
```

```
{
    "4": 5,
    "6": 7
}
```

9.5.3　json. load( )方法

json. load( )方法针对 json 文件，用于从文件中读取内容并反序列化为 Python 对象，也就是将一个 json 格式的字符串转化为 dict 类型，其常用的参数及调用格式为：

json. load(json_file)

其中，参数 json_file 是一个包含 JSON 文本的文本文件或者二进制文件，支持使用 read( )方法进行内容的读取。该方法将文件的内容反序列化为一个 Python 对象，如果要反序列化的数据不是有效的 JSON 格式文本，则会引发 JSONDecoderError 错误。load( )函数还有一些不常用的参数，请自行查阅官方文档进行了解。

函数使用示例如下：

```
import json
with open('E:/data.json', 'r') as f:
    data = json.load(f)
    print(data)
```

12345

```
import json
filename = "numbers.json"
with open(filename) as f_obj:
    numbers = json.load(f_obj)
print(numbers)
```

[2, 3, 5, 7, 11, 13]

9.5.4 json.loads()方法

该方法针对 Python 的字符串对象，将具有对应格式的字符串解析(反序列化)为一个 dict 类型的对象，常用的参数及调用格式为：

json.loads(json_str)

其中，参数 json_str 参数是需要被转化为 dict 类型的字符串，这个字符串既可以是 unicode 编码类型，也可以是 byte 类型。还有一些不常用的 loads()函数参数，请自行查阅官方文档进行了解。

函数使用示例如下：

```
import json
json.loads('["foo", {"bar": ["baz", null, 1.0, 2]}]')    #反序列化
```

['foo', {'bar': ['baz', None, 1.0, 2]}]

```
import json
dict = '{"name": "Tom", "age": 23}'        #将字符串还原为 dict
data = json.loads(dict)
print(data, type(data))
```

{'name': 'Tom', 'age': 23} <class 'dict'>

9.6 上机实践

① 将用户输入的数据"I am a student"写入 test.txt 文本文件当中，并覆盖原来的内容。

思路：a. 使用 read 函数查看原文本文件中的内容；b. 使用 input 函数让用户输入数据，同时 write 函数把用户输入的数据写入文本文件中；c. 查看文本文件中的内容。

```
f1 = open('example.txt', 'r')
str1 = f1.read()
print("当前文本文件中的内容是:", str1)
f1 = open('example.txt', 'w')
str2 = input("请输入:")
print("你输入的内容是:", str2)
f1.write(str2)
f1 = open('example.txt', 'r')
str3 = f1.read()
print("当前文本文件中的内容是:", str3)
```

当前文本文件中的内容是：apple

请输入：I am a student.

你输入的内容是：　I am a student.

当前文本文件中的内容是：I am a student.

② 创建学生数组，内容为学号、姓名、年龄、性别、成绩，将数组写入 test.xlsx 表格文件当中。

思路：a. 导入 xlwt 模块；b. 创建学生数组；c. 在相同文件目录下创建表格，并将数组内容写入该表格。

```
import xlwt
workbook = xlwt.Workbook(encoding='utf-8')
booksheet = workbook.add_sheet('Sheet 1', cell_overwrite_ok=True)
DATA=(('学号', '姓名', '年龄', '性别', '成绩'),
      ('1001', 'A', '11', '男', '12'),
      ('1002', 'B', '12', '女', '22'),
      ('1003', 'C', '13', '女', '32'),
      ('1004', 'D', '14', '男', '52'),
      )
for i, row in enumerate(DATA):
    for j, col in enumerate(row):
        booksheet.write(i, j, col)
workbook.save('E:\ test.xlsx')
```

	A	B	C	D	E
1	学号	姓名	年龄	性别	成绩
2	1001	A	11	男	12
3	1002	B	12	女	22
4	1003	C	13	女	32
5	1004	D	14	男	52

Sheet 1

课后习题

1. 使用 json 模块当中的 dump 方法将字典转化为字符串格式，并存入 txt 文件当中，如字典：student = { 'Gina'：'123456'，'Hellen'：'7891'，'Tom'：'111111'，'Jerry'：'111' }。

2. 把所给英文段落（或自行选择英文段落）中的句首单词改成小写，超过 10 个单词的句子，10 个单词后面的部分删去，重新存储到一个新的 txt 中。

I don't know what that dream is that you have. I don't care how disappointing it might be as you're working toward that dream. Some of you already know that it's hard. It's not easy. It's hard changing your life. In the process of chasing your dreams, you are going to incur a lot of disappointment, a lot of failure, a lot of pain.

3. 创建 csv 文件，其中数据排列方式为"国家，男性，女性"。例如，"China，30，45"是指"中国对应男性 30 人，女性 45 人"。请提取 csv 文件中所有不重复的国家名称和所对应的性别统计数据。

4. 在 D 盘中创建一个文件 Blowinginthewind. txt，即 " D:\Blowing inthewind. txt"，其内容是：

How many roads must a man walk down

Before they call him a man

How many seas must a white dove sail

Before she sleeps in the sand

How many times must the cannon balls fly

Before they're forever banned

The answer my friend is blowing in the wind

The answer is blowing in the wind

① 在文件内容的头部插入歌名"Blowing in the wind"。

② 在歌名后插入歌手名"Bob Dylan"。

③ 在文件末尾加上字符串"1962 by Warner Bros. Inc."。

④ 在屏幕上打印文件内容，可以加上自己的设计。

以上每一个要求均作为一个独立的步骤进行，即每次都重新打开并操作文件。

第10章　文本处理

10.1　文本处理概述

10.1.1　文本数据的特点

文本即文字或话语，是语言的书面表现形式，可以是句子、段落或者篇章。文本的存储方式和常见的数字表格等结构化数据有所不同，文本既可以是非结构化的字符串数据，也可以是包含标题、作者、分类等结构化字段和非结构化的文字内容于一体的半结构化数据。文本数据的多样性特点阻碍了针对结构化数据的分析方法的直接应用，因此，需要对文本数据进行结构化处理和数据化的表示，才可以对其展开进一步的分析，如文本分类、文本聚类、关键词提取等。

文本数据具有以下三个特点：

① 半结构化。大多数文本数据属于半结构化数据，例如一篇新闻，其标题、作者、分类、来源等信息通常都会以某种特定的格式标注出来，这样的信息可以称为结构化内容，而新闻的主体部分是由连续的文字与标点组成的纯粹文本内容，即非结构化内容。

② 数据量大。文本作为最常见的信息载体之一，其数量极其庞大，一般的文本库都有可能包含成千上万的文本样本。此外，随着网络信息技术的飞速发展，人们越来越多地依赖网络进行信息沟通，网络用户产生的大量信息内容往往都是以文本数据呈现，使得文本数据呈现出高速膨胀的态势。

③ 高维稀疏性。文本数据在进行结构化的处理(如采用词袋模型进行编

码)之后，得到的文本向量往往会面临维度过高和数值稀疏的问题。词袋模型构建文本编码的维数有可能高达数千甚至上万维，如果不进行处理，会导致文本分析和挖掘算法的计算量过大，资源消耗高，严重影响相关算法的准确性。因此，在进行文本分析之前，往往需要进行主题分析或特征筛选等降维处理。

10.1.2　文本处理的内涵

文本处理是指使用各种技术将原始文本数据转换成定义良好的、具有标准的结构和标记的语言成分序列，从而获得高质量和可操作信息，并用来解决具体的文本信息处理任务的过程。文本挖掘和自然语言处理等都属于文本处理的范畴。

常规的文本处理涉及以下几个步骤：

① 数据收集。获取或创建语料库，语料来源根据任务的具体环境而定，可以是电子图书，如古腾堡语料库(Project Gutenberg)，也可以是互联网中的用户生成内容(UGC)。

② 数据预处理。在原始文本语料上进行预处理，为文本挖掘或自然语言任务做准备，包括文本分词、去停用词(包括标点、数字、单字和其他一些无意义的词)、词频统计等操作。

③ 文本数据分析。这一阶段是面向具体任务的文本处理核心步骤，针对任务的不同需求，文本分析的过程会有差异。在进行数据预处理之后，一般的文本分析任务还包括词性标注、句法分析、主题提取、主题聚类以及结果可视化等步骤。

本章将依次讲解与 Python 文本信息处理相关的三个内容：文本处理中最基础的字符串的函数操作、采用正则表达式进行字符串的进阶模式匹配、自然语言处理的内容及相关工具。

10.2　字符串的函数操作

Python 中用于文本处理的最主要的数据类型就是字符串，它是一个有序的字符集合，用于存储和表示基于文本的信息。需要注意的是，Python 中的字符串是一组不可改变的字符序列，即字符串所包含的字符存在从左到右的位置顺序，并且不可以在原处修改。当对 Python 字符串对象进行修改或改变时，实际上是生成了一个新字符串对象。

Python 中的字符串与其他语言(如 C 语言)中的字符数组扮演着同样的

角色，然而从某种程度上来说，它们是比数组更高层的工具。在 Python 中，字符串变成了一种强大的处理工具集，这一点与 C 语言不同。此外，Python 和其他语言还有一个重要区别，即没有单个字符这种类型，取而代之的是用一个字符的字符串代替单个字符。

本节将详细讲解字符串的函数操作，包括：转换大小写，删除空白，分割字符串，替换字符串中的字符，改变字符串类型以及字符串的索引与切片等。

10.2.1　字符串的基本函数操作

除了前面章节提到的字符串操作之外，Python 还为字符串还提供了一系列的函数来实现更复杂的文本处理任务。表 10-1 概括了 Python 中字符串的基本函数操作及其功能。

表 10-1　　　　　　　　　　　**字符串的基本函数操作**

函数	功　　能
title( )	将字符串的首字母大写
lower( )	将字符串小写
upper( )	将字符串大写
len( )	字符串的长度
strip( )	删除字符串开头或是结尾中出现的空白
rstrip( )	删除字符串中末尾处多余的空白
lstrip( )	删除字符串中开头处多余的空白
split( )	分割字符串
replace(t, u)	将字符串中所有 t 替换为 u
str( )	用来将变量的类型从数值转换为字符串

（1）大小写转换

对于字符串，可对其执行的简单操作之一是修改单词的大小写，通常有以下三种方法：

- title( )：将字符串中每个单词(由空格隔开)的首字母改成大写；
- upper( )：将字符串改为全部大写；

- lower( )：将字符串改为全部小写。

例如：

```
s1 = "abc def ghi"
print(s1. title( ))        #将字符串 s1 中每个单词首字母转换为大写
print(s1. upper( ))        #将字符串 s1 中每个字母改为全部大写
s2 = "ABC DEF GHI"
print(s2. lower( ))        #将字符串 s2 中每个单词改为全部小写
```

Abc Def Ghi

ABC DEF GHI

abc def ghi

（2）获取字符串长度

在 Python 中，通常使用 len( )函数获得字符串的长度，要注意的是，字符串中的空格也会被计入长度。

```
print(len("Hello world!"))      #计算字符串"Hello world!"所包含的字符数
```

12

由以上结果可知，Python 在计算字符串长度时，空格也被计入总长度中。

（3）删除空白

在程序中，字符串中经常会出现额外的空白。使用下面的函数能够找出字符串中开头、中间和末尾处多余的空白并删除。

- strip( )：删除字符串中出现的空白。
- rstrip( )：删除字符串中末尾处多余的空白。
- lstrip( )：删除字符串中开头处多余的空白。

例如，分别删除字符串" I love the world!   "中开头的空白、结尾的空白、字符串中所有空白。

```
s = "  I love the world!    "     #创建一个新的字符串并命名为 s
print(s. strip( ))                #删除字符串 s 开头和末尾处的空白
print(s. rstrip( ))               #删除字符串 s 末尾处的空白
print(s. lstrip( ))               #删除字符串 s 开头处的空白
```

I love the world!

  I love the world!

I love the world!

对变量 name 调用函数删除空白只是暂时的，并不能对该字符串变量进行改变。因此，若想对字符串进行删除空白的永久性操作，应该把变化结果作为新的字符串保存下来。

(4) 分割字符串

在 Python 中可以使用内置的字符串函数 split( ) 对字符串进行基于分隔符的分割，得到若干个子字符串组成的列表。若开发者不指定分隔符，那么 split( ) 将默认使用空白字符，即换行符、空格或者制表符。

例如：

```
s = "Jonny, Nice to meet you!"    #创建一个新的字符串并命名为 s
print(s.split(' '))               #以空格作为分隔符拆分字符串 s
print(s.split(', '))              #以逗号作为分隔符拆分字符串 s
print(s.split())                  #不指定分隔符拆分字符串 s
```

['Jonny,', 'Nice', 'to', 'meet', 'you! ']

['Jonny', 'Nice to meet you! ']

['Jonny,', 'Nice', 'to', 'meet', 'you! ']

从以上结果可以看出，使用空格作为分隔符拆分字符串 name 时，得到了包含 5 个元素的列表，而使用逗号作为分隔符拆分字符串时，得到了包含 2 个元素的列表。

(5) 替换字符

在 Python 中可以使用 replace( ) 函数进行字符串的子字符串替换。开发者需要定义的内容有三个：需要被替换的子字符串、用来替换的新子字符串以及需要替换多少次(不超过该次数)。

例如：

```
s = "this is an apple, and this is really big!"
print(s.replace("is","was"))      #将字符串 s 中所有的 is 都替换成 was
print(s.replace("is", "was", 3))  #将字符串 s 中前三个 is 都替换成 was
```

thwas was an apple, and thwas was really big!

thwas was an apple, and thwas is really big!

从以上实例可以看出，当需要替换的次数缺省时，程序将自动替换字符串中的所有需要被替换的子字符串。若需要替换的次数超过了原来字符串中字符的个数，则程序运行结果与全部替换的结果相同。

```
s = "this is an apple, and this is really big!"
print(s.replace("is", "was", 10))  #将字符串 s 中前十个 is 都替换成 was
```

thwas was an apple, and thwas was really big!

(6)转换字符串类型

函数 str()可以用来将变量的类型从数值转换为字符串，类型转换对开发者十分重要，可以避免因变量类型错误而导致程序出错的情况。

例如，如果要输出同学的年龄，可能会编写类似于下面的代码：

```
name = "Amy"
age = 18
info = name + "is" + age +" years old. "
```

...

----> 3 info = name + "is" + age +" years old. "

TypeError：can only concatenate str（not "int"）to str

由于学生姓名是字符串类型，年龄是数值类型，因此将数值类型的年龄直接当作字符串类型与其他字符串相连接，程序运行会报错。

这是一个类型错误，意为 Python 无法解释数值变量 age，需要将数值变量转换为字符串：

```
name = "Amy"
age = 18
info = name + " is " + str(age) +" years old. "
print(info)
```

此次运行结果为：

Amy is 18 years old.

10.2.2　字符串的索引和切片

(1)字符串的索引

在 Python 中字符串是字符的有序集合，所以通过适当的操作能够利用其位置获得字符串内的元素。字符串中的字符是通过索引提取的，即利用在字符串之后的方括号中提供的所需要的元素数字偏移量提取字符。Python字符串偏移量是从 0 开始的，并且比字符串的长度小 1，Python 还支持类似在字符串中使用负偏移这样的方法从序列中获取元素。一个负偏移与这个字符串的长度相加后得到这个字符串的正偏移值，可以将负偏移看作从字符串的末尾处反向计数。

下面的例子进行了说明：

```
LS = 'literalstring'
LS[0], LS[-2]
```

('l', 'n')

　　LS[0]表示在字符串 LS 中从最左边开始偏移量为 0 的元素，LS[−2]表示从最右侧开始偏移量为 2 的元素。需要注意的是位置偏移是从左至右，偏移 0 为字符串中第一个元素，而负偏移是从末端右侧开始，因此偏移−1 为最后一个元素。

　　可以通过以下函数查看字符串内任意字符的索引，如表 10-2 所示。

表 10-2　　　　　　　　　　　　　字符串索引相关函数

函数	功　　能
s. find(t)	字符串 s 中包含 t 的第一个索引，若没找到返回−1
s. index(t)	字符串 s 中包含 t 的第一个索引，若没找到引起 ValueError
s. rfind(t)	字符串 s 中包含 t 的最后一个索引，若没找到返回−1
s. rindex(t)	字符串 s 中包含 t 的最后一个索引，若没找到引起 ValueError

　　例如，上述字符串 LS，可以通过以下代码获取其中字母 i 的索引：

```
LS = 'literalstring'
LS. find( "i")
```

1

(2)字符串的切片

　　字符串的切片可以理解为索引的另一种通用形式，只不过索引提取的是单个元素，而切片提取的是原字符串的一部分，切片可以用作提取部分数据，分离出前、后缀等场合。切片操作通常表现为[start：end：step]，其中 start 为起始偏移量，end 为终止偏移量，step 为可选步长。在使用过程中，三个部分并不需要全部定义，根据开发者自身需要可以选择性省略。分片得到的字符串为 start 到 end 之前的全部字符，即包含 start 而不包含 end。

- [:]：提取从开头到结尾的整个字符串。
- [start:]：从 start 提取到结尾。
- [:end]：从开头提取到 end-1。
- [start:end]：从 start 提取到 end-1。
- [start:end:step]：从 start 提取到 end-1，每 step 个字符提取一个。

　　当使用一对以冒号分隔的偏移来索引字符串这样的序列对象时，Python

将返回一个新的对象，其中包含了以这对偏移所标识的连续的内容。左边的偏移作为下边界(包含下边界在内)，而右边的偏移作为上边界(不包含上边界在内)。Python 将获取从下边界至上边界(不包含上边界)的所有元素，并返回一个包含了所获取元素的新的对象。如果被省略，上、下边界的默认值对应分别为 0 和分片的对象长度。

图 10-1 展示了字符串 LS 中各元素的索引值，在进行切片操作时，索引值可以理解为从何处开始切下。因此，切片操作 LS[1:4]是分别从偏移量为 1 的地方以及偏移量为 4 的地方切下，提出切出的子字符串，即提取出偏移量为 1、2、3 的元素。也就是说，它抓取了第二、第三和第四个元素，并在偏移量为 4 的第五个元素前停止。同理，LS[2:]得到了从第三个元素到最右侧之间的所有元素，LS[:-3]获取了除了最后三个元素之外的所有元素。

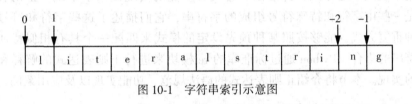

图 10-1　字符串索引示意图

仍然以字符串 LS 为例，相应的切片过程及结果如以下代码所示：

```
LS = 'literalstring'        #创建一个字符串并命名为 LS
print(LS[:])                #输出字符串 LS
print(LS[2:])               #从偏移量 2 提取到字符串最后(不包含第 2 个字母)
print(LS[:8])               #从字符串开始提取到偏移量 8(包含第 8 个字母)
print(LS[2:8])              #从偏移量 2(不包含 2)提取至偏移量 8(包含 8)
print(LS[2:8:2])            #从偏移量 2(不包含 2)每 2 个字母提取至偏移量 8(包含 8)
print(LS[-6:-1:2])          #从倒数第 6 个(包含倒数第 6)每 2 个提取至倒数第 1 个(不包倒数第 1)
print(LS[2:30])             #从偏移量 2(不包含 2)提取至偏移量 30(包含 30),索引过大
```

literalstring

teralstring

literals

terals

trl

srn

teralstring

从结果中可以看出，当输入的索引过大时，会输出 start 到字符串最后，为避免程序错误，仍应注意索引不要溢出。

以上即是字符串的索引和切片相关的内容，本节介绍了字符串的函数操作，结合之前章节中字符串的基本操作，Python 中字符串这一类型的常规操作已介绍完毕。

10.3 正则表达式

正则表达式（Regular Expression，RE）用于处理文件和数据，是一种高级的文本模式匹配方式，为搜索和替代等功能的实现提供了基础。正则表达式是一些由字符和特殊符号组成的字符串，它们描述了这些字符和符号的某种重复方式，能够按照某种预先设定的模式来匹配一个具有相似特征的字符串的集合。Python 通过标准库的 re 模块来进行正则表达式的解释和功能的实现。本节将介绍正则表达式的语法规范、功能实现以及应用案例。

10.3.1 正则表达式的语法规范

之前的章节介绍了字符串的基本操作以及函数操作，但是在实际操作中，有时会面对较为复杂的问题，如果单纯地使用字符串的相关操作，将需要多种函数进行组合调用，会增加代码的复杂程度，而这一问题可以利用正则表达式来解决。

正则表达式有强大并且标准化的方法来处理字符串的查找、替换以及用复杂模式来解析文本。正则表达式的代码更紧凑，语法更严格，比用组合调用字符串处理函数的方法更具有可读性。通过使用正则表达式，可以实现替换文本、数据验证以及采用基于模式匹配的方式从字符串中提取子字符串等操作。

正则表达式是对包括普通字符（例如英文字符或者数字）和特殊字符（称为"元字符"）进行操作的一种逻辑公式，用事先定义好的一些特定字符以及这些特定字符的组合，组成一个"规则字符串"，然后用这些"规则字符串"来表达对字符串的模式匹配和过滤逻辑。

例如，可以用"abc[0-9]"表示字符串"abc"之后紧接了一个 0~9 的数字，比如字符串"abc0"或者"abc7"。正则表达式作为一个模板，将某个字符模式与所搜索的字符串进行匹配，其核心作用就是字符串匹配。

下面逐一介绍正则表达式的基本语法规则。

(1) 元字符

元字符(Metacharacter)是一类非常特殊的字符, 它能够匹配字符串中的一个位置, 或者字符集合中的一个字符。因此, 元字符可以分为两种类型: 匹配位置的元字符和匹配字符的元字符。下面对正则表达式中常用元字符及其他相关语法进行介绍。

① 匹配位置的元字符。

包括: "^" "$" 和 " \b" 3 个。其中^和 $ 都匹配一个位置, 分别匹配字符串的开头和结尾。比如, "^abc" 匹配以 "abc" 开头的字符串, "abc$" 匹配以 "abc" 结尾的字符串, "^abc$" 匹配以 "abc" 开始和结尾的字符串。单个 $ 匹配一个空行, 单个 ^ 匹配任意行。

\b 匹配字符串的开头或结尾, 如: r"abc \b" 匹配以 "abc" 开始或者结尾的单词, 但 \b 不匹配空格、标点符号或换行符号。

② 匹配字符的元字符。

包括: "." " \w" " \W" " \s" " \S" " \d" 和 " \D" 7 个。其中, "." 匹配除换行之外的任意字符; \w 匹配单词字符(包括字母、汉字、下划线和数字); \W 匹配任意的非单词字符; \s 匹配任意的空白字符(如空格、制表符、换行等); \S 匹配任意的非空白字符; \d 匹配任意的数字字符; \D 匹配任意的非数字字符。

常用元字符如表 10-3 所示。

表 10-3 　　　　　　　　　　　常用元字符及其说明

元字符	功能说明
^	匹配字符串开头
$	匹配字符串结尾
\b	匹配字符串的开头或结尾
.	匹配除换行符 ' \n' 之外的任意字符
\w	匹配单词字符(包括字母、汉字、下划线和数字), 即 [a-zA-Z0-9]
\s	匹配任意的空白字符, 如空格、制表符、换行等, 即 [\f\n\r\t\v]
\d	匹配任意数字字符, 即 [0-9]

（2）字符类

字符类是一个字符集合，如果该字符集合中的任何一个字符被匹配，则它会找到该匹配项。字符类可以在方括号"[ ]"中定义。例如：[012345]可以匹配数字 0~5 中的任意一个；[0-9]等价于[0123456789]，可匹配任何一个数字；[a-z]匹配任何一个小写字母；[A-Z]匹配任意一个大写字母。

如果要在字符类中包含连字符"-"，则必须包含在第一位，例如：[-a]表示表达式匹配-或者 a。

在字符类中，如果 ^ 是字符类的第一个字符表示否定该字符串，也就是匹配该字符串外的任意字符。例如：[^abc]匹配除了 abc 以外的任意字符；[^-]匹配除了连字符以外的任意字符；a[^b]匹配 a 之后不是 b 的字符串。

（3）字符转义

在查找元字符本身时，如查找"．"或者"＊"，需要使用"＼"转义符来取消这些字符的特殊意义，即输入"＼．"和"＼＊"。

（4）反义字符

在使用正则表达式时，如果需要匹配不在字符类指定范围内的字符时，可以使用反义规则。常用的反义如表 10-4 所示。

（5）限定符

正则表达式的元字符一次只能匹配一个位置或一个字符，当需要匹配零个、一个或多个字符时，则需要使用限定符。限定符用于指定允许特定字符或字符集自身重复出现的次数。表 10-5 列举了常见限定符。

表 10-4　　　　　　　　　　　　**常用反义字符**

字符	功能说明
＼W	匹配任意不是字母/数字/下划线/汉字的字符，与＼w 含义相反，即[^a-zA-Z0-9]
＼S	匹配任意不是空白符的字符，与＼s 含义相反
＼D	匹配任意非数字的字符，与＼d 含义相反，相当于[^ 0-9]
＼B	匹配不是单词开头或结束的位置，与＼b含义相反

表 10-5　　　　　　　　　　　　　**常用限定符**

字符	功能说明
*	匹配前面的子表达式零次或多次
+	匹配前面的子表达式一次或多次
?	匹配前面的子表达式零次或一次
*?	尽可能少地使用重复的第一个匹配
+?	尽可能少地使用重复但至少使用一次
??	如果有可能使用零次重复或一次重复
{n}	n 是一个非负整数，匹配确定的 n 次
{n,}	n 是一个非负整数，至少匹配 n 次
{n, m}	m 和 n 均为非负整数，其中 n ≤ m，最少匹配 n 次且最多匹配 m 次

(6)懒惰匹配和贪婪匹配

　　由上述可知，".".表示匹配除换行符"\n"之外的任何单字符，"*"表示匹配零次或多次。因此，".*"在一起使用就表示任意字符出现零次或多次。为了有效地控制匹配的字符个数，如果使用".*?"则表示懒惰匹配，即匹配尽可能少的字符。懒惰匹配允许多重匹配，也就是说，先检查字符串中的第一个字母是不是一个匹配，如果单独一个字符还不够就读入下一个字符，如果还没有发现匹配，就不断地从后续字符中读取，一直到发现一个合适的匹配为止，然后再开始下一次的匹配。匹配的数量可以任意重复，但是，每次匹配时都是在能使整个匹配成功的前提下，使用最少的字符个数。例如，使用"1.*?2"匹配字符串"11212"，会匹配出"112"(第一到第三个字符)和"12"(第四到第五个字符)两个子串。

　　如果没有使用"?"，则是贪婪匹配，即匹配尽可能多的字符。贪婪匹配先看整个字符串是不是一个匹配，如果不是，则去掉字符串中最后一个字符，再次尝试匹配，如果还没有发现匹配，那么再次去掉最后一个字符，依此类推，一直重复直到发现一个匹配的子串，或者整个字符串不剩一个字符为止(没有发现匹配)。例如，使用"1.*2"匹配字符串"11212"，会匹配出"11212"整个字符串。

　　在进行模式匹配时，如果在同一字符串中有不同长度的多个子串符合匹配规则，那么贪婪匹配会选择最长的子串进行匹配，而懒惰匹配会选择最短的子串进行匹配。需注意的是，正则表达式匹配的优先级顺序是从左到右的。

具体示例代码如下：

```python
import re
str = "one1two2three3four4"
print("原始字符串:", str)
regexL = "o.*?e"
print("懒惰匹配:", regexL)
listL = re.findall(regexL, str)        # 懒惰匹配
print("懒惰匹配结果:", listL)
regexT = "o.*e"
print("贪婪匹配:", regexT)
listT = re.findall(regexT, str)        # 贪婪匹配
print("贪婪匹配结果:", listT)
```

原始字符串：one1two2three3four4

懒惰匹配：o.*?e

懒惰匹配结果：['one', 'o2thre']

贪婪匹配：o.*e

贪婪匹配结果：['one1two2three']

（7）分组

分组又称为子模式，或者表达式，使用圆括号"（）"来表示，即把圆括号中的表达式看做一个整体来处理，可以把一个正则表达式的全部或部分分成一个或多个子模式。例如："（abc）+"表示一个或者多个重复"abc"的情况可以匹配"abcabc""abcabcabc"等字符串；"（abc）{1，2}"表示"abc"出现一次或两次的字符串。示例代码如下：

```python
mystr = 'abcabcabc'
print(re.match('(abc)', mystr))
print(re.match('(abc)+', mystr))
print(re.match('(abc){1, 2}', mystr))
```

<re. Match object; span=(0, 3), match='abc'>

<re. Match object; span=(0, 9), match='abcabcabc'>

<re. Match object; span=(0, 6), match='abcabc'>

子模式的扩展语法往往可以实现更加复杂的字符串处理功能，例如：

- "（?：…）"表示匹配但是不捕获该匹配的子字符串；

- "(? <=…)"用于正则表达式之前，如果"<="后的内容在字符串中出现则匹配；
- "(? =…)"用于正则表达式之前，如果" ="后的内容在字符串中出现则匹配；
- "(?! …)"用于正则表达式之后，如果"!"后的内容在字符串中不出现则匹配。

10.3.2　正则表达式的用法案例

正则表达式可以很方便地检查一个字符串是否符合某种模式匹配，在信息抽取、字符串查找及处理等领域里得到广泛的应用。本节从一些常用的正则表达式案例入手，进一步帮助读者理解正则表达式的实践用法。

(1) 匹配数字

- 任意数字：`^[0-9] * $`。
- n 位的数字：`^\d{n} $`。
- 至少 n 位的数字：`^\d{n,} $`。
- m-n 位的数字：`^\d{m, n} $`。
- 非负整数：`^[1-9]\d * | 0$`。
- 非正整数：`^-[1-9]\d * | 0$`。
- 非零的正整数：`^[1-9]\d * $`。
- 非零的负整数：`^-[1-9]\d * $`。
- 浮点数：`^(-? \d+)( \. \d+)? $`。
- 正浮点数：`^[1-9]\d * \. \d * | 0\. \d * [1-9]\d * $`。
- 负浮点数：`^-([1-9]\d * \. \d * | 0\. \d * [1-9]\d * ) $`。

(2) 匹配字符

- 汉字：`^[ \u4e00- \u9fa5]{0,} $`。
- 英文和数字：`^[ A-Za-z0-9]+ $`。
- 任意英文字母：`^[ A-Za-z]+ $`。
- 汉字、英文及数字：`^[ \u4e00- \u9fa5A-Za-z0-9]+ $ `。
- 以 `One` 开头的字符串：`^One`。
- 以 `end` 结尾的字符串：`end $`。
- `ab` 之后必须有 2 个 `c` 的字符串：`abc{2}`。
- 匹配 `ab` 之后有 2 个或者多个 `c` 的字符串：`abc{2,}`。

- 匹配 'a' 之后有 1 个 'b' 或者'c'：'a(b | c)' 或 'a[bc]'。
- 匹配 'a' 之后有 0 个或多个 'b' 或者 'c'：'a(b | c) * '。
- 匹配 'a' 之后有 1 个或多个 'b' 或者 'c'：'a(b | c)+'。

(3)特殊应用

除上述常见用法外，还可以匹配用户名、密码、电子邮箱等，具体见 10.3.5 小节。

10.3.3　正则表达式的功能实现

Python 自 1.5 版本起增加了 re 模块，拥有了正则表达式全部的功能。表 10-6 展示了 Python 中常用的正则表达式处理函数。

表 10-6　　　　　　　　　**Python 中常用正则表达式处理函数**

函数	功能说明
re. compile(pattern, flags = 0)	对正则表达式模式 pattern 进行编译，返回一个 regex 对象
re. match(pattern, string flags = 0)	用正则表达式模式 pattern 匹配字符串 string，成功返回一个匹配对象，否则返回 None
re. search(pattern, string, flags = 0)	在 string 字符串中搜索正则表达式模式 pattern 首次出现，匹配成功返回匹配对象，否则返回 None
re. findall(pattern, string, flags = 0)	在 string 字符串中搜索正则表达式模式 pattern 的所有非重复结果，返回一个匹配对象的列表
re. finditer(pattern, string, flags = 0)	和 fndall( )类似，但是返回的是迭代器而非列表，迭代器返回每一个匹配对象
re. split(pattern, string, max = 0, flags = 0)	根据正则表达式模式 pattern 分隔 string 为一个列表，返回列表，最多分隔 max 次
re. sub(pattern, repl, string, count = 0, flags = 0)	使用 repl 替换 string 中匹配正则表达式模式 pattern 的地方，如果没有找到匹配子串，则直接返回 string
re. subn(pattern, repl, string, count = 0, flags = 0)	与 sub( )函数一样执行搜索替换，但不是返回替换后的字符串，而是返回一个元组，元组的第一个元素是替换后的字符串(该元素与 sub 返回值相同)，第二个元素是执行替换的次数

函数	功能说明
group(num = 0)	返回全部匹配对象(或者指定编号是 num 的子组)
groups( )	返回一个包含全部匹配的子组的元组(若不成功, 返回一个空元组)

① re. match 函数。

re. match(pattern, string, flags = 0) 函数从字符串的起始位置进行匹配, 如果不是起始位置匹配成功的话, match( ) 就返回 None, 匹配成功则返回一个匹配对象。该函数具有三个参数: pattern 是用于匹配的正则表达式; string 是待匹配的字符串; flags 是标志位, 用于控制正则表达式的匹配方式, 如是否区分大小写、多行匹配等。

re. match 函数的使用示例代码如下:

```
import re
print( re. match('one', 'one two three') )
print( re. match('three', 'one two three') )
```

<re. Match object; span = (0, 3), match = 'one'>
None

上述例子中, 第一个匹配成功, 返回的 re. Match object 是一个匹配对象, 其中 span = (0, 3)指出该匹配对象的起止位置, 可以使用 group( )或 groups( )来获取该匹配对象的具体表达式。

```
import re
match = re. match('one', 'one two three')
print( match. group( ) )
```

one

② re. search 函数。

re. search(pattern, string, flags = 0)函数扫描整个字符串并返回第一个成功的匹配。该函数的三个参数与 re. match 函数的参数意义相同, re. search 函数返回一个匹配的对象, 否则返回 None。可以利用 group( )或 groups( )来获取该匹配对象的具体表达式。

re. search 函数的使用示例代码如下:

```
import re
search = re. search('one', 'one two three')
```

```
print( search. group( ) )
```

one

需要注意的是，re. match 只匹配字符串的开始，如果字符串开始不符合正则表达式，则匹配失败，函数返回 None；而 re. search 匹配整个字符串，直到找到一个匹配，整个字符串都没有找到匹配才返回 None。

以下代码展示了两个函数的区别：

```
import re
s = "Cats are smarter than dogs";
match = re. match('dogs', s)
if match:
    print("re. match:", match. group( ) )
else:
    print("re. match: None")
search = re. search('dogs', s)
if search:
    print("re. seartch:", search. group( ) )
else:
    print("re. seartch: None")
```

re. match: None
re. seartch: dogs

③ re. sub 函数。

re. sub(pattern, repl, string, count = 0, flags = 0) 函数用于替换字符串中的匹配项，该函数具有四个参数：pattern 是用于匹配的正则表达式；repl 是替换的字符串，也可以是一个函数；string 是待查找替换的原始字符串；count 是模式匹配后替换的最大次数，默认是 0，表示替换所有的匹配；flags 是标志位，用于控制正则表达式的匹配方式。

re. sub 函数的使用示例代码如下：

```
import re
s = "the sum of 7 and 9 is 15. "
print( re. sub('15', '16', s))
```

the sum of 7 and 9 is 16.

同时，也可以将 repl 参数定义为一个函数进行更多操作，具体代码示例如下：

```
import re
def double( matched ):            #将匹配的数字乘以 2
```

336

```
    value = int(matched.group('value'))
    return str(value * 2)
s = "the sum of 7 and 9 is 16."
print(re.sub('(? P<value>\d+)', double, s))        #命名一个名字为 value 的组
```

the sum of 14 and 18 is 32.

④ re.compile 函数。

re.compile(pattern, flags)函数用于编译正则表达式，生成一个正则表达式(Pattern)对象，供 re.match() 和 re.search() 这两个函数使用。re.compile 函数包含两个参数，pattern 是一个字符串形式的正则表达式；flags 是标志位，用于控制正则表达式的匹配方式。

re.compile 函数的使用示例代码如下：

```
import re
pattern = re.compile('two')                    #用于匹配字符串'two'
m = pattern.match('onetwothree123')            #查找头部，没有匹配
n = pattern.search('onetwothree123')           #全程查找，有匹配
print('Result of match pattern is', m)
print('Result of search pattern is', n)
```

Result of match pattern is None

Result of search pattern is <re.Match object; span=(3, 6), match='two'>

⑤ findall 函数。

re.findall(pattern, string, flags=0)函数作用为在待操作字符串中寻找所有匹配正则表达式的子串，返回一个列表；如果没有匹配到任何子串，则返回一个空列表参数。

该函数的参数与 re.match 函数意义相同。此外，还可以通过先利用 re.compile 函数编译 pattern 然后调用 findall(string, pos, endpos)来实现同样的操作，其中参数 pos 指定字符串的起始位置，默认为 0；endpos 指定字符串的结束位置，默认为字符串长度。

re.findall 函数的使用示例代码如下：

```
s = 'one1two2three3four4'
pattern = re.compile('\d+')          # 查找数字，使用 compile 预编译后使用 findall
print(pattern.findall(s))
print(pattern.findall(s, 0, 10))     #限定进行匹配字符串长度
print(re.findall('\d+', s))          #不使用 compile 直接使用 re.findall
```

['1', '2', '3', '4']

['1', '2']

['1', '2', '3', '4']

⑥ re. finditer 函数。

re. finditer(pattern, string, flags = 0) 函数是在字符串中找到正则表达式所匹配的所有子串，并将它们作为一个迭代器返回。参数和作用与 re. findall 一样，不同之处在于 re. findall 返回一个列表，而 re. finditer 返回一个迭代器，而且迭代器每次返回的值并不是字符串，而是一个 re. Match object 的匹配对象。

re. finditer 函数的使用示例代码如下：

```
import re
it = re. finditer('\d+', 'one1two2three3four4')
for match in it:
    print(match. group())
```

1

2

3

4

⑦ re. split 函数。

re. split(pattern, string, maxsplit = 0, flags = 0) 函数使用给定正则表达式寻找切分字符串位置，返回包含切分后子串的列表；如果匹配不到，则返回包含原字符串的一个列表。其中参数 maxsplit 是分隔次数，maxsplit = 1 分隔一次，默认为 0，不限制次数。

re. split 函数的使用示例代码如下：

```
s = 'one1two2three3four4'
print( re. split('\d+', s))        # 按照数字切分
print( re. split('a', s, 1))        # a 匹配不到，返回包含自身的列表
print( re. split('\d+', s, 1))      # maxsplit 参数
```

['one', 'two', 'three', 'four', '']

['one1two2three3four4']

['one', 'two2three3four4']

⑧ group 函数。

re. match、re. search 等匹配函数的返回结果往往是一个 re Match Object 对象，它是正则表达式的内置对象，通过 group() 函数可以获取该对象的具体表达式。group() 函数用于获得一个或多个分组匹配的字符串，当要获得

整个匹配的子串时，可直接调用无参数的 group() 或 group(0) 函数返回一个包含全部匹配的子组的元组，若不成功，返回一个空元组。

除了使用 group() 函数以外，对于 re Match Object 对象，还可以通过一系列其他函数操作获取其特定子串的索引。使用 start() 函数可以获取分组匹配的子串在整个字符串中的起始位置，即子串第一个字符的索引，参数默认值为 0；end() 函数可以获取分组匹配的子串在整个字符串中的结束位置（子串最后一个字符的索引+1），参数默认值为 0；span() 函数可以获取分组匹配的子串的起止位置。

具体示例代码如下：

```
pattern = re.compile('([a-z]+)([a-z]+)', re.I)    #re.I 表示忽略大小写
m = pattern.match('Hello wide wide world')
print(m)                    #匹配成功，返回一个 Match 对象
print(m.group())            #返回匹配成功的整个子串
print(m.span())             #返回匹配成功的整个子串的索引
print(m.groups())           #等价于（m.group(1)，m.group(2)，...）
print(m.group(1))           #返回第一个分组匹配成功的子串
print(m.span(1))            #返回第一个分组匹配成功的子串的索引
print(m.start(1))           #返回第一个分组匹配成功的子串的开始位置
print(m.end(1))             #返回第一个分组匹配成功的子串的结束位置
print(m.group(2))           #返回第二个分组匹配成功的子串
print(m.span(2))            #返回第二个分组匹配成功的子串
```

<re.Match object; span=(0, 11), match='Hello wide '>
Hello wide
(0, 11)
('Hello', 'wide')
Hello
(0, 5)
0
5
wide
(6, 10)

10.3.4 正则表达式的修饰符

正则表达式可以包含一些标志修饰符来控制匹配模式，修饰符在正则表达式函数中表现形式为可选参数 flag。常用的正则表达式修饰符如表 10-7

所示。

表 10-7　　　　　　　　　　　　正则表达式修饰符

修饰符	功能描述
re.I	re.IGNORECASE，匹配时忽略字母的大小写
re.M	re.MULTILINE，作用于元字符"^"和"$"，使其可以匹配每一行开头结尾位置
re.S	re.DOTALL，作用于元字符"."，使其匹配不受限制，可匹配任何字符，包括换行符
re.X	re.VERBOSE，这个模式下正则表达式可以是多行的，并可以加入注释

re.I、re.M 和 re.S 三个修饰符的具体用法如下列代码所示：

```
s = """ Python is a great
        object-oriented,
        interpreted,
        And interactive
        programming language.
        """
re1 = re.findall(r'(great)(.*?)(inter)', s, re.S)
print("re.S 使 . 匹配包括换行在内的所有字符：\n", re1)
re2 = re.findall(r'(and.*)', s, re.I)
print("re.I 不区分大小写：\n", re2)
re3 = re.findall(r'(inter.*)', s, re.M)
print("re.M 多行匹配：\n", re3)
```

re.S 使 . 匹配包括换行在内的所有字符：
[('great', ' \n   object-oriented, \n   ', 'inter')]
re.I 不区分大小写：
['And interactive ']
re.M 多行匹配：
['interpreted, ', 'interactive ']

修饰符 re.X 的用法如下列代码所示：

```
import re
pattern = re.compile(r"""
#匹配数字或字母
```

```
/d+
#数字
|
[a-zA-Z]+
#字母
""", re. X)
result = pattern. match('abc')
print(result. group())
```

abc

10.3.5　正则表达式的应用案例

正则表达式的主要作用是进行字符串匹配，本节以用户名匹配、密码匹配、URL 匹配和电子邮箱匹配四个典型应用场景，来介绍正则表达式的应用案例。

(1)用户名匹配

常见的用户名规则为任意数字与任意字母(大小写均可)组合，通过构造相应的正则表达式，可以检测输入的字符串是否符合用户名的命名规则。具体操作代码如下：

```
#用户名匹配
import re
pattern = '^[a-zA-Z0-9]+$'
username = input('请输入用户名(quit 退出)：')
while(username ！ = 'quit'):
    result = re. match(pattern, username)
    if result:
        print('用户名：', username, '匹配!')
    else:
        print('用户名：', username, '不匹配!')
    username = input('请输入用户名(quit 退出)：')
print('程序完成!')
```

请输入用户名(quit 退出)：wuhan
用户名：wuhan 匹配!
请输入用户名(quit 退出)：123wh
用户名：123wh 匹配!

请输入用户名（quit 退出）：wuhan123

用户名：wuhan123 匹配！

请输入用户名（quit 退出）：_123wh

用户名：_123wh 不匹配！

请输入用户名（quit 退出）：wh_345

用户名：wh_345 不匹配！

请输入用户名（quit 退出）：wu $ han

用户名：wu $ han 不匹配！

请输入用户名（quit 退出）：quit

程序完成！

（2）密码匹配

一般而言，密码是由用户自己选择任意字母和数字组合而成，但是有时为了安全起见，需要用户设置安全性较强的密码，例如要求密码至少有 8 个字符，并且至少包含 1 个大写字母、1 个小写字母和 1 个数字。通过构建正则表达式，可以检测密码是否符合上述要求。

```python
#用户密码匹配
import re
pattern='^(?=.*[a-z])(?=.*[A-Z])(?=.*\d)[a-zA-Z\d]{8,}$'
password=input('请输入密码(quit 退出)：')
while(password ! = 'quit'):
    result=re. match(pattern, password)
    if result:
        print('密码：', password, '匹配！')
    else:
        print('密码：', password, '不匹配！')
    password=input('密码(quit 退出)：')
print('程序完成！')
```

运行结果为：

请输入密码（quit 退出）：12345678

密码：12345678 不匹配！

密码（quit 退出）：12345678abc

密码：12345678abc 不匹配！

密码（quit 退出）：12345678AA

密码：12345678AA 不匹配！

密码（quit 退出）：12345678Abc

密码：12345678Abc 匹配！

密码（quit 退出）：quit

程序完成！

（3）URL 匹配

URL 可以分为两个部分，以常见的 http 协议的 URL 为例，第一部分是协议部分，即"http：//"；第二部分是域名，域名可以视为一个以"www."开头的，中间为任意数字和字母的组合，最后以".com"".cn"".net"等结尾的一个字符串，如"www.xxxx.com"。

通过构造正则表达式，可以检验一个字符串是否符合 URL 的标准。具体代码如下：

```
#url 匹配
import re
pattern = r'^(http:)/{2}w{3}\.[a-z0-9A-Z]+\.(com|cn|net)'
url1 = 'http：//www.abc123'
url2 = 'http：//www.abc123.cn'
url3 = 'http：//www.abc123.com'
result1 = re.match(pattern, url1)
if result1:
    print(url1, '匹配')
else:
    print(url1, '不匹配')
result2 = re.match(pattern, url2)
if result2:
    print(url2, '匹配')
else:
    print(url2, '不匹配')
result3 = re.match(pattern, url3)
if result3:
    print(url3, '匹配')
else:
    print(url3, '不匹配')
```

http：//www.abc123 不匹配

http：//www.abc123.cn 匹配

http：//www.abc123.com 匹配

（4）电子邮箱匹配

电子邮箱地址通常由三部分组成，第一部分是用户名，一般由任意数字和字母组成，并且允许使用"-"和"_"；第二部分是分隔符"@"；第三部分是邮箱服务器的域名如"xxx.com"。根据以上规则，构建相应的正则表达式即可对电子邮箱进行匹配。

具体操作代码示例如下：

```python
#电子邮箱匹配
import re
pattern='[a-zA-Z0-9_-]+@+[a-z0-9A-Z]+\.(com|cn|net)'
email1='whuer123@123.com'
email2='小明123@123.com'
email3='whuer123@12'
result=re.match(pattern,email1)
if result:
    print(email1,'匹配')
else:
    print(email1,'不匹配')
result=re.match(pattern,email2)
if result:
    print(email2,'匹配')
else:
    print(email2,'不匹配')
result=re.match(pattern,email3)
if result:
    print(email3,'匹配')
else:
    print(email3,'不匹配')
```

whuer123@123.com 匹配
小明123@123.com 不匹配
whuer123@12 不匹配

10.4　自然语言处理

自然语言是指汉语、英语、法语等人们日常使用的语言，自然语言处理是指用计算机对自然语言的形、音、义等信息进行处理，即对字、词、句、篇章等进行输入、输出、识别、分析、理解等一系列操作的过程。根据研究对象的不同，自然语言处理可以分为词法分析、句法分析和语义分析等内容，本节将从这三个维度对 Python 自然语言处理进行介绍。

10.4.1　词法分析

(1) 词语切分

词语切分 (word tokenization) 即分词，是将句子切分成单词的过程。句子是单词的集合，对句子进行词语切分，本质上就是将一个句子分割成一个单词列表，该单词列表又可以重新还原为原句子。词语切分是很多操作的先行步骤，诸如词干提取和词形还原这类基于词干、标识信息的操作都是针对每个单词实施，而这些操作的前提就是对句子进行词语切分。目前有多种成熟的分词工具可供使用，现在分别以 Jieba 分词和 NLTK 为例，展示词语切分的具体操作及结果。

例如，利用 Jieba 分词对文本"我是一名大学生，我喜欢自然语言处理。"进行分词，具体操作如下：

```
import jieba
seg_list = jieba.cut("我是一名大学生，我喜欢自然语言处理。")
print("/".join(seg_list))
```

分词结果为：

我/是/一名/大学生/，/我/喜欢/自然语言/处理/。

利用 NLTK 对文本 "I am a college student, I love natural language processing." 进行分词，具体操作如下：

```
from nltk.tokenize import word_tokenize
text = "I am a college student. I love natural language processing."
print(word_tokenize(text))
```

分词结果为：

['I', 'am', 'a', 'college', 'student', ',', 'I', 'love', 'natural', 'language', 'processing', '.']

在英文中单词与单词之间有分隔符空格，因此英文分词相对容易，而中文不存在这种明显的词与词之间的分隔符，因此给中文分词造成了一定的困难。

目前中文分词难点主要有三个：

① 分词标准。

不同的分词器所采用的分词标准不尽相同，导致分词结果也会有所出入，需要根据具体的需求制定不同的分词标准。

例如，在哈工大的标准中名字的姓和名是分开的，但在 HanLP 中是合在一起的。

② 歧义问题。

歧义问题指对同一个待切分字符串存在多个分词结果，具体可以分为组合型歧义、交集型歧义和真歧义三种类型。

- 组合型歧义。分词是有不同的粒度的，指某个词条中的一部分也可以切分为一个独立的词条。例如，"中华人民共和国"，粗粒度的分词就是"中华人民共和国"，细粒度的分词可能是"中华/人民/共和国"。

- 交集型歧义。例如：在"天和服装厂"中，"天和"是厂名，是一个专有词，"和服"也是一个词，它们共用了"和"字。

- 真歧义。指本身的语法和语义都没有问题，即便采用人工切分也会产生同样的歧义，只有通过上下文的语义环境才能给出正确的切分结果。例如：对于句子"喜欢武汉的学生"，既可以切分成"喜欢/[武汉/的/学生]"，又可以切分成"[喜欢/武汉/的]/学生"。

③ 新词。

新词也称未被词典收录的词，该问题的解决依赖于人们对分词技术和汉语语言结构的进一步认识。

不同的分词工具的输出形式会有所差异，而且根据其分词方法的不同，分词结果也会不同。但是不论何种分词工具，其本质都是相同的，即将输入的文本切分为一个个独立的单词。

目前常用的分词方法可分为两大类：基于词典匹配的分词方法和基于统计的分词方法。

① 基于字典匹配的分词方法。

基于字典匹配的分词方法又称机械分词方法，它是按照一定的策略将待分析的汉字串与一个"充分大的"机器词典中的词条进行匹配，若在词典中找到某个字符串，则匹配成功(识别出一个词)。

按照匹配方向的不同，字典匹配的分词方法可以分为正向匹配和逆向匹配；若按照不同长度来区分优先匹配的情况，可以分为最大(最长)匹配和最小(最短)匹配；若按照是否与词性标注的过程相结合，可以分为单纯分词方法和分词与词性标注相结合的一体化方法。

常用的字典匹配方法有如下几种：从左到右方向的正向最大匹配法

(maximum matching method)、从右到左方向的逆向最大匹配法(reverse maximum matching method)、双向最大匹配法(先从左到右，再从右到左，一共进行两次扫描)、最小切分法(每一句中切出的词数最小，即尽可能切出最长的词)。

② 基于统计的分词方法。

基于统计的分词方法是一种全切分方法，它不依靠词典，其基本思想是针对文本中的字进行处理，如果位置相连的几个字在不同的文本中重复出现的次数越多，则这几个字很可能就是一个词语。即利用字与相邻字一起出现的频率来作为衡量是否可以组成词语的可靠度，当可靠度超过某一个阈值，则这些字可以组成一个词语。

这种分词方法优点在于可以发现所有的切分歧义，并且容易将新词提取出来。随着大规模语料库的建立和统计机器学习方法的研究和发展，基于统计的分词方法渐渐成为了中文分词的主流方法

目前，用于分词的主要统计模型有：N 元文法模型(N-gram)、隐马尔可夫模型(Hidden Markov Model，HMM)、最大熵模型(ME)、条件随机场模型(conditional random fields，CRF)等。在实际的应用中，基于统计的分词系统还需要使用分词词典来进行字符串匹配分词，同时再使用统计方法识别出一些新词，即采用将字符串频率统计和字符串匹配相结合的方法，既发挥匹配分词切分速度快、效率高的特点，又利用了无词典的统计分词能够结合上下文识别生词、自动消除歧义的优点。

目前，许多自然语言处理工具可以提供词语切分的功能，如 PYLTP、NLTK 以及 Jieba 分词等，具体将在 10.5 小节进行介绍，此处不做展开。

(2)词性标注

词性(part of speech，POS)是基于语法、语境和词用的具体词汇分类，是词语的基本语法属性；词性标注(part-of-speech tagging)，又称为词类标注或简称为标注，是指为分词结果中的每个单词标注一个正确的词性的过程，即确定每个词是名词、动词、形容词或者其他词性的过程。

词性标注的方法与分词基本相似，也分为两大类：基于字典匹配的算法和基于统计的算法。下面以 Jieba 分词为例，对文本"我是一名大学生，我喜欢自然语言处理。"进行词性标注的过程和结果如下：

```
import jieba. posseg as pseg
words = pseg. cut("我是一名大学生，我喜欢自然语言处理。")
for word, flag in words:
    print('%s %s' % (word, flag))
```

词性标注结果为：

我 r

是 v

一名 m

大学生 n

, x

我 r

喜欢 v

自然语言 l

处理 v

。x

从上述例子可以看出，利用 jieba. posseg 对文本进行词性标注，输出的结果是一个元组列表，元组中的第一个元素是单词，第二个元素是词性标签。例如：在上面的标注结果中，r 是代词，v 是动词，m 是数词，n 是名词，x 表示字符，等等。需要注意的是，词性种类有很多，不同词性标注工具采用的词性标注集也会略有差异。Jieba 分词在进行词性标注时采用的是由中科院开发的 ICTCLAS 系统所设计的汉语词性标注集，具体将在 13.1 小节进行讲解。

10.4.2 句法分析

句法分析(syntactic parsing)是自然语言处理中的关键技术之一，其基本任务是确定句子的句法结构(syntactic structure)或句子中词汇之间的依存关系。因此，句法分析通常被分为句法结构分析(syntactic structure parsing)和依存关系分析(dependency parsing)两种。

其中，句法结构分析也被称为短语结构分析(phrase structure parsing)，根据目的不同，它又可以分为两类：以获取整个句子的句法结构为目的，称为完全句法分析(full syntactic parsing)或者完全短语结构分析(full phrase structure parsing)；而以获得局部成分的句法结构为目的的句法分析，则称为局部句法分析(partial parsing)或浅层句法分析(shallow parsing)。依存关系分析又称为依存句法分析或依存结构分析，简称依存分析。

句法分析的层次分类图如图 10-2 所示。

(1)句法结构分析

句法结构分析对输入的句子进行结构分析，识别句子中各成分的语法结构，并分析各成分之间的关系。句法结构可以用一个树状的数据结构来

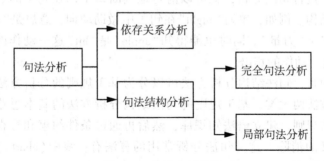

图 10-2　句法分析分类

表示，通常被称为句法分析树(syntactic parsing tree)。一般的，句法结构分析的任务是消除输入句子中词法和结构等方面的歧义，并分析输入句子的内部结构，如成分构成、上下文关系等。

例如，对句子"The apple might hit the man."进行句法结构分析的过程如下。首先，通过词性标注分析得出句子中每个单词的词性，结果为：the 是限定词(det)；apple 是名词(n)；might 是助词(aux)；hit 是动词(v)；man 是名词(n)。然后，给出如下的句法规则：

- S→NP VP，即句子(sentence, S)是由名词词组(noun phrase, NP)和动词词组(verb phrase, VP)组成的；
- NP→det n，即名词词组是由限定词(det)和名词(n)组成的；
- VP→aux V NP，即动词词组是由助词(aux)、动词和名词词组组成的。

那么，通过句法分析，得到这句话的句法分析树如图 10-3 所示。通过

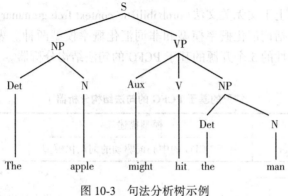

图 10-3　句法分析树示例

对这个句子进行句法分析，就可以清楚地判断每个词在句子的意思以及句子的内部结构。例如，单词"might"在句子中做助动词，意思是"可能"，而不是作为名词"力量"。同时也能得知"apple"是"hit"这一动作的主语，而"man"是这一动作的宾语。

一般而言，句法结构分析方法可以分为基于规则的分析方法和基于统计的分析方法两大类。基于规则的句法结构分析方法的基本思路是先由人工组织语法规则，建立语法知识库，然后再通过条件约束和检查来实现句法结构歧义的消除。这类句法分析常用的算法有：线图（chart）分析算法、CYK 分析算法等。

基于规则的句法结构分析方法的主要优点在于分析算法可以利用手工编写的语法规则分析出输入句子所有可能的句法结构；此外，在专业领域和有特定目的的情况下，手工编写的、有针对性的规则能够较好地处理输入句子中的歧义部分。但是，规则分析方法也存在有缺陷：其一，在中长句处理方面进行基于规则的分析对程序的要求较高，难以实现；其次，在分析出句子所有可能的结构后，如何对结果进行消歧和选择还需要进一步地分析；此外，由于规则是人工制定的，存在一定的主观因素，且编写的规则往往与特定领域密切相关，方法的泛用性较差。

鉴于基于规则的句法分析方法存在的局限性，研究者们在 20 世纪 80 年代中期就开始探索基于统计的句法分析方法，其基本思想是在训练数据中统计各种语言现象的分布情况，并与语法规则一起编码。在句法分析的过程中遇到有歧义情况时，统计数据可用于对多种分析结果进行排序和选择。该方法是上下文无关文法（context free grammar，CFG）的概率拓广，可以直接统计语言学中词与词、词与词组以及词组与词组之间的规约信息，并且可以由语法规则生成给定句子的概率。

基于概率上下文无关文法（probabilistic context free grammar，PCFG）采用的模型主要包括词汇化概率模型和非词汇化概率模型两种。表 10-8 列出了目前具有代表性的 5 个开源的基于 PCFG 的句法结构分析器。

表 10-8 　　　　　　**常见的基于 PCFG 的句法结构分析器**①

分析器名称	模型描述	适用语言
Collins Parser	基于 PCFG 的中心词驱动的词汇化模型	英语

---

① 宗成庆．统计自然语言处理（第 2 版）［M］．北京：清华大学出版社，2013.

续表

分析器名称	模型描述	适用语言
Bikel Parser	基于 PCFG 的中心词驱动的词汇化模型	多语言
Charniak Parser	基于 PCFG 的词汇化模型	多语言
Berkeley Parser	基于 PCFG 的非词汇化模型	多语言
Stanford Parser	基于 PCFG 的非词汇化模型	多语言

完全语法分析要确定句子所包含的全部句法信息，并确定句子中各成分之间的关系，这项任务难度较高。为了降低问题的复杂度，同时获得一定的句法结构信息，产生了局部句法分析。局部语法分析只要求识别句子中的某些结构相对简单的独立成分，如非递归的名词短语或动词短语等，这些被识别出来的结构通常称为语块（chunk）。所谓语块，是介于词和句子之间的具有非递归特征的核心成分，也被称为短语。

局部句法分析将句法分析分解为两个主要子任务：一个是语块的识别分析，另一个是语块之间的依附关系分析。其中，语块的识别分析是主要任务。由于名词短语在句子结构中的重要程度较高，目前语块的识别方法主要聚焦于基本名词短语的识别分析问题上。

基本名词短语（base NP）是语块中的一个重要类别，它是简单的、非嵌套的名词短语，并且不含有其他子项短语成分，同时 base NP 之间在结构上是相互独立的。base NP 具有两个特点：短语中心词为名词，短语中不含有其他子项短语。

基本名词短语的表示方法也有两种：一种是括号分隔法，一种是 BIO 标注法。括号分隔法就是对 base NP 用方括号界定边界，内部的是 base NP，外部的不属于 base NP；BIO 标注法用字母 B 表示当前词语为 base NP 的开端，I 表示当前词语在 base NP 内，O 表示当前词语位于 base NP 之外。

下面以文本"In early trading in Hong Kong Monday gold was quoted at $366.50 an ounce."为例，分别用括号分隔法和 BIO 法对该文本中的 base NP 进行表示：

- 括号分隔法结果：In [$_N$ early trading $_N$] in [$_N$ Hong Kong$_N$] [$_N$ Monday$_N$] [$_N$ gold$_N$] was quoted at [$_N$ 366.50_N$] [$_N$ an ounce$_N$]。
- BIO 标注法结果：In/O early/B trading/I in/O Hong/B Kong/I Monday/B gold/B was/O quoted/O at/O $366.50/B an/B ounce/I。

基本名词短语识别就是从句子中识别出所有的基本名词短语（base NP）。把一个句子的成分按照 base NP 和非 base NP 两类来划分，这样一来，base NP 的识别问题就成为了一个分类问题。常用的 base NP 识别方法有基于 SVM 的识别方法、基于 WINNOW 的识别方法和基于 CRF 的识别方法。

（2）依存关系分析

依存语法（dependency parsing，DP）通过分析语言单位内成分之间的依存关系来揭示其句法结构。直观来讲，依存句法分析就是识别句子中的"主谓宾定状补"这些语法成分，并分析各成分之间的关系。在依存语法理论中，"依存"就是指词与词之间支配与被支配的关系，这种关系不是对等的，而是有方向的。处于支配地位的成分称为支配者，而处于被支配地位的成分称为从属者。

常见的依存句法结构图有有向图、依存结构树和依存结构投射树三种。例如，对句子"北京是中国的首都"的依存句法结构进行分析，如图 10-4 所示。

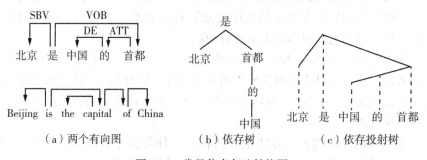

图 10-4　常见依存句法结构图

在图（a）中，两个有向图用带有方向的边来表示两个成分之间的依存关系，支配者在有向弧的发出端，被支配者在箭头端，被支配者依存于支配者；

图（b）是用树表示的依存结构，依存树中子节点依存于该结点的父节点；

图（c）是带有投射线的树结构，实线表示依存联结关系，位置低的成分依存于位置高的成分；虚线为投射线。

图中的三种依存结构表达方式基本上是等价的，都得到了广泛的应用。其中，在图（b）的依存结构树中，依存语法的支配者和从属者分别被描述为父节点和子节点，即词汇结点是由一些二元关相连的。

依存结构树应满足以下 5 个条件：

- 单纯节点条件：只有终节点，没有非终节点；
- 单一父节点条件：根节点没有父节点，其他所有节点只有一个父节点；
- 单一根节点条件：一个依存结构树只有一个根节点；
- 不相交条件：依存结构树的树枝不能相交；
- 互斥条件：从上到下的支配关系和从左到右的前于关系之间是相互排斥的，即若两个节点存在支配关系，那么它们之间不可能存在前于关系。

现以文本"小明的老师是谁?"和"小明是谁的老师?"两句话为例，利用自然语言处理工具 LTP 在线演示平台（http：//ltp. ai/demo. html）展示依存句法分析的结果及作用。

上面两句例话的依存关系图分别如图 10-5 和图 10-6 所示。

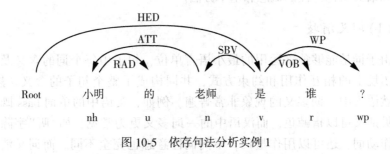

图 10-5　依存句法分析实例 1

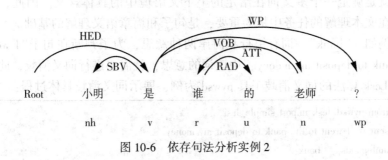

图 10-6　依存句法分析实例 2

这两句话的分词结果和词性标注结果完全相同，如果不考虑其句子结构，那么计算机无法准确理解两个句子的意思。类似的情况还有很多，因此需要进行依存句法分析，通过依存句法分析识别出句子中的各个成分及各成分之间的关系，便可以在分词和词性标注的基础上更准确地理解文本的语义信息。

从图 10-5 可以看出在句子"小明的老师是谁?"中，"老师"是主语，"谁"是宾语，"小明"是来形容"老师"的，因此这个句子的意思是谁是小明的老师;从图 10-6 可以看出在句子"小明是谁的老师?"中，"小明"是主语，"老师"是宾语，"谁"是来形容"老师"，因此这个句子的意思是谁是小明的学生。

目前，具有代表性的依存分析法有生成式依存分析方法、判别式依存分析方法和确定性依存分析方法等。

10.4.3 语义分析

在不同粒度的语言层面上，语义分析的任务各不相同。在词的层面上，语义分析的基本任务是进行词义消歧(word sense disambiguation, WSD)，在句子层面上是语义角色标注(semantic role labeling, SRL)。本节将介绍词义消歧和语义角色标注的概念和基本方法。

(1)词义消歧

由于词是能够独立运用的最小语言单位，句子中每个词的含义及其在特定语境下的相互作用和约束方式，共同构成了整个句子的含义。然而，在自然语言中一词多义的现象非常普遍。例如，英语中的单词 bass 既能指乐器贝斯又可以指鲈鱼，而汉语中的一词多义更为常见，如"听"字除了可以用作动词，还可以用作量词，不同词性意思也完全不同。而词义消歧的任务就是确定一个多义词在给定的上下文语境中的具体含义。因此，词义消歧在文本理解的任务中极为重要，是句子和篇章语义理解的基础。

例如，"bank"一词有银行和河岸两种意思，为了判断在句子"I went to the bank to deposit my money."中该词的意思，就需要进行词义消歧，此处以基于 Lesk 算法的词义消歧工具 pywsd 为例，展示词义消歧具体过程:

```
from pywsd.lesk import simple_lesk
sent = 'I went to the bank to deposit my money.'
ambiguous = 'bank'
answer = simple_lesk(sent, ambiguous, pos='n')
print(answer)
print(answer.definition())
```

运行结果为:

Synset('depository_financial_institution. n. 01')

a financial institution that accepts deposits and channels the money into lending activities

　　以上是词义消歧的一个简单示例，通过词义消歧可以判断出在上述句子中，"bank"一词是选取它作名词的第一个含义，即"一个接受存款并将资金用于贷款活动的金融机构"。

　　但是，在实际操作中，词义消歧问题会更为复杂，由此也产生了多种方法来实现词义消歧。目前，词义消歧常用的方法可以分为基于词典的词义消歧、有监督的词义消歧和无监督的词义消歧三种类型。

（2）语义角色标注

　　语义角色标注是一种浅层语义分析技术，它不对句子所包含的语义信息进行深入分析，只是分析句子的谓词论元结构。具体而言，语义角色标注的任务就是以句子的谓词为中心，研究句子中各成分与谓词之间的关系，并且用语义角色来描述它们之间的关系。

　　语义角色标注是在句法分析的基础上进行的，由于句法分析包括短语结构分析、浅层句法分析和依存关系分析等类型，语义角色标注方法也可分为基于短语结构树的语义角色标注方法、基于浅层句法分析结果的语义角色标注方法和基于依存句法分析结果的语义角色标注方法三种。虽然这三类方法有一定的区别，但整体流程却是类似的，其基本流程可表示为：

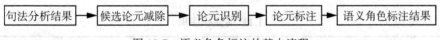

图 10-7　语义角色标注的基本流程

　　论元一般由句子中连续的几个词组成，可能成为论元的词序列称为候选项。一个句子中往往存在很多候选项，因此需要对这些候选项进行剪除。候选论元剪除的目的就是要从大量的候选项中剪除掉那些不可能成为论元的项，从而减少候选项的数目。候选项剪除的一般方法是采用启发式规则进行剪除。

　　论元辨识阶段的任务是从剪除后的候选项中识别出哪些是真正的论元。论元识别通常被作为一个二值分类问题来解决，即判断一个候选项是否为真正的论元。

　　论元标注阶段是对前一阶段识别出来的论元进行语义角色的标注。论元标注通常被作为一个多值分类问题来解决，其类别集合就是所有的语义角色标签。由于句子中可能的候选项数目很大，即使经过剪除，还有非常

355

多的候选论元，而真正的论元数却非常少。因此，在论元识别阶段，最常见的错误是将不是论元的候选项误判为论元。为了修正这种错误，在论元标注阶段，一般还会向类别集合中增加一个"NULL"标签，表示一个待标注的论元不是一个真正的论元。这样就可以筛除出在识别阶段误判为论元的候选项。

最终，对语义角色标注阶段得出的结果进行处理，包括删除语义角色重复的论元等操作，进而得到最终的语义角色标注结果。

目前常用的语义角色标注方法除了上面提到的三类方法之外，还有基于特征向量的语义角色标注方法、基于最大熵分类器的语义角色标注方法、基于核函数的语义角色标注方法、基于条件随机场的语义角色标注方法等，每种方法都有其独特的论元剪除过程。

10.4.4 自然语言分析示例

本小节以利用自然语言处理工具 LTP 在线演示平台（http：//ltp. ai/demo. html）为例，展示几种常用的自然语言分析结果。例如，在该在线演示平台的输入栏中输入样例语句："NLP 是人工智能领域中的一个重要方向。"进行分析，得到分析结果如下：

（1）分词及词性标注

表 10-9   **LTP 词性标注集**

标签	描述	示例	标签	描述	示例
a	adjective，形容词	美丽	nl	location noun，位置名词	城郊
b	other noun-modifier，其他名词修饰语	大型，西式	ns	geographical name，地名	北京
c	conjunction，连词	和，虽然	nt	temporal noun，时间名词	近日，明代
d	adverb，副词	很	nz	other proper noun，其他专有名词	诺贝尔奖
e	exclamation，感叹词	哎	o	onomatopoeia，拟声词	哗啦
g	morpheme，语素	茨，甥	p	preposition，介词	在，把
h	prefix，前缀	阿，伪	q	quantity，量词	个
i	idiom，习语	百花齐放	r	pronoun，代词	我们
j	abbreviation，缩写词	公检法	u	auxiliary，助词	的，地

标签	描述	示例	标签	描述	示例
k	suffix, 后缀	界, 率	v	verb, 动词	跑, 学习
m	number, 数字	一, 第一	wp	punctuation, 标点符号	,。!
n	general noun, 一般名词	苹果	ws	foreign words, 外文词	CPU
nd	direction noun, 方向名词	右侧	x	non-lexeme, 非词汇元素	萄, 翱
nh	person name, 人名	杜甫, 汤姆	z	descriptive words, 描述词	锦瑟, 匆匆
ni	organization name, 组织名	保险公司			

LTP 的词性标注采用的是 863 词性标注集，包括形容词、名词、动词、连词、介词等常见词汇，还有专业名词和其他类型的词性，具体标注标签及说明如表 10-9 所示。

LTP	是	人工智能	领域	中	的	一个	重要	方向	。
ws	v	n	n	nd	u	m	a	n	wp

图 10-8　分词及词性标注结果

如图 10-8 所示，例句"LTP 是人工智能领域中的一个重要方向。"被切分为 10 个词（包含标点符号），并且每个词后面跟有一个标注，该标注表明词语的词性。

参考表 10-9 所示标注集，可以得知例句的词性标注结果如下："LTP"的词性标注结果为 ws，表明它是外文单词；"是"的词性标注结果为 v，表明它是动词；"人工智能""领域""方向"的词性标注结果都为 n，表明这些词都是名词；"中"的词性标注结果为 nd，表明它是方向名词；"的"的词性标注结果为 u，表明它是助词；"一个"的词性标注结果为 m，表明它是数字；"重要"的标注结果为 a，表明它是形容词；"。"的词性标注结果为 wp，表明它是标点符号。

(2) 语义角色标注

LTP 语义角色标注中核心的语义角色为 A0~A5 六种，A0 通常表示动作的发动者，A1 通常表示动作的承受者，A2~A5 根据谓语动词不同会有不同的语义含义。

表 10-10   **LTP 附加语义角色标签集**

标签	说明
ADV	adverbial, default tag(附加的，默认标记)
BNE	beneficiary(受益人)
CND	condition(条件)
DIR	direction(方向)
DGR	degree(程度)
EXT	extent(扩展)
FRQ	frequency(频率)
LOC	locative(地点)
MNR	manner(方式)
PRP	purpose or reason(目的或原因)
TMP	temporal(时间)
TPC	topic(主题)
CRD	coordinated arguments(并列参数)
PRD	predicate(谓语动词)
PSR	possessor(持有者)
PSE	possessee(被持有)

另外，LTP 还有其余 15 个语义角色为附加语义角色，具体如表 10-10 所示。

例句"LTP 是人工智能领域中的一个重要方向"通过语义角色标注识别出一个谓语"是"，与它相关的有两个语义角色，分别是：名词"LTP"为该动作的发起者；名词"方向"为该动作的承受者。如图 10-9 所示。

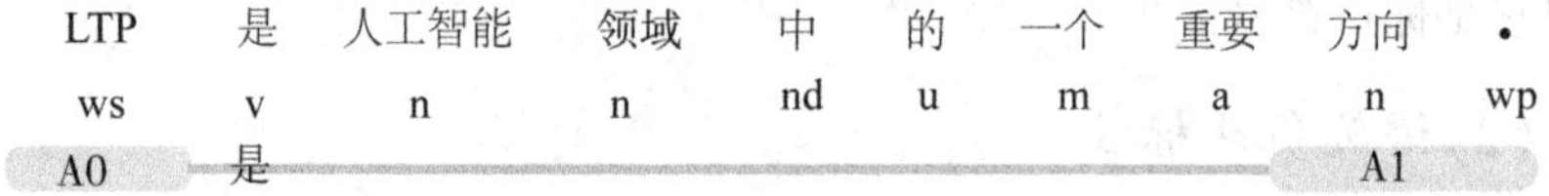

LTP	是	人工智能	领域	中	的	一个	重要	方向	。
ws	v	n	n	nd	u	m	a	n	wp

A0   是 ————————————————————— A1

图 10-9   语义角色标注结果

(3) 依存句法分析

LTP 采用的依存句法标注集如表 10-11 所示。

表 10-11   **LTP 依存句法标注集**

关系类型	标签	描述	示例
主谓关系	SBV	subject-verb	我送她一束花（我 <-- 送）
动宾关系	VOB	直接宾语，verb-object	我送她一束花（送 --> 花）
间宾关系	IOB	间接宾语，indirect-object	我送她一束花（送 --> 她）
前置宾语	FOB	前置宾语，fronting-object	他什么书都读（书 <-- 读）
兼语	DBL	double	他请我吃饭（请 --> 我）
定中关系	ATT	attribute	红苹果（红 <-- 苹果）
状中结构	ADV	adverbial	非常美丽（非常 <-- 美丽）
动补结构	CMP	complement	做完了作业（做 --> 完）
并列关系	COO	coordinate	大山和大海（大山 --> 大海）
介宾关系	POB	preposition-object	在贸易区内（在 --> 内）
左附加关系	LAD	left adjunct	大山和大海（和 <-- 大海）
右附加关系	RAD	right adjunct	孩子们（孩子 --> 们）
独立结构	IS	independent structure	两个单句在结构上彼此独立
核心关系	HED	head	指整个句子的核心

根据句法分析结果，上述句中"是"一词为句子的核心，"NLP"是句子的主语，"方向"为句子的宾语，即"NLP"实施了"是"这一动作，动作作用的对象是"方向"；同时，"人工智能"用来修饰"领域"；"一个""重要"用来修饰"方向"。如图 10-10 所示。

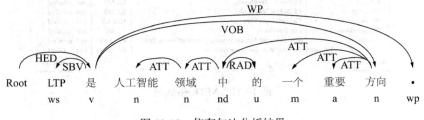

图 10-10 依存句法分析结果

10.5 自然语言处理常用工具库

10.5.1 NLTK

NLTK 是一个高效的 Python 构建的平台，用来处理人类自然语言数据。它提供了易于使用的接口，通过这些接口可以访问超过 50 个语料库和词汇资源（如 WordNet），还有一套用于分类、标记化、词干标记、解析和语义推理的文本处理库，以及工业级 NLP 库的封装器等多种资源。NLTK 包含大量的软件、数据和文档，所有这些都可以从其官方网站（http：//nltk.org/）免费下载。

（1）安装 NLTK

可以使用 pip 来进行 NLTK 的安装：pip install nltk；在安装完成后还可以下载 NLTK 提供的拓展包，这一步通过以下代码实现：

```
import nltk
nltk. download( )
```

随后会弹出对话框，如图 10-10 所示，根据需要下载相关的 NLTK 拓展包即可。

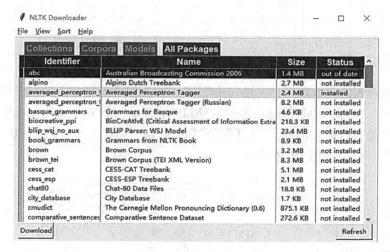

图 10-11 NLTK 拓展包

（2）NLTK 常用模块

NLTK 常用的模块及其功能说明如表 10-12 所示。

表 10-12　　　　　　　　　　**NLTK 常用模块功能**

NLTK 模块	语言处理任务	功能描述
nltk. corpus	获取和处理语料库	语料库和词典的标准化接口
nltk. tokenize, nltk. stem	字符串处理	分词，句子分解提取主干
nltk. collocations	搭配发现	t-检验，卡方，点互信息 PMI
nltk. tag	词性标识符	n-gram，backoff，Brill，HMM，TnT
nltk. classify, nltk. cluster	分类	决策树，最大熵，贝叶斯，EM，k-means
nltk. chunk	分块	正则表达式，n-gram，命名实体
nltk. parse	解析	图表，基于特征，一致性，概率，依赖
nltk. sem, nltk. inference	语义解释	λ 演算，一阶逻辑，模型检验
nltk. metrics	指标评测	精度，召回率，协议系数
nltk. probability	概率与估计	频率分布，平滑概率分布
nltk. app nltk. chat	应用	关键词排序分析器，WordNet 查看器，聊天机器人
nltk. toolbox	语言学领域的工作	处理 SIL 工具箱格式的数据

（3）利用 NLTK 进行基础的英文文本处理

① 分句。

使用 NLTK 进行分句，代码示例如下：

```
from nltk. tokenize import sent_tokenize
text = "Hello Adam, how are you? I hope everything is going well. Today is a good day,
see you dude. "
print( sent_tokenize( text) )
```

'Hello Adam, how are you? ', 'I hope everything is going well.', 'Today is a good day, see you dude. '

② 分词。

使用 NLTK 进行分词，代码示例如下：

```
from nltk. tokenize import word_tokenize
text = "Hello Adam, how are you? I hope everything is going well. Today is a good day,
see you dude. "
print( word_tokenize( text) )
```

['Hello', 'Mr.', 'Adam', ', ', 'how', 'are', 'you', '? ', 'I', 'hope', 'everything',
'is', 'going', 'well', '.', 'Today', 'is', 'a', 'good', 'day', ', ', 'see', 'you', 'dude', '.']

③ 词干提取。

NLTK 提供多种词干提取器，常用的有 PorterStemmer、LancasterStemmer 和 Snowball-Stemmer 三类。

使用 NLTK 中 PorterStemmer 进行词干提取，代码示例如下：

```
from nltk. stem import PorterStemmer
porter_stemmer = PorterStemmer( )
print( porter_stemmer. stem( 'working') )
```

'work'

使用 LancasterStemmer、SnowballStemmer 等词干提取器进行词干提取过程与上述代码类似，此处不一一展示。

④ 词形还原。

词形还原与词干提取类似，但不同之处在于词干提取可能创造出不存在的词汇，词形还原的结果是一个真正的词汇。

使用 NLTK 进行词形还原，代码示例如下：

```
from nltk. stem import WordNetLemmatizer
lemmatizer = WordNetLemmatizer( )
print( lemmatizer. lemmatize( 'works') )
```

'work'

有时会出现这种情况，对一个词进行词形还原，输出结果没有改变，如对 playing 进行，输出的结果还是 playing。这是因为默认还原的结果是名词，如果想得到动词，可以通过以下方式指定。

```
from nltk. stem import WordNetLemmatizer
lemmatizer = WordNetLemmatizer( )
print( lemmatizer. lemmatize( 'playing', pos = "v") )
```

这样输出结果就是：

'play'

⑤ 词性标注。

NLTK 的词性标注集(部分)如表 10-13 所示:

表 10-13　　　　　　　　　　NLTK 词性标注集

标记	含义	示例
CC	连词	and, or, but, if, while, although
CD	数词	fourth, 1991, 14:24
DT	限定词	he, a, some, most, every, no
EX	存在量词	there, there's
FW	外来词	dolce, ersatz, esprit
IN	介词连词	on, of, at, with, by, into, under
JJ	形容词	new, good, high, special, big
JJR	比较级词语	leaker braver breezier briefer
bJJS	最高级词语	calmest cheapest choicest
LS	标记	A. B . C.
MD	情态动词	can cannot could couldn't
NN	名词	year, home, costs, time
NNS	名词复数	undergraduates scotches
NNP	专有名词	Alison, Africa, April
NNPS	专有名词复数	Americans Americas
PDT	前限定词	all both half many
POS	所有格标记	' 's
PRP	人称代词	hers herself him himself
PRP $	所有格	her his mine my our ours
RB	副词	occasionally unabatingly
RBR	副词比较级	further gloomier grander
RBS	副词最高级	best biggest bluntest earliest
RP	虚词	aboard about across along
SYM	符号	% & ' " ".））
UH	感叹词	Goody Gosh Wow

续表

标记	含义	示例
VB	动词	ask assemble assess
VBD	动词过去式	dipped pleaded swiped
VBG	动词现在分词	telegraphing stirring focusing
VBN	动词过去分词	multihulled dilapidated
VBP	动词现在式非第三人称时态	predominate wrap resort sue
VBZ	动词现在式第三人称时态	bases reconstructs marks
WDT	Wh 开头的限定词	who，which，when，what，where
WP	Wh 开头的代词	what whatever
WP $	Wh 开头的所有格代词	whose

使用 NLTK 进行词性标注，代码示例如下：

```
import nltk
text = nltk. word_tokenize('what does the fox say')
print(text)
print(nltk. pos_tag(text))
```

[('what', 'WDT'), ('does', 'VBZ'), ('the', 'DT'), ('fox', 'NNS'), ('say', 'VBP')]

NTLK 词性标注的输出是元组列表，元组中的第一个元素是单词，第二个是词性标签。

10. 5. 2　Jieba 分词

Jieba 分词是目前使用最多的中文分词工具之一，支持以下四种分词模式：

- 精确模式分词，该模式下句子会被精确地切开，适合文本分析。
- 全模式分词，此模式会把句子中所有可以成词的词语都扫描出来，速度非常快，但是不能解决歧义。
- 搜索引擎模式分词，此模式是在精确模式的基础上，对长词再次切分，提高召回率，适合用于搜索引擎分词。

- 最新版本新增支持 paddle 模式分词，该模式利用 PaddlePaddle 深度学习框架，训练序列标注(双向 GRU)的网络模型来实现分词，同时还支持词性标注。

除了上述四种分词模式以外，Jieba 分词还支持添加自定义词典、提取关键词和词形标注等功能。接下来将介绍 Jieba 分词的安装与使用过程。

(1)安装 Jieba 分词

一般可以使用 pip 进行 Jieba 分词的安装：pip install jieba。
安装成功后通过 import jieba 调用 Jieba 分词。

(2)Jieba 分词的基本功能使用

① 分词。
jieba. cut 函数有四个参数：

- 需要分词的字符串；
- cut_all 参数用来控制是否采用全模式；
- HMM 参数用来控制是否使用 HMM 模型；
- use_paddle 参数用来控制是否使用 paddle 模式下的分词模式。

本节只介绍 Jieba 分词默认模式，其他分词方式将在 13.1 具体讲解。具体分词过程及示例代码如下：

```
import jieba
seg_list = jieba. cut("我是一名武汉大学的学生")  # 使用默认模式，默认是精确模式
print("默认模式：","/". join(seg_list))
```

默认模式：　我/是/一名/武汉大学/的/学生
② 关键词提取。

Jieba 分词有两种关键词提取模式：基于 TF-IDF 算法的关键词提取和基于 TextRank 算法的关键词提取。

第一种基于 TF-IDF 关键词提取模式，通过调用函数 jieba. analyse. extract_tags(sentence, topK = 20, withWeight = False, allowPOS = ( ))来实现，该函数中包含四个参数：

- sentence 为待提取的文本；
- topK 为返回 TF-IDF 权重最大的关键词的个数，默认值为 20；
- withWeight 为是否一并返回关键词权重值，默认值为 False 即不返回权重值；
- allowPOS 为仅包括指定词性的词，默认值为空，即不筛选。

具体操作代码示例及运行结果如下：

```
import jieba
import jieba. analyse
sentence = '1993 年，在广泛征求各方面意见的基础上，经校务委员会审议，武汉
大学新校训定为：自强 弘毅 求是 拓新。"自强"语出《周易》"天行健、君子以自
强不息"。意为自尊自重，不断自力图强，奋发向上。自强是中华民族的传统美
德，成就事业当以此为训。我校最早前身为"自强学堂"，其名也取此意。"弘
毅"出自《论语》"士不可以不弘毅，任重而道远"一语。意谓抱负远大，坚强刚
毅。我校 30 年代校训"明诚弘毅"就含此一词。用"自强""弘毅"，既概括了上述
含义，又体现了我校的历史纵深与校风延续。"求是"即为博学求知，努力探索规
律，追求真理。语出《汉书》"修学好古，实事求是"。"拓新"，意为开拓、创新，
不断进取。概言之，我校新校训的整体含义是：继承和发扬中华民族自强不息的
伟大精神，树立为国家的繁荣昌盛刻苦学习、积极奉献的伟大志向，以坚毅刚强
的品格和科学严谨的治学态度，努力探求事物发展的客观规律，开创新局面，取
得新成绩，办好社会主义的武汉大学，不断为国家作出新贡献。'
keywords = jieba. analyse. extract _ tags ( sentence, topK = 20, withWeight = True, \
allowPOS = ( ) )
for item inkeywords:
    print( item[ 0 ], item[ 1 ] )
```

我校 0.3650310687908397
自强 0.36010570737862596
弘毅 0.3397889749526718
校训 0.2773034698328244
拓新 0.18251553439541984
语出 0.17087980841068703
求是 0.16727081943206107
自强不息 0.16308094392519082
武汉大学 0.14590644626137403
中华民族 0.12336785834534353
含义 0.11406043013648855
伟大 0.1062369610119084
不断进取 0.10082084329312978
明诚 0.09772568979618321
天行健 0.09552964344198472
奋发向上 0.09382625755343511
修学 0.09382625755343511
好古 0.09382625755343511

传统美德 0.0924344899442748

校风 0.0924344899442748

第二种基于 TextRank 算法的关键词提取方法，通过调用函数 jieba. analyse. textrank（sentence，topK = 20，withWeight = False，allowPOS = （'ns', 'n', 'vn', 'v'））来实现，该函数同样包括四个参数，与基于 TF-IDF 方法基本相同，但是此方法默认进行词性过滤。

对同样的文字内容进行关键词提取，该方法调用过程及示例代码如下，可以修改 topK 的默认值，返回不同数目的关键词个数：

```
keywords = jieba. analyse. textrank ( sentence，topK = 15，withWeight = True，\
allowPOS=（'ns', 'n', 'vn', 'v'）)
for item in keywords：
    print（item[0]，item[1]）
```

国家 1.0

含义 0.9514975766301668

校训 0.8831816220202372

创新 0.7692786654850344

客观规律 0.6586080643543306

探求 0.6580889640584097

历史 0.5969396515025892

自强 0.591162600642535

成绩 0.578783632054623

取得 0.5695284955354087

求知 0.5629593666958073

探索 0.5608546033210623

态度 0.5597483134160578

奉献 0.5595424204402842

局面 0.5572237414652758

③ 词性标注。

Jieba 分词还可以在分词后标注每个词的词性，采用和汉语词法分析系统 ICTCLAS 兼容的标记法，具体操作将在 13.1 小节进行讲解。

10.5.3　PYLTP

语言技术平台（Languange Technolog Platform，LTP）是由哈尔滨工业大学社会计算与信息检索中心研发的自然语言处理工具。LTP 制定了基于 XML 的语言处理结果表示，并在此基础上提供了一整套自底向上的丰富而且高效的中文语言处理模块(包括词法、句法、语义等 6 项中文处理核心技术),以及基于动态链接库(Dynamic Link Library,DLL)的应用程序接口和可视化工具,并且能够以网络服务的形式进行使用。PYLTP 是 LTP 的 Python 封装,本节将介绍 PYLTP 的安装及使用方法。

(1)安装 PYLTP

可以使用 pyltp 的 whl 文件分两步进行安装:

- 下载 pyltp-0.2.1-cp36-cp36m-win_amd64.whl(对应 Python 3.6 版本)。
- 通过 pip 进行安装:pip install pyltp-0.2.1-cp36-cp36m-win_amd64.whl。

在完成以上的安装步骤后(注:当前的 pyltp 不支持 Python 3.7 及以上版本),还需下载完整的模型才能使用该工具。在 PYLTP 项目网站(http://ltp.ai/download.html)中下载对应版本的模型,选中图 10-12 中模型一栏 ltp_data_v3.4.0.zip 下载。

版本	模型	win-x86	win-x64	源码
3.4.0	ltp_data_v3.4.0.zip	ltp-3.4.0-win-x86-Release.zip	ltp-3.4.0-win-x64-Release.zip	ltp-3.4.0-SourceCode.zip
3.3.2		ltp-3.3.2-win-x86-Release.zip	ltp-3.3.2-win-x64-Release.zip	ltp-3.3.2-SourceCode.zip
3.3.1	ltp_data_v3.3.1.zip	ltp-3.3.1-win-x86-Release.zip		ltp-3.3.1-SourceCode.zip
3.3.0	ltp_data_v3.3.0.zip			ltp-3.3.0-SourceCode.zip

图 10-12　PYLTP 模型下载列表

当前版本的模型包共包含了五个模型,其名称及功能如表 10-14 所示。

表 10-14　　　　　　　　　　PYLTP 模型包

模型	功能说明	模型	功能说明
cws.model	分词模型	parser.model	依存句法分析模型
pos.model	词性标注模型	pisrl_win.model	语义角色标注模型
ner.model	命名实体识别模型		

(2)PYLTP 的基本功能使用

① 分句。

PYLTP 的分句功能可以通过以下代码实现：

```
from pyltp import SentenceSplitter
sents = SentenceSplitter. split('我喜欢自然语言处理。我也是！')
print('\ n'. join(sents))
```

得到分句结果如下：

我喜欢自然语言处理。

我也是！

② 分词。

使用 PYLTP 进行分词的代码示例如下：

```
# - * - coding: utf-8 - * -
import os
LTP_DATA_DIR = 'D: \ LTP \ ltp_data'  # ltp 模型目录的路径
cws_model_path = os. path. join(LTP_DATA_DIR, 'cws. model')
    #分词模型路径，模型名称为 'cws. model'
from pyltp import Segmentor
segmentor = Segmentor()  #初始化实例
segmentor. load(cws_model_path)  #加载模型
words = segmentor. segment('我喜欢自然语言处理')  # 分词
print('\ t'. join(words))
segmentor. release()  #释放模型
```

运行上述代码，得出如下分词结果：

我　喜欢　自然　　语言　　处理

除了可以使用自带词典进行分词外，PYLTP 还支持使用自定义词典进行分词。

需要注意的是，外部自定义词典必须是一个纯文本(plain text)的文件，且每行指定一个词，编码同样须为 UTF-8。

③ 词性标注。

PYLTP 词性标注集已在 10.4.4 小节介绍，此处不再重复。使用 PYLTP 进行词性标注可通过以下代码实现：

```
# - * - coding: utf-8 - * -
import os
LTP_DATA_DIR = 'D: \ LTP \ ltp_data'        # ltp 模型目录的路径
pos_model_path = os. path. join(LTP_DATA_DIR, 'pos. model')
    #词性标注模型路径，模型名称为 'pos. model'
from pyltp import Postagger
postagger = Postagger() #初始化实例
```

```
postagger. load( pos_model_path)    #加载模型
words = ['我', '喜欢', '自然', '语言', '处理']        # 分词结果
postags = postagger. postag( words)    #词性标注
print('\ t'. join( postags))
postagger. release( )   #释放模型
```

运行上述代码后，得出词性标注结果如下：

r v n n v

PYLTP 在词性标注时同样支持使用外部词典，词性标注的外部词典同样为一个文本文件，每行指定一个词，第一列指定单词，第二列之后指定该词的候选词性(可以有多项，每一项占一列)，列与列之间用空格区分。具体操作过程与使用外部词典分词类似，此处不过多展示。

④ 命名实体识别。

PYLTP 的命名实体识别模块采用的是 BIESO 标注体系。

- B 表示实体开始词；
- I 表示实体中间词；
- E 表示实体结束词；
- S 表示单独成实体；
- O 表示不构成命名实体。

LTP 提供的命名实体类型为：人名(Nh)、地名(Ns)、机构名(Ni)。B/I/E/S 位置标签和实体类型标签之间用一个横线"–"相连；O 标签后没有类型标签。如表 10-15 所示。

表 10-15   **PYLTP 命名实体识别标注集**

标识	说　明
O	这个词不是命名实体
S	这个词单独构成一个命名实体
B	这个词为一个命名实体的开始
I	这个词为一个命名实体的中间
E	这个词为一个命名实体的结尾
Nh	该命名实体为人名
Ni	该命名实体为机构名
Ns	该命名实体为地名

使用 PYLTP 进行命名实体识别的代码示例如下：

```
# - * - coding: utf-8 - * -
import os
LTP_DATA_DIR = 'D:\LTP\ltp_data'  # ltp 模型目录的路径
ner_model_path = os.path.join(LTP_DATA_DIR, 'ner.model')
#命名实体识别模型路径，模型名称为 'pos.model'
from pyltp import NamedEntityRecognizer
recognizer = NamedEntityRecognizer()  #初始化实例
recognizer.load(ner_model_path)  #加载模型
words = ['我', '喜欢', '自然', '语言', '处理']
postags = ['r', 'v', 'n', 'n', 'v']
netags = recognizer.recognize(words, postags)   #命名实体识别
print('\t'.join(netags))
recognizer.release()   #释放模型
```

其中，words 和 postags 分别为分词和词性标注的结果。通过运行上述代码，对"我""喜欢""自然""语言""处理"五个词的命名实体识别结果如下：

O　O　O　O　O

⑤ 依存句法分析。

PYLTP 采用的依存句法标注集已在 10.4.4 小节介绍，此处不再重复。使用 PYLTP 进行依存句法分析，代码示例如下：

```
# - * - coding: utf-8 - * -
import os
LTP_DATA_DIR = 'D: \ LTP \ ltp_data'  # ltp 模型目录的路径
par_model_path = os.path.join(LTP_DATA_DIR, 'parser.model')
#依存句法分析模型路径，模型名称为 'parser.model'

from pyltp import Parser
parser = Parser()      #初始化实例
parser.load(par_model_path)   #加载模型
words = ['我', '喜欢', '自然', '语言', '处理']
postags = ['r', 'v', 'n', 'n', 'v']
arcs = parser.parse(words, postags)   #句法分析
print("\t".join("%d:%s" % (arc.head, arc.relation) for arc in arcs))
parser.release()   #释放模型
```

其中，words 和 postags 分别为分词和词性标注的结果；arc.head 表示依

存弧的父节点词的索引；arc.relation 表示依存弧的关系。ROOT 节点的索引是 0，第一个词开始的索引依次为 1、2、3...。

通过运行上述代码，可以对待分析文本进行依存句法分析，结果为：

2：SBV 0：HED 4：ATT 5：ATT 2：VOB

从以上结果可以看出"喜欢"为父节点，是句子的谓语，"我"是主语，"处理"宾语，而"自然"和"语言"都是来修饰"处理"的。

⑥ 语义角色标注。

PYLTP 语义角色标注集在 10.4.4 小节中介绍过，此处不再重复。

使用 PYLTP 进行语义角色标注，代码示例如下：

```
# - * - coding: utf-8 - * -
import os
LTP_DATA_DIR = 'D:\LTP\ltp_data'  # ltp 模型目录的路径
srl_model_path = os.path.join(LTP_DATA_DIR, 'pisrl_win.model')
#语义角色标注模型目录路径，模型目录为 'srl'。

from pyltp import SementicRoleLabeller
labeller = SementicRoleLabeller()    #初始化实例
labeller.load(srl_model_path)  #加载模型
words = ['我', '喜欢', '自然', '语言', '处理']
postags = ['r', 'v', 'n', 'n', 'v']

# arcs 使用依存句法分析的结果
roles = labeller.label(words, postags, arcs)  #语义角色标注
#打印结果
for role in roles:
    print(role.index, "".join(
        ["%s:(%d,%d)" % (arg.name, arg.range.start, arg.range.end) for
arg in role.arguments]))
labeller.release()   #释放模型
```

上述代码运行结果如下：

1 A0：(0, 0)A1：(2, 4)

4 A1：(2, 3)

其中，待分析文本的第一个词开始的索引依次为 0、1、2...，返回结果 roles 是关于多个谓语的语义角色分析的结果。由于一句话中可能不含有语义角色，所以结果可能为空。

在上面的代码示例中，role. index 代表谓语的索引；role. arguments 代表关于该谓语的若干语义角色；arg. name 表示语义角色类型；arg. range. start 表示该语义角色起始词位置的索引；arg. range. end 表示该语义角色结束词位置的索引。

由于结果输出为两行，说明句子"我喜欢自然语言"有两组语义角色。其中第一个谓语的索引为 1，即"喜欢"，与这个谓语相关的语义角色有两个，它们的索引分别是(0, 0)即"我"，(2, 4)即"自然语言处理"，类型分别是 A0、A1；第二个谓语的索引为 4，即"处理"，与这个谓语相关的语义角色有一个，其索引为(2, 3)即"自然语言"。

10. 6 上机实践

①利用正则表达式，将"i am a college student, I am not a businessman. "中拼写错误的"i"替换为"I"。

参考代码如下：

```
text = "i am a college student, i love whu. "
import re

pattern = re. compile(r'(?: [^\ w] | \b)i(?: [^\ w])')

while True:
    result = pattern. search(text)
    if result:
        if result. start(0) ! = 0:
            text = text[: result. start(0)+1]+'I'+ text[result. end(0)-1:]
        else:
            text = text [: result. start(0)]+'I'+ text[result. end(0)-1:]
    else:
        break

print(text)
```

I am a college student, I love whu.

②句子"I love love wuhan university"中有单词重复的错误，利用正则表达式检查重复的单词，并只保留一个。

参考代码如下：

```
import re

text = ' I love love wuhan university. '
pattern = re.compile(r'\b( \w+)( \s+\1){1,} \b')
matchResult = pattern.search(text)

text = pattern.sub(matchResult.group(1), text)
print(text)
```

I love wuhan university.

③利用 Jieba 分词对此句子进行分词和词性标注："我是一名大学生，我来自武汉大学"。学生可执行设计需要进行实验的文本。

参考代码如下：

```
import jieba
import jieba.posseg as pseg
words = pseg.cut("我是一名大学生，我来自武汉大学")
for word, flag in words:
    print('%s %s' % (word, flag))
```

我 r
是 v
一名 m
大学生 n
, x
我 r
来自 v
武汉大学 nt

课后习题

1. 句子"i am a college student, I am not a busInessman."，其中有单词中的字母"i"误写为"I"，请编写程序进行纠正。

2. 现有语料如下，输出这段英文中所有长度为 4 个字母的单词。

Emma Woodhouse, handsome, clever, and rich, with a comfortable home and happy disposition, seemed to unite some of the best blessings of existence; and had lived nearly twenty-one yearsin the world with very little to distress or vex her.

3. 选择一个 NLP 工具对下面文本进行分词、词性标注和语义角色标注。

武汉大学学科门类齐全、综合性强、特色明显，涵盖了哲、经、法、教育、文、史、理、工、农、医、管理、艺术 12 个学科门类。学校设有人文科学、社会科学、理学、工学、信息科学和医学六大学部 34 个学院(系)以及 3 所三级甲等附属医院。有 123 个本科专业。17 个学科进入 ESI 全球排名前 1%，5 个一级学科、17 个二级学科被认定为国家重点学科，6 个学科为国家重点(培育)学科，有 10 个一流建设学科。57 个一级学科具有硕士学位授予权，46 个一级学科具有博士学位授予权，有 42 个博士后流动站。

第 11 章　数据分析

　　数据分析在目前还没有一个统一的定义。维基百科认为，"数据分析是一个检查、清理、转换和建模数据的过程，其目标是发现有用的信息、提出结论和支撑决策"①。有学者认为："数据分析是为了提取有用信息和形成结论而对数据加以详细研究和概括总结的过程"②。也有学者认为："数据分析是指针对数据的特点及分析目标，运用合适的统计分析方法对获得的数据进行适当处理，找到数据产生的内在机理，从而为目标问题找到合适的答案或者决策依据"③。综上所述，数据分析是使用适当统计分析方法对收集的数据进行处理，以提取有用信息和提供决策支持的分析过程。

　　数据分析的数学基础在 20 世纪早期就已确立，但直到计算机的出现才使得实际操作成为可能，并使得数据分析得以推广④。本章首先介绍数据分析的基础知识，然后再介绍常用的 Python 数据分析工具。

11.1　数据分析基础

11.1.1　数据和变量

　　数据是未经整理的、可被判读的数字、文字、符号、图像、声音、样本

---

① Wikipedia. Data analysis ［EB/OL］.［2020-01-14］. https：//encyclopedia. thefreedictionary. com/data+analysis.

② 陶皖. 云计算与大数据［M］. 西安：电子科技大学出版社，2017：44.

③ 左国新. 数据分析实验教程［M］. 武汉：华中师范大学出版社，2015：1.

④ 顾君忠，杨静. 英汉多媒体技术辞典［M］. 上海：交通大学出版社，2016：154.

等，是载荷或记录信息的、按照一定规则排列组合的物理符号。广义的数据包含图像、语音、文本等。本书中仅讨论可以转化为数量形式的数据，如用户对产品或消费满意度调查数据、舆情监测数据等。在进行数据分析前，首先需要了解数据的形式，表 11-1 给出了一个常见的结构化数据表格示例，也称为关系表或者二维表。

表 11-1　　　　　　　　　某班级学生期末各科成绩综合表

学号	姓名	性别	课程 1	课程 2	…	课程 n
20190001	李明	男	85	90	…	70
20190002	王文	女	95	80	…	75
20190003	周航	男	100	85	…	80
…	…	…	…	…	…	…
20190100	张毅	男	88	84	…	92

如表 11-1 所示，表格第一行为变量（variable）的名称，即学号、姓名、性别、课程 1 等。第二行开始为每一个变量相对应的观测数据，每一行观测数据对应一名学生的课程成绩及其他信息。一般称每一行数据为一个样本（sample）。

通常将变量对应的观测数据分为定量数据（quantitative data）和定性数据（nominal data），具体可以分为四种类型：

① 计量数据（real value data）：原则上可在一定实数区间任意取值，例如，电子元件工作时的温度，人的身高、体重等数据。这类数据可以认为是连续的，尽管实际观测得到的数据是具有有限值的。

② 计数数据（count data）：通常为非负整数，例如，某服务中心每天接到的电话次数、高速公路入口每小时的车流量等。

③ 分类数据（categorical data）：通常为有限的几种可能值，例如，人的性别、产品颜色等。观测数据为定性数据时可以转化为无序的计量数据。

④ 有序数据（ordinal data）：通常为有限的几种可能值，且这些值有一个大小顺序，例如，学生综合成绩的排名，衣物品质分为一等品、二等品，等等。有序数据有时会用正整数 1、2、3... 来表示。

上面提到的四类数据中，计量数据和计数数据属于定量数据，分类数据和有序数据属于定性数据。在实际问题中，数据的分类并不是绝对的。例如，人的年龄数据通常为计量数据，但若研究对象为大学一年级学生时，年龄(以年岁计)只取几个不同的值，此时可以把年龄看做有序数据。

11.1.2 描述性分析

描述性分析是通过图表或数学的方法，对数据资料进行整理、分析，并对数据的分布状态、数字特征和随机变量之间的关系进行估计和描述的方法。描述性数据分析分为数据集中趋势分析、离散趋势分析、相关分析和回归分析。

(1) 集中趋势分析

集中趋势是反映变量数值趋向中心位置的一种分析方法。对变量进行集中趋势测度的方法主要有算术平均数、几何平均数、调和平均数、加权平均数、平方平均数、中位数和众数。

① 算数平均数：又称均值，是统计学中最基本、最常用的一种平均指标。

$$A_n = \frac{a_1 + a_2 + a_3 + \cdots + a_n}{n} \qquad \text{公式 11-1}$$

② 几何平均数：几何平均数是对各变量值的连乘积开项数次方根。

$$G_n = \sqrt[n]{a_1 * a_2 * a_3 * \cdots * a_n} \qquad \text{公式 11-2}$$

③ 调和平均数：又称倒数平均数，是总体各统计变量倒数的算术平均数的倒数。

$$H_n = \frac{n}{\dfrac{1}{a_1} + \dfrac{1}{a_2} + \dfrac{1}{a_3} + \cdots + \dfrac{1}{a_n}} \qquad \text{公式 11-3}$$

④ 加权平均数：将各数值乘以相应的权数，加总求和得到总体值，再除以总的单位数。

$$\bar{X} = \frac{x_1 f_1 + x_2 f_2 + x_3 f_3 + \cdots + x_n f_n}{n} \qquad \text{公式 11-4}$$

其中，$f_1 + f_2 + f_3 + \cdots + f_n = 1$。

⑤ 平方平均数：是指一组数据平方的平均数的算术平方根。

$$M_n = \sqrt{\frac{a_1^2 + a_2^2 + a_3^2 + \cdots + a_n^2}{n}} \qquad \text{公式 11-5}$$

⑥ 中位数：是按顺序排列的一组数据中居于中间位置的数。

- n 为奇数时： $\qquad m_{0.5} = X_{(n+1)/2}$ $\qquad$ 公式 11-6
- n 为偶数时： $\qquad m_{0.5} = (X_{(n/2)} + X_{(n/2+1)})/2$ $\qquad$ 公式 11-7

⑦ 众数：是一组数据中出现次数最多的数，或样本观测值在频数分布表中频数最多的那一组数的组中值。

（2）离散趋势分析

离散趋势在统计学上是指描述观测值偏离中心位置的趋势，反映了所有观测值偏离中心的分布情况。仅仅用集中趋势来描述数据的分布特征是不够的，只有把两者结合起来，才能全面地认识事物。例如，平均数相同的两组数据其离散程度可以不同。一组数据的分布可能比较集中，差异较小，则集中趋势的代表性较好。另一组数据可能比较分散，差异较大，则集中趋势的代表性就较差。

描述一组数据离散趋势的常用指标有极差、四分差、方差、标准差等，其中方差和标准差最常用。

① 极差：又称范围误差、全距，一般用 R 表示。

$$R = X_{\max} - X_{\min} \qquad\qquad 公式\ 11\text{-}8$$

② 四分差：又称四分位距，确定第三四分位数和第一四分位数的区别，通常用来构建箱型图。

$$IQR = Q_3 - Q_1 \qquad\qquad 公式\ 11\text{-}9$$

③ 平均差：总体所有单位与其算术平均数的离差绝对值的算数平均数。

$$MD = \frac{\sum |x - \bar{x}|}{N} \qquad\qquad 公式\ 11\text{-}10$$

④ 方差：衡量随机变量或一组数据离散程度的度量，用来计算每一个变量与总体均数之间的差异。

$$\sigma^2 = \frac{\sum (X - \mu)^2}{N} \qquad\qquad 公式\ 11\text{-}11$$

⑤ 标准差：又称均方差，是离均差平方算术平均数的平方根，通常用 σ 表示。

$$\sigma = \sqrt{\frac{\sum (X - \mu)^2}{N}} \qquad\qquad 公式\ 11\text{-}12$$

（3）相关分析

相关分析是研究现象之间是否存在某种依存关系，并对具有依存关系的现象进行相关方向及相关程度的研究。相关分析侧重于发现随机变量间的相关特性。

①相关系数：两个变量之间的相关程度通过相关系数 r 来表示。

相关系数 r 的值在 -1 和 1 之间，可以是此范围内的任何值。正相关时，r 值在 0 和 1 之间，散点图的趋势是斜向上的，这时一个变量增加，另一个变量也大概率会增加；负相关时，r 值在 -1 和 0 之间，散点图的趋势是斜向下的，此时一个变量增加，另一个变量将减少。r 的绝对值越接近 1，两变量的关联程度越强；r 的绝对值越接近 0，两变量的关联程度越弱。

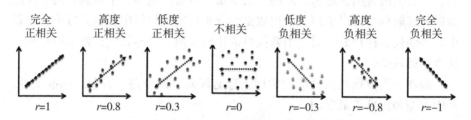

图 11-1　相关性分析的散点图示例

图 11-1 给出了各种相关性情况下数据的散点图示例，由图可知，$r = 1$ 时，两变量之间完全正相关，数据散点与正比例函数直线完全吻合；$r = 0.8$ 时，两变量之间高度正相关，数据散点相对集中在正比例函数直线两边；$r = 0.3$ 时，两变量之间低度正相关，数据散点比较分散，相对分布在正比例函数直线周围；$r = 0$ 时，两变量之间无相关关系，数据完全分散无规律。与正相关相对应，$r = -0.3$ 时，两变量之间低度负相关；$r = -0.8$ 时，两变量之间高度负相关；$r = -1$ 时，两变量之间完全负相关，数据散点与反比例函数直线完全吻合。

② 协方差：协方差用来衡量两个变量的总体误差。

如果两个变量的变化趋势一致，协方差就是正值，说明两个变量正相关。如果两个变量的变化趋势相反，协方差就是负值，说明两个变量负相关。如果两个变量相互独立，那么协方差就是 0，说明两个变量不相关。协方差通常用 $\mathrm{cov}(X, Y)$ 来表示。

$$\mathrm{cov}(X, Y) = \frac{\sum_{i=1}^{n} (X_i - \overline{X})(Y_i - \overline{Y})}{n - 1} \qquad \text{公式 11-13}$$

(4) 回归分析

回归分析是确定两种或两种以上变量间相互依赖的定量关系的一种统计分析方法。回归分析侧重于研究随机变量间的依赖关系，以便用一个变量去预测另一个变量，通常用于预测分析、时间序列模型以及发现变量之间的因果关系。

回归分析按照变量的数量分为一元回归和多元回归。回归分析只涉及两个变量的，称为一元回归分析。一元回归的主要任务是从两个相关变量中的一个变量去估计另一个变量，被估计的变量称为因变量(设为 Y)；用来估计出 Y 值的变量称为自变量(设为 X)。回归分析就是要找出一个数学模型(函数)，$Y = f(X)$，使得从 X 估计 Y 可以用一个函数式去计算。而多元回归是指一个因变量 Y 的估计是使用多个自变量 $(X_1, X_2, \cdots, X_p)$ 的回归模型。

根据因变量和自变量的函数表达式来分类，可以分为线性回归分析和非线性回归分析。线性回归分析是回归分析法中最基本的方法，一个单自变量的一元回归模型式可以用以下方程来表示：

$$Y = a + b * X + e \qquad\qquad 公式 11\text{-}14$$

其中，a 表示截距，b 表示直线的斜率，e 为随机误差，即随机因素对因变量所产生的影响。而一个多自变量的线性回归模型则可以扩展表示为以下的形式：

$$Y = \beta_0 + \beta_1 X_1 + \beta_2 X_2 + \cdots + \beta_p X_p + \varepsilon \qquad 公式 11\text{-}15$$

线性回归使用最佳的拟合直线，在因变量和一个或多个自变量之间建立一种函数关系，当遇到非线性回归关系时，可以借助数学手段将其化为线性回归关系。

在对回归模型进行校验时，判断系数 R^2 也称为拟合优度或决定系数，即相关系数 R 的平方，用于表示基于当前拟合所得的回归模型(或函数)公式，从自变量 X 的变化能够正确地估算或者解释出因变量 Y 变化的百分比。R^2 越接近 1，表示回归模型拟合效果越好。

$$R^2 = \frac{\sum (\hat{y_i} - \bar{y})^2}{\sum (y_i - \bar{y_i})^2} \qquad\qquad 公式 11\text{-}16$$

11.1.3　分布性分析

(1)频数分析

频数也称"次数"，即对整个数据集按某种标准进行分组，统计出各个组内含有的数据个体的数目。而频率则是每个小组的频数与数据总数的比值。在变量分配数列中，频数(频率)表明对应组标志值的作用程度。频数数值越大，表明该组标志值对于总体水平所起的作用也越大，反之，频数数值越小，表明该组标志值对于总体水平所起的作用越小。

频数分析的结果一般可以通过柱状图、饼状图、直方图或者累计曲线进行表示。对于定量数据，如果需要了解其分布形式，如是对称的还是非对称的，可做出频率分布表，绘制频率分布直方图或者茎叶图进行直观的分析。

对于定性变量，通常根据变量的分类类型来分组，可以采用饼图和条形图直观显示分布情况。饼图的每一个扇形部分代表每一类型的百分比或频数，根据定性变量的类型数目将饼图分成几个部分，每一部分的大小与每一类型的频数成正比。条形图(柱状图)的高度代表每一类型的百分比或频数，宽度通常没有实际意义。

(2)探索性分析

探索性分析由美国统计学家 Tukey 在 20 世纪 70 年代提出，是为了形成有价值的假设而进行的数据分析，即在分析人员刚刚取得数据时，数据本身可能是杂乱无章、看不出规律的，无法做出有价值的假设。因此，需要在尽量少的先验假设下，通过作图、制表、方程拟合、计算特征量等手段，探索已有数据在结构和规律方面的可能性，从而形成分析假设，指导分析人员该往什么方向、用何种方式去寻找和揭示隐含在数据中的规律性。

探索性分析是对传统统计学假设检验手段的有效补充，常利用数据变换、数据可视化等方法揭示数据的主要特征，主要的分析方法包括数据的关联分析、因子分析和方差分析等。

关联分析又称关联挖掘，是通过分析由定性变量构成的交互汇总表来解释变量之间的联系，也就是在交易数据、关系数据或其他信息载体中，查找存在于项目集合或对象集合之间的频繁模式、关联、相关性或因果结构。关联分析可以揭示同一个变量的各个类别之间的差异，以及不同变量各个类别之间的对应关系。

因子分析是一种研究如何从变量群中提取共性因子的统计技术。例如，某门功课成绩好的学生，往往其他各科成绩也比较好，因此这些学生的身上是否存在着某些潜在的共性因子会影响到其学习成绩需要进一步分析。因子分析就是要从大量的数据中寻找各个数据特征之间的内在联系，在众多数据特征变量中找出隐藏的具有代表性的特征因子，其本质是可以通过减少特征变量的数目来减轻决策的困难。主成分分析方法是因子分析中常使用的多因子降维方法。

11.2　科学计算工具 NumPy

NumPy 是 Python 中一个常用的第三方库,用于科学计算,支持高维数组与矩阵运算。同时,NumPy 可以为用户提供多维数组对象、各种派生对象(如掩码数组和矩阵),以及用于数组快速操作的各种 API,包括数学、逻辑、形状操作、排序、选择、输入输出、离散傅立叶变换、基本线性代数、基本统计运算和随机模拟等。另外,NumPy 不仅是一个常用的、可独立调用的科学计算库,也是许多其他第三方库(如 Scipy 和 Pandas)的基础库。

11.2.1　NumPy 安装

(1)使用 pip 安装

这是常用的第三方包安装方式,在打开的终端窗口中,输入以下命令进行安装。

```
pip install numpy
```

(2)使用 Anaconda 安装

Anaconda 是一个开源的 Python 发行版本,其包含了 conda、Python 等 180 多个科学包及其依赖项(https://www.anaconda.com/)。如果系统中已经安装 Anaconda,打开 Anaconda Navigator,选择 Environments 环境,搜索 NumPy 查看是否安装,若已经安装则可以直接在 Python 中使用,若显示尚未安装,点击 download 即可。

11.2.2　NumPy 数据类型

NumPy 包的核心是其 N 维数组对象 Ndarray,它是一系列同类型数据的集合,集合中元素的索引从 0 下标开始。为了保证其性能优良,NumPy 的许多操作都是将代码在本地进行编译后执行的。

(1)Ndarray 对象的内容组成

* 一个指向数据(内存或内存映射文件中的一块数据)的指针。
* 数据类型(dtype),指定数组中元素的数据类型。
* 一个表示多维数组形状的元组(shape),指定数组中元素的数量。

- 一个跨度元组(strides),指数组中每个轴的下标增加 1 时,数据指针在内存中增加的字节数。

(2)Ndarray 对象的主要参数

创建一个 ndarray 对象只需调用 Numpy 的 array 函数即可,其格式为:

$$\text{numpy. array (object, dtype = None, copy = True, order = None, subok = False, ndmin = 0)}$$

参数的含义分别为:

- ndarray. object:数组或嵌套的数列;
- ndarray. dtype:数组元素的数据类型,可选;
- ndarray. copy:对象是否需要复制,可选;
- ndarray. order:创建数组的样式,C 为行方向,F 为列方向,A 为任意方向(默认选项);
- ndarray. subok:默认返回一个与基类类型一致的数组;
- ndarray. ndim:数组的轴(维度)的个数。

(3)Ndarray 和 Python 原生数组 list 之间的区别

Ndarray 在创建时具有固定的大小,每个条目占用相同大小的内存块,更改 Ndarray 的大小将创建一个新数组并删除原来的数组。而 Python 原生数组 list 没有固定的大小,是可变序列类型,创建后可以随意被修改,通常用于存放同类项目的集合。当 list 增加或删除元素时,列表对象会自动进行内存的扩展或收缩,从而保证元素之间没有缝隙。

NumPy 数组中的元素之间的数据类型可以不同,但通常不这么做,一般只放置相同的数据类型,这样一来每个数组元素在内存中所占的空间大小是相同的,便于程序控制和数据运算。但也有例外的情况,当 Python 的原生数组里包含了 NumPy 对象的时候,就允许放置不同大小的元素到数组之中。

NumPy 数组有助于对大量数据进行高级的数学运算和其他类型的操作。通常,这些操作比采用 Python 原生数组时使用的代码更少、执行的效率更高。例如:

```
import random
import time
import numpy as np
a = [ ]
for i in range( 1000000 ):
```

```
    a. append( random. random( ) )

#通过%time 方法, 查看当前行的代码运行一次所花费的时间
%time sum1 = sum( a)
b = np. array( a)
%time sum2 = np. sum( b)
```

CPU times: user 42. 6 ms, sys: 8. 78 ms, total: 51. 4 ms

Wall time: 65 ms

CPU times: user 1. 06 ms, sys: 172μs, total: 1. 23 ms

Wall time: 786 μs

上面的代码中,"%time"指令用于查看其后续指令的运行时间。可以看出, 对 Python 原生数组 a 进行计算的时间是 65 毫秒, 对使用 Ndarray 对象 b 进行计算的时间是 786 纳秒。通过两个代码运行时间的对比, 可以看到 Ndarray 的计算速度更快。

现在, 越来越多的基于 Python 语言的科学计算和数学分析软件包都使用 NumPy 数组, 虽然这些工具通常都支持 Python 的原生数组作为参数, 但它们在处理之前还是会将输入的原生数组转换为 NumPy 数组, 而且输出的计算结果也通常为 NumPy 数组。

换句话说, 为了高效地使用现今的大部分科学计算与数学工具包, 仅仅掌握 Python 原生数组类型的使用方法是不够的, 还需要了解如何使用 NumPy 数组。

11. 2. 3　NumPy 数组操作

(1) NumPy 数组创建

创建 NumPy 数组的方法有多种, 可以从已有的数组创建, 可以从数值范围创建, 也可以通过函数来创建。

① 从常规 Python 列表或元组中创建数组。

代码示例及运行结果如下:

```
import numpy as np
a = np. array([2, 3, 4])
a
```

array([2, 3, 4])

```
a. dtype
```

dtype('int64')

```
b = np.array([1.2, 3.5, 5.1])
b.dtype
```

dtype('float64')

通过 Python 列表创建数组时需要避免一个常见的错误，就是调用 array 的时候传入多个数字参数，而不是提供单个数字的列表类型作为参数。

例如，上述语句 a = np.array([2, 3, 4])，应注意不要写成 a = np.array(2, 3, 4)，否则将会引发异常。

② 从序列中创建数组。

使用 NumPy 还可以将一层序列转换成一维数组，将一个两层系列（序列的序列）转换成二维数组，将一个三层序列（序列的序列的序列）转换成三维数组，依此类推。

代码示例及运行结果如下：

```
import numpy as np
b = np.array([(1.5, 2, 3), (4, 5, 6)])
b
```

```
array([[1.5, 2., 3.],
       [4., 5., 6.]])
```

转换序列为数组时也可以显式指定数组的类型，例如：

```
import numpy as np
c = np.array([[1, 2], [3, 4]], dtype=complex)   #转换为复数形式
c
```

```
array([[1.+0.j, 2.+0.j],
       [3.+0.j, 4.+0.j]])
```

③ 使用函数创建数组。

NumPy 含有多个可以用来创建数组的函数。例如，

- 函数 zeros 可以创建一个由数值 0 组成的数组；
- 函数 ones 可以创建一个由数值 1 组成的数组；
- 函数 empty 则可以创建一个数组元素为随机值（未初始化）的数组，其初始内容是随机的，取决于内存的状态。

默认情况下，NumPy 函数创建数组的数据类型（dtype）是 float64。另外，为了创建由数字组成的数组，NumPy 还提供了一个 arange 的函数，该函数返回一个数组而不是列表。

代码示例及运行结果如下：

```
import numpy as np
np. zeros((3, 4))
```

array([[0., 0., 0., 0.],
　　　 [0., 0., 0., 0.],
　　　 [0., 0., 0., 0.]])

```
np. ones((2, 3, 4))
```

array([[[1., 1., 1., 1.],
　　　　[1., 1., 1., 1.],
　　　　[1., 1., 1., 1.]],

　　　　[[1., 1., 1., 1.],
　　　　[1., 1., 1., 1.],
　　　　[1., 1., 1., 1.]]])

```
np. empty((2, 3))
```

array([[-2.00000000e+000, -3.11109316e+231,　 1.48219694e-323],
　　　 [0.00000000e+000,　0.00000000e+000,　4.17201348e-309]])

```
np. arange(10, 50, 5)    #第三个参数为步长，若空，则默认步长为1
```

array([10, 15, 20, 25, 30, 35, 40, 45])

```
np. arange( 3, 5, 0.4 )                    # 允许参数为浮点数
```

array([3., 3.4, 3.8, 4.2, 4.6])

(2)NumPy 切片和索引

与 Python 中列表(list)对象的切片操作相同，NumPy 中 Ndarray 对象的内容可以通过索引或者切片来进行访问和修改。通常，Ndarray 对象可以基于[0-n]的下标进行索引，切片对象可以通过内置的 slice 函数，并通过设置起点(start)、终点(stop)及步长(step)三个参数进行，从原来的数组中切割出一个新的数组。

代码示例及运行结果如下：

```
import numpy as np
a = np. arange(10)    #使用 arange( )函数创建 ndarray 对象
print("原始数组 a:", a)
s =a. slice(2, 7, 2)      #从索引 2 开始到索引 7 停止，间隔为 2
print("切片后的数组为:", a[s])
```

原始数组 a：[0 1 2 3 4 5 6 7 8 9]

切片后的数组为：[2 4 6]

除了可以使用 slice 函数进行数据切片外，还可以通过冒号分割切片参数的形式，形如：[start：stop：step]，对 ndarray 对象进行切片操作。

代码示例及运行结果如下：

```
import numpy as np
a = np. arange(10)
b = a[1：9：3]     #从索引 1 开始到索引 9 停止，间隔为 3
print(b)
```

[1 4 7]

需要注意的是：

- 如果在"[ ]"中没有冒号且只放置了一个参数，例如[4]，则返回该索引所对应的单个元素；
- 如果为一个参数加一个冒号，例如[4：]，则表示该索引开始之后的所有数组的项都将被提取；
- 如果使用了用冒号分隔的两个参数，例如[4：9]，那么提取两个索引(不含停止索引)之间的所有项。

代码示例及运行结果如下：

```
import numpy as np
a = np. arange(20)
b = a[13]
print("a[13]:    \t", b)
c = a[13：]
print("a[13：]: \t", c)
d = a[13：15]
print("d[13：15]: \t", d)
```

a[13]：13

a[13：]：[13 14 15 16 17 18 19]

d[13：15]：[13 14]

除了上述两种对一维数组进行简单检索提取的方法外，NumPy 还提供了更多的索引方式，如整数数组索引、布尔索引、花式索引等。

① 整数数组索引。

整数数组索引是使用数组的方式进行索引，将该索引数组的值作为目标数组的某个轴的下标来取值。

代码示例及运行结果如下：

```
import numpy as np        #整数数组索引
x = np.array([[0, 1, 2], [3, 4, 5], [6, 7, 8], [9, 10, 11]])
print('原数组是：')
print(x)
rows = np.array([[0, 0], [3, 3]])
cols = np.array([[0, 2], [0, 2]])
y = x[rows, cols]
print('这个数组的四个角元素是：')
print(y)
```

原数组是：
[[0 1 2]
 [3 4 5]
 [6 7 8]
 [9 10 11]]
这个数组的四个角元素是：
[[0 2]
 [9 11]]

② 布尔索引。

布尔索引是通过布尔运算来获取符合指定条件的数组，即通过一个布尔数组来索引目标数组，找出与布尔数组中值为 True 的对应的目标数组中的数据。需要注意的是，当使用布尔数组进行索引时，它的长度必须与目标数组对应的轴(行或者列)的长度一致。

代码示例及运行结果如下：

```
import numpy as np        #布尔数组索引
arr = np.arange(7)
booling1 = np.array([True, False, False, True, True, False, False])
print(arr)
print(arr[booling1])
```

[0 1 2 3 4 5 6]
[0 3 4]

如果布尔数组的长度与目标数组对应的轴的长度不一致，则会出现错误提示。例如，下面的代码中，布尔数组的长度为 6，而对应数组的长度为 7。

代码示例及运行结果如下：

```
import numpy as np        #布尔数组索引
arr = np.arange(7)
```

```
booling1 = np.array([True, False, False, True, True, False])
print(arr)
print(arr[booling1])
```

[0 1 2 3 4 5 6]

...

----> 5 print(arr[booling1])

IndexError：boolean index did not match indexed array along dimension 0；dimension is 7 but corresponding boolean dimension is 6

除使用布尔数组索引数组外，还可以通过逻辑运算进行目标数组的索引。

代码示例及运行结果如下：

```
arr = np.arange(16).reshape((4, 4))        #布尔运算索引
print(arr)
print("-------------------------")

names = np.array(['Ben', 'Tom', 'Ben', 'Jeremy'])
print(names == 'Ben')
print("-------------------------")
print(arr[names == 'Ben'])
```

```
[[ 0  1  2  3]
 [ 4  5  6  7]
 [ 8  9 10 11]
 [12 13 14 15]]
-------------------------
[ True False  True False]
-------------------------
[[ 0  1  2  3]
 [ 8  9 10 11]]
```

上面的例子中，通过语句 names == 'Ben' 进行逻辑运算得到一个布尔数组[True, False, True, False]，通过该布尔数组可以索引到原 arr 中的数组。如果 arr 数组存在对应着 names 中人的信息，那么此时就通过逻辑运算索引得到了 Ben 的所有信息，即[[0, 1, 2, 3], [8, 9, 10, 11]]。

此外，还可以通过比较运算，如大于、小于、不等于，对数据进行清洗。

代码示例及运行结果如下：

```
arr = np. arange(12). reshape((3, 4))        #比较运算索引
print(arr)
arr[arr<=5]=0        #数组中小于或者等于 5 的数字归零
print("----------------")
print(arr)
```

```
[[ 0  1  2  3]
 [ 4  5  6  7]
 [ 8  9 10 11]]
----------------
[[ 0  0  0  0]
 [ 0  0  6  7]
 [ 8  9 10 11]]
```

在上面的例子中,通过设置逻辑运算表达式为 arr<=5,进行比较运算,从而找出数组中小于或者等于 5 的数字,并将其替换为 0,最终实现对小于等于 5 的元素进行清洗的目的。

③ 花式索引。

花式索引的索引值是一个数组,将该索引数组的值作为目标数组的某个轴的下标来取值,并将索引数据复制到新的数组当中。

例如,使用一维整型数组作为索引数组,如果目标也是一维数组,那么索引的结果就是对应位置的元素;如果目标是二维数组,那么就是对应下标的行。

在下面的案例中,索引数组为[-1, -3],若将二维数组 x 作为目标数组,索引结果是 x 的第-1 行和第-3 行,即[[9, 10, 11], [3, 4, 5]];若将一维数组 y 作为目标数组,索引结果是 y 的第-1 个元素和第-3 个元素,即[7, 5]。

代码示例及运行结果如下:

```
import numpy as np                    #花式索引
x = np. array([[0, 1, 2], [3, 4, 5], [6, 7, 8], [9, 10, 11]])
y = np. array([0, 1, 2, 3, 4, 5, 6, 7])
print(x[[-1, -3]])
print("------------------------")
print(y[[-1, -3]])
```

```
[[ 9 10 11]
 [ 3  4  5]]

------------------------

[7 5]
```

(3) NumPy 数组运算

NumPy 中包含一些可以专门进行数组运算的函数，包括：修改数组形状、迭代数组、转置数组、修改数组维度、连接数组、添加与删除数组元素等功能。

① 修改数组形状。

reshape 函数可以在不改变数组内容的情况下修改其形状，一般使用它的格式为：

$$numpy.\ reshape(\ arr,\ newshape,\ order='C')$$

其中，arr 代表需要修改形状的数组；newshape 是整数或者整数数组，且需要兼容原数组的形状；order 代表顺序。四种取值分别为：

- 'C'，按行的顺序；
- 'F'，按列的顺序；
- 'A'，按原数组的顺序；
- 'K'，按数组元素在内存中的出现顺序。

代码示例及运行结果如下：

```
import numpy as np
a = np.arange(4)
print('原始数组：')
print(a)
b = a.reshape(2, 2)     #修改数组为两行两列的数组
print('修改后的数组：')
print(b)
```

原始数组：

[0 1 2 3]

修改后的数组：

[[0 1]

 [2 3]]

② 迭代数组。

迭代数组即遍历数组的每一个元素。通常情况下，可以直接采用 for 循环来遍历数组中的元素。但是 Python 语言内置的一些函数往往有更高的处理效率，例如，函数 flat 可以作为数组元素的迭代器完成对数组所有元素的访问。

此外，函数 flatten 可以对数组的内容进行复制，返回一份数据元素的拷

贝，对拷贝的元素所做的修改不会影响原始数组的内容。该函数的调用格式为：

$$\text{ndarray. flatten}(\text{order}='A')$$

其中，order 代表顺序，与 reshape（ ）函数一样有四种取值：'C'、'F'、'A' 和 'K'。

代码示例及运行结果如下：

```
x = np. array([[0, 1], [3, 4]])
print('原始数组：')
for row in x:
print(row)
print('迭代后的数组：')
for element in x. flat:
print(element)
print('按 F 顺序展开的数组：')
print(x. flatten(order = 'F'))
```

原始数组：

[0 1]

[3 4]

迭代后的数组：

0

1

3

4

按 F 顺序展开的数组：

[0 3 1 4]

③ 转置数组。

从数学的角度理解，数组转置就是矩阵的转置。在进行矩阵运算时，经常要用矩阵转置，例如，利用矩阵转置来计算矩阵内积：$X^T \times X$。假如 A 是一个 $m \times n$ 的二维数组，把数组 A 的行换成同序数的列，得到一个 $n \times m$ 的二维数组，即为 A 的转置数组。

例如，数组：

$$A = [[0, 1, 2, 3], [4, 5, 6, 7], [8, 9, 10, 11]]$$

其转置数组为：

$$A^T = [[0, 4, 8], [1, 5, 9], [2, 6, 10], [3, 7, 11]]$$

NumPy 的转置数组操作有三种：数组转置（arr. T）、轴对换（transpose）

和两轴对换（swapaxes）。

- 数组转置。

使用方式为：<arr>. T，其中 arr 为将要进行转置操作的数组，如 a. T 指令。

```
import numpy as np
a = np. arange(12). reshape(3, 4)
print('原数组：')
print( a )
print('转置数组：')
print( a. T)
```

原数组：

[[0 1 2 3]
 [4 5 6 7]
 [8 9 10 11]]

转置数组：

[[0 4 8]
 [1 5 9]
 [2 6 10]
 [3 7 11]]

- 轴对换（transpose）。

使用方式为：numpy. transpose(arr, axes)，包含两个参数，分别为被操作的数组 arr 及其对应维度 axes。也可以通过 NumPy 对象的 transpose 方法进行调用，调用方式为：numpy_object. transpose(axes)。高维数组可以通过轴对换对多个维度进行变换。下例将首先构造一个三维数组，然后对数组进行轴对换。

代码和运行结果如下：

```
import numpy as np
data = np. arange(24). reshape(2, 3, 4)
print(data)
print("------------------------")
print(data. transpose(1, 0, 2))
```

[[[0 1 2 3]
  [4 5 6 7]
  [8 9 10 11]]

```
[[[12 13 14 15]
  [16 17 18 19]
  [20 21 22 23]]]
  ------------------------
[[[ 0  1  2  3]
  [12 13 14 15]]

 [[ 4  5  6  7]
  [16 17 18 19]]

 [[ 8  9 10 11]
  [20 21 22 23]]]
```

上面的例子中创建了一个三维数组 data，各维度大小分别为 2、3、4，各维度对应的轴为(0，1，2)，通过 tranpose 操作将各个维度进行变换，在使用 transpose(1，0，2)指令后，各个维度大小变为(3，2，4)，实际上是将第一维和第二维进行了互换。

对于这个三维数组，对其进行转置 T 操作实际上等价于 transpose(2，1，0)，例如：

```
import numpy as np
data = np.arange(24).reshape(2, 3, 4)
print('-----data.T result-----')
print(data.T)
print('-----transpose result-----')
print(data.transpose(2, 1, 0))
```

```
-----data.T result-----
[[[ 0 12]
  [ 4 16]
  [ 8 20]]

 [[ 1 13]
  [ 5 17]
  [ 9 21]]

 [[ 2 14]
  [ 6 18]
  [10 22]]
```

```
[[ 3 15]
 [ 7 19]
 [11 23]]]
-----transpose result-----
[[[ 0 12]
  [ 4 16]
  [ 8 20]]

 [ 1 13]
  [ 5 17]
  [ 9 21]]

 [ 2 14]
  [ 6 18]
  [10 22]]

 [ 3 15]
  [ 7 19]
  [11 23]]]
```

- 两轴对换(swapaxes)。

使用方式为:numpy. swapaxes(arr, axis1, axis2)。其参数是一个数组和一对轴编号,分别对应输入的数组、两个操作轴分别对应的索引,也可以通过 NumPy 对象的 swapaxes 方法进行调用,调用方式为 numpy _ object. swapaxes(axis1, axis2)。

例如,采用 data. transpose(1, 0, 2),就是将 data 的第 0 轴和第 1 轴进行对换,使用 swapaxes(0, 1)指令也可以实现。

```
import numpy as np
data = np. arange(24). reshape(2, 3, 4)
print('-----original data-----')
print(data)
print('-----transpose result-----')
print(data. transpose(1, 0, 2))
print('-----swapaxes result------')
print(data. swapaxes(0, 1))
```

```
-----original data-----
[[[ 0  1  2  3]
  [ 4  5  6  7]
  [ 8  9 10 11]]

 [[12 13 14 15]
  [16 17 18 19]
  [20 21 22 23]]]
-----transpose result-----
[[[ 0  1  2  3]
  [12 13 14 15]]

 [[ 4  5  6  7]
  [16 17 18 19]]

 [[ 8  9 10 11]
  [20 21 22 23]]]
-----swapaxes result------
[[[ 0  1  2  3]
  [12 13 14 15]]

 [[ 4  5  6  7]
  [16 17 18 19]]

 [[ 8  9 10 11]
  [20 21 22 23]]]
```

④ 广播数组。

广播(broadcast)是 NumPy 对不同形状的数组进行数值计算的方式。数组的算术运算通常在形状相同的两个数组之间进行，具体而言，是在各数组相应的元素上进行计算。例如，如果两个数组 a 和 b 形状相同，即满足 a.shape == b.shape，那么 a * b 的结果就是 a 与 b 数组对应位相乘。这要求 a 和 b 数组的维数相同，且各维度的长度相同。

例如：

```
import numpy as np
a = np.array([1, 2, 3, 4])
b = np.array([10, 20, 30, 40])
c = a * b
print(c)
```

$$[\ 10 \quad 40 \quad 90 \ 160 \ ]$$

当运算中两个数组的形状不同时，NumPy 就会自动触发广播机制，即把维度和长度较小的数组扩展为较长的维度和长度，然后再开始数组的运算。

例如：

```
import numpy as np
a = np. array([[10, 10, 10],
            [20, 20, 20],
            [30, 30, 30]])
b = np. array([1, 2, 3])
print(a + b)
```

$$[[\ 11 \ 12 \ 13 \ ]$$
$$[\ 21 \ 22 \ 23 \ ]$$
$$[\ 31 \ 32 \ 33 \ ]]$$

图 11-2 展示了数组 b 如何通过广播来与数组 a 兼容。其中，a 是一个 4×3 的二维数组与长为 3 的一维数组 b 相加，等价于把数组 b 在二维上重复 4 次再进行加法运算。

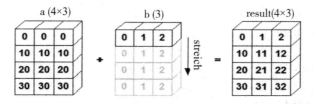

图 11-2　数组广播①

广播数组遵循的规则是：
- 如果两个数组的后缘维度(trailing dimension，即从末尾开始算起的维度)的轴长度相符，认为它们是广播兼容的。

在上述案例中，数组 a 的 shape 为(3, 3)，数组 b 的 shape 为(3,)，是广播兼容的。但是，如果后缘维度不相同，则会产生广播报错。

例如：

---

① NumPy 广播[EB/OL]. [2020-01-15]. https：//www. runoob. com/numpy/numpy-broadcast. html.

```
import numpy as np
a = np. array([[10, 10, 10],
        [20, 20, 20],
        [30, 30, 30]])              #a. shape = (3, 3)
b = np. array([1, 2])               #b. shape = (2,)
print(a + b)
```

…

----> 6 print(a + b)

ValueError: operands could not be broadcast together with shapes (3, 3) (2,)

在此例中，数组 a 的 shape 为(3, 3)，而数组 b 的 shape 是(2,)，前者为二维数组，后者是一维数组。前者的后缘维度的轴长度为 3，后者的后缘维度的轴长度为 2，二者不相同，因此报错。

- 如果两个数组的后缘维度的轴长度不一样，但其中一个数组的长度为 1，则广播可以在缺失和(或)长度为 1 的维度上进行。

例如：

```
import numpy as np
a = np. array([[0, 0, 0], [1, 1, 1], [2, 2, 2], [3, 3, 3]])
#a. shape = (4, 3)
b = np. array([[1], [2], [3], [4]])   #b. shape = (4, 1)
print(a+b)
```

[[1 1 1]
 [3 3 3]
 [5 5 5]
 [7 7 7]]

在上例中，数组 a 的 shape 为(4, 3)，而数组 b 的 shape 则是(4, 1)，二者均为二维。前者的后缘维度的轴长度为 3，后者的后缘维度的轴长度为 1，两者不相同。但由于第二个数组在 1 轴上的长度为 1，所以，可以在 1 轴上面进行广播，如图 11-3 所示：

另外，还可以使用函数 numpy. broadcast_to() 将数组广播到新形状，使用格式为：

numpy. broadcast_to(array, shape, subok = False)

其中，array 表示广播的对象；shape 表示广播之后的数组形状。参数 array 可以是一个基类数组(base-class array)，也可能是一个子类数组。参数 subok 默认为 False，表示返回的数组会被强制转为一个基类数组，若 subok

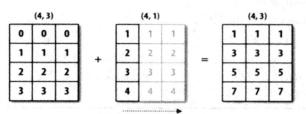

二维数组在轴1上的广播

图 11-3　在 1 轴上广播①

为真，则会传递参数 array 的子类数组类型。

例如：

```
import numpy as np
x = np. array([1, 2, 3])
y = np. broadcast_to(x, (5, 3))
print(x)
print("广播后:")
print(y)
```

[1 2 3]
广播后：
[[1 2 3]
 [1 2 3]
 [1 2 3]
 [1 2 3]
 [1 2 3]]

此外，函数 numpy. expand_dims( ) 通过在指定位置插入新的轴来扩展数组形状，函数的调用格式为：

numpy. expand_dims(arr, axis)

其中，arr 为输入数组；axis 为整数，是新轴插入的位置。

与 numpy. expand_dims( ) 函数相对应的是 numpy. squeeze( ) 函数，即从给定数组的形状中删除一个维度的条目来收紧数组形状，函数的调用格式为：

---

①　NumPy 中 的 广 播 机 制 [EB/OL]. [2020-01-15]. https：//www. cnblogs. com/jiaxin359/p/9021726. html.

numpy. squeeze(arr, axis)

其中，arr 为输入数组；axis 为整数或者整数元组，用于选择原数组中一个维度中所有数据条目的子集。

代码示例及运行结果如下：

```
import numpy as np
x = np. array(([1, 2], [3, 4]))
print('数组 x：')
print(x)
y = np. expand_dims(x, axis = 0)      #为二维数组 x 添加一个维度
print('数组 y：')
print(y)
z = np. squeeze(y)       #为三维数组 y 减少一个维度
print('数组 x, y, z 的形状：')
print(x. shape, y. shape, z. shape)
```

数组 x：
[[1 2]
 [3 4]]
数组 y：
[[[1 2]
  [3 4]]]
数组 x, y, z 的形状：
(2, 2) (1, 2, 2) (2, 2)

⑤ 连接数组。

连接数组指将形状相同的多个数组连接成为一个数组，连接之后数组的形状不变。NumPy 可以对相同形状的数组进行不同的连接操作，例如，沿现有轴的数组序列进行连接(concatenate)，沿着新的轴加入一个数组栈(stack)，沿着水平堆叠方向、列方向连接数组，以及沿着竖直堆叠方向、行方向连接数组等。

函数 numpy. concatenate( )强调沿着指定的轴方向连接相同形状的两个或者多个数组，函数的调用格式为：

numpy. concatenate((arr1, arr2, ...), axis)

其中，参数 arr1、arr2 等代表相同类型的数组；axis 为指定的轴方向，默认为 0。

代码示例及运行结果如下：

```
import numpy as np
a = np. array([[1, 2], [3, 4]])
```

```
print('第一个数组：')
print(a)
b = np.array([[5, 6], [7, 8]])
print('第二个数组：')
print(b)
```

第一个数组：
[[1 2]
 [3 4]]
第二个数组：
[[5 6]
 [7 8]]

```
#两个数组的维度相同
print('沿轴 0 连接两个数组：')
print(np.concatenate((a, b)))
print('沿轴 1 连接两个数组：')
print(np.concatenate((a, b), axis = 1))
```

沿轴 0 连接两个数组：
[[1 2]
 [3 4]
 [5 6]
 [7 8]]
沿轴 1 连接两个数组：
[[1 2 5 6]
 [3 4 7 8]]

函数 numpy.stack() 用于沿着新轴连接数组序列(栈)，函数的调用格式为：

$$numpy.stack(arr, axis)$$

其中，参数 arr 表示相同形状的数组序列；axis 表示返回数组中的轴，输入数组沿着该轴进行堆叠。

函数 numpy.hstack() 是函数 numpy.stack() 的变体，区别在于它通过水平堆叠来生成数组。函数 numpy.vstack() 同样也是 numpy.stack() 的变体，它通过垂直堆叠来生成数组。

连接数组的代码示例及运行结果如下：

```
import numpy as np
a = np.array([[1, 2], [3, 4]])
print('第一个数组：')
print(a)
```

402

第一个数组：

[[1 2]

　[3 4]]

```
b = np. array([[5，6]，[7，8]])
print('第二个数组：')
print(b)
```

第二个数组：

[[5 6]

　[7 8]]

```
print('沿轴 0 堆叠两个数组：')
print(np. stack((a，b)，0))
```

沿轴 0 堆叠两个数组：

[[[1 2]

　[3 4]]

　[[5 6]

　[7 8]]]

```
print('沿轴 1 堆叠两个数组：')
print(np. stack((a，b)，1))
```

沿轴 1 堆叠两个数组：

[[[1 2]

　[5 6]]

　[[3 4]

　[7 8]]]

```
print('水平堆叠：')
c = np. hstack((a，b))
print(c)
```

水平堆叠：

[[1 2 5 6]

　[3 4 7 8]]

```
print('竖直堆叠：')
d = np. vstack((a，b))
print(d)
```

竖直堆叠：

[[1 2]

$$[3\ 4]$$
$$[5\ 6]$$
$$[7\ 8]]$$

⑥ 分割数组。

NumPy 中的一些函数可以用来分割数组,可以将一个数组分割为多个子数组(split 函数)、按水平(列)分割(hsplit 函数)以及按垂直(行)分割(vsplit 函数)等。

函数 numpy. split( )沿着特定的轴将数组分割为多个子数组,函数的调用格式为:

numpy. split(arr, indices_or_sections, axis)

其中, arr 表示被分割的数组; indices_or_sections 的赋值如果为整数,则用该数平均切分;如果为数组,表示沿轴切分的位置; axis 表示沿着某种维度进行切分:默认为 0,即横向切分;若赋值为 1,则为纵向切分。

函数 numpy. hsplit( )用于水平分割数组,函数的调用格式为:

numpy. hsplit(arr, indices)

其中,通过指定 indices 的值来确定在拆分原数组之后,返回数组的数量,拆分之后的数组形状与原数组形状相同。

函数 numpy. vsplit ( ) 则沿着垂直方向对数组进行切分,用法与 numpy. hsplit( )相同。

```
import numpy as np
a = np. arange(16). reshape(4, 4)
print('第一个数组:')
print(a)
```

第一个数组:

```
[[ 0  1  2  3]
 [ 4  5  6  7]
 [ 8  9 10 11]
 [12 13 14 15]]
```

```
print('将数组分为两个大小相等的子数组:')
b = np. split(a, 2)
print(b)
```

将数组分为两个大小相等的子数组:

```
[array([[0, 1, 2, 3],
       [4, 5, 6, 7]]), array([[ 8,  9, 10, 11],
```

　　　　　[12, 13, 14, 15]])]

```
print('将数组在一维数组中标的位置分割: ')
b = np. split(a, [2, 4])
print(b)
```

将数组在一维数组中标的位置分割:
[array([[0, 1, 2, 3],
　　　　[4, 5, 6, 7]]), array([[8,　9, 10, 11],
　　　　[12, 13, 14, 15]]), array([], shape=(0, 4), dtype=int32)]

```
print('按水平拆分后: ')
print(np. hsplit(a, 2))
```

按水平拆分后:
[array([[0,　　1],
　　　　[4,　　5],
　　　　[8,　　9],
　　　　[12, 13]]), array([[2,　　3],
　　　　[6,　　7],
　　　　[10, 11],
　　　　[14, 15]])]

```
print('按垂直拆分后: ')
print(np. vsplit(a, 2))
```

按垂直拆分后:
[array([[0, 1, 2, 3],
　　　　[4, 5, 6, 7]]), array([[8,　9, 10, 11],
　　　　[12, 13, 14, 15]])]

⑦ 添加与删除数组元素。

　　NumPy 可以用来对数组进行元素的添加与删除,如将新的元素值添加到数组的末尾,沿指定的轴将值插入到数组,删除数组某个轴的子数组等。该功能主要由五个函数来完成: resize( )、append( )、insert( )、delete( )和unique( )。

　　resize( )函数用来修改数组的形状,将原数组返回为指定的新形状,函数的调用格式为:

$$numpy. resize(arr, shape)$$

　　其中,arr 表示需要修改的数组,shape 为返回数组的新形状。代码示例与运行结果如下:

```
import numpy as np
a = np. array([[6, 5, 4], [3, 2, 1]])
print('第一个数组: ')
```

```
print(a)
print('第一个数组的形状：')
print(a. shape)
b = np. resize(a, (3, 2))
```

第一个数组：

[[6 5 4]

[3 2 1]]

第一个数组的形状：

(2, 3)

```
print('第二个数组：')
print(b)
print('第二个数组的形状：')
print(b. shape)
```

第二个数组：

[[6 5]

[4 3]

[2 1]]

第二个数组的形状：

(3, 2)

```
#要注意 a 的第一行在 b 中重复出现，因为尺寸变大了
print('修改第二个数组的大小：')
b = np. resize(a, (3, 3))
print(b)
```

修改第二个数组的大小：

[[6 5 4]

[3 2 1]

[6 5 4]]

函数 append() 可以将新元素值添加到数组的末尾，函数调用格式为：

$$numpy. append(arr, values, axis = None)$$

其中，arr 为输入数组；values 是需要向数组中添加的值，要满足的条件是与输入数组具有相同形状；axis 默认为 None，返回一维数组，当 axis 值为 0 时，列数相同，axis 为 1 时，数组加在右边，因此添加的值行数要与输入数组相同。

代码示例与运行结果如下：

```
import numpy as np
a = np. array([[1, 2, 3], [4, 5, 6]])
print('第一个数组：')
```

```
print(a)
```

第一个数组：

[[1 2 3]

 [4 5 6]]

```
print('向数组添加元素：')
print(np. append(a, [7, 8, 9]))
```

向数组添加元素：

[1 2 3 4 5 6 7 8 9]

```
print('沿轴 0 添加元素：')
print(np. append(a, [[7, 8, 9]], axis = 0))
```

沿轴 0 添加元素：

[[1 2 3]

 [4 5 6]

 [7 8 9]]

```
print('沿轴 1 添加元素：')
print(np. append(a, [[5, 5, 5], [7, 8, 9]], axis = 1))
```

沿轴 1 添加元素：

[[1 2 3 5 5 5]

 [4 5 6 7 8 9]]

　　函数 insert( )可以沿指定轴将值插入到输入数组指定的下标之前，函数的调用格式为：

$$numpy. insert(arr, obj, values, axis)$$

　　其中，arr 为输入数组；obj 表示在其之前插入的索引；values 为要插入的值；axis 表示沿着插入的轴，如果 axis 参数未被提供，则输入数组会被展开。

　　代码示例与运行结果如下：

```
import numpy as np
a = np. array([[1, 2], [3, 4], [5, 6]])
print('第一个数组：')
print(a)
```

第一个数组：

[[1 2]

 [3 4]

[5 6]]

```
print('不传递 Axis 参数：')
print(np. insert(a, 3, [11, 12]))
```

不传递 Axis 参数：
[1 2 3 11 12 4 5 6]

```
print('传递 Axis 参数：')
print('沿轴 0：')
print(np. insert(a, 1, [11], axis = 0))
print('沿轴 1：')
print(np. insert(a, 1, 11, axis = 1))
```

传递 Axis 参数：
沿轴 0：
[[1 2]
 [11 11]
 [3 4]
 [5 6]]
沿轴 1：
[[1 11 2]
 [3 11 4]
 [5 11 6]]

函数 delete( ) 从输入数组中删掉某个轴的子数组，并返回删除后的新数组，函数的调用格式为：

$$numpy. delete(arr, obj, axis)$$

其中，arr 表示输入数组；obj 为整数或者整数数组，即要从输入数组中删除的子数组；axis 参数表示沿着该轴删除给定子数组。与 insert( ) 函数一样，当轴参数未被提供时，输入数组将被展开为一维。

代码示例与运行结果如下：

```
import numpy as np
a = np. arange(8). reshape(2, 4)
print('第一个数组：')
print(a)
print('未传递 Axis 参数：')
print(np. delete(a, 5))
print('删除第二列：')
print(np. delete(a, 1, axis = 1))
```

第一个数组：
[[0 1 2 3]
 [4 5 6 7]]
未传递 Axis 参数：
[0 1 2 3 4 6 7]
删除第二列：
[[0 2 3]
 [4 6 7]]

函数 unique()可以用来查找数组内的唯一元素，同时也可以去除数组中的重复元素，函数的调用格式为：

numpy. unique(arr, return_index, return_inverse, return_counts)

其中，arr 为输入数组，在去重时若输入数组不是一维数组，则会被展开；return_index 值为 True 时，返回新列表元素在旧列表中的下标，并以列表形式存储；return_inverse 值为 True 时，返回旧列表元素在新列表中的下标，并以列表形式进行存储；return_counts 值为 True 时，返回去重数组中的元素在原数组中的出现次数。

代码示例与运行结果如下：

```
import numpy as np
a = np. array([1, 3, 7, 4, 5, 2, 6, 2, 7, 5, 6, 8, 2, 9])
print('第一个数组：')
print(a)
print('去重数组：')
u = np. unique(a)
print(u)
```

第一个数组：
[1 3 7 4 5 2 6 2 7 5 6 8 2 9]
去重数组：
[1 2 3 4 5 6 7 8 9]

```
print('去重数组元素在原数组中的下标：')
u, indices = np. unique(a, return_index = True)
print(indices)
```

去重数组元素在原数组中的下标：
[0 5 1 3 4 6 2 11 13]

```
print('原数组元素在去重数组中的下标：')
u, indices = np. unique(a, return_inverse = True)
print(indices)
print('使用下标重构原数组：')
```

```
print(u[indices])
print('返回去重元素的重复数量：')
u, indices = np.unique(a, return_counts = True)
print(u)
print(indices)
```

原数组元素在去重数组中的下标：
[0 2 6 3 4 1 5 1 6 4 5 7 1 8]
使用下标重构原数组：
[1 3 7 4 5 2 6 2 7 5 6 8 2 9]
返回去重元素的重复数量：
[1 2 3 4 5 6 7 8 9]
[1 3 1 1 2 2 2 1 1]

（4）NumPy 数组元素位运算

程序中的所有数在计算机内存中都是以二进制的形式储存的。位运算就是直接对整数在内存中的二进制位进行操作。在 NumPy 中可以使用 bitwise_and()、bitwise_or()、invert()、left_shift() 和 right_shift() 函数对数组元素按二进制数进行位运算。

- bitwise_and() 对数组中整数的二进制码执行位的与运算；
- bitwise_or() 对数组中整数的二进制码执行位的或运算；
- invert() 对数组中整数进行位取反运算，即 0 变成 1，1 变成 0，有符号整数，取该二进制数的补码，然后+1；
- left_shift() 将数组元素的二进制码向左移动到指定位置，右侧附加相等数量的 0；
- right_shift() 将数组元素的二进制码向右移动到指定位置，左侧附加相等数量的 0。

代码示例与运行结果如下：

```
import numpy as np
print('12 和 15 的二进制形式：')
a, b = 13, 17
print(bin(a), bin(b))
```

12 和 15 的二进制形式：
0b1101 0b10001

```
print('12 和 15 的位与：')
print(np.bitwise_and(12, 15))
print('12 和 15 的位或：')
```

```
print(np. bitwise_or(12, 15))
print('12 的按位取反')
print(np. invert(np. array([12])))
```

12 和 15 的位与：

12

12 和 15 的位或：

15

12 的按位取反

[−13]

```
print('将 12 左移两位：')
print(np. left_shift(12, 2))
print('将 12 右移两位：')
print(np. right_shift(12, 2))
```

将 12 左移两位：

48

将 12 右移两位：

3

11.2.4　NumPy 字符串函数

NumPy 的字符串函数可以对字符串或元素为字符串类型的数组进行一系列操作，例如可以连接字符串数组、将字符串首字母转为大写、返回字符串中的单词列表、用指定字符串替换特定子字符串的所有匹配项等。

表 11-2 中列举了常用的 NumPy 字符串函数及其用法说明。本小节通过代码示例，列举了其中部分函数的用法及其运行结果。

表 11-2 　　　　　　　　　　　　　　**NumPy 的字符串函数**

函数	说明
add( )	用来连接字符串(数组)，依次对两个数组的元素进行字符串连接，使用形式为 numpy. char. add(arr1，arr2，…)，其中 arr 表示需要被连接的两个或多个数组
multiply( )	返回按元素多重连接后的字符串，使用形式为 numpy. char. multiply (str，num)，其中 str 表示原字符串，num 表示进行连接的次数

续表

函数	说明
center( )	将字符串居中，并使用指定字符在原字符的左侧和右侧进行填充，使用形式为 numpy. char. center(str1, width, fillchar)，其中 str1 为需要居中的字符串，width 表示长度，fillchar 用来指定填充字符
capitalize( )	用来将字符串的首字母转换为大写形式
title( )	将字符串的每个单词的首字母转换为大写形式。例如，np. char. capitalize('hello')把"hello"转换为"Hello"，numpy. char. title ('i love china')可以把"i love china"转换为"I Love China"
lower( )	将字符串或字符串数组的每个元素转换为小写形式。与之相反，upper( )函数用于将字符串或字符串数组的每个元素转换为大写形式
split( )	通过指定分隔符对字符串进行分割，同时返回数组。默认情况下，分隔符为空格。splitlines( )函数以换行符作为分隔符来分割字符串，并返回数组
strip( )	用于移除字符串或字符串数组开头或结尾处的特定字符。例如，numpy. char. strip(' ohello ', 'o')移除字符串"ohello"头尾的 o 字符
join( )	通过指定分隔符来连接数组中的元素或者字符串。例如，numpy. char. join([': ', '-'], ['apple', 'orange'])的结果为['a: p: p: l: e' 'o-r-a-n-g-e']
replace( )	使用新字符串替换字符串中的所有子字符串，使用形式为 np. char. replace ('str1', 'str2', 'str3')，其中 str1 表示原字符串，str2 表示被替换的子字符串，str3 表示用来替换的字符串。例如，numpy. char. replace ('i like apple', 'pp', 'mm')的结果为 i like ammle
encode( )	对数组中的每个元素都调用 str. encode 函数，默认编码为 utf-8，可以使用标准 Python 库中的编解码器
decode( )	函数用于对编码的元素进行 str. decode( )解码

代码示例与运行结果如下：

```
import numpy as np
str1 = "apple"
str2 = "this is, A pEN"
print( np. char. add( str1, str2) )          #连接 str1 与 str2
print( np. char. multiply( str1, 2) )         #复制 2 次 str1
```

applethis is，A pEN

appleapple

```
print(np.char.center(str1, 20, '-'))          #str1 居中，用-填充
print(np.char.capitalize(str2))               #str2 首字母大写
print(np.char.title(str2))                     #str2 所有单词的首字母大写
```

-------apple--------

This is, a pen

This Is, A Pen

```
print(np.char.lower(str2))                     #str2 所有单词的字母小写
print(np.char.upper(str2))                     #str2 所有单词的字母大写
```

this is, a pen

THIS IS, A PEN

```
print(np.char.split(str2))                     #空格分隔 str2 所有单词
print(np.char.split(str2, ','))                #',' 分隔 str2 所有单词
print(np.char.strip(str1, 'a'))                #移除 str1 的首字母 a
```

['this', 'is', ',', 'A', 'pEN']

['this is', ' A pEN']

pple

```
print(np.char.join(['^'], str1))               #用^连接 str1
print(np.char.join(['-'], [str1, str2]))       #用-连接 str1 和 str2
print(np.char.replace(str1,"pp","mm"))         #用 mm 替换 apple 中的 pp
```

['a^p^p^l^e']

['a-p-p-l-e' 't-h-i-s- -i-s-, - -A- -p-E-N']

ammle

```
print(np.char.encode('apple', 'cp500'))        #对 'apple' 进行编码
print(np.char.decode(a, 'cp500'))              #解码
```

b'\x81\x97\x97\x93\x85'

apple

11.2.5　NumPy 计算函数

　　NumPy 的计算函数包括算术函数、数学函数和统计函数等，能够对数组进行加、减、乘、除、幂、三角函数等运算。

　　（1）算术函数

　　NumPy 算数函数包含加 add()、减 subtract()、乘 multiply()和除 divide

()等，需要注意的是进行算数的数组必须具有相同的形状或符合数组广播规则。具体说明如表 11-3 所示。

表 11-3 **Numpy 算数函数**

函数	说　明
add( )	numpy. add(a，b)，其中 a、b 均为数组，表示两数组相加
subtract( )	numpy. subtract (a，b)，其中 a、b 均为数组，表示两数组相减
multiply( )	numpy. multiply (a，b)，其中 a、b 均为数组，表示两数组相乘
divide( )	numpy. divide (a，b)，其中 a、b 均为数组，表示两数组相除
reciprocal( )	numpy. reciprocal (a)，返回参数的倒数，如 1/4 倒数为 4/1
power( )	numpy. power (a，b)，将第一个输入数组中的元素作为底数，计算它与第二个输入数组中相应元素的幂
mod( )	用来计算数组中相应元素相除后的余数
remainder( )	用来计算数组中相应元素相除后的余数

代码示例与运行结果如下：

```
import numpy as np
a = np. arange(8, dtype = np. float_). reshape(2, 4)
print('第一个数组：')
print(a)
print('第二个数组：')
b = np. array([3, 3, 3, 3])
print(b)
```

第一个数组：

[[0. 1. 2. 3.]
 [4. 5. 6. 7.]]

第二个数组：

[3 3 3 3]

```
print('两个数组相加：')
print(np. add(a, b))
```

两个数组相加：

[[3.　4.　5.　6.]
 [7.　8.　9. 10.]]

```
print('两个数组相减：')
print(np. subtract(a, b))
```

两个数组相减：

[[-3. -2. -1.　0.]

　[1.　2.　3.　4.]]

```
print('两个数组相乘：')
print(np. multiply(a, b))
```

两个数组相乘：

[[0.　3.　6.　9.]

　[12.　15.　18.　21.]]

```
print('两个数组相除：')
print(np. divide(a, b))
```

两个数组相除：

[[0.　　　　0. 33333333 0. 66666667 1.　　　　]

　[1. 33333333 1. 66666667 2.　　　　2. 33333333]]

```
print('返回第二个数组的倒数')
print(np. reciprocal(b))
```

返回第二个数组的倒数

[0. 33333333 0. 33333333 0. 33333333 0. 33333333]

```
print('第二个数组作为第一个数组的幂进行计算')
print(np. power(a, b))
```

第二个数组作为第一个数组的幂进行计算

[[　0.　1.　8.　27.]

　[64. 125. 216. 343.]]

```
print('两个数组相除后的余数：')
print(np. mod(a, b))
```

两个数组相除后的余数：

[[0. 1. 2. 0.]

　[1. 2. 0. 1.]]

```
print('两个数组相除后的余数：')
print(np. remainder(a, b))
```

两个数组相除后的余数：

[[0. 1. 2. 0.]

　[1. 2. 0. 1.]]

（2）数学函数

NumPy 包含大量的各种数学运算的函数，包括三角函数、舍入函数等。

① 三角函数。

三角函数运算包含对不同角度的正弦（sin）、余弦（cos）和正切（tan）等进行计算，另一方面，arcsin( )、arccos( )、arctan( )函数返回指定角度的三角反函数。具体如表 11-4 所示。

表 11-4   **NumPy 的数学函数**

函数	说 明
sin( )	角度的正弦值，numpy.sin(a * numpy.pi/180)，a 为角度，通过乘 pi/180 转化为弧度
cos( )	角度的余弦值，numpy.cos(a * numpy.pi/180)，a 为角度，通过乘 pi/180 转化为弧度
tan( )	角度的正切值，numpy.tan(a * numpy.pi/180)，a 为角度，通过乘 pi/180 转化为弧度
arcsin( )	角度的反正弦值，numpy.arcsin(sin)，sin 为正弦值，函数返回值为弧度
arccos ( )	角度的反余弦值，numpy.arccos(cos)，cos 为正弦值，函数返回值为弧度
arctan ( )	角度的反正切值，numpy.arctan(tan)，tan 为正弦值，函数返回值为弧度
degrees( )	可以通过该函数将弧度转换为角度，numpy.degrees(a)，a 表示弧度

代码示例与运行结果如下：

```
import numpy as np
arr = np.array([0, 30, 45, 60])
print("角的正弦值:", end=' ')
sin = np.sin(arr * np.pi/180)
print(sin)
```

角的正弦值：[0. 0.5 0.70710678 0.8660254]

```
print("角的余弦值:", end=' ')
```

```
cos = np. cos( arr * np. pi/180)
print( cos)
print('计算角度的反余弦，返回值以弧度为单位：')
print( np. arccos( cos))
```

角的余弦值：[1. 0.8660254 0.70710678 0.5]
计算角度的反余弦，返回值以弧度为单位：
[0. 0.52359878 0.78539816 1.04719755]

```
print("角的正切值：", end='')
tan = np. tan( arr * np. pi/180)
print( tan)
print('计算角度的反正切,返回值以弧度为单位：')
print( np. arctan( tan))
```

角的正切值：[0. 0.57735027 1. 1.73205081]
计算角度的反正切，返回值以弧度为单位：
[0. 0.52359878 0.78539816 1.04719755]

```
print('计算角度的反正弦，返回值以弧度为单位：')
arcsin = np. arcsin( sin)
print( arcsin)
print('通过转化为角度制来检查结果：')
print( np. degrees( arcsin))
```

计算角度的反正弦，返回值以弧度为单位：
[0. 0.52359878 0.78539816 1.04719755]
通过转化为角度制来检查结果：
[0. 30. 45. 60.]

② 舍入函数。

舍入函数返回指定数字的四舍五入值，如向上取整、向下取整等。

NumPy 中的舍入函数主要有三个：

- numpy. around(a, decimals), a 为数组，decimals 为舍入的小数位数，默认值为 0，如果为负，整数将四舍五入到小数点左侧的位置。例如，对于数字 3.12，若 decimals 值为-1，则舍入个位数，结果为 0。
- numpy. floor(a), a 为数组，返回小于或者等于表达式的最大整数，即向下取整。
- numpy. ceil(a), a 为数组，返回大于或者等于表达式的最小整数，即向上取整。

代码示例与运行结果如下：

```
import numpy as np
a = np.array([1.0, 5.55, 123, -0.2, 0.567, 25.532])
print('原数组：')
print(a)
```

原数组：

[1. 5.55 123. -0.2 0.567 25.532]

```
print('舍入后：')
print(np.around(a))
print(np.around(a, decimals = 1))
print(np.around(a, decimals = -1))
```

舍入后：

[1. 6. 123. -0. 1. 26.]
[1. 5.6 123. -0.2 0.6 25.5]
[0. 10. 120. -0. 0. 30.]

```
print('向下取整：')
print(np.floor(a))
print('向上取整：')
print(np.ceil(a))
```

向下取整：

[1. 5. 123. -1. 0. 25.]

向上取整：

[1. 6. 123. -0. 1. 26.]

（3）统计函数

NumPy 提供用于从数组中查找最小元素、最大元素、百分位标准差和方差的统计函数。

① amin( )函数。

用于计算数组中的元素沿指定轴的最小值，与之相反，amax( )函数用于计算数组中的元素沿指定轴的最大值。

代码示例与运行结果如下：

```
import numpy as np
a = np.array([[3, 7, 5], [8, 4, 3], [2, 4, 9]])
print('原始数组是：')
print(a)
```

原始数组是：

[[3 7 5]

 [8 4 3]

 [2 4 9]]

```
print('amin()函数查看轴1的最小值：')
print(np.amin(a, 1))
```

amin()函数查看轴1的最小值：

[3 3 2]

```
print('amin()函数查看轴0的最小值：')
print(np.amin(a, 0))
```

amin()函数查看轴0的最小值：

[2 4 3]

```
print('amax()函数查看整个数组的最大值：')
print(np.amax(a))
```

amax()函数查看整个数组的最大值：

9

```
print('amax()函数查看轴0的最大值：')
print(np.amax(a, axis = 0))
```

amax()函数查看轴0的最大值：

[8 7 9]

② ptp()函数。

用于计算数组中元素最大值与最小值的差。

代码示例与运行结果如下：

```
import numpy as np
a = np.array([[3, 7, 5], [8, 4, 3], [2, 4, 9]])
print('原始数组是：')
print(a)
```

原始数组是：

[[3 7 5]

 [8 4 3]

 [2 4 9]]

```
print('调用 ptp() 函数：')
print(np.ptp(a))
```

调用 ptp( ) 函数：

7

```
print('沿轴 1 调用 ptp( ) 函数：')
print(np. ptp(a, axis =  1))
```

沿轴 1 调用 ptp( ) 函数：

[4 5 7]

```
print('沿轴 0 调用 ptp( ) 函数：')
print(np. ptp(a, axis =  0))
```

沿轴 0 调用 ptp( ) 函数：

[6 3 6]

③ percentile( ) 函数。

用来计算百分位数。百分位数是统计中使用的度量，表示小于指定观察值的数据元素个数占总数的百分比。第 p 个百分位数表示至少有 p% 的数据项小于或等于这个值，且至少有 (100-p)% 的数据项大于或等于这个值。percentile( ) 函数的调用形式为：

$$numpy. percentile(arr, q, axis)$$

其中，arr 表示输入数组，q 表示要计算的百分位数，在 0~100，axis 表示沿着该轴计算百分位数。

代码示例与运行结果如下：

```
import numpy as np
a = np. array([[10, 7, 4], [3, 2, 1]])
print('原始数组是：')
print(a)
```

原始数组是：

[[10 7 4]

 [3 2 1]]

```
print('调用 percentile( ) 函数求数组的中位数：')
print(np. percentile(a, 50))      # 50%的分位数，就是 a 里排序之后的中位数
```

调用 percentile( ) 函数求数组的中位数：

3.5

```
print('在纵列上求中位数：')
print(np. percentile(a, 50, axis=0))      # axis 为 0，在纵列上求
```

在纵列上求中位数：

[6.5 4.5 2.5]

```
print('在横行上求中位数：')
print(np.percentile(a, 50, axis=1))        # axis 为 1，在横行上求
```

在横行上求中位数：
[7. 2.]

```
print('在横行上求中位数且保持维度不变：')
print(np.percentile(a, 50, axis=1, keepdims=True))  #保持维度不变
```

在横行上求中位数且保持维度不变：
[[7.]
 [2.]]

④ median() 函数。

用于计算数组中元素的中位数，其调用形式为：

$$np.median(arr, axis)$$

其中，arr 表示输入数组，axis 表示沿该轴计算中位数，若该值缺省，则计算整个数组全部元素的中位数。

代码示例与运行结果如下：

```
import numpy as np
a = np.array([[30, 65, 70], [80, 95, 10], [50, 90, 60]])
print('原始数组是：')
print(a)
```

原始数组是：
[[30 65 70]
 [80 95 10]
 [50 90 60]]

```
print('调用 median() 函数：')
print(np.median(a))
```

调用 median() 函数：
65.0

```
print('沿轴 0 调用 median() 函数：')
print(np.median(a, axis = 0))
```

沿轴 0 调用 median() 函数：
[50. 90. 60.]

```
print('沿轴 1 调用 median() 函数：')
print(np.median(a, axis = 1))
```

沿轴 1 调用 median( ) 函数：

[65. 80. 60.]

⑤ mean( )函数。

用于计算数组中的算术平均值，如果提供了轴，则沿轴计算数组的轴算术平均值。算术平均值就是沿轴的元素的总和除以元素的数量。

代码示例与运行结果如下：

```
import numpy as np
a = np. array([[1, 2, 3], [3, 4, 5], [4, 5, 6]])
print('原始数组是：')
print(a)
```

原始数组是：

[[1 2 3]

 [3 4 5]

 [4 5 6]]

```
print('调用 mean( ) 函数：')
print(np. mean(a))
```

调用 mean( ) 函数：

3. 6666666666666665

```
print('沿轴 0 调用 mean( ) 函数：')
print(np. mean(a, axis =  0))
```

沿轴 0 调用 mean( ) 函数：

[2. 66666667 3. 66666667 4. 66666667]

```
print('沿轴 1 调用 mean( ) 函数：')
print(np. mean(a, axis =  1))
```

沿轴 1 调用 mean( ) 函数：

[2. 4. 5.]

⑥ average( )函数。

该函数可以计算平均值。与 mean( )函数不同，average( )函数根据在另一个数组中给出的各自的权重计算数组中元素的加权平均值。加权平均值即将各数值乘以相应的权值，然后加总求和得到总体值，再除以总的单位数。

例如，数组[1, 2, 3]和相应权重[3, 2, 1]，通过相应元素的乘积相加后除以权重的和，即$(1*3+2*2+3*1)/(3+2+1)$。

代码示例与运行结果如下：

```
import numpy as np
a = np.array([1, 2, 3, 4])
print('原始数组是：')
print(a)
```

原始数组是：

[1 2 3 4]

```
print('调用 average() 函数：')
print(np.average(a))
```

调用 average() 函数：

2.5

```
print('赋权重后，再次调用 average() 函数：')
print(np.average(a, weights = [4, 3, 2, 1]))
```

赋权重后，再次调用 average() 函数：

2.0

⑦ var() 函数。

用于计算数组中数据项的方差。方差是每个样本值与全体样本值的平均数之差的平方值的平均数。

代码示例与运行结果如下：

```
import numpy as np
print(np.var([1, 2, 3, 4]))
```

1.25

⑧ std() 函数。

用于计算数组中元素的标准差。标准差是一组数据平均值分散程度的一种度量方式，是方差的算术平方根。例如，numpy.std([1, 2, 3, 4]) 结果为 1.1180339887498949。

代码示例与运行结果如下：

```
import numpy as np
print(np.std([1, 2, 3, 4]))
```

1.118033988749895

11.2.6 NumPy 其他函数

(1)字节交换

数据在计算机内存中的存储模式取决于 CPU 使用的架构，可以是小端模式或大端模式。小端模式是指数据的高字节保存在内存的高地址中,而数据的低字节保存在内存的低地址中,这种存储模式将地址的高低和数据位权有效地结合起来,高地址部分权值高,低地址部分权值低。大端模式是指数据的高字节保存在内存的低地址中,而数据的低字节保存在内存的高地址中,这样的存储模式类似于把数据当作字符串顺序来处理:地址由小向大增加,而数据从高位往低位放,这和人们阅读的习惯一致。

函数 numpy. ndarray. byteswap() 将 Ndarray 中每个元素的字节进行大小端转换。

代码示例与运行结果如下:

```
import numpy as np
a = np. array([1, 225, 6666], dtype = np. int16)
print('数组:', end='')
print(a)
```

数组:[1 225 6666]

```
print('以十六进制表示内存中的数据:', end='')
print(map(hex, a))
```

以十六进制表示内存中的数据: <map object at 0x000001CC5999D0F0>

```
# byteswap()函数通过传入 true 来原地交换
print('调用 byteswap() 函数:', end='')
print(a. byteswap(True))
print('十六进制形式:', end='')
print(map(hex, a))
```

调用 byteswap() 函数:[256 -7936 2586]
十六进制形式: <map object at 0x000001CC5999D320>

注意,在上面的输出结果中,不同的系统得到的内存地址的值有可能不相同。

(2) 线性代数

线性代数运算,如矩阵乘法、分解、行列式计算等,对许多数组库来说都是重要的操作。有些语言使用元素的乘法来完成线性代数的计算,例如,MATLAB 用元素的乘法来完成两个二维数组的乘法,而 NumPy 使用 dot() 函数来进行线性代数的计算。

对于两个一维的数组,numpy. dot() 计算的是这两个数组对应下标元素的乘积和(数学上称之为内积);对于二维数组,计算的是两个数组的矩阵乘积。即其主要功能有两个:向量点积和矩阵乘法,函数的调用格式为:

arr1. dot(arr2) 或者 numpy. dot(arr1, arr2)

上面两种调用格式等价,其中,如果 arr1 是一个 m×n 矩阵,arr2 是一个 n×m 矩阵,则 arr1. dot(arr2)得到一个 m×m 矩阵。

向量点积的代码示例与运行结果如下:

```
import numpy as np
x=np. array([2, 3, 4, 5, 6, 7])        #等价于: x=np. arange(2, 8)
y=np. random. randint(0, 10, 6)
print(x)
print(y)
print(np. dot(x, y))
```

[2 3 4 5 6 7]
[8 3 1 7 1 2]
84

矩阵乘法的代码示例与运行结果如下:

```
#构建一个数组 x, 一个矩阵 y
import numpy as np
x=np. arange(0, 5)
y=np. random. randint(0, 10, size=(5, 1))
print(x)
print(y)
```

[0 1 2 3 4]
[[3]
 [7]
 [2]
 [8]
 [1]]

```
print("x. shape:", x. shape)
print("y. shape:", y. shape)
print(np. dot(x, y))
```

x. shape:(5,)
y. shape(5, 1)
[39]

```
#构建两个矩阵 x, y
import numpy as np
```

```
x = np. arange(0, 6). reshape(2, 3)
y = np. random. randint(0, 10, size = (3, 2))
print(x)
print(y)
print('x. shape: ' + str(x. shape))
print('y. shape: ' + str(y. shape))
print(np. dot(x, y))
```

[[0 1 2]
 [3 4 5]]
[[3 7]
 [4 7]
 [3 7]]
x. shape: (2, 3)
y. shape: (3, 2)
[[10 21]
 [40 84]]

另外，还有一些常用的线性代数运算，包括以下的对角线元素求和、计算特征向量、转置矩阵等函数，读者可自行查阅相关资料进行学习。例如：

- diag( )函数将方阵的对角线元素返回为一个数组，或者转换一个一维数组到一个方阵当中；
- trace( )函数计算对角线上元素的和；
- det( )函数计算矩阵行列式；
- eig( )函数计算方阵的特征向量；
- inv( )函数计算矩阵的转置；
- qr( )函数和 svd( )函数分别计算矩阵的 QR 分解和 SVD 奇异值分解。

(3) 排序函数

NumPy 可以采用不同的排序算法对数组元素进行排序操作，每个排序算法在执行速度、性能、所需的工作空间和算法的稳定性等特征方面有所不同。NumPy 提供的排序算法有：快速排序（quicksort）、归并排序（mergesort）和堆排序（heapsort）等。

numpy. sort( )函数用来返回输入数组的排序副本，函数的调用格式为：

numpy. sort(arr, axis, kind, order)

其中，arr 表示要排序的数组；axis 表示沿着该轴排序数组，如果该值缺省，则数组会被展开并沿着最后的轴排序。axis 值为 0 时，按列排序；axis 值为 1 时，按行排序。

kind 是排序算法，默认为"quicksort"，即快速排序；order 为输入数组的字段值(如果数组包含字段)，表示对该字段进行排序。

排序函数的代码示例与运行结果如下：

```
import numpy as np
x = np. array([[0, 12, 48], [4, 18, 14], [7, 1, 99]])
np. sort(x)
print("按行排序:")
print(np. sort(x, axis = 0))
print("按列排序:")
print(np. sort(x, axis = 1))
```

按行排序：

```
[[ 0  1 14]
 [ 4 12 48]
 [ 7 18 99]]
```

按列排序：

```
[[ 0 12 48]
 [ 4 14 18]
 [ 1  7 99]]
```

```
dt = np. dtype([('name',  'S10'), ('age',  int)])
a = np. array([("Mike", 21), ("Nancy", 25), ("Bob", 17), ("Jane",
27)], dtype = dt)
print("按 name 排序:")
print(np. sort(a, order =  'name'))
print("按 age 排序:")
print(np. sort(a, order =  'age'))
```

按 name 排序：

[(b'Bob', 17) (b'Jane', 27) (b'Mike', 21) (b'Nancy', 25)]

按 age 排序：

[(b'Bob', 17) (b'Mike', 21) (b'Nancy', 25) (b'Jane', 27)]

此外，NumPy 还提供了其他的排序函数，读者可自行查阅相关资料进行学习。例如：

- lexsort()函数可用于对多个序列进行排序；
- argsort()函数返回的是数组值从小到大的索引值；

- argmax( )和 argmin( )函数分别沿给定轴返回最大和最小元素的索引;
- nonzero( )函数返回输入数组中非零元素的索引;
- where( )函数返回输入数组中满足给定条件的元素的索引,括号中可以填写条件判断语句,如 x>3;
- extract( )函数根据某个条件从数组中抽取元素,返回满足条件的元素。

11.2.7 NumPy 副本和视图

副本是一个数据的完整的拷贝,对副本的修改不会影响到原始数据(原本)的内容。副本与原本的物理内存不在同一位置。Python 在对序列进行切片操作时会产生副本,例如,调用 deepCopy( )函数和 Ndarray 的 copy( )函数时都会产生副本。

视图是数据的一个别称或引用,通过该别称或引用便可访问、操作原有数据,但原有数据不会产生拷贝。也就是说,对视图进行修改会影响到原始数据,视图和原本在物理内存上的数据是同一位置。NumPy 的切片操作会返回原数据的视图,另外调用 Ndarray 的 view( )函数也会产生一个视图。

为了检查两个对象之间是副本还是视图的关系,可以调用内置函数 id( )来返回 Python 对象的通用标识符。如果两个对象是副本的关系,则它们的 id( )返回值不同;如果一个对象是另外一个对象的视图,则它们的 id( )返回值相同。

11.2.8 NumPy 矩阵库

NumPy 中包含了一个矩阵库 numpy. matlib,该模块中的函数返回的是一个矩阵,而不是 Ndarray 对象。矩阵和 Ndarray 对象的最大区别在于,矩阵总是二维的,而 Ndarray 是一个 n 维数组。一个 m×n 的矩阵是一个由 m 行(row)和 n 列(column)元素排列成的矩形阵列。矩阵里的元素可以是数字、符号或数学式。

- matlib. empty( )函数返回一个新的矩阵,函数的调用格式为:

$$numpy. matlib. empty(shape, dtype, order)$$

其中,shape 用来定义新矩阵形状的整数或整数元组;dtype 为可选项,表示矩阵元素的数据类型;order 的值可以设置为 C 或 F,C 表示行序优先,F 表示列序优先。

- matlib. zeros( )函数创建一个以 0 填充的矩阵;

- matlib. ones( )函数创建一个以1填充的矩阵;
- matlib. eye( )函数返回一个矩阵,对角线元素为1,其他位置为零。

函数调用格式为:

$$numpy. matlib. eye(row, col, k, dtype)$$

其中,row 表示返回矩阵的行数,col 表示返回矩阵的列数,k 表示对角线的索引,dtype 为数据类型。

- matlib. identity( )函数返回一个给定大小的单位矩阵。单位矩阵是一个方阵,从左上角到右下角的对角线(称为主对角线)上的元素均为1,除此以外全都为0。
- matlib. rand( )函数创建一个给定大小的矩阵,数据是随机填充的。

矩阵函数的代码示例和运行结果如下:

```
import numpy. matlib
import numpy as np
print( np. matlib. empty( ( 2, 2) ) )          # 填充为随机数据
```

```
[ [ 3. 5e-323 2. 0e-323 0. 0e+000]
  [ 3. 5e-323 3. 0e-323 4. 9e-324] ]
```

```
print( np. matlib. zeros( ( 2, 5) ) )          # 填充 0
```

```
[ [ 0. 0. 0. 0. 0. ]
  [ 0. 0. 0. 0. 0. ] ]
```

```
print( np. matlib. ones( ( 2, 2) ) )          # 填充 1
```

```
[ [ 1. 1. ]
  [ 1. 1. ] ]
```

```
print( np. matlib. eye( n=3, M=4, k=0, dtype=float) )
```

```
[ [ 1. 0. 0. 0. ]
  [ 0. 1. 0. 0. ]
  [ 0. 0. 1. 0. ] ]
```

11.3 数据分析工具 Pandas

Pandas 是专注于解决数据分析任务的软件包,最初由 AQR Capital Management 于 2008 年 4 月开发,并于 2009 年底开源出来,目前由 PyData 开发小组继续维护和开发。Pandas 的名称来自于"Panel Data"(面板数据)和"Data Analysis"(数据分析),最初被作为金融数据分析工具而开发出来,为

时间序列分析提供了很好的支持。

11.3.1　Pandas 安装

Pandas 于 2019 年 11 月 2 日发布了最新的 0.25.3 版本，能够在 Python 3.5.3 及以上的版本中安装。PyData 推荐给用户安装 Pandas 的方法是将其作为 Anaconda 发行版的一部分来进行安装。Anaconda 是一个跨平台的用于数据分析和科学计算的 Python 发行版。因为 Pandas 并非独立运行的 Python 软件包，对于缺乏经验的用户来说，安装 Pandas 以及相关联的 NumPy 和 SciPy 包可能有点困难。相对简单的安装方式是使用 Anaconda，不仅仅可以安装 Pandas，还可以同时安装组成 SciPy 栈的最流行的包（IPython、NumPy、Matplotlib 等）。

（1）使用 Anaconda 安装

打开 Anaconda Navigator，选择 Environments 环境，搜索 Pandas 查看是否安装，若已经安装则可以直接在 Python 中使用，若显示尚未安装，点击 download 即可。

（2）使用 pip 安装

Pandas 也可以通过 pip 命令从 PyPI 进行安装，在系统终端输入以下命令：

```
pip install pandas
```

需要注意的是，用 pip 安装 Pandas 之前，必须先安装 NumPy 和 SciPy 包。

11.3.2　Pandas 数据类型

Pandas 提供了众多的数据类型，主要有 Series（一维数组）、DataFrame（二维数组）、Panel（三维数组）、Panel4D（四维数组）、PanelND（更多维数组）等数据结构，其中 Series 和 DataFrame 的应用最为广泛。

（1）Series 类型

Series 是一维带标签的数组，它可以包含任何 Python 支持的数据类型，包括整数、字符串、浮点数、Python 对象等，可以通过标签来定位。

创建 Series 类型数据有三种方法：从列表创建、从加入标签索引创建和从字典创建。

代码示例及运行结果如下：

```
import pandas as pd
arr = [0, 1, 2, 3, 4]
s1 = pd.Series(arr)      #如果不指定标签索引，则默认从 0 开始
print("从列表创建:")
print(s1)
```

从列表创建：

```
0    0
1    1
2    2
3    3
4    4
dtype: int64
```

```
n = np.random.randn(5)      #创建一个随机 Ndarray 数组
index = ['a', 'b', 'c', 'd', 'e']
s2 = pd.Series(n, index = index)
print("加入标签索引创建:")
print(s2)
```

加入标签索引创建：

```
a    0.389894
b   -0.952510
c   -0.393105
d    0.082777
e    1.347081
dtype: float64
```

```
d = {'a': 1,    'b': 2, 'c': 3, 'd': 4, 'e': 5}
s3 = pd.Series(d)
print("从字典创建:")
print(s3)
```

从字典创建：

```
a    1
b    2
c    3
d    4
```

e   5

dtype：int64

Series 类型数据的运算操作比较简单，包括加法、减法、乘法和除法等，采用对象方法调用的方式来实现，例如：s1. add（s2）、s1. sub（s2）、s1. mul（s2）、s1. div（s2）等。

下面的例子展示了两个一维数组生成的 Series 类型数据及其之间加减乘除的运算过程，计算结果可以通过数组中对应位置数值的检索计算而得到。

```
arr1 = [0, 1, 2, 3, 4]
arr2 = [5, 6, 7, 8, 9]
s1 = pd. Series(arr1)
s2 = pd. Series(arr2)
print("两个序列相加：\n", s1. add(s2))
```

两个序列相加

0   5
1   7
2   9
3   11
4   13

dtype：int64

```
print("两个序列相减:")
print(s1. sub(s2))
```

两个序列相减：

0   −5
1   −5
2   −5
3   −5
4   −5

dtype：int64

```
print("两个序列相乘:")
print(s1. mul(s2))
```

两个序列相乘：

0   0
1   6
2   14
3   24

4   36
dtype：int64

```
print("两个序列相除:")
print(s1. div(s2))
```

两个序列相除：

0   0.000000
1   0.166667
2   0.285714
3   0.375000
4   0.444444
dtype：float64

除了加减乘除运算以外，也可以对 Series 类型数据进行描述性统计的相关运算，如求中位数、最大值、总和等，可以使用 s1. median（ ）、s1. max（ ）、s1. sum（ ）等函数进行计算。

```
print(s1. median( )," \t", s1. max( )," \t", s1. min( )," \t", s1. sum( ))
```

2.0   4   0   10

（2）DataFrame 类型

DataFrame 类型是二维的带标签的数据结构，包含有一组有序的列，每列可以是不同类型的数据值，如数值、字符串、布尔值等。

对于 DataFrame 类型的数据，既可以有行索引操作，也可以有列索引操作。可以将一个 DataFrame 数据看做由 Series 数据组成的字典，并且可以通过标签来定位数据，这是 NumPy 数据所没有的特点。

DataFrame 数据的创建方法主要有两种：通过 NumPy 二维数组创建、通过字典来创建。需要注意的是，通过字典来创建 DataFrame 数据时，字典中的 value 值只能是一维数组或单个简单的数据类型。

如果用来创建 DataFrame 的是二维数组，则要求所有数组的长度一致；如果是单个数据，则会在新创建的 DataFrame 数据的每一行添加相同的数据。

示例如下：

```
import pandas as pd
import numpy as np
dates = pd. date_range('today', periods=6)   #定义时间序列作为 index
num_arr = np. random. randn(6, 4)            # 传入 numpy 随机数组
columns = ['1', '2', '3', '4']               # 将列表 columns 作为列名
```

```
df1 = pd. DataFrame( num_arr, index = dates, columns = columns)
print("通过 numpy 创建:")
print( df1)
```

通过 numpy 创建:

		1	2	3	4
2019-11-23	10:28:34.063360	-2.139965	0.590814	-0.369548	-0.284404
2019-11-24	10:28:34.063360	0.650240	0.851307	-1.241844	1.236430
2019-11-25	10:28:34.063360	0.700897	0.073434	0.507315	0.450465
2019-11-26	10:28:34.063360	-0.270798	-1.416280	-0.024614	-0.774309
2019-11-27	10:28:34.063360	0.546973	1.133517	-0.418041	1.905018
2019-11-28	10:28:34.063360	-0.213786	0.348065	0.871596	0.063532

```
data = {'animal': ['cat', 'snake', 'dog'],
        'age': [2.5, 3, np. nan],
        'visits': [1, 3, 2],
        'priority': ['yes', 'yes', 'no']}
labels = ['a', 'b', 'c']

df2 = pd. DataFrame( data, index = labels)
print("通过字典创建:")
print( df2)
```

通过字典创建:

	animal	age	visits	priority
a	cat	2.5	1	yes
b	snake	3.0	3	yes
c	dog	NaN	2	no

11.3.3 Pandas 数据表操作

DataFrame 类型是 Pandas 库中重要的数据类型，本小节主要介绍对 DataFrame 数据的基本操作，如查看、清洗、合并、索引、排序、提取、筛选等操作。

(1)数据查看

用户获得数组后，可以通过函数对数组的数据内容进行初步查看以观察数据，一般可用来查看数据的函数总结如表 11-5 所示。

表 11-5 **DataFrame 数据查看**

函数	说　　明
head( )	df.head(n)，n 为查看的行的数量，查看 DataFrame 数据的前 n 行
tail( )	df.tail(n)，n 为查看的列的数量，查看 DataFrame 数据的后 n 行
shape( )	df.shape( )，提供了二维数组的维度查询
columns( )	df.columns( )，提供对二维数组列名称的查询
values( )	df.values( )，提供对二维数组值的查询
describe( )	df.describe( )，查看数值型的汇总统计数据

代码示例及运行结果如下

```
import pandas as pd
data = {'animal': ['cat', 'snake', 'dog'],
        'age': [2.5, 3, 1.5], 'visits': [1, 3, 2],
        'priority': ['yes', 'yes', 'no']}
labels = ['a', 'b', 'c']
df = pd.DataFrame(data, index=labels)
print("DataFrame:")
print(df)
```

DataFrame：

	animal	age	visits	priority
a	cat	2.5	1	yes
b	snake	3.0	3	yes
c	dog	1.5	2	no

```
print("查看二维数组的前两行:")
print(df.head(2))
```

查看二维数组的前两行：

	animal	age	visits	priority
a	cat	2.5	1	yes
b	snake	3.0	3	yes

```
print("查看二维数组的后两行:")
print(df.tail(2))
```

查看二维数组的后两行：

	animal	age	visits	priority
b	snake	3.0	3	yes
c	dog	1.5	2	no

```
print("查看二维数组的形状：")
print(df. shape)
```

查看二维数组的形状：

(3, 4)

```
print("查看二维数组的列标：")
print(df. columns)
```

查看二维数组的列标：

Index(['animal', 'age', 'visits', 'priority'], dtype='object')

```
print("查看二维数组的第 2 行的数据：")
print(df. iloc[1: 2])
```

查看二维数组的第 2 行的数据：

	animal	age	visits	priority
b	snake	3.0	3	yes

(2) 数据清洗

在实际应用中，DataFrame 数据的构建往往来自真实的应用系统数据，其初始状态经常会出现值的缺省、变量名需要更改、数据类型需要变化等问题，需要进行数据清洗才能更好地利用数据，为后面的数据分析任务提供高质量的数据输入。

常用的数据清理操作包括：

- 填充空值数据项，如 df. fillna(value = 0)，用数字 0 填充空值。除了用零填充外，还可以使用其他的值进行填充，例如，下面的语句用列 a 的均值对其中的 N/A 项进行填充：df['a']. fillna(df['a']. mean())。
- 删除所有包含空值的行和列，可以使用 df. dropna() 和 df. dropna(axis = 1)。还可以调用以下语句，通过 thresh 指定删除所有小于阈值"n"的非空值的行或列，调用语句的格式为：df. dropna(axis = 1, thresh = n)。
- 清除字段 a 的字符空格：df['a'] = df['a']. map(str. strip)。
- 对字段 a 的字符进行大小写转换，语句 df['a'] = df['a']. str. lower()

将字段的全部转为小写字母。

- 更改字段 a 的数据格式，语句 df['a'].astype('int')将数据格式改为 int 型。
- 更改列的名称，例如把列 a 的名称改为列 b 的语句：df.rename(columns = {'a': 'b'})。
- 删除字段 a 中出现的重复值，保留最先出现的值：df['a'].drop_duplicates()；与此对应，语句 df['a'].drop_duplicates(keep = 'last')删除字段 a 的重复值，保留最后位置出现值。
- 数据表中的值的替换，语句 df['a'].replace('mm', 'nn')使用字符串"nn"替换字段 a 中的字符串"mm"。

(3) 索引

在 Pandas 中，有多个方法可以选取和重新组合数据。对于 DataFrame，可以进行索引的方法总结如表 11-6 所示。

表 11-6　　　　　　　　　　DataFrame 索引

方法	说　明
df[value]	从 DataFrame 中选取单列或一组列，在特殊情况下比较便利：布尔型数组(过滤行)、切片(行切片)、或布尔型数组
df.loc[value]	通过标签，选取 DataFrame 的单个行或一组行
df.loc[:, value]	通过标签，选取单列或子集，如 df.loc['a','b']查询 a 行，标签为 b 的数据
df.loc[value1, value2]	通过标签，同时选取行和列
df.iloc[where]	通过整数位置，从 DataFrame 选取单个行或行子集
df.iloc[:, where]	通过整数位置，从 DataFrame 选取单个列或列子集
df.iloc[where_i, where_j]	通过整数位置，同时选取行和列
df.at[label_i, label_j]	通过行和列标签，选取单一的标量
df.iat[i, j]	通过行和列的位置(整数)，选取单一的标量
df.reindex()	通过标签选取行或列

代码示例与运行结果如下：

```
import pandas as pd
dates = pd. date_range('20130101', periods=6)
df = pd. DataFrame(np. random. randn(6, 4), index=dates, columns=list('ABCD'))
print(df)
```

	A	B	C	D
2013-01-01	1.232028	0.012532	-0.769464	0.270077
2013-01-02	-0.975312	-0.244619	-1.018808	-1.001518
2013-01-03	0.370560	-0.000644	-0.594259	1.286264
2013-01-04	0.065350	1.025066	-0.192659	1.079301
2013-01-05	1.780099	0.827202	-1.524630	-0.171704
2013-01-06	1.654450	0.071723	-0.125131	-1.445717

```
print("对 2013-01-02: 2013-01-04 进行索引")
print(df['2013-01-02': '2013-01-04'])
```

对 2013-01-02: 2013-01-04 进行索引

	A	B	C	D
2013-01-02	-0.975312	-0.244619	-1.018808	-1.001518
2013-01-03	0.370560	-0.000644	-0.594259	1.286264
2013-01-04	0.065350	1.025066	-0.192659	1.079301

```
print("索引 2013-01-02 对应的单个行")
print(df. loc['2013-01-02'])
```

索引 2013-01-02 对应的单个行

A -0.975312
B -0.244619
C -1.018808
D -1.001518
Name: 2013-01-02 00: 00: 00, dtype: float64

```
print("索引标签 '2013-01-02', 'B' 对应的数据")
print(df. loc['2013-01-02', 'B'])
```

索引标签 '2013-01-02', 'B' 对应的数据
-0.24461926654909893

```
print("索引第二行对应的数据")
print(df. iloc[1])
```

索引第二行对应的数据
A -0.975312

B -0.244619
C -1.018808
D -1.001518
Name：2013-01-02 00：00：00, dtype：float64

```
print("索引第二行第二列对应的数据")
print(df.iloc[1, 1])
```

索引第二行第二列对应的数据
-0.24461926654909893

```
print("索引第二列对应的数据")
print(df.iloc[:, 1])
```

索引第二列对应的数据
2013-01-01   0.012532
2013-01-02   -0.244619
2013-01-03   -0.000644
2013-01-04   1.025066
2013-01-05   0.827202
2013-01-06   0.071723
Freq：D, Name：B, dtype：float64

（4）排序

Pandas 可以对数据表进行排序操作，共有两种排序方式：按内容排序、按索引排序，前者根据数据表的数据内容进行排序，后者按列或行名排序。

① 按内容排序：sort_values(by＝, ascendinf＝)。

按内容排序既可以根据列数据，也可根据行数据排序。其中，by 是指排序关键字，ascending 默认为升序，若指定为 False 则为降序。

如果按照列 col1 排序数据，默认为升序排列，代码的形式为：df. sort_values(col1)；另外，可以通过参数 ascending 的值来设置降序排列，如采用降序排列的语句为 df. sort_values(col1, ascending＝False)。

如果需要先按列 col1 进行升序排列，再在此基础上按 col2 进行降序排列数据，则可以采用如下代码形式：df. sort_values([col1, col2], ascending＝[True, False])。

例如：

```
import pandas as pd
df = pd. DataFrame({'b'：[1, 2, 3, 2], 'a'：[4, 3, 2, 1], 'c'：[1, 3, 8, 2]}, index＝[2, 0, 1, 3])
print(df)
```

```
    b  a  c
2   1  4  1
0   2  3  3
1   3  2  8
3   2  1  2
```

```
print("按 b 列升序排序:")
print(df.sort_values(by='b'))      #等同于 df.sort_values(by='b', axis=0)
```

按 b 列升序排序:

```
    b  a  c
2   1  4  1
0   2  3  3
3   2  1  2
1   3  2  8
```

```
print("先按 b 列降序, 再按 a 列升序排序:")
print(df.sort_values(by=['b', 'a'], axis=0, ascending=[False, True]))
#等同于 df.sort_values(by=['b', 'a'], axis=0, ascending=[False, True])
```

先按 b 列降序, 再按 a 列升序排序:

```
    b  a  c
1   3  2  8
3   2  1  2
0   2  3  3
2   1  4  1
```

```
print("按行 3 升序排列")
print(df.sort_values(by=3, axis=1)) #必须指定 axis=1
```

按行 3 升序排列

```
    a  b  c
2   4  1  1
0   3  2  3
1   2  3  8
3   1  2  2
```

```
print("按行 3 升序, 行 0 降排列")
print(df.sort_values(by=[3, 0], axis=1, ascending=[True, False]))
```

按行 3 升序, 行 0 降排列

```
    a  c  b
2   4  1  1
```

```
0  3  3  2
1  2  8  3
3  1  2  2
```

注意：指定多列（多行）排序时，先按排在前面的列（行）排序，如果内部有相同数据，再对相同数据内部用下一个列（行）排序，依此类推。如何内部无重复数据，则后续排列不执行。即首先满足排在前面的参数的排序，再排后面参数。

② 按索引排序：sort_index( )。

函数格式为：

$$sort\_index(axis = 0,\ level = None,\ ascending = True,\ inplace = False,\ kind = 'quicksort',\ na\_position = 'last',\ sort\_remaining = True,\ by = None)$$

其中：

- axis：取值为 0 时按照行名排序，取值为 1 时按照列名排序；
- level：默认 None，否则按照给定的 level 顺序排列；
- ascending：默认 True 升序排列，False 降序排列；
- inplace：默认 False，否则排序之后的数据直接替换原来的数据；
- kind：排序方法，{'quicksort', 'mergesort', 'heapsort'}；
- na_position：缺失值默认排在最后{"first", "last"}；
- by：按照某一列或几列数据进行排序，默认根据行标签对所有行排序，也可以根据列标签对所有列排序，或根据指定某列或某几列对行排序。

例如：

```
import pandas as pd
df = pd. DataFrame ({'b': [1, 2, 3, 2], 'a': [4, 3, 2, 1], 'c': [1, 3, 8,
2]}, index = [2, 0, 1, 3])
print( df)
```

```
   b  a  c
2  1  4  1
0  2  3  3
1  3  2  8
3  2  1  2
```

```
print("默认按"行标签"升序排列:")
print( df. sort_index( ) )
#默认按"行标签"升序排序, 等价于 df. sort_index( axis = 0, ascending = True)
```

默认按"行标签"升序排列：

```
   b  a  c
0  2  3  3
1  3  2  8
2  1  4  1
3  2  1  2
```

```
print("按"列标签"升序排列:")
print(df.sort_index(axis=1))          #按"列标签"升序排序
```

按"列标签"升序排列：

```
   a  b  c
2  4  1  1
0  3  2  3
1  2  3  8
3  1  2  2
```

```
print("指定"多列"排序")
#先按b列"降序"排列，因为b列中有相同值，相同值再按a列的"升序"排列
print(df.sort_index(by = ['b', 'a'], ascending = [False, True]))
```

指定"多列"排序

```
   b  a  c
1  3  2  8
3  2  1  2
0  2  3  3
2  1  4  1
```

11.3.4 Pandas 数据统计

Pandas 的数据统计功能包括：数据采样、计算标准差、协方差和相关系数等。通过数据统计可以得到数据的特征以供利用。主要的数据统计函数归纳为表 11-7。

表 11-7   **Pandas 数据统计函数**

函数	说　　明
sample()	df_inner. sample(n, weights, replace)，n 设置采样数量，weights 手动设置采样权重，replace 设置采样后是否放回，值为 True 时表示采样后放回，值为 False 时表示采样后不放回

续表

函数	说 明
cov()	df_inner['a'].cov(df_inner['b']), a、b 均为字段名称, 若要计算所有字段间的协方差, 则为 df_inner.cov()。df_inner['a'].corr (df_inner['b'])可以用来计算两个字段的相关系数, 相关系数分布在-1 到 1 之间, 接近 1 为正相关, 接近-1 为负相关, 0 为不相关
describe()	查看数据值列的汇总统计
mean()	返回所有列的均值
count()	返回每一列中的非空值的个数
max()	返回每一列的最大值
min()	返回每一列的最小值
median()	返回每一列的中位数

代码示例与运行结果如下:

```
import pandas as pd
import numpy as np
np.random.seed(99999)
df = pd.DataFrame(np.random.randn(90, 4), columns=list('ABCD'))
print("查看数组的前5行:")
print(df.head(5))
```

查看数组的前5行:

```
         A          B          C          D
0   0.624094   1.274963  -1.659604   0.507950
1  -0.220914   0.087326  -0.769793  -0.563945
2   0.643137  -1.856903   0.065747  -0.334846
3  -0.148285   1.383846   0.171603   0.914018
4  -0.540344  -1.127328  -2.245613  -0.277435
```

```
print("抽取数组中的任意两行")
print(df.sample(2, replace=True))
```

抽取数组中的任意两行

```
          A          B          C          D
29   0.832836   0.280771   0.389746  -0.569840
```

47 −0.795336 −0.704923 −1.303940   0.208034

```
print("查看数据值列的汇总统计")
print(df.describe())
```

查看数据值列的汇总统计

	A	B	C	D
count	90.000000	90.000000	90.000000	90.000000
mean	0.155216	0.013836	0.001115	−0.005970
std	0.951849	1.044072	0.948925	1.065934
min	−3.093253	−2.545695	−2.245613	−2.372215
25%	−0.319846	−0.708213	−0.756502	−0.720217
50%	0.166186	−0.025201	0.058330	−0.138358
75%	0.739681	0.728162	0.525397	0.833774
max	2.413741	2.978871	2.224619	2.416655

11.3.5 Pandas IO 操作

在数据分析的过程中经常需要进行数据的读写操作，在经过数据分析之后，数据转换分析结果等也需要进行存储，因此在 Pandas 中也实现了许多数据的输入输出(IO)功能。

表 11-8 列出了 Pandas 常用的文件数据读写函数的格式。Pandas 可以读写的数据包括：纯文本数据，如 CSV 文件、JSON 文件、HTML 文件和 clipboard 剪贴板数据；二进制数据，如 Excel 文件、HDF5 文件、Feather 格式、Msgpack 序列格式以及 SQL 格式的数据。

表 11-8   **Pandas 常用的文件读写函数**

文件类型	文件读取	文件写入
CSV(以','分割)	read_csv	to_csv
TXT(以'/t'分割)	read_table	to_ table
Excel	read_excel	to_ excel
JSON	read_json	to_json
HTML	read_html	to_ html
clipboard	read_clipboard	to_ clipboard
SQL	read_sql	to_ sql

续表

文件类型	文件读取	文件写入
Feather Format	read_feather	to_ feather
Parquet Format	read_parquet	to_parquet
Msgpack	read_ msgpack	to_ msgpack

　　一般而言，读取指定文件的操作为 read_x( )，如 read_csv( )、read_json ( )等，写入指定文件的操作为 to_x( )，如 to_csv( )、to_json( )等。

　　经过数据分析之后的结果，也可以输出为 xlsx 格式、CSV 格式、SQL 格式、JSON 格式的文本文件进行存储。具体而言：

- 写入到 Excel 的输出格式为：df_inner. to_excel(filename)。
- 写入到 CSV 的输出格式为：df_inner. to_csv('filename. csv')。
- 写入到 SQL 的输出格式为：df. to _ sql (table _ name，connection _ object)。
- 写入到 JSON 的输出格式为：df. to_json(filename)。

　　下面以 Excel 为例介绍使用 Pandas 读写 Excel 表单的方法。

　　例如，一个包含两个表单的 Excel 文件 example. xlsx，表单分别为 STUDENT、BOOK，表单数据内容如图 11-4 和图 11-5 所示。

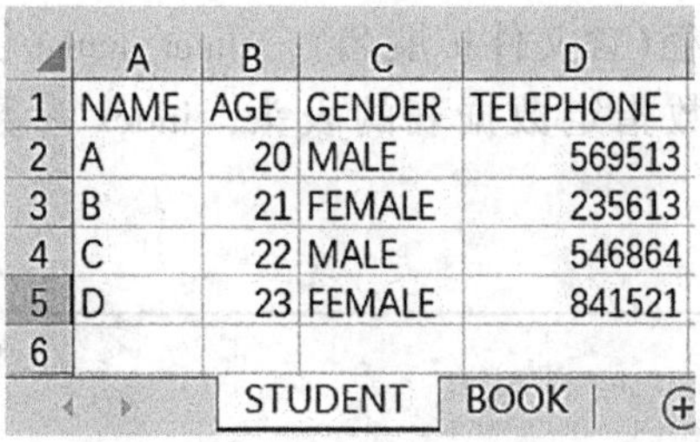

图 11-4　STUDENT 表单内容　　　　图 11-5　BOOK 表单内容

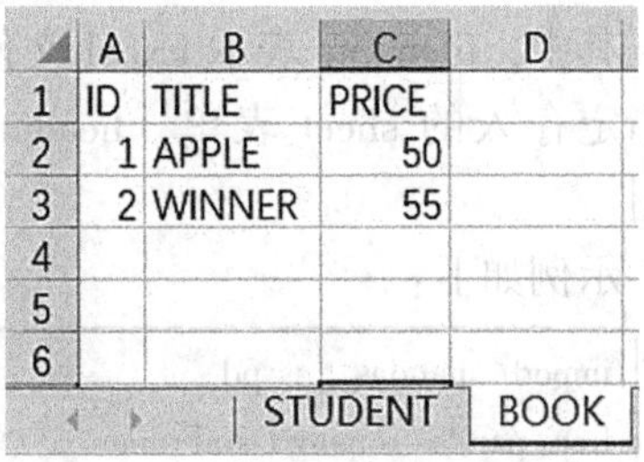

① 读取 Excel 文件的两种方式：

```
#方法一：默认读取第一个表单
import  pandas  as pd
df = pd. read_excel( 'E：\example. xls' )      #默认读取到 Excel 的第一个表单
data = df. head( )        #默认读取前 5 行的数据
print( "获取所有的值：\n{0}". format( data ) )      #格式化输出
```

获取所有的值：

	NAME	AGE	GENDER	TELEPHONE
0	A	20	MALE	569513
1	B	21	FEMALE	235613
2	C	22	MALE	546864
3	D	23	FEMALE	841521

```
#方法二：通过指定表单名的方式来读取
import   pandas   as pd
df = pd. read_excel('E：\example. xls', sheet_name = 'BOOK')
#可以通过 sheet_name 来指定读取的表单
data = df. head( )     #默认读取前 5 行的数据
print("获取到所有的值：\n{0}". format(data))   #格式化输出
```

获取到所有的值：

	ID	TITLE	PRICE
0	1	APPLE	50
1	2	WINNER	55

② 写入 Excel 文件。

保存内容至 Excel 文件的函数调用格式为：

    DataFrame(data). to_excel('filename', sheet_name = '', index = False,
header = True)

其中，filename 表示 Excel 文件路径(含文件扩展名)，sheet_name 供用户指定存入的 sheet 表单，header 参数指定数据表的表头，index 参数为索引。

示例如下：

```
import   pandas   as pd
from pandas import DataFrame
#构建一组数据
data = pd. DataFrame([['文章阅读量', 982000],
                ['查看原文访问详情页', 8912],
                ['翻到详情页底部', 4514],
                ['点击购买', 1207],
                ['支付成功', 124]],
                columns = ['action', 'count'])
DataFrame(data). to_excel('E：\example. xls', sheet_name = 'sheet1', index = False,
header = True)
```

在执行了上述语句之后，原 Excel 文件 example. xlsx 被覆盖保存，如果打开 example. xlsx 文件，会发现 STUDENT 表单中增加了一行数据内容，如图 11-6 所示：

	A	B
1	action	count
2	文章阅读量	982000
3	查看原文访问详情页	8912
4	翻到详情页底部	4514
5	点击购买	1207
6	支付成功	124
7		

sheet1

图 11-6　向表单中增加内容

11.4　上机实践

①使用 NumPy 中的 arange 函数来创建三个包含 1～10 的整数的 NumPy 数组，使三个数组的形状分别为 10 * 1、2 * 5、5 * 2。

参考代码如下：

```
import numpy as np
print(np.arange(1, 11))
print(np.arange(1, 11).reshape([2, 5]))
print(np.arange(1, 11).reshape([2, -1]))
```

```
[ 1  2  3  4  5  6  7  8  9 10]
[[ 1  2  3  4  5]
 [ 6  7  8  9 10]]
[[ 1  2  3  4  5]
 [ 6  7  8  9 10]]
```

②对生成的数组做 exp、exp2、sqrt、sin、log 函数运算。

参考代码如下：

```
import numpy as np
lst=np.arange(1, 11).reshape([2, -1])
print("exp:")
print(np.exp(lst))
print("exp2:")
print(np.exp2(lst))
```

```
print("sqrt:")
print(np.sqrt(lst))
print("sin:")
print(np.sin(lst))
print("log:")
print(np.log(lst))
```

exp：

[[2.71828183e+00 7.38905610e+00 2.00855369e+01 5.45981500e+01
  1.48413159e+02]
 [4.03428793e+02 1.09663316e+03 2.98095799e+03 8.10308393e+03
  2.20264658e+04]]

exp2：

[[2.   4.   8.   16.   32.]
 [64. 128. 256. 512. 1024.]]

sqrt：

[[1.   1.41421356 1.73205081 2.   2.23606798]
 [2.44948974 2.64575131 2.82842712 3.   3.16227766]]

sin：

[[0.84147098 0.90929743 0.14112001 -0.7568025 -0.95892427]
 [-0.2794155   0.6569866   0.98935825 0.41211849 -0.54402111]]

log：

[[0.   0.69314718 1.09861229 1.38629436 1.60943791]
 [1.79175947 1.94591015 2.07944154 2.19722458 2.30258509]]

③生成一个 3 * 4 的数组，并分别计算数组及第一列、第二行的总和，同时找到数组的最大值和最小值。

参考代码如下：

```
import numpy as np
lst=np.arange(1, 13).reshape([3, 4])
print(lst)
print("数组的总和:", lst.sum())
print("数组第一列的和:", lst[:, 0].sum())
print("数组第二行的和:", lst[1].sum())
print("数组的最大值:", lst.max())
print("数组的最小值:", lst.min())
```

[[1 2 3 4]
 [5 6 7 8]

　[9 10 11 12]]
　　数组的总和：78
　　数组第一列的和：15
　　数组第二行的和：26
　　数组的最大值：12
　　数组的最小值：1
　　④从二维数组创建一个学生 DataFrame，并为其加上索引和列标，输出年龄大于 18 的学生信息。
　　参考代码如下：

```
import pandas
dict = {
    "name" : ["Tom","Jim","Cindy"],
    "sex" : ["男","女","女"],
    "age" : [18, 19, 17]
}

data_frame = DataFrame(dict, index = [1, 2, 3])
print(data_frame)
print("行索引:"+str(data_frame. index))
print("列索引:"+str(data_frame. columns))
print("数据:"+str(data_frame. values))
```

name sex　age
1　　Tom 男　18
2　　Jim 女　19
3　Cindy 女　17
行索引：Int64Index([1, 2, 3], dtype = 'int64')
列索引：Index(['name', 'sex', 'age'], dtype = 'object')
数据：[['Tom' '男 ' 18]
　　　['Jim' '女 ' 19]
　　　['Cindy' '女 ' 17]]

课后习题

　　1. 创建两个随机 3 * 3 维度的 NumPy 数组 arr1、arr2，横向堆叠为 3 * 6 维度的数组 arr3，纵向堆叠为 6 * 3 维度的数组 arr4。

　　2. 创建两个 NumPy 数组，其中 arr 1 中存储学生姓名，arr2 中存储学生数学、语文、英语的成绩，使用索引输出第二个学生的英语成绩和第四个学生三门课程的平均分。

3. 从数组中创建一个学生 DataFrame，包含 studentID、name、age、gender 信息，按学号排序。

4. 创建一个 Series 数组，其中存储一组数学、语文、英语课程的成绩，使用索引输出数学课程成绩和英语课程成绩。

第 12 章 数据可视化

相较于抽象的文本数据，人们更倾向于使用图表来展示信息，图表能帮助人们直观、清晰地传达数据信息与数据结构，更好地进行比较与差异把握。数据可视化技术为人们解决了数据图形化、分析结果图表化这一问题。数据可视化主要指科学可视化和信息可视化，是一种能够帮助人们更便利地理解数据价值的一种工具①。当前，数据可视化技术的发展已较为成熟，可以简单地使用 Excel 制作各种可视化数据分析报表，也可以使用本章将要介绍的 Python 程序来实现数据统计图形的绘制。

在 Python 中，有很多类库如 Matplotlib、Seaborn、Ggplot 等，可以实现交互式数据可视化，其中使用最多的数据可视化工具是 Matplotlib。本章将主要探讨如何使用 Matplotlib 中的工具与方法来实现各种类型的数据图表。

12.1 交互式图表绘制包

12.1.1 初识 Matplotlib

Matplotlib 是 Python 最基本的二维绘图库，也可进行简单的三维绘图，它能在各种交互式环境中将数据绘制成各类图形，达到出版打印的质量级别。在使用 Matplotlib 绘制图形之前，一般需要进行较为复杂的数据分析和数据处理过程，因此数据分析处理包 NumPy 常与 Matplotlib 共同出现与使用。Matplotlib 可以使用 NumPy 进行数组运算，并调用一系列相关的 Python 库来实现与硬件的交互。并且在安装 Matplotlib 包的时候，NumPy 包也会被

---

① 阮敬 . Python 数据分析基础 [M]. 北京：中国统计出版社，2017.

顺带一起安装。

Matplotlib 在绘制交互式图表方面有很强大的功能，只需几行代码就可以输出多种不同格式的可视化图表，如折线图、散点图、柱状图、饼图、直方图等。Python 中有许多数据分析和数据处理的库，都是通过调用 Matplotlib 的绘图语句来实现数据可视化的。另外，Matplotlib 的帮助文档也相当完备，在 Matplotlib Gallery(matplotlib. org/gallery. html) 中有大量的缩略图形及其对应的实现源程序，可供读者参考学习。

Matplotlib 包可以通过 pip 从 PyPI 安装，也可以在安装 Anaconda 集成开发环境时同步安装。

12. 1. 2 matplotlib. pyplot 模块

pyplot 是 Matplotlib 的基本接口之一，包含了一组命令式函数用于各类图形的绘制，是 Python 中交互式绘图的主要功能模块。在编写程序的过程中，可以用"matplotlib. pyplot"代码来调用 pyplot 模块，但由于该模块的使用频率较高，为避免在程序中重复输入这段较长代码的不便，可以用 plt 作为其别名，以提高编码的效率。

例如，在导入 pyplot 模块时可以使用如下语句：

```
import matplotlib. pyplot as plt
```

matplotlib. pyplot 中包含了许多命令式函数来实现绘图功能，可以先从绘制一个简单的坐标图开始学习。

例如，下面的代码可根据一组数据绘制由点和线构成的坐标图。

```
import matplotlib. pyplot as plt      #导入 pyplot 模块，并命名为 plt
listy = [15, 58, 70, 36, 9, 47]      #Y 坐标取值对应列表
plt. plot( range( 1, 7), listy)       #绘制坐标图
plt. show( )                         #显示图像
```

将这段代码在 Notebook 中运行后可以得到一个如图 12-1 所示的坐标图。

该代码执行的语句含义很简单，即使用 range(1, 7) 函数在 X 坐标取 1~6 的整数作为坐标点，再令 listy 中的值为对应每一个 X 坐标点上的 Y 坐标值，调用 plt. plot( )语句来创建这六个点的坐标图，并用语句 plt. show( )来显示图像，输出结果为一张线形图。

具体来说，plot( )函数会根据指定的坐标绘制折线图，其语法格式为：
plt. plot (X 坐标列表, Y 坐标列表)

绘图完成后函数一般不会立刻显示图像，需要调用 show( )方法显示，

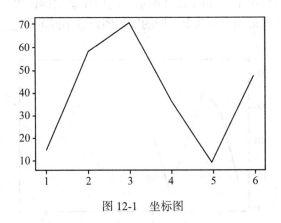

图 12-1　坐标图

其语法格式为：

```
plt. show( )
```

在 Jupyter Notebook 中进行操作时，可以使用一个魔法函数（Magic Functions），即"%matplotlib inline"，是一个在 IPython 中预先定义好的、可以通过命令行的语法形式来访问的函数。把这一段魔术指令放在代码的开头，在执行完语句 plt. plot( )绘制图形之后，不需要调用 plt. show( )就能够在 Notebook 中显示图形。

例如，下面的代码将得到如图 12-1 一样的图形。

```
%matplotlib inline
plt. plot( range( 1, 7), [ 15, 58, 70, 36, 9, 47] )
```

需要注意的是，如果在 Jupyter Notebook 之外使用"%matplotlib inline"指令，有可能会报错，参数 invalid syntax(无效语法) 的错误。

如果需要在一个坐标轴上绘制多个线形图，则可以通过多次调用 plt. plot( )语句来实现，并在所有图像绘制完成后再显示图形。

例如：

```
import matplotlib. pyplot as plt        #导入 pyplot 模块，并命名为 plt
listy1 = [ 15, 58, 70, 36, 9, 47]        #Y 坐标取值对应列表 1
listx2 = [ 1, 2, 4, 7, 10, 13]           #X 坐标取值对应列表 2
listy2 = [ 10, 11, 49, 85, 67, 1]        #Y 坐标取值对应列表 2
plt. plot( range( 1, 7), listy1)         #绘制坐标图 1
plt. plot( listx2, listy2)               #绘制坐标图 2
plt. show( )                             #显示所有图像
```

上述代码的输出结果如图 12-2 所示，我们注意到即便没有事先设定线条颜色，系统也会自动地为这两个不同的线形图设置不同的颜色，以示区分。

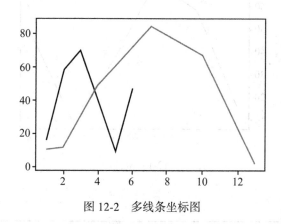

图 12-2　多线条坐标图

图像绘制完成后，可以根据需要对其属性做自定义设置。例如，可以指定 X、Y 坐标的显示范围，若没有预先指定该范围，系统会根据数据大小自动地给出判断，给出最适合的坐标取值范围。设置坐标取值范围的语法为：

　　　　plt. xlim(起始值，终止值)　　　　#设置 x 坐标范围
　　　　plt. ylim(起始值，终止值)　　　　#设置 y 坐标范围

同时，也可以引入一个 axes( )函数，对坐标轴的参数进行调整，axes( )函数可理解为轴函数，可以用来自定义设置坐标轴的刻度。

自定义坐标刻度的语法为：

　　　　plt. xticks([x 轴刻度取值])　　　　#指定 x 轴刻度
　　　　plt. yticks([y 轴刻度取值])　　　　#指定 y 轴刻度

或：

　　　　ax = plt. axes( )　　　　　　　　　　　#轴函数赋值给 ax 对象
　　　　ax. set_xticks([x 轴刻度标签取值])　　#指定 x 轴刻度
　　　　ax. set_yticks([y 轴刻度标签取值])　　#指定 y 轴刻度

也可以在坐标轴上添加网格线，使得在图像中显示的每个点的坐标更易识别和确定。添加网格线的语法为：

　　　　plt. grid( )　　　　　　　　　　　#显示网格线

或

```
ax = plt. axes( )              #轴函数赋值给 ax 对象
ax. grid( )                    #显示网格线
```

例如，对图 12-2 所示的多线条坐标图设置坐标范围、刻度及网格线，代码如下：

```
import matplotlib. pyplot as plt
listy1 = [15, 58, 70, 36, 9, 47]
listx2 = [1, 2, 4, 7, 10, 13]
listy2 = [10, 11, 49, 85, 67, 1]
plt. plot( range(1, 7), listy1)
plt. plot( listx2, listy2)
plt. xlim(0, 15)             #设置 x 坐标范围为 0 到 15
plt. ylim(0, 100)            #设置 y 坐标范围为 0 到 100
ax = plt. axes( )
ax. set_xticks([0, 3, 6, 9, 12, 15])       #设置 x 轴刻度取值
ax. set_yticks([0, 10, 20, 30, 40, 50, 60, 70, 80, 90, 100])
   #设置 y 轴刻度取值
ax. grid( )       #显示网格线
plt. show( )
```

输出结果如图 12-3 所示。

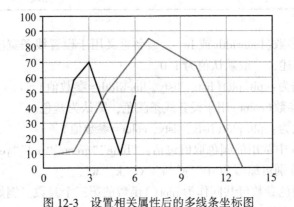

图 12-3　设置相关属性后的多线条坐标图

12.2　图表基本布局

当输出的图形中存在多个待表示的线条时，为每个线条设置不同的标

识显得尤为重要。使用不同的线条格式有助于用户能够快速地区分不同数据，正确传达数据图像所展现的信息。

12.2.1　设置线条、颜色与标记

使用 plot( )函数绘制图像时，除 X 坐标、Y 坐标列表等必需参数外，还能设置一些其他可选参数来改变线条或数据点的特性，常见的可选参数包括线型、线宽、颜色及标记风格等。

① 线型参数(linestyle 或 ls)能通过一些符号指定线条的样式，一般默认为实线。

基本语法为：plt. plot(listx, listy, linestyle =参数值)。

表 12-1 展示了 Matplotlib 中不同的线条样式。

表 12-1　　　　　　　　　　　　　　**线型参数表**

线型参数取值	线条样式
"–"	实线(默认值)
"––"	虚线
"–."	虚点线
":"	点线

② 线宽参数(linewidth 或 lw)，顾名思义用于设置线条宽度，用浮点型数字(float)描述，一般默认值为 1.0。

基本语法为：plt. plot(listx, listy, linewidth =参数值)。

③ 颜色参数(color)用于设置线条颜色，默认为蓝色。

基本语法为：plt. plot(listx, listy, color =参数值)。

Matplotlib 中常用的颜色取值包括："blue" "green" "red" "yellow" "black" "white"等，分别可缩写为'b' 'g' 'r' 'y' 'k' 'w'。

线型与颜色参数可共同作为 plot( )函数的第三个参数。例如，将线条设定为黄色的虚点线，可写为：

```
plt. plot( listx, listy, "y-. ")
```

或：

```
plt. plot( listx, listy, color= "y", ls= "-. ")
```

④ 标记参数(marker)用于为线条上的每一个数据点添加一个特殊的

符号。

基本语法为：plt. plot(listx，listy，marker＝参数值)。

表 12-2 展示了 Matplotlib 提供的不同标记类型。注意：若想表示空心圆，参数语句为："marker＝'o'，markerfacecolor＝'none'"。

表 12-2　　　　　　　　　　标记参数表

标记参数值	标记类型	标记参数值	标记类型
'.'	点	's'	正方形
','	像素	'p'	五角形
'o'	实心圆	'h'	六边形
'v'	下三角	'+'	加号
'^'	上三角	'*'	星号
'<'	左三角	'x'	X
'>'	右三角	'D'	钻石
'|'	垂直线	'_'	水平线

例如，对图 12-2 所示的多线条坐标图设置线型、线宽、颜色及标记，代码如下：

```
import matplotlib. pyplot as plt
listy1 = [15，58，70，36，9，47]
listx2 = [1，2，4，7，10，13]
listy2 = [10，11，49，85，67，1]
plt. plot( range( 1，7)，listy1，linestyle = " -- "，linewidth = 3.0，color = 'g'，marker = 's')
#设置线型为虚线，线宽为 3.0，颜色为绿色，标记为正方形

plt. plot( listx2，listy2，linestyle = " -. "，linewidth = 2.0，color = " red "，marker = 'o')
#设置线型为虚点线，线宽为 2.0，颜色为红色，标记为实心圆
plt. xlim( 0，15)
plt. ylim( 0，100)
plt. show( )
```

输出结果如图 12-4 所示。

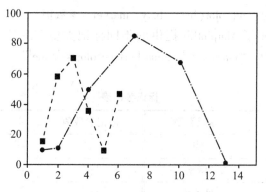

图 12-4　设置线型、线宽、颜色及标记坐标图

12.2.2　添加标签、注释与图例

图形绘制完成后，可以添加一些必要的文字作为标记。标签、注释和图例能很好地将图像文档化，达到更加直观的展示效果。

① 标签能帮助人们理解图像中每个坐标轴的含义，图像中所必需的标签有图像标题和坐标轴标题等。设置标签的基本语法为：

plt. title（图像标题）　　　　　　　#设置图像标题

plt. xlabel（X 坐标轴标题）　　　#设置 X 坐标轴标题

plt. ylabel（Y 坐标轴标题）　　　#设置 Y 坐标轴标题

若需要改变标签字体的大小，可以通过修改其参数"fontsize"的值达到。

② 注释能对图像中特殊的数据点进行标注，annotate（）函数用于为图像添加注释。设置注释的基本语法为：

plt. annotate（ xy=［X，Y］，s="注释文字"）

其中，xy 参数用于提供待标注坐标位置，s 参数为该坐标位置需要注释的文本文字。

③ 图例用于标注图像中各组成部分所代表的具体含义，legend（）函数用于创建及自定义图例相关属性。设置图例的基本语法为：

plt. legend（［"线条 1 名称"，"线条 2 名称"］，loc = "图例位置"，frameon=true/False）

其中，列表参数用于标注每个线条的名称，"frameon ="关键字用于控制图例是否有框，loc 关键字参数用于设置图例呈现的位置，它的取值可以是如下方位的组合：upper，lower，right，left，center。

方位的组合也可以用数字表示，具体如表 12-3 所示。

表 12-3　　　　　　　　　　　**loc 关键字参数表**

方位组合	数字组合	方位组合	数字组合
upper right	1	center left	6
upper left	2	center right	7
lower left	3	lower center	8
lower right	4	upper center	9
right	5	center	10

　　Matplotlib 的默认配置文件中，无法正确显示中文字体，如果需要在 Matplotlib 的图形中显示中文，则需要将其默认使用的字体更改为简体中文。更改默认字体的操作方法是在代码中导入 pylab 包，并将字体参数传递给配置文件：

```
from pylab import *
rcParams['font. sans-serif'] = ['SimHei']
```

　　其中，'SimHei' 表示黑体字，其他常用的中文字体及其英文表示如表 12-4 所示：

表 12-4　　　　　　　　　　　**中文字体对照表**

中文字体	英文表示	中文字体	英文表示
宋体	Simsong	仿宋	Fangsong
楷体	Kaiti	幼圆	YouYuan
微软雅黑	Microsoft Yahei	华文宋体	STSong
隶书	LiShu	华文黑体	STHeiti

　　在 Jupyter Notebook 中，可以在程序的开头或者在 plt. show() 语句之前添加如下两行代码，即可以在 plt. plot() 语句的图形中显示中文。

```
plt. rcParams['font. family'] = ['sans-serif']
plt. rcParams['font. sans-serif'] = ['SimHei']
```

例如，若需要对图 12-4 所示的多线条坐标图添加中文的标签、注释、轴名称、图例等元素，可以在图 12-4 代码的 plt.show( ) 语句之前，添加如下代码：

```
plt. rcParams[ 'font. sans-serif' ] = [ 'SimHei' ]          #显示中文
plt. xlabel("X 轴", fontsize = 20)                      #添加 x 轴名称
plt. ylabel("Y 轴", fontsize = 20)                      #添加 y 轴名称
plt. title("中文示例", fontsize = 25)                    #添加标签
plt. annotate( xy = [7, 85], s = "最高点", fontsize = 20)      #添加注释
plt. legend( [ "线形图 1","线形图 2" ], loc = 1, frameon = True)    #显示图例
```

输出结果如图 12-5 所示。

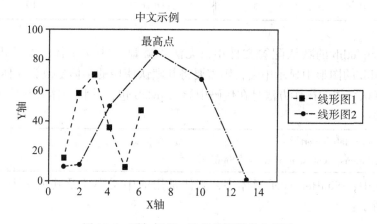

图 12-5　添加标签、注释及图例的坐标图

另外，如果需要在图例中正常地显示负号，则需要在 plt.show( ) 语句之前添加下面的控制语句：

```
plt. rcParams[ 'axes. unicode_minus' ] = False    #用来正常显示负号
```

12.3　基础图表绘制

不同类型的数据需要选用不同的可视化方式来展示数据的含义。Matplotlib 除了可以准确地绘制出线形图外，还支持其他十几种图表的绘制，包括折线图、柱状图、饼图、直方图、散点图等。这些图表的绘制可以通过 matplotlib. pyplot 模块提供的 bar( )、hist( )、pie( )、scatter( ) 等常用命令

式函数来实现。

12.3.1　折线图

折线图(line chart)是指由折线或曲线组成的图形，常见的折线图有年份与 GDP 的对应图、时间序列图、房价走势图等，本章前面的章节介绍到的坐标图、线形图等属于最简单的折线图。在折线图中，类别数据沿水平轴均匀分布，所有值数据沿垂直轴均匀分布。

如前所述，matplotlib. pyplot 模块中绘制折线图使用的是 plot( ) 函数。该函数也能用于绘制更为复杂的函数图像，如多项式函数的曲线图。

例如，绘制一条三次函数与一条一次函数曲线图，代码示例如下所示：

```
import numpy as np
import matplotlib. pyplot as plt
plt. rcParams['axes. unicode_minus'] = False        #用来正常显示负号
x = np. linspace(-10, 10, 100)
y1 = x**3+2*x**2-3*x+350        #三次函数函数式

y2 = 30*x+50        #一次函数函数式
plt. plot(x, y1, color='k', marker='|', lw=1.0, label='f1(x)')
#绘制三次函数曲线，设置线型为实线，线宽为 1.0，颜色为黑色，标记为竖线，
标签为 f1(x)
plt. plot(x, y2, color='r', lw=1.0, label='f2(x)')
#绘制一次函数曲线，设置线型为实线，线宽为 1.0，颜色为红色，标签为 f2(x)
plt. title('多项式', fontsize=18)        #添加标签，并设置字体大小
plt. xlabel('x', fontsize=16)
plt. ylabel('y', fontsize=16)
plt. legend()        #显示图例
plt. show()
```

输出结果如图 12-6 所示。

plot( ) 函数也可以用于绘制多项式原函数与其导函数的对照图，但导函数的公式需要人为给出。例如，下面给出了函数 $y = x^4 - x^3 + 2x^2 - 3x + 350$ 及其导函数的对照曲线图，但是，其导函数的定义需要在代码中自行定义。

```
import numpy as np
import matplotlib. pyplot as plt
```

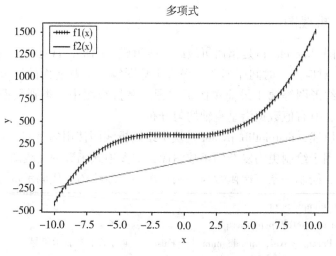

图 12-6　函数图示例 1

```
plt. rcParams['font. sans-serif'] = ['SimHei']    #用来正常显示中文标签
plt. rcParams['axes. unicode_minus'] = False    #用来正常显示负号
x = np. linspace(-10, 10, 1000)
y1 = x * * 4-x * * 3+2 * x * * 2-3 * x+350    #多项式原函数
y2 = 4 * x * * 3-3 * x * * 2+4 * x-3    #定义多项式一阶导函数
plt. plot(x, y1, 'r-', label='原函数')
plt. plot(x, y2, 'g-.', label='导函数')
plt. legend()    #显示图例
plt. show()
```

输出结果如图 12-7 所示。

上述函数的求导过程也可利用 ploy1d 模块的 derive 方法实现，求多项式原函数的一阶导函数可用 numpy. poly1d. deriv(m=1)语句来表示。

例如，下面代码的结果与图 12-7 相同。

```
import numpy as np
import matplotlib. pyplot as plt
func = np. poly1d(np. array([1, -1, 2, -3, 350]))    #多项式原函数
# numpy. poly1d. deriv 方法返回多项式的一阶导函数
deri_func = func. deriv(m=1)
x = np. linspace(-10, 10, 1000)
```

```
y1 = func(x)
y2 = deri_func(x)
plt.plot(x, y1, 'r-', label='原函数')
plt.plot(x, y2, 'g-.', label='导函数')
plt.xlabel('x')
plt.ylabel('y')
plt.legend()            #显示图例
plt.show()
```

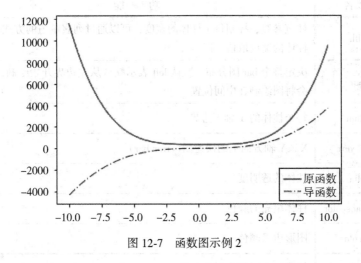

图 12-7　函数图示例 2

12.3.2　柱状图

柱状图（bar chart）是一种以长方形的长度表示变量数值大小的统计图表，用来比较两个或两个以上数值的差别，通常用于展示数据量较小的数据集分析结果。在绘图时，常常将长方形的柱体分隔开来以突出每组数据的独立性。

matplotlib.pyplot 模块中绘制柱状图使用的是 bar() 或 barh() 函数，其区别在于前者用于纵向柱状图绘制，而后者用来绘制横向柱状图，基本语法格式与 plot() 函数相似：

　　　　plt.bar(h)（X 轴序列列表，Y 轴序列列表，可选参数 1，可选参数 2，…可选参数 n）

需要注意的是，除 plot() 函数的一些属性参数（如线形、线宽等）外，其余参数均能在柱状图中使用。

表 12-5 中显示了 bar() 函数的一些可选参数。

例如，下面代码绘制了一个简单的纵向柱状图，其中，横轴取值 0~9，纵轴随机产生 10 个数，以此绘制柱状图，柱体颜色为红色，柱宽 0.45，标签为 Figure：

表 12-5 **bar() 函数可选参数列表**

参数名	功　　能
width	柱宽参数，控制每个柱体的宽度，可以通过列表赋值的方式使每个柱体的宽度取值不同
align	决定整个 bar 图分布，默认 left 表示默认从左边界开始绘制，center 会将图绘制在中间位置
bottom	每个柱体的 Y 轴下边界
xerr / yerr	X / Y 轴方向上的误差图（error bar）
alpha	柱体的透明度
color / facecolor	柱体填充的颜色
edgecolor	图形边缘颜色
label	解释每个图像代表的含义
linewidth / lw	边缘或线的宽度

```python
import numpy as np
import matplotlib. pyplot as plt
y = np. random. rand(10)
plt. bar(range(10)，y，color = 'r'，width = 0. 45，label = "Figure")
#设置柱体颜色为红色，柱宽 0. 45
plt. legend()        #显示图例
plt. show()
```

输出结果如图 12-8 所示。

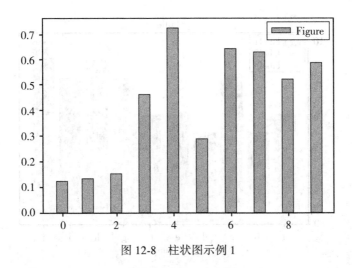

图 12-8 柱状图示例 1

此外，也可以绘制含多个项目数据的柱状图，如三组数据堆叠的情况，代码示例如下：

```
import numpy as np
import matplotlib. pyplot as plt
x = ['a', 'b', 'c', 'd', 'e', 'f', 'g', 'h', 'i', 'j']
y1 = [6, 5, 8, 5, 6, 6, 8, 9, 8, 10]
y2 = [5, 3, 6, 4, 3, 4, 7, 4, 4, 6]
y3 = [4, 1, 2, 1, 2, 1, 6, 2, 3, 2]

plt. bar(x, y1, label="label1", color='red')      #第一组数据

plt. bar(x, y2, label="label2", color='orange')      #第二组数据

plt. bar(x, y3, label="label3", color='lightgreen')    #第三组数据

plt. xticks(np. arange(len(x)), x, rotation=0, fontsize=10)

plt. legend(loc="upper left")                #防止 label 和图像重合显示不出来

plt. rcParams['font. sans-serif'] = ['SimHei']   #用来正常显示中文标签

plt. ylabel('数量', fontsize=15)

plt. xlabel('name', fontsize=15)

plt. title("title", fontsize=20)

plt. show()
```

输出结果如图 12-9 所示。

如果需要让两组数据合并排列绘制，则可以使用初始横轴加柱宽来实现：

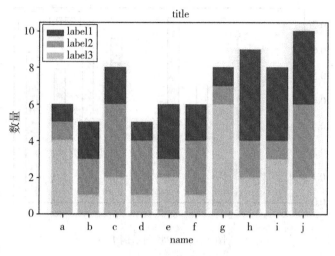

图 12-9　柱状图示例 2

```
%matplotlib inline
import numpy as np
from matplotlib import pyplot as plt
n = 8
X = np. arange( n)+1        #X 取值 1, 2, 3, 4, 5, 6, 7, 8, 表示柱的个数
Y1 = np. random. uniform(0.5, 1.0, n)
Y2 = np. random. uniform(0.5, 1.0, n)
#uniform 均匀分布的随机数, 0.5-1 均匀分布的数, 一共有 n 个
plt. bar( X, Y1, alpha=0.9, width = 0.35, facecolor = 'lightsky-blue', \
        edgecolor = 'white', label='one', lw=1)
plt. bar( X+0.35, Y2, alpha=0.9, width = 0.35, facecolor = 'yellow-green', \
        edgecolor = 'white', label='second', lw=1)
plt. legend( loc="upper left")          # label 的位置在左上
```

输出结果如图 12-10 所示。

将上述代码中的 plt. bar( )函数改为 plt. barh( )函数就可以得到横向排列的柱状图。输出结果如图 12-11 所示。

需要注意的是，产生图 12-11 的代码中，原 bar( )函数中的 width 参数，在 barh( )函数中要换成 height 参数；另外，plt. legend( )函数中的参数改为了"upper right"。

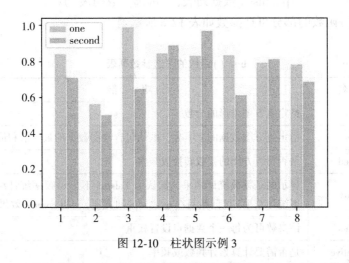

图 12-10 柱状图示例 3

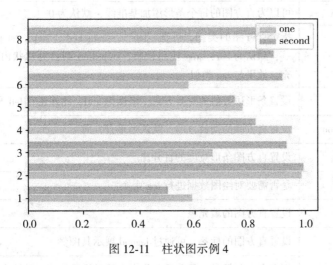

图 12-11 柱状图示例 4

12.3.3 直方图

直方图(histogram)也称质量分布图,是一种统计报告图,用一系列高度不等的纵向条纹或线段来表示数据分布的情况。直方图中一般用横轴表示数据类型,纵轴表示分布情况。

matplotlib.pyplot 模块中绘制直方图使用的是 hist( )函数。其基本语法格式为:

plt. hist（数据列表，［可选参数列表］）

hist( )函数的部分可选参数如表 12-6 所示：

表 12-6   **hist（ ）函数的可选参数列表**

参数名	功 能
bins	指定直方图条形的个数
range	指定直方图数据的上下界，默认包含绘图数据的最大值和最小值
normed	是否将直方图的频数转换成频率
density	显示的是频数统计结果，默认为 False，不显示频率统计结果。频率统计结果=区间数目/（总数 * 区间宽度），和 normed 效果一致
weights	该参数可为每一个数据点设置权重
cumulative	是否需要计算累计频数或频率
bottom	可以为直方图的每个条形添加基准线，默认为 0
histtype	指定直方图的类型，可选 {'bar', 'barstacked', 'step', 'stepfilled'} 之一，默认为 bar；step 使用梯状，stepfilled 则会对梯状内部进行填充，效果与 bar 类似
align	设置条形边界值的对齐方式，默认为 mid，此外还有 left 和 right'
orientation	设置直方图的摆放方向，默认为垂直方向
rwidth	设置直方图条形宽度的百分比
log	是否需要对绘图数据进行 log 变换
color	设置直方图的填充色
label	设置直方图的标签，可通过 legend 展示其图例
stacked	当有多个数据时，是否需要将直方图呈堆叠摆放，默认水平摆放

例如，下面的代码绘制了一个简单的直方图。从 0~100 的区间中随机产生了 100 个整数，以 10 个随机整数为一组，直方图给出了各个区间随机产生的数值的个数。

```
import matplotlib. pyplot as plt
import numpy as np
x = np. random. randint( 0, 100, 100)    #生成[0-100]之间的 100 个数据
```

```
bins=np. arange(0, 101, 10)   #设置连续的边界值, 即直方图的分布区间[0,
                                 10], [10, 20]...
plt. hist(x, bins, color='lightgreen', alpha=0.5)   #alpha 设置透明度, 0 为完全透明
plt. xlabel('scores')
plt. ylabel('count')
plt. xlim(0, 100)                 #设置 x 轴分布范围
plt. show( )
```

代码输出结果如图 12-12 所示。

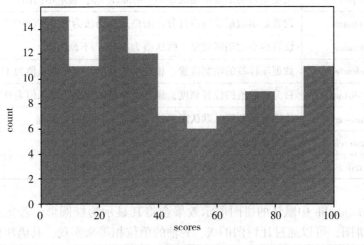

图 12-12　直方图示例 1

图中的数据显示, 在这一次随机产生的 100 个整数中, 40~50 区间的随机数最少(6 个); 0~10 和 20~30 区间的随机数最多(15 个), 其他区间各有不同。由此可以看出这些随机数的分布情况。

12.3.4　饼图

饼图(pie chart)用于显示一个数据集合中各项数据的大小及其与数据总和的比例。饼图中的每个扇形表示总体中的一个类别, 其面积取决于相应部分占总体的百分比, 每个部分的数值是该部分数据在整个饼图的百分比的数值。常见的饼图有股权结构图、投资结构图、市场份额图等。注意, 饼图中所有扇形区域的百分比之和总应为 1。

matplotlib. pyplot 模块中绘制饼图使用的是 pie( )函数, 其基本语法格

式为：

plt. pie（数据列表，［可选参数列表］）

pie( )函数的部分可选参数如表 12-7 所示：

表 12-7 **pie（）函数可选参数列表**

参数名	功　　能
labels	设置数据项的标签
colors	设置扇形的颜色
explode	决定是否突出显示某块扇形。explode=0，表示不凸出
autopct	设置显示数据块所占百分比的格式，语法为"%格式%%"
shadow	设置扇形的阴影效果。默认值为 False，不画阴影
labeldistance	数据项标签的绘制位置，相对于半径的比例。默认值为 1.1
pctdistance	百分比数值的位置刻度，相对于半径的比例。默认值为 0.6
startangle	绘图起始角度，默认图是从 X 轴正方向逆时针画起
counterclock	设置扇形的方向。默认值为 True，逆时针
radius	控制饼图半径。默认值为 None，即半径为 1

Matplotlib 中默认的饼图展示效果会将其显示为椭圆形，若想要显示为圆形饼图，可以通过让饼图的 X、Y 轴的单位相等来实现，其语法格式为：

```
plt. axis（'equal'）
```

例如，需要绘制一个简单地表示家庭支出比例的饼图，每一个饼块分别表示："娱乐""育儿""饮食""房贷""交通""其他"支出项，分别对应比例为 2%、5%、12%、70%、2%、9%。示例代码如下：

```
import matplotlib. pyplot as plt
plt. rcParams['font. sans-serif'] = ['SimHei']   #用来正常显示中文标签
labels = ['娱乐', '育儿', '饮食', '房贷', '交通', '其他']   #数据项标签
sizes = [2, 5, 12, 70, 2, 9]   #数据项占比
explode = (0, 0, 0, 0.1, 0, 0)   #突出显示"房贷"扇形
plt. pie(sizes, explode=explode, labels=labels, autopct='%1. 1f%%', \
        shadow=False, startangle=150)
#绘制饼图，显示数据块占比，扇形无阴影效果，绘图起始角度从 x 轴正方向逆时针 150 画起
plt. title("1 月份家庭支出")
```

```
plt. axis('equal')           #使饼图长宽相等
plt. show( )
```

输出的饼图如图 12-13 所示。

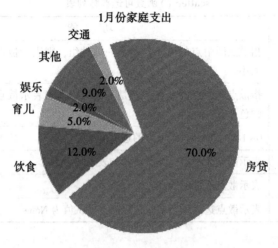

图 12-13　饼图示例

12.3.5　散点图

　　散点图(scatter)是科研绘图中最常见的图形类型之一，通常用于显示和比较数值。散点图将所有的数据以点的形式展现在直角坐标系上，每个点的坐标由变量的数值决定，可以显示出变量在坐标中的位置及其之间的距离，观测变量之间的相互关系和紧密程度。通过观察散点图上数据点的分布情况，可以推断出变量间的相关性。如果变量之间不存在相互关系，那么在散点图上就会表现为随机分布的离散的点，如果存在某种相关性，那么大部分的数据点就会相对密集，并以某种趋势呈现。

　　散点图通常用于显示和比较数值，不光可以显示趋势，还能显示数据集群的形状，以及在数据云团中各数据点的分布关系，可以提供三类关键信息：①变量之间是否存在数量关联趋势；②如果存在关联趋势，是线性还是非线性的；③观察是否有存在离群值，从而分析这些离群值对建模分析的影响。

　　matplotlib. pyplot 模块中绘制饼图使用的是 scatter( ) 函数，其基本语法格式为：

　　　　plt. scatter（X 坐标列表，Y 坐标列表，可选参数 1，可选参数
2，…可选参数 n）

scatter（）函数的部分可选参数如表 12-8 所示：

表 12-8　　　　　　　　　　**scatter（）函数可选参数列表**

参数名	功　　能
s	指散点图中点的大小，若是一维数组，则表示散点图中每个点的大小
c	指散点图中点的颜色，若是一维数组，则表示散点图中每个点的颜色
alpha	0~1 的小数，表示散点的透明度
marker	表示散点的类型，类型具体如表 12-2 所示
linewidths	表示散点边缘的线宽
edgecolors	表示散点边缘颜色或颜色序列，默认值为 None

　　例如，绘制一个含有两类数据的散点图，数据均为随机产生的 100 个
数，以散点类型加以区分，示例代码如下：

```
import matplotlib. pyplot as plt
import numpy as np
plt. rcParams[ 'font. sans-serif'] = [ 'SimHei']          #用来正常显示中文标签

x1, y1 = np. random. rand(100), np. random. rand(100)
x2, y2 = np. random. rand(100), np. random. rand(100)
plt. scatter(x1, y1, color='b', marker='*')   #散点图 1,（x1, y1），散点为蓝色
                                              五角星
plt. scatter(x2, y2, color='g', marker='o')   #散点图 2,（x2, y2），散点为绿色
                                              实心圆
plt. title('散点图示例', fontsize=20)
plt. xlabel('x 轴', fontsize=16)
plt. ylabel('y 轴', fontsize=16)
plt. grid()          #显示网格线
plt. show()
```

输出结果如图 12-14 所示。

可以看出，数据点是随机分布的，显示出数据之间是随机的关系。也

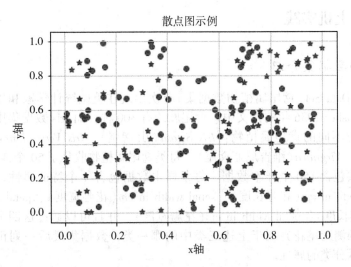

图 12-14　散点图示例 1

可以根据函数绘制散点图，显示出数据之间的函数分布关系。

　　例如，下面的代码根据正弦函数绘制散点图：

```
x = np. arange(0, 20, 0.1)    #构建 0~20 数值的数组，步长为 0.1
y = np. sin(x)                #对数组中所有的元素求正弦值
plt. scatter(x, y)
```

输出结果如图 12-15 所示。

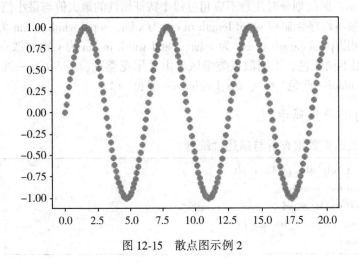

图 12-15　散点图示例 2

12.4　上机实践

（1）数据集介绍

Iris Data Set（鸢尾属植物数据集）首次出现在英国统计学家和生物学家 Ronald Fisher 1936 年的论文中。鸢尾属约有 300 种，而 Iris 数据集中包含了其中三类不同的鸢尾属植物：*Iris Setosa*（山鸢尾）、*Iris Versicolour*（杂色鸢尾）和 *Iris Virginica*（维吉尼亚鸢尾）。每类鸢尾属植物收集了 50 个样本数据，数据集共包含 150 个样本数据。每条样本数据包含 4 个特征属性，分别为 sepal length in cm（花萼长度）、sepal width in cm（花萼宽度）、petal length in cm（花瓣长度）、petal width in cm（花瓣宽度），并且可以通过这四个特征属性的值预测鸢尾花卉属于上述三类中的哪一类，数据集最后一列正是这个用于表示分类的属性。

（2）问题

请下载上述 Iris 数据集（下载地址：https：//archive. ics. uci. edu/ml/datasets/Iris），并使用 Matplotlib 对其作可视化探索，具体包括：

① 使用 Pandas 查看数据集整体数据，并作描述性统计。

②编写程序绘制纵轴表示 sepal length in cm、sepal width in cm、petal length in cm、petal width in cm 的折线图，并与不同颜色、不同线型区分。

③ 编写程序将数据集上的每个特征属性取值分成 6 个区间，并绘制其对应的柱状图，其中柱状图横轴表示区间编号，纵轴表示每个区间对应的样本数量（提示：区间划分时注意不应超过每个特征属性的最大值与最小值）。

④ 编写程序绘制以 sepal length in cm 为 x 轴、sepal width in cm 为 y 轴的散点图和以 petal length in cm 为 x 轴、petal width in cm 为 y 轴的散点图，并在图中用不同颜色、不同散点类型区分出鸢尾花类别（*Iris Setosa*—红色'o'、*Iris Versicolour*—蓝色'＊'、*Iris Virginica*—绿色'＋'）。

（3）解题代码示例

① 数据集数据查看与描述性统计。

```
import matplotlib. pyplot as plt
import numpy as np
import pandas as pd
df = pd. read_csv(" irisdata. csv")
df. head( )
```

out：

	sepal length in cm	sepal width in cm	petal length in cm	petal width in cm	class
0	5.1	3.5	1.4	0.2	Iris-setosa
1	4.9	3.0	1.4	0.2	Iris-setosa
2	4.7	3.2	1.3	0.2	Iris-setosa
3	4.6	3.1	1.5	0.2	Iris-setosa
4	5.0	3.6	1.4	0.2	Iris-setosa

图 12-16　数据集数据(部分)

```
df. dtypes
```

out：

sepal length in cm　　float64
sepal width in cm　　float64
petal length in cm　　float64
petal width in cm　　float64
class　　　　　　　　object
dtype：object

```
df["class"]. value_counts()
```

out：

Iris-versicolor　　50
Iris-virginica　　50
Iris-setosa　　50
Name：class, dtype：int64

```
df. describe()
```

out：

	sepal length in cm	sepal width in cm	petal length in cm	petal width in cm
count	150.000000	150.000000	150.000000	150.000000
mean	5.843333	3.054000	3.758667	1.198667
std	0.828066	0.433594	1.764420	0.763161
min	4.300000	2.000000	1.000000	0.100000
25%	5.100000	2.800000	1.600000	0.300000
50%	5.800000	3.000000	4.350000	1.300000
75%	6.400000	3.300000	5.100000	1.800000
max	7.900000	4.400000	6.900000	2.500000

图 12-17　数据集描述性统计

②绘制纵轴表示 sepal length in cm、sepal width in cm、petal length in cm、petal width in cm 的折线图

```
plt.plot(range(1, 151), df["sepal length in cm"], color='g', ls='-.', \
    label='sepal length in cm')
plt.plot(range(1, 151), df["sepal width in cm"], color='r', \
        label='sepal width in cm')
plt.plot(range(1, 151), df["petal length in cm"], color='b', ls='--', \
        label='petal length in cm ')
plt.plot(range(1, 151), df["petal width in cm"], color='k', ls=': ', \
        label='petal width in cm')
plt.xlabel("id")
plt.ylabel("length/width in cm")
plt.legend()
plt.show()
```

out：

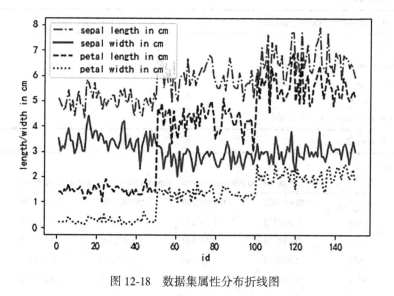

图 12-18　数据集属性分布折线图

③ 将数据集上的每个特征属性取值分成 6 个区间，并绘制其对应的柱状图，其中柱状图横轴表示区间编号，纵轴表示每个区间对应的样本数量。

● 首先将数据集上的每个特征属性取值分为 6 个区间：

```
sl_cut = pd.cut(df["sepal length in cm"], \
    bins = [df["sepal length in cm"].min(), 4.9, 5.5, 6.1, 6.6, 7.2, \
    df["sepal length in cm"].max()])
sl_cut.value_counts()
```

out：

(4.9, 5.5]	37
(5.5, 6.1]	36
(6.1, 6.6]	27
(4.3, 4.9]	21
(6.6, 7.2]	20
(7.2, 7.9]	8

Name：sepal length in cm, dtype：int64

```
sw_cut=pd.cut(df["sepal width in cm"], \
    bins=[df["sepal width in cm"].min(), 2.4, 2.8, 3.2, 3.6, 4.0, \
    df["sepal width in cm"].max()])
sw_cut.value_counts()
```

out：

(2.8, 3.2]	61
(2.4, 2.8]	36
(3.2, 3.6]	27
(3.6, 4.0]	12
(2.0, 2.4]	10
(4.0, 4.4]	3

Name：sepal width in cm, dtype：int64

```
pl_cut = pd.cut(df["petal length in cm"], \
    bins = [df["petal length in cm"].min(), 1.9, 2.8, 3.7, 4.6, 5.5, \
    df["petal length in cm"].max()])
pl_cut.value_counts()
```

out：

(1.0, 1.9]	49
(4.6, 5.5]	35
(3.7, 4.6]	33

(5.5, 6.9]   25

(2.8, 3.7]   7

(1.9, 2.8]   0

Name：petal length in cm, dtype：int64

```
pw_cut=pd.cut(df["petal width in cm"], \
    bins=[df["petal width in cm"].min(), 0.5, 0.9, 1.3, 1.7, 2.1, \
    df["petal width in cm"].max()])
pw_cut.value_counts()
```

out：

(0.1, 0.5]   43

(1.7, 2.1]   29

(0.9, 1.3]   28

(1.3, 1.7]   26

(2.1, 2.5]   17

(0.5, 0.9]   1

Name：petal width in cm, dtype：int64

- 其次，绘制对应的柱状图：

```
X1 = np.arange(len(sl_cut.value_counts()))
Y1 = sl_cut.value_counts()
Y2 = sw_cut.value_counts()
Y3 = pl_cut.value_counts()
Y4 = pw_cut.value_counts()
plt.bar(X1, Y1, color='r', width=0.2, label="sl")
plt.bar(X1+0.2, Y2, color='g', width=0.3, label="sw")
plt.bar(X1+0.2*2, Y3, color='b', width=0.3, label="pl")
plt.bar(X1+0.2*3, Y4, color='k', width=0.3, label="pw")
plt.xlabel("Group No.")
plt.ylabel("Number")
plt.legend()
plt.show()
```

out：

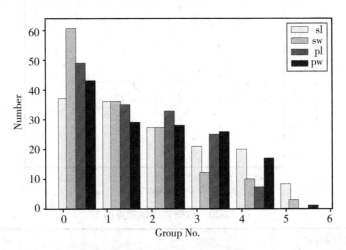

图 12-19　数据集属性柱状图

④ 绘制以 sepal length in cm 为 x 轴、sepal width in cm 为 y 轴的散点图和以 petal length in cm 为 x 轴、petal width in cm 为 y 轴的散点图，并在图中用不同颜色、不同散点类型区分出鸢尾花类别（*Iris Setosa*—红色 'o'、*Iris Versicolour*—蓝色 ' * '、*Iris Virginica*—绿色 '+'）。

```python
y = df["class"]
plt.scatter(df["sepal length in cm"][y == "Iris-setosa"], \
        df["sepal width in cm"][y == "Iris-setosa"], color='r', marker='o')
plt.scatter(df["sepal length in cm"][y == "Iris-versicolor"], \
        df["sepal width in cm"][y == "Iris-versicolor"], color='b', marker=' * ')
plt.scatter(df["sepal length in cm"][y == "Iris-virginica"], \
        df["sepal width in cm"][y == "Iris-virginica"], color='g', marker='+')
plt.xlabel("sepal length in cm")
plt.ylabel("sepal width in cm")
plt.grid()               #显示网格线
plt.show()
```

out：

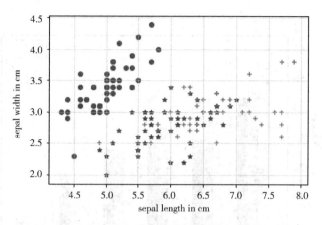

图 12-20　数据集属性散点图 1

```
y = df[ "class" ]
plt. scatter( df[ "petal length in cm" ] [ y == "Iris-setosa" ] , \
        df[ "petal width in cm" ] [ y == "Iris-setosa" ] , color = 'r' , marker = 'o' )
plt. scatter( df[ "petal length in cm" ] [ y == "Iris-versicolor" ] , \
        df[ "petal width in cm" ] [ y == "Iris-versicolor" ] , color = 'b' , marker = ' * ' )
plt. scatter( df[ "petal length in cm" ] [ y == "Iris-virginica" ] , \
        df[ "petal width in cm" ] [ y == "Iris-virginica" ] , color = 'g' , marker = '+' )
plt. xlabel( "petal length in cm" )
plt. ylabel( "petal width in cm" )
plt. grid( )        #显示网格线
plt. show( )
```

out：

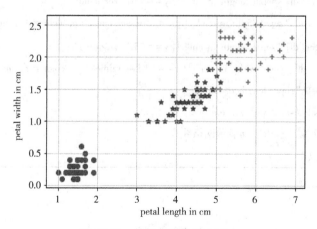

图 12-21　数据集属性散点图 2

课后习题

1. 根据本章所学的五类图形，请总结出各类图形分别适用于何种数据或场景，并谈谈其优缺点。

数据图形	适用数据类型	场景举例	优点	缺点
折线图	时间序列数据	用于趋势分析，如股票走势、房价走势	易于反映数据变化的趋势；适合多个二维大数据集……	……
……	……	……	……	……

2. 编写程序绘制余弦三角函数 $y = \cos(2\pi x)$ 的图像。

3. 编写程序绘制函数 $f(x) = \sin^2(x - 2)\, e^{-x^2}$ 的图像。

4. 编写程序绘制多项式 $f(x) = 4x^5 - 10x^3 + 7x + x^{-2} + 10$ 及其导函数的图像。

5. 编写程序绘制出图 12-10 显示的柱状图的横向柱状图。

6. 编写程序绘制服从正态分布 $N(100, 400)$（即 $\mu = 100$，$\sigma = 20$）的点状折线图与直方图，且直方图的个数为 30，显示标签与图例。

7. 编写程序绘制出 2018 年我国各省份 GDP 占总量百分比的饼图（数据可参考国家统计局相关数据：http://www.stats.gov.cn/tjsj/ndsj/2019/indexch.htm）。

8. 下载并导入 Wine Quality 数据集，并对数据集中的"pH"和"alcohol"属性取值作散点图，设置散点颜色为红色，类型为实心圆（数据集下载链接为：http://archive.ics.uci.edu/ml/datasets/Wine+Quality）。

9. 拓展：参考其他资料，尝试学习绘制雷达图、箱线图等图形。

第 13 章　文本分析项目实践

人类语言和文字经过数千年的发展已经产生了海量的文本数据，文本数据的半结构化、高维稀疏性、海量性等特征给研究文本中的信息带来了很大的困难。随着各种技术的发展，人们能借助多种工具和方法来分析文本中蕴含和传递的信息，例如本章将要介绍的 Jieba 分词工具和关键词提取、词云构建方法。本章的文本分析项目实践具体可分为两部分：第一部分，以《红楼梦》为蓝本进行关键词提取；第二部分，以 2018 年两会《政府工作报告(全文)》为数据源进行词云构建。

13.1　Jieba 库基本应用

近年来，随着文本分析技术的日益成熟，开源的文本分析工具越来越多，如 Jieba、NLTK、Gensim 等。其中，Jieba 分词是在中文文本分析中应用最广泛的工具，它的功能丰富，提供了分词、关键词提取、词性标注等算法，并且支持 Python、C++、Go、R 等多平台语言，还提供了很多热门社区项目的扩展插件。另外，Jieba 分词工具使用简单，API 总体来说并不多，需要进行的配置也并不复杂，因此比较容易上手。出于以上考虑，本章选取了 Jieba 分词工具进行项目实践。

13.1.1　分词

Python 的第三方库 Jieba 分词是目前使用人数较多的中文分词工具，它结合了基于规则和基于统计这两类方法，提供全模式、精确模式、搜索引擎模式三种分词方法，接下来将分别对这三种模式的分词方法进行介绍。

(1) 全模式与精确模式

全模式下 Python 会把句子中所有可以成词的词语都扫描出来，这种方法速度非常快，但是不能有效解决歧义词问题。精确模式下 Python 尽量将句子最精确地切开，更适合应用于文本分析。Jieba 使用 jieba. cut 方法实现全模式和精确模式分词，基本格式如下：

jieba. cut（s, cut_all = False）

其中，s 为需要分词的字符串序列，cut_all 参数用来控制是否采用全模式，当其设为 True 时表示按全模式分词，设为 False 时表示按精确模式分词，默认情况下设为 False。

(2) 搜索引擎模式

搜索引擎模式是在精确模式的基础上，对长词再次切分，能有效提高分词的召回率，适合应用于搜索引擎分词。jieba. cut_for_search 方法用于在搜索引擎模式下分词，基本格式为：

jieba. cut_for_search(s)

其中，s 为需要分词的字符串序列。

下面是三种分词模式的对比：

```
import jieba
seg_list = jieba.cut("我是来自中华人民共和国湖北省武汉市武汉大学的一名大学
生", cut_all = True)
print("全模式：\ n " + "/ ".join(seg_list))  # 全模式

seg_list = jieba.cut("我是来自中华人民共和国湖北省武汉市武汉大学的一名大学
生", cut_all = False)
print("精确模式：\ n " + "/ ".join(seg_list))  # 精确模式

seg_list = jieba.cut("我是来自中华人民共和国湖北省武汉市武汉大学的一名大学
生")  # 默认是精确模式
print("默认模式：\ n " + "/ ".join(seg_list))
seg_list = jieba.cut_for_search("我是来自中华人民共和国湖北省武汉市武汉大学
的一名大学生")  # 搜索引擎模式
print("搜索模式：\ n " + "/ ".join(seg_list))
```

分词结果如下：

全模式：

我/ 是/ 来自/ 中华/ 中华人民/ 中华人民共和国/ 华人/ 人民/ 人民共和国/ 共和/
共和国/ 湖北/ 湖北省/ 武汉/ 武汉市/ 武汉/ 武汉大学/ 大学/ 的/ 一名/ 大学/ 大
学生/ 学生
精确模式：
我/ 是/ 来自/ 中华人民共和国/ 湖北省/ 武汉市/ 武汉大学/ 的/ 一名/ 大学生
默认模式：
我/ 是/ 来自/ 中华人民共和国/ 湖北省/ 武汉市/ 武汉大学/ 的/ 一名/ 大学生
搜索模式：
我/ 是/ 来自/ 中华/ 华人/ 人民/ 共和/ 共和国/ 中华人民共和国/ 湖北/ 湖北省/
武汉/ 武汉市/ 武汉/ 大学/ 武汉大学/ 的/ 一名/ 大学/ 学生/ 大学生

可以看出，全模式和搜索引擎模式下，Jieba 分词工具会将所有可能的
分词结果都打印出来。因此，在一般的文本分析应用中，选择精确模式进
行分词即可。但是在某些模糊匹配场景下，使用全模式或搜索引擎模式更
合适。

13.1.2 添加自定义词典

Jieba 分词器所基于的前缀词典由 dict. txt 提供，但在进行分词时，由于
一些"新词"未提前定义，Jieba 无法识别出词库中没有的词语，实际应用时
通常会遇到一些专有名词无法正确地被切分的情况，例如将"哈利波特"切
分成"哈利波/特"，将"大数据"切分为"大/数据"等。这有可能干扰文本分
析的结果，降低分析的准确性。为此，Jieba 为用户提供了添加自定义词典
功能，从而保证更高的分词准确率。自定义词典的命令格式如下：

jieba. load_userdict(file_name)

其中，file_name 为文件类对象或自定义词典的路径。词典格式为一个
词占一行，每一行包括词语、词频、词性三部分，每部分用空格隔开，其
中词频和词性可以省略，但三部分的顺序不能颠倒。file_name 若为路径或
二进制方式打开的文件，则文件必须为 UTF-8 编码。

例如，没有添加词典时的分词结果为：

```
seg_list = jieba. cut("哈利波特大声言道，'人生而自由，却无往不在枷锁中'。")
print("/ ". join(seg_list))
```

哈利波/ 特大/ 声言/ 道/ ，/ '/ 人/ 生而自由/ ，/ 却/ 无往/ 不/ 在/ 枷锁/
中/ '/ 。

添加"哈利波特"至自定义词典后的分词结果为：

```
jieba. load_userdict('userdic. txt')
seg_list = jieba. cut("哈利波特大声言道，'人生而自由，却无往不在枷锁中'。")
print("/ ". join(seg_list))
```

哈利波特/ 大声/ 言/ 道/ ，/ '/ 人/ 生而自由/ ，/ 却/ 无往/ 不/ 在/ 枷锁/ 中/ '/ 。

为了根据任务需求定期维护更新自定义词典，Jieba 分词提供了动态修改词典的方法。向词典中添加新词的命令格式为：

$$add\_word(\,word,\ freq = None,\ tag = None\,)$$

其中，word 为待添加的新词，freq 为新词词频，tag 为新词词性。例如：

```
jieba. add_word('言道')
jieba. add_word('无往不在')
seg_list = jieba. cut("哈利波特言道，'人生而自由，却无往不在枷锁中'。")
print("/ ". join(seg_list))
```

分词结果：

哈利波特/ 言道/ ，/ '/ 人/ 生而自由/ ，/ 却/ 无往不在/ 枷锁/ 中/ '/ 。

通过 del_word(word)方法可以删除自定义词典中的词汇，例如：

```
jieba. del_word('无往不在')
seg_list = jieba. cut("哈利波特言道，'人生而自由，却无往不在枷锁中'。")
print("/ ". join(seg_list))
```

分词结果：

哈利波特/ 言道/ ，/ '/ 人/ 生而自由/ ，/ 却/无往/ 不/ 在/枷锁/ 中/ '/ 。

13.1.3 词性标注

在 Jieba 分词中，词性标注需要有一定的标注规范，如将词分为名词、形容词、动词等，然后用"n""a""v"等来进行表示。表 13-1 展示了一个常用的汉语词性标注编码表，是由中科院开发的 ICTCLAS 系统所设计的汉语词性标注集，Jieba 分词在进行词性标注时就是采用的该词性标注集。

表 13-1   词性标注规范

词性标签	名称	子　类
n	名词	nr 人名；ns 地名；nt 机构团体名；nz 其他专名； nl 名词性惯用语；ng 名词性语素
t	时间词	tg 时间词性语素
v	动词	vd 副动词；vn 名动词；vshi 动词"是"；vyou 动词"有"； vf 趋向动词；vx 形式动词；vi 不及物动词(内动词)； vl 动词性惯用语；vg 动词性语素

续表

词性标签	名称	子　类
a	形容词	ad 副形词；an 名形词；ag 形容词性语素；al 形容词性惯用
b	区别词	bl 区别词性惯用语
r	代词	rr 人称代词；rz 指示代词；ry 疑问代词；rg 代词性语素
m	数词	mq 数量词
q	量词	qv 动量词；qt 时量词
p	介词	pba 介词"把"；pbei 介词"被"
u	助词	uzhe 着；ule 了，喽；uguo 过；ude1 的，底；ude2 地；ude3 得；usuo 所；udeng 等，等等，云云；uyy 一样，一般，似的，般；udh 的话；uls 来讲，来说，而言，说来；uzhi 之；ulian 连
c	连词	cc 并列连词
x	字符串	xe Email 字符串；xs 微博会话分隔符；xm 表情符合；xu 网址 URL
w	标点符号	wkz 左括号；wky 右括号；wyz 左引号；wyy 右引号；wj 句号；ww 问号；wt 叹号；wd 逗号；wf 分号；wn 顿号；wm 冒号；ws 省略号；wp 破折号；wb 百分号千分号；wh 单位符号
e	叹词	/
d	副词	/
s	所处词	/
f	方位词	/
y	语气词	/
o	拟声词	/
h	前缀	/
k	后缀	/
z	状态词	/

在 Jieba 分词工具中，词性标注调用格式如下：

jieba. posseg. POSTokenizer(tokenizer＝None)

该方法可以新建自定义分词器，其中 tokenizer 参数为指定内部使用的 jieba. Tokenizer 分词器，jieba. posseg. dt 为默认词性标注分词器，标注句子分词后每个词的词性通过循环输出。

例如：

```
import jieba. posseg as pseg
words = pseg. cut("我是来自中华人民共和国湖北省武汉市武汉大学的一名大学
生")
for word, flag in words:
    print('%s %s' % (word, flag))
```

词性标注结果如下，每个词汇后面跟着其对应的词性：

我 r

是 v

来自 v

中华人民共和国 ns

湖北省 ns

武汉市 ns

武汉大学 nt

的 uj

一名 m

大学生 n

13.2　文本预处理

一般而言，在进行文本分析之前需要将文本数据进行预处理，将其解析为更干净和更容易解读的格式。文本语料和原始文本的数据格式常常是非规范的，文本预处理就是使用各种方法将原始文本转换为定义良好的语言成分序列。本节将要介绍文本预处理的主要流程和常用方法，并使用《红楼梦》全文文本进行实践。

Python 提供的文本分析工具包众多，不同的工具有不同的用途。在文本预处理阶段，主要使用的工具是正则表达式 re 和 Jieba 分词，可以使用 pip 命令进行安装，然后使用 import 语句导入工具包。

13.2.1　数据读入

数据文件的存在形式多种多样，有 csv、xlsx、txt 等格式，Python 提供的内置函数 open() 可以打开这些格式的文件，基本语法格式为：

file object = open(file_name[, access_mode][, buffering])

其中，file_name 为要访问的文件名称，access_mode 为打开文件的模式，如只读（r）、写入（w）、读写（w+）等，默认文件访问模式为只读（r），buffering 为访问文件时寄存区的缓冲大小。

文件对象构建以后，可以用 read（）方法从一个打开的文件中读取字符串。需要注意的是，Python 字符串可以是二进制数据，因此文件中的文字、特殊符号、数字等也会被读取。read（）方法的基本语法格式为：

$$fileObject.\ read([\ size\ ])$$

其中 size 为被读取的字节个数。read（）方法是从文件的开头开始读入，若没有指定 size 参数，将会返回整个文件。

例如，如果《红楼梦》全文本保存在 hlm. txt 文件中，读取全文本的代码如下：

```
#读入数据文件
content = open('hlm. txt'). read( )
content[ : 99]                    #显示部分数据内容
```

'上卷 第一回　甄士隐梦幻识通灵 \ u3000 贾雨村风尘怀闺秀 \ n 此开卷第一回也. 作者自云：因曾历过一番梦幻之后，故将真事隐去，而借"通灵"之说，撰此《石头记》一书也. 故曰"甄士隐"云云. 但书中所记何事何'

13.2.2　数据清理

读取数据之后，需要对数据进行清理。在文本分析中，数据清理是指对文本中包含的大量无关和不必要的标识或字符进行处理，如空格、标点、特殊符号等。文本数据的清理可以通过正则表达式来完成，使用 sub 函数对原始文本进行删除换行符、空白和特殊字符等操作。

例如，对《红楼梦》进行数据清理，其中每个特殊字符用空字符串来替换，代码如下：

```
#数据清理
content = re. sub(r'\ n+', '', content)        #删除换行符
content = re. sub(r' +', '', content)           #删除空白
content = re. sub(r'\ W+', ' ', content)         #空白替换符号
content[ : 99]          #显示部分文本内容
```

显示清理后的部分文本：

'上卷第一回甄士隐梦幻识通灵 贾雨村风尘怀闺秀此开卷第一回也 作者自云 因曾历过一番梦幻之后 故将真事隐去 而借 通灵 之说 撰此 石头记 一书也 故曰 甄士隐 云云 但书中所记何事何人 自又云 今风'

数据清理后，就可以对得到的文本进行分词了。

```
#分词
seg_list = list(jieba. cut(content))
print("分词结果：\ n","/".join(seg_list[ : 99]))    #显示部分分词结果
```

分词结果：

上卷/第一回/甄士隐/梦幻/识通灵/ /贾雨村/风尘/怀/闺秀/此/开卷/第一回/也/ /
作者/自云/ /因曾/历过/一番/梦幻/之后/ /故/将/真事/隐去/ /而借/ /通灵/之/
说/ /撰此/ /石头记/ /一书/也/ /故曰/ /甄士隐/ /云云/ /但书中/所记/何事/何
人/ /自又云/ /今/风尘/碌碌/ /一事无成/ /忽/念及/ /当日/所有/之/女子/ /一一/细
考/ /较/去/ /觉其/行止/ /见识/ /皆/出于/我/之上/ /何/我/堂堂/须眉/ /诚不若/彼/
裙钗/哉/ /实愧/则/有余/ /悔/又

13.2.3　去停用词

　　根据上述分词结果可以看出，文本中仍存在一些无意义的词汇，如
"此""也"等，这些词汇对《红楼梦》的文本分析任务并无任何益处，甚至还
会干扰分析结果。这些词也称为停用词。停用词是指没有意义或只有极小
意义的词汇，主要包括数字、数学字符、标点符号及使用频率特高的单汉
字等，如"你""我""啊""哦"。通常在文本预处理过程中需要将它们从文本
中删除，使文本保留具有最大意义及语境的词汇。

　　停用词都是人工输入、非自动化生成的，生成后的停用词会形成一个
停用词表。但是，不同的领域有不同的停用词，目前并没有普遍使用或已
穷尽的停用词表，每个领域可能都有一系列独有的停用词。

　　例如，下面的代码使用 read() 语句读取部分由用户自定义的停用词：

```
#加载停用词表
stopwords = open('stopwords. txt'). read()    #长字符串
stopwords = stopwords. split('\n')    #字符串按 '\n' 分割，构建列表类型
print("停用词：\n",",".join(stopwords[ : 20]))    #显示部分停用词，第一个为
                                                     空格
```

执行结果：

停用词：

 ,?,、,。，""，，《,》,!,,,,:,;,?, 同志们, 同时, 啊, 阿, 哎, 哎呀, 哎哟

　　下面的代码可以实现利用用户停用词表删除《红楼梦》全文本中的停
用词：

```
#去停用词
final_content = [ ]
for seg in seg_list:
    if seg not in stopwords:
```

```
        final_content. append( seg)
print("分词结果：\n","/". join(final_content[：99]))    #显示部分处理结果
```

分词结果：

上卷/第一回/甄士隐/梦幻/识通灵/贾雨村/风尘/怀闺秀/开卷/第一回/作者/自
云/因曾/历过/一番/梦幻/之后/真事/隐去/通灵/说/撰此/石头记/一书/故曰/甄士
隐/但书中/所记/何事/何人/自又云/今/风尘碌碌/一事无成/忽/念及/当日/所有/
女子/一一/细考/觉其/行止/见识/皆/出于/之上/堂堂/须眉/诚不若/裙钗/实愧/有
余/悔/无益/之大/无可如何/之日/自欲/已往/所赖/天恩祖/德/锦衣/纨绔/时/饫甘
餍肥/日/背/父兄/教育/之恩/负/师友/规谈/之德/今日/一技无成/半生/潦倒/之
罪/编述/一集/以告/天下人/罪固/闺阁/中本/历历/有人/万/不可/不肖/自护己/
短/一并/使/泯灭

13.3 关键词提取

关键词代表了一篇文章的核心词汇或重要内容，不管是文本推荐还是
文本的分类、聚类，对于关键词的依赖性都很大。关键词提取就是从大量
文本信息中，提取出最能代表文本主题和内容的词汇。但是，并不是出现
频率越高的词汇就越能表现文本的主旨，关键词提取需要采用多种提取
算法。

关键词提取算法一般可以分为有监督和无监督两类。有监督的关键词
提取算法主要是通过分类的方式进行，首先构建一个较为丰富和完整的分
类词表，然后通过判断每个文档与词表中各类词的匹配程度，以类似打标
签的方式，达到关键词提取的效果。无监督的关键词提取算法则不需要人
工标注的语料，也不需要人工构建词表，是利用相应算法计算出文本中比
较重要的词作为关键词，再进行关键词提取。有监督的文本关键词提取算
法一般需要高昂的人工成本，因此现有的文本关键词提取主要采用实用性
比较强的无监督关键词抽取。

本节主要介绍 TF-IDF 和 TextRank 两种无监督关键词提取算法，并以
《红楼梦》全文文本为实验数据进行实践，其中文本预处理部分的代码及结
果在上一节中已展示，在此直接使用。

13.3.1 词频分析

词频分析(word frequency analysis)是对文献正文中重要词汇出现的次数
进行统计与分析，是文本内容分析的重要手段之一，其基本原理是通过词

出现频次多少的变化，来确定文本内容的热点及其变化趋势。词频即在指定文本中某一个特定词汇的出现次数。词频统计是自然语言处理和数据分析中的一种基础手段，它以简单直观的数字形式帮助读者了解文本中的重要信息，以便获得信息。例如，英语四六级高频词汇就是通过对往年的试题文本进行词汇统计，帮助考生在准备时有的放矢、重点突破的方法。

词频统计可以用 Python 标准库 Collections 提供的 Counter 类来实现。Counter 类是字典的子类，用来跟踪元素出现的次数。元素被存储为字典的键，出现的次数被存储为字典的值。

例如，利用 Counter 对《红楼梦》进行词频统计的方法如下。其中，《红楼梦》全文文本在经过分词和数据清洗之后，存放在变量 final_content 中，Counter 方法可以对各个词汇进行词频统计，变量 counting_words 用来存放统计结果。final_content 为 13.2.3 去停用词后的结果。

```
#使用 counter 做词频统计，选取出现频率前 500 的词汇
from collections import Counter
counting_words = Counter(final_content)        #词频统计
common_words = counting_words.most_common(20)    #取前 20 个高频词汇
print(common_words)
```

部分词频统计结果：

[('道', 6370), ('说', 6132), ('宝玉', 3748), ('人', 2659), ('笑', 2481), ('听', 1767), ('好', 1647), ('一个', 1451), ('只', 1301), ('贾母', 1228), ('凤姐', 1100), ('倒', 1059), ('罢', 1048), ('忙', 1021), ('王夫人', 1011), ('说道', 973), ('知道', 967), ('老太太', 966), ('吃', 952), ('问', 943)]

13.3.2　基于 TF-IDF 算法的关键词提取

TF-IDF 算法(term frequency-inverse document frequency，词频-逆文档频次算法)是一种基于词频统计的算法，常用于评估一个文档集中一个词对某份文档的重要程度。TF-IDF 算法由两部分组成：TF 算法和 IDF 算法。

TF(term frequency，词频)，即某个词汇在一段文本中的出现频率。通过统计词频，可以观测到一段文本中最常出现的词汇以及词汇频率分布情况。将一段文本 p 的总词数记为 $c(p)$，其中某一词汇 w 在该段文本中出现的次数记为 $c(w)$，则 w 在该段文本中的词频为：

$$\mathrm{TF}_w = \frac{c(w)}{c(p)}$$

IDF(inverse document frequency，逆文档频率)可以反映一个词汇在文本

中的常见程度。一些常用词在全部文档中都有很高的出现次数。这些词虽然词频很高,但并不具备较强的区分能力。逆文本频率可以很好地刻画一个词汇在全部文档中的独特性。因此,引入逆文本频率可以很好地反映出某个词在全部文档中的内容区分能力。

记全部语料的文本总数为 $|d|$,出现某一词汇 w 的文本总数为 $|n|$,其中 n 为 d 中包含词汇 w 的文档,则该词汇的逆文本频率为:

$$\text{IDF}_W = \log\left(\frac{|d|}{|n|+1}\right)$$

TF-IDF 算法就是 TF 算法与 IDF 算法的综合使用,它融合了词频和词汇的独特性两部分信息,可以较为清晰地体现出某个词汇对于某段文本的描述能力。将某个词汇的词频与逆文本频率相乘,即可得到该词汇的 TF-IDF 值,即:

$$\text{TF\_IDF}_W = \text{TF}_W \times \text{IDF}_W$$

Jieba 分词中通过 analyse 类实现关键词的提取操作,其中基于 TF-IDF 算法的关键词提取命令格式为:

    jieba. analyse. extract _ tags (sentence, topK = 20, withWeight = False, allowPOS = ( ))

其中,sentence 为待提取的文本;topK 为返回 TF-IDF 计算结果(权重)最大的关键词个数,默认值为 20 个;withWeight 为是否一并返回关键词的权重值,默认值为 False;allowPOS 为返回仅包括指定词性的词,默认值为空,即不筛选。

采用 TF-IDF 算法对《红楼梦》全文本进行关键词提取的代码为:

```
#TF-IDF 算法提取关键词, 提取前 200 个关键词
key_words_TFIDF = jieba. analyse. extract_tags ( content, topK = 200, withWeight = True)
key_words_TFIDF[ : 10]
```

提取结果如下:

[('宝玉', 0.11122995893205928),
('笑道', 0.053448859950478725),
('贾母', 0.0405207674424686),
('凤姐', 0.03672722920642641),
('王夫人', 0.03365584022963898),
('老太太', 0.029873612250538088),
('那里', 0.025115462209370165),

（'什么'，0.024482714477153944），
（'贾琏'，0.02417753087165903），
（'太太'，0.023962716541594858）]

13.3.3　基于 TextRank 算法的关键词提取

与 TF-IDF 算法不同，TextRank 算法是一种基于图模型的排序算法。在关键词提取任务中，TextRank 利用局部词汇之间的关系对后续关键词进行排序，直接从文本本身抽取关键词。它可以脱离语料库的背景，仅对单篇文档进行分析就可以提取该文档的关键词。这是 TextRank 算法的一个重要特点。

TextRank 算法的主要思想是：将文本转化为一个图模型，即将一个文本看成一个句子集合，$T = \{S_1, S_2, \cdots, S_n\}$，任一句子 $S_i \in T$ 又可以看作是一个词集合，$S_i = \{w_1, w_2, \cdots, w_m\}$，则可以构建图模型，$G = (V, E)$，其中 $V = S_1 \cup S_2 \cup \cdots \cup S_n$。当两个节点(词)共现于任一句子时，则节点间有一条边，否则之间就无边。然后，通过迭代计算出每个词的得分，排名靠前的词可作为文本的关键词。

Jieba 分词中基于 TextRank 算法的关键词提取命令格式为：

jieba. analyse. textrank (sentence，topK = 20，withWeight = False，
allowPOS = ('ns', 'n', 'vn', 'v'))

其中，sentence 为待提取的文本；topK 为返回权重最大的关键词个数，默认值为 20；withWeight 为是否一并返回关键词的权重值，默认值为 False；allowPOS 为返回仅包括指定词性的词，默认为返回词的词性为地名、名词、名动词以及动词。

采用 TextRank 算法对《红楼梦》全文本进行关键词提取的代码为：

```
#TextRank 算法提取关键词，提取前 200 个关键词
key_words_TR = jieba. analyse. textrank( content，topK = 200，withWeight = True)
key_words_TR[ : 10]
```

提取结果如下：
[('笑道'，1.0)，
（'众人'，0.5846481316942517），
（'只见'，0.5764328845607578），
（'起来'，0.5684293628391204），
（'说道'，0.5625293537728534），
（'出来'，0.5564851494917306），

('姑娘', 0.5519805491146055),
('知道', 0.4831520517585031),
('太太', 0.4807813682382808),
('没有', 0.4797838154568143)]

13.4　词云构建

　　词云是一种文本分析的可视化方式，能够帮助读者准确快速地筛选出重要的文本信息，进行阅读前的筛选。词云是对文本中出现频率较高的关键词在视觉上的突出呈现，通过关键词的渲染形成类似云层一样的图片，从而过滤掉大量的无用信息，使读者一眼便能大致领略到文本的主要表达之意。在词云中，通常是不同的词组采用不同的颜色表示，不同词频的词组采用不同的字号大小表示。

　　词云的生成过程各异，制作功能和方法很多，目前互联网上已经有很多在线词云生成工具。本节将根据 Python 语言提供的第三方库 jieba 分词和 WordCloud 等工具包对《三国演义》全文文本进行词云构建，并进行个性化的词云处理。

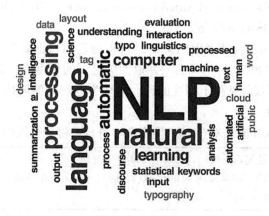

图 13-1　词云图

13.4.1　数据准备

　　在进行本节的词云构建项目实践之前，需要做以下准备工作：

(1)软件工具包的准备

需要在 Python 环境下安装 jieba、WordCloud、numpy、re 等第三方软件包，并在进行数据预处理前导入：

```
import jieba
from wordCloud import WordCloud, ImageColorGenerator
import matplotlib. pyplot as plt
from imageio import imread
from collections import Counter
import numpy as np
import re
```

(2)文本数据的准备

构建词云的数据来源必须是纯文本数据，如果读者所用的文本数据是 PDF 或 word 等格式，则须将待分析文本转换为纯文本格式。

本节案例中采用的数据源是《三国演义》纯文本格式的文档，使用的源代码以及构建词云所需的字体、词云背景图片等文件需要与文本存在统一目录中。

13.4.2　数据预处理

根据前文介绍的方法，对《三国演义》全文进行文本预处理。前文已经介绍过文本预处理的基本步骤和方法，本节将使用相同的方法。

(1)数据导入

从文件中读取文本内容，存放文本的文件为"sgyy. txt"。

```
# 读入数据文件
content = open('sgyy. txt'). read( )
content[：99]              #显示部分数据内容
```

文本内容为：

'\n------------\n\n第一回 宴桃园豪杰三结义 斩黄巾英雄首立功\n\n　　滚滚长江东逝水，浪花淘尽英雄。是非成败转头空。\n\n　　青山依旧在，几度夕阳红。白发渔樵江渚上，惯\n\n　　看'

(2)数据清理

对文本数据进行清理，删除原始文本中大量的换行符、空格和特殊符号。

```
#数据清理
content = re.sub(r'\n+', '', content)
content = re.sub(r' +', '', content)
content = re.sub(r'\W+', ' ', content)
content[: 99]        #显示部分文本内容
```

清理后的文本数据为：

'第一回宴桃园豪杰三结义斩黄巾英雄首立功滚滚长江东逝水 浪花淘尽英雄 是非成败转头空 青山依旧在 几度夕阳红 白发渔樵江渚上 惯看秋月春风 一壶浊酒喜相逢 古今多少事 都付笑谈中 调寄 临江仙 话说'

(3)分词，并去掉停用词

在导入文本内容并进行数据清理之后，要进行分词和去停用词的操作，为后续的关键词提取做准备。《三国演义》文本采用 jieba 的精确模式分词，然后加载停用词表、去掉停用词的代码如下：

```
# 分词
seg_ list = list(jieba.cut(content))
# 加载停用词表
stopwords = open('stopwords.txt').read()    #长字符串
stopwords = stopwords.split('\n')           #字符串按'\n'分割，构建列表类型
#去停用词
final_ content = []
for seg in seg_ list:
    if seg not in stopwords:
        final_ content.append(seg)
print("分词及去停用词结果: \n","/".join(final_content[: 99]))    #显示部分
                                                               处理结果
```

分词及去停用词结果：

第一回/宴/桃园/豪杰/结义/斩/黄巾/英雄/首/立功/滚滚/长江/东/逝水/浪花/淘尽/英雄/是非成败/转头/空/青山/依旧/夕阳红/白发/渔樵/江渚上/惯看/秋月春

风/一壶/浊酒/喜相逢/古今/事/付笑谈/调寄/临江仙/话/说/天下/大势/分久必合/
合久必分/周末/国/分争/并入/秦/秦灭/之后/楚/汉/分争/并入/于汉/汉朝/高祖/
斩/白蛇/起义/一统天下/光武/中兴/传至/献帝/分为/三国/推其致/乱/始于/桓/
灵/二帝/桓帝/禁锢/善类/崇信/宦官/及桓帝/崩/灵帝/即位/大将军/窦武/太傅陈/
蕃/相/辅佐/时有/宦官/曹节/弄权/窦武/陈蕃/谋/诛/机事不密/反为/所害/涓

(4)词频分析

在构建词云之前，还要对文本进行词频统计分析，以便对其中的高频
词汇进行可视化的展示，词频统计代码如下：

```
#使用 counter 做词频统计，选取出现频率前 500 的词汇
counting_words = Counter(final_content)
print(str(counting_words))
common_words = counting_words.most_common(500)
```

部分高频词汇及其词频如下：
Counter({'曹操': 934, '孔明': 831, '将军': 761, '操': 677, '兵': 574, '玄德':
569, '杀': 536, '关公': 509, '丞相': 488, '亦': 478, '二人': 465, '令': 463, '
蜀': 462, '荆州': 420, '寨': 393, '孔明曰': 385, '玄德曰': 383, '只': 383, '
死': 376, '无': 373, '军': 370, '斩': 369, '说': 352, '请': 352, '张飞': 348, '
商议': 344, '张': 337, '回': 330, '主公': 327, '军士': 310, '听': 308, '事':
302, '吕布': 300, '左右': 291, '军马': 288, '瑜': 277, '刘备': 271, '次日':
270, '引兵': 269, '引': 266, '大喜': 265, '孙权': 264, '前': 261, '云长':
260, '诸': 260, '天下': 255, '正': 255, '耳': 255, '赵云': 255, '耶': 250, '东
吴': 250,})

13.4.3 词云生成

利用 WordCloud 制作词云时，通常包括三个步骤：

① 使用 WordCloud. WorldCloud() 函数来设置词云对象的有关参数(或属
性)。

② 利用 WordCloud. generate(text) 函数直接从文本中生成词云，或可以
利用事先统计好的词汇和词频对的序列，调用 WordCloud. generate_from_
frequencies(words) 函数生成词云。区别在于，前者是根据文本生成词云，后
者是根据词频生成词云。

③ 利用 WordCloud. to_file(file_name) 函数将词云输出为图片文件进行

保存。

对于 WordCloud 库来说，每个词云就是一个 WordCloud 类的对象，通过
对其 20 多个参数进行配置，可以设置词云的各种属性。其中，常用参数说
明见表 13-2。

需要注意的是，由于 WordCloud 中默认是英文，只有英文字体，不包含
中文编码，因此在绘制中文词云时需要准备一个中文字体的文件，如
simhei. ttf 文件，通过 font_path 参数指定中文字体的文件路径，导入中文字
体，才能在词云中显示中文。

表 13-2 **WordCloud 常用参数**

参数	说明
font_path	字体路径，制作中文词云时必须指定字体文件，否则不能正常显示
width	画布的宽度，默认为 400
height	画布的高度，默认为 200
mask	指定遮罩图(即背景图片、词云的形状图)
contour_width	遮罩轮廓宽度，默认为 0。如果 mask 不为 None 且轮廓宽度大于 0，则绘制遮罩轮廓
contour_color	遮罩轮廓颜色，默认为"black"
scale	放大画布的比例，默认为 1
max_font_size	最大字体大小，默认为 None，表示使用图像的高度
min_font_size	最小字体大小，默认为 4
font_step	字体的步长，默认为 1
max_words	词云中词组的最大个数，默认为 200
stopwords	设置需要屏蔽的词(即停用词)。如果为空，则使用内置的停用词
background_color	词云图像的背景色，默认为"black"
relative_scaling	相对词频对字体大小的重要性，值为 0 时，仅考虑词组排名，值为 1 时，频繁出现的词组的大小为 2 倍，默认为 0.5
min_word_length	一个词组必须包含的最小单词数，默认为 0

在下面的代码中，首先通过 imread( )函数导入一个图片对象，用于自定义词云的图片形状，否则默认的词云形状为矩形。然后，在 WordCloud 的参数设置中，设置词云背景色为白色(white)，设置字体为中文 simhei 字体，字体最大值为 100，词云最多显示的字数为 500 个汉字，随机生成 5 种配色方案显示词云中的不同词汇。

```
backgroud_pic = imread('horse. jpg')        #读入图片，配置词云背景
# 配置词云参数
wc = WordCloud(
    background_color = 'white',
    mask = backgroud_pic,
    font_ path = 'simhei. ttf',
    max_words = 500,          #设置最大显示的字数
    max_font_ size = 100,      #设置字体最大值
    margin = 1,               #设置词间间距
    random_state = 5,         #设置有多少种随机生成状态，即有多少种配色方案
    scale = 1                 #按照比例进行放大画布
)
```

接下来，把选取的出现频率前 500 的词汇以字典的形式通过 generate_from_frequencies( )函数生成词云，该函数需要指定每个词汇和它对应的频率组成的字典，示例代码如下：

```
wc. generate_from_frequencies(dict(common_words))     #从字典生成词云
wc. to_file("myWordCloud. png")              #将词云图片存为文件保存
```

wc. to_file( )函数将生成的词云存储到 png 格式的文件中，如果要展示词云，可以通过可视化工具包 matplotlib 提供的 pyplot 类来实现，代码如下：

```
%matplotlib inline
wc_pic = imread('myWordCloud. png')
plt. figure(figsize = (15, 11))       #设置显示的图片尺寸
plt. imshow(wc_pic)       #显示词云图片
plt. axis('off')          #关闭坐标轴
plt. show()
```

词云的结果显示如图 13-2 所示。

图 13-2 《三国演义》全文词云图

第 14 章　数据分析项目实践

　　Python 拥有丰富的第三方模块，能够实现科学计算、Web 开发、数据库接口、图形系统等多个领域的功能。在数据分析领域，由于 Python 的库不断进行改良，使其成为数据分析任务的重要工具。其中 Pandas 模块是 Python 最强大的数据分析和探索工具，它支持对结构化数据的增、删、查、改操作，并且带有丰富的数据处理函数，能灵活处理原始数据中的缺失数据，并提供时间序列分析等功能。matplotlib. pyplot 模块提供了类似于 MATLAB 的界面，可以生成图表、直方图、功率谱、条形图、误差图、散点图等可视化图形，实现数据分析结果的可视化。

　　本章首先将介绍数据分析的常规流程，然后介绍如何使用 Python 进行数据分析，包括数据清理、数据转换、数据分析以及数据可视化四个步骤。最后，结合以上理论知识展开具体的 Python 数据分析项目实践。

14.1　数据分析的常规流程

　　在进行具体的数据分析案例实践之前，需要先了解数据分析的常规流程。本节将介绍数据分析的四个常规流程：数据清理、数据转换、数据分析和数据可视化。

14.1.1　数据清理

　　原始数据通常存在大量不完整、不一致、有异常的数据，可能影响数据分析的效率，并且导致分析结果出现偏差，所以进行数据分析工作前应对原始数据进行清理。首先应该找出数据集中存在问题的值，再根据实际需求决定采用何种处理方式，具体处理操作包括缺失值处理、异常值处理以及重复值处理。

(1)缺失值处理

在收集数据时，由于人工疏忽或者数据采集器故障可能造成信息遗漏，另外，有些数据集的某些特征属性是不存在的，比如未婚者的配偶姓名、孩子的收入状况等，这些信息都属于缺失值。在对缺失值进行处理前，应该明确数据缺失的原因是无意遗漏还是根本不存在，再决定应该如何处理。

① 发现缺失值。

表 14-1   含缺失值数据集

	name	English	Math	Chinese
0	Kite	92.0	69.0	NaN
1	Lily	78.0	87.0	78.0
2	Anna	NaN	91.0	96.0

表 14-1 是一个数据集，其中，NaN 为 Pandas 标记的缺失值，表示 None。如果对 NaN 进行算术运算，得到的结果还是 None，如果对数据集进行描述统计，如求和或者取平均值时，NaN 通常会被当成零值处理。

Pandas 的 isnull() 函数可以检查缺失的数据，示例代码如下：

```
import numpy as np
import pandas as pd
data = pd.DataFrame ({ 'name': [ 'Kite', 'Lily', 'Anna'], 'English': [ 92, 78,
np.nan], 'Math': [69, 87, 91], 'Chinese': [np.nan, 78, 96]})
#将数据存储在 DataFrame 对象中
data.isnull() #查看所有缺失值
```

```
   name  English  Math  Chinese
0  False  False   False  True
1  False  False   False  False
2  False  True    False  False
```

可以看出，第 0 行的"Chinese"属性值以及第 2 行的"English"属性值是缺失的，被标记为"True"。

另外，isnull().any() 函数可以获取含有缺失值的列，isnull().all() 可以获取数据全部为 NaN 的列。使用示例如下：

```
data. isnull( ) . any( )
```

name   False
English   True
Math   False
Chinese   True

dtype：bool

可以看出，"English"列和"Chinese"列均存在缺失值。

② 处理缺失值。

处理缺失值的常用方法有：删除记录、数据插补、真值转换、不处理，下面分别具体介绍每种处理方法。

● 删除记录。

如果删除小部分记录即可去除缺失值，达到既定目标，则删除记录是最有效且简单的处理方法。但是，删除记录意味着放弃了这些数据背后隐藏着的信息，在数据集本来包含的记录数量很少的情况下，删除记录可能严重影响分析结果的客观性和正确性。因此，这种方法更常用于数据集较大时的数据清理。

可使用 Pandas 的 dropna( )方法删除存在缺失值的记录，代码及运行结果如下：

```
data1 = data. dropna( )          #将删除缺失值的数据存储在 data1 中
print( data1)
```

　　　 name　　English　Math　Chinese
1　　 Lily　　78. 0　　 87　　 78. 0

可以看出，存在缺失值的第 0 行和第 2 行记录均被删除。

● 数据插补。

数据插补即寻找缺失值的替代值，常用插补方法及描述见表 14-2。

表 14-2   常用的插补方法

插补方法	方法描述
均值/中位数/众数插补	根据属性值的类型，用该属性取值的平均值/中位数/众数进行插补
使用固定值	将缺失的属性值用一个常量替换
最近值插补	在记录中找到与缺失样本最接近的样本的该属性值插补

插补方法	方法描述
回归方法	对带有缺失值的变量，根据已有数据和与其有关的其他变量（即因变量）的数据建立拟合模型，来预测缺失的属性值
插值法	利用已知点建立合适的插值函数 f(x)，未知值由对应点 xi 求出的函数值 f(xi) 近似代替

Pandas 提供了 fillna( )方法来替换 DataFrame 对象中的缺失值①。

DataFrame. fillna(self, value = None, method = None, axis = None, inplace = False, limit = None, downcast = None)

参数的含义以及取值范围如下：

value：可为标量、字典 dict、序列 series 或 DataFrame，但不能是列表。若 value 为标量，用于指定填充缺失值的值（例如 0）；若 value 是 dict/series/DataFrame 中的一个值，则指定要用于填充每个索引（用于序列）或列（用于数据帧）的值。如果不是属于 dict/series/DataFrame 中的值，将不被填充。

method：可取以下值：｛'backfill', 'bfill', 'pad', 'ffill', None｝，默认为 None，指定用于在重新编制索引的序列中填充缺失值的方法；若为'pad'或'ffill'，将上一个有效观测值向前传播到下一个有效观测值；若为'backfill'或'bfill'，就用下一个有效观测值填充前面的缺失值。

axis：可取以下值：｛0 或 'index', 1 或 'columns'｝，指定填充缺失值所沿的轴，值 0 或'index'为按索引填充，值 1 或'columns'为按列填充。

inplace：布尔值，默认为 False，创建一个新的数据对象；如果为 True，则在原数据集中进行填充，这将修改此对象上的任何其他视图（例如，DataFrame 中列的无副本切片）。

limit：取整数值，默认为 None；如果不为 None，则必须大于 0。如果指定了 method 参数的值，则 limit 指定要向前/向后填充的连续 NaN 值的最大数量。即如果存在连续的缺失值数量大于 limit，仅有部分缺失值会被填充。如果未指定 method，则 limit 指定沿整个轴填充缺失值的最大数量。

downcast：字典类型，默认为 None，将数据集中的元素向下转换为

---

① Filling missing values：fillna［EB/OL］. 2019-11-10. https：//pandas. pydata. org/pandas-docs/stable/user_guide/missing_data. html#filling-missing-values-fillna.

dtype 类型的字典；若为'infer'，将尝试将元素向下转换为适当的相等类型
（如从 float64 到 int64）。

不同的数据插补和填充示例如下：

```
#定义 DataFrame 对象并指定列的名称
df = pd.DataFrame([[np.nan, 2, np.nan, 0],
                   [3, 4, np.nan, 1],
                   [np.nan, np.nan, np.nan, 5],
                   [np.nan, 3, np.nan, 4]],
                   columns = list('ABCD'))
df              #输出 df
```

```
     A     B     C    D
0   NaN   2.0   NaN   0
1   3.0   4.0   NaN   1
2   NaN   NaN   NaN   5
3   NaN   3.0   NaN   4
```

```
''' 将所有 NaN 值用 0 替换 '''
df.fillna(0)
```

```
     A     B     C    D
0   0.0   2.0   0.0   0
1   3.0   4.0   0.0   1
2   0.0   0.0   0.0   5
3   0.0   3.0   0.0   4
```

```
''' 用前面或后面的非空值替换 NaN 值 '''
df.fillna(method = 'ffill')
```

```
     A     B     C    D
0   NaN   2.0   NaN   0
1   3.0   4.0   NaN   1
2   3.0   4.0   NaN   5
3   3.0   3.0   NaN   4
```

```
''' 将列 'A'、'B'、'C' 和 'D' 中的所有 NaN 元素分别替换为 0、1、2 和 3'''
values = {'A': 0, 'B': 1, 'C': 2, 'D': 3}   #定义用于替换的值字典
df.fillna(value = values)
```

```
     A     B     C    D
```

```
0    0.0    2.0    2.0    0
1    3.0    4.0    2.0    1
2    0.0    1.0    2.0    5
3    0.0    3.0    2.0    4
```

```
''' 只替换每一列中的第一个缺失值 '''
df. fillna( value = values, limit = 1)
```

```
     A      B      C      D
0    0.0    2.0    2.0    0
1    3.0    4.0    NaN    1
2    NaN    1.0    NaN    5
3    NaN    3.0    NaN    4
```

● 不处理。

删除处理和补齐处理都是将未知值以研究人员的主观估计值进行处理，不一定完全符合客观事实，在对不完备信息进行删除处理和补齐处理的同时，都会或多或少地改变原始数据的状态。而且，如果对空值的填充数据不正确，往往还会将新的噪声引入到数据中，使得数据分析和挖掘任务产生错误的结果。因此，在某些情况下，可以在保持原始数据不发生变化的前提下对数据进行分析和挖掘，一些数据分析模型可以将缺失值视为一种特殊的取值，允许直接在含有缺失值的数据上建模。

(2)异常值处理

在进行数据清理时，除了进行缺失值处理外，通常会检测数据集中是否含有异常值，该过程在数据挖掘中又被称为离群点检测。离群点检测是数据挖掘中重要的一部分，它的任务是发现与大部分其他对象显著不同的对象。

大部分数据挖掘方法将这种差异信息视为噪声丢弃，然而在某些现实应用中，罕见的数据可能蕴含着更大的价值，如电信和信用卡的诈骗检测、贷款审批、电子商务、网络入侵和天气预报等领域。离群点的主要成因有：数据来源于不同的数据集、自然变异、数据测量和收集误差①。

离群点的大致分类见表 14-3。

———————————

① 张良均，王路，谭立云等 . Python 数据分析与挖掘实战[M]. 北京：机械工业出版社，2017.

表 14-3 离群点的大致分类

分类标准	分类名称	分类描述
从数据范围	全局离群点和局部离群点	从整体来看,某些对象没有离群特征,但是从局部来看,却显示了一定的离群性
从数据类型	数值型离群点和分类型离群点	这是以数据集的属性类型进行划分的
从属性的个数	一维离群点和多维离群点	一个对象可能有一个或多个属性

常见的离群点检测方法有基于统计、基于邻近度、基于密度以及基于聚类四种类型,下面对各种方法的特点进行简要的介绍。

① 基于统计的离群点检测方法。

大部分基于统计的检测方法是构建一个概率分布模型,通过计算被检测对象是否符合该模型的概率分布,把具有低概率的对象视为离群点。该方法的前提是必须知道被检测数据集中的数据是服从怎样的概率分布,所以对于不容易预测概率分布的高维数据,检验效果可能很差。

② 基于邻近度的离群点检测方法。

基于邻近度的检测方法是在数据对象之间进行邻近性的度量定义,把远离大部分点的对象视为离群点。这种方法的原理简单,易于实现,在二维或三维的数据上都可以做散点图数据分布状态观察,但是不适用于大数据集,对模型参数的选择也比较敏感。

另外,该方法不能处理数据分布密度不均衡的数据集,因为采用的是全局阈值,不能区分在不同数据密度情况下的离群点的度量标准不一致的情况。

③ 基于密度的离群点检测方法。

基于密度的检测方法则是针对数据集可能存在不同密度区域这一事实而进行的离群点检测。该方法与基于邻近度的离群点检测密切相关,因为密度通常是通过邻近度来进行定义的。可以把一个对象周围的密度定义为该对象到 k 个最近邻对象的平均距离的倒数,即距离越小密度越高;另一种则把密度定义为该对象周围在指定距离 d 内对象的个数。从基于密度的观点来分析,离群点应该是分布在低密度区域中的对象。

该方法给出了检测离群点的定量度量,并且在数据存在不同密度的区域也能很好地运用。但是,该方法同样对大数据集不适用,对于参数的选择也比较困难，例如，该如何选择测定密度的 k 值和 d 值，需要进行反复的探究。

④ 基于聚类的离群点检测方法。

基于聚类的检测方法首先要对数据集进行聚类分析，一种方法是丢弃远离其他簇的小簇，另一种更系统的方法是通过评估每一对象属于其簇的程度来计算离群点得分、识别离群点。如果有对象不是强属于任何簇，则可以判定该对象是离群点。

基于聚类技术来发现离群点是一种比较有效的方法，适用于不同类型的数据集。但是，该方法对聚类分析的簇个数的选择高度敏感，聚类分析算法产生的簇的质量对离群点检测质量的影响非常大。同时，采用不同数据属性对数据进行聚类，可能会得到不同的聚类结果，也会产生不同的离群点。

综上所述，异常值中有可能蕴含着有价值的信息，是否需要剔除，需要视具体情况而定。异常值常用处理方法以及描述见表 14-4。

表 14-4　　　　　　　　　　　**异常值处理方法**

异常值处理方法	方法描述
删除记录	直接将含有异常值的记录删除
视为缺失值	将异常值视为缺失值，使用处理缺失值的方法来处理
平均值修正	使用前后两个观测值的平均值修正该异常值
不处理	保留异常值，直接进行分析建模

(3) 重复值处理

除了缺失值和异常值外，数据集中可能会存在重复值，出现重复值有两种情况：

- 数据值完全相同的多条消息记录；
- 数据主体相同但匹配到的唯一属性值不同。

常见的处理方法有去除重复值和保留重复值。去重是重复值处理的主要方法，主要目的是保留能显示特征的唯一数据记录。但当遇到以下几种情况时，应慎重进行数据去重：

- 重复的记录用于分析演变规律；
- 重复的记录用于样本不均衡处理；

- 重复的记录用于检测业务规则问题。

可用 Pandas 库的 duplicated( ) 函数查询数据集中是否存在重复值，再进行后续处理。

例如：假设有一个数据集存储了以下数据，见表 14-5。

表 14-5　　　　　　　　　　含重复值数据集

	name	English	Math	Chinese
0	Kite	92. 0	69. 0	NaN
1	Lily	78. 0	87. 0	78. 0
2	Anna	NaN	91. 0	96. 0
3	Lily	78. 0	87. 0	78. 0

可以使用 pandas. duplicated( ) 函数查询重复值，并使用 pandas. drop_duplicates( ) 函数进行删除。代码如下：

```
import numpy as np
import pandas as pd
#将数据存储在 DataFrame 对象中
data = pd. DataFrame( { 'name' : [ 'Kite', 'Lily', 'Anna', 'Lily'], 'English' : [ 92, 78,
np. nan, 78], 'Math' : [ 69, 87, 91, 87], 'Chinese' : [ np. nan, 78, 96, 78] } )
print( data. duplicated( ) )
print( data. drop_duplicates( ) )
```

运行结果如下：

```
0     False
1     False
2     False
3     True
dtype：bool
    name  English  Math  Chinese
0  Kite    92. 0    69    NaN
1  Lily    78. 0    87    78. 0
2  Anna    NaN      91    96. 0
```

由运行结果可知，数据集的第 3 行存在重复记录，drop_duplicates( ) 函数删除了第 3 行。

14.1.2 数据转换

数据转换主要是指对数据进行规范化处理，将数据转换为适当的格式或结构，以满足数据分析任务的需要。

（1）规范化

数据规范化是数据分析的一项基本工作。不同评价指标往往具有不同的量纲，数值间的差别可能很大，不进行处理可能会影响到数据分析的结果。为了消除指标之间的量纲和取值范围差异的影响，需要进行标准化处理，将数据按照比例进行缩放，使之落入一个特定的区域，便于进行综合分析。例如，将工资收入属性的值映射到[-1，1]或者[0，1]内。常用的数据规范化方法有最小-最大规范化、零-均值规范化、小数定标规范化三种。

① 最小-最大规范化。

最小-最大规范化也称为离差标准化，是对原始数据的线性变换，将数值映射到[0，1]之间。转换公式如下：

$$x = \frac{x - \min}{\max - \min} \qquad \text{公式 14-1}$$

其中，max 为样本数据中的最大值，min 为样本数据的最小值，max-min 为极差。离差标准化保留了原来数据中存在的关系，是消除量纲和数据取值范围影响的最简单方法。这种处理方法的缺点是若数值集中且某个数值很大，则规范化后各值会接近于 0。

② 零-均值规范化。

零-均值规范化也称为标准差规范化，经过处理的数据的均值为 0，标准差为 1。转换公式如下：

$$x = \frac{x - \bar{x}}{\sigma} \qquad \text{公式 14-2}$$

其中 $\bar{x}$ 为原始数据的均值，σ 为原始数据的标准差，是当前用得最多的数据标准化方法。

③ 小数定标规范化。

通过移动属性值的小数位数，将属性值映射到[-1，1]之间，移动的小数位数取决于属性值最大值的绝对值。转换公式为：

$$x = \frac{x}{10^k} \qquad \text{公式 14-3}$$

（2）连续属性离散化

连续属性的离散化就是在数据的取值范围内设定若干个离散的划分点，将取值范围划分为一些离散化的区间，最后用不同的符号或整数值代表落在每个子区间中的数据值。离散化涉及两个子任务：确定分类数以及如何将连续属性值映射到这些分类值。

常用的离散化方法有等宽法和等频法。这两种方法简单，易于操作，但都需要人为地划分区间的个数。等宽法将属性的值域分成具有相同宽度的区间，区间的个数由数据本身的特点决定，或者由用户指定，类似于制作频率分布表。等宽法的缺点在于它对离群点比较敏感，倾向于不均匀地把属性值分布到各个区间。有些区间包含许多数据，而另外一些区间的数据极少，不利于进行后续分析。

等频法是指将相同数量的记录放进每个区间，这样做虽然避免了等宽法缺点的产生，却可能将相同的数据值分到不同的区间以满足各个区间中固定的数据个数。

14.1.3　数据探索

在数据探索阶段，主要通过绘制图表、计算某些特征量等手段进行数据的特征分析，探索数据的结构和规律。数据探索的方法分为两大类，即数据描述方法和数理统计方法，主要有分布分析、集中趋势分析、离中趋势分析、相关分析等。

其中，分布分析能揭示数据的分布特征和分布类型。对于定量数据，若要了解其分布形式是对称的还是非对称的，发现某些特大或特小的可疑值，可通过绘制频率分布表、频率分布条形图、茎叶图进行直观的分析；对于定性数据，可用饼图和条形图直观地显示分布情况。

集中趋势分析和离中趋势分析的具体内容可参见第 11 章数据分析中的 11.1.2 小节，本章不再赘述。在本章的数据分析实践中，主要使用的是描述性分析中的集中趋势分析、离中趋势分析以及相关分析。下面对相关分析常用系数进行说明。

相关常数能够更加准确地描述变量之间的线性相关程度。在二元变量的相关分析过程中比较常见的有 Pearson 相关系数、Spearman 秩相关系数和判定系数。

① Pearson 相关系数。

该系数一般用于分析两个连续变量之间的关系，其计算公式如下：

$$r = \frac{\sum_{i=1}^{n} (x_i - \bar{x})(y_i - \bar{y})}{\sqrt{\sum_{i=1}^{n} (x_i - \bar{x})^2 \sum_{i=1}^{n} (y_i - \bar{y})^2}} \qquad \text{公式 14-4}$$

相关系数 r 的取值范围为 $[-1, 1]$，$r > 0$ 为正相关，$r < 0$ 为负相关，$|r| = 0$ 表示不存在线性关系，$|r| = 1$ 表示完全线性相关。当 $0 < |r| < 1$ 时，表示存在不同程度的线性相关。一般而言，$|r| \leqslant 0.3$ 为不存在线性相关，$0.3 < |r| \leqslant 0.5$ 为低度线性相关，$0.5 < |r| \leqslant 0.8$ 为显著线性相关，$|r| > 0.8$ 为高度线性相关。

② Spearman 秩相关系数。

使用 Pearson 相关系数要求连续变量的取值服从正态分布。不服从正态分布的变量、分类或等级变量之间的关联性可采用 Spearman 秩相关系数，也称为等级相关系数来描述。

$$r_s = 1 - \frac{6\sum_{i=1}^{n} (R_i - Q_i)^2}{n(n^2 - 1)} \qquad \text{公式 14-5}$$

对两个变量成对的取值分别按照从小到大（或者从大到小）的顺序编秩，R_i 代表 x_i 的秩次，Q_i 代表 y_i 的秩次，$R_i - Q_i$ 为 x_i、y_i 的秩次之差。

③ 判定系数。

判定系数是相关系数的平方，用 r^2 表示，用来衡量回归方程对 y 的解释程度。判定系数的取值范围为 $[0, 1]$。r^2 越接近于 1，说明 x 与 y 之间的相关性越强；r^2 越接近于 0，表明两个变量之间几乎没有直线相关关系。

14.1.4　数据可视化

数据可视化是以数据内容为基础，采用可视化的方法将数据内容以图形化的方式呈现，并借此传达信息的过程。通过数据可视化，能够降低数据的理解难度，在给用户呈现良好视觉效果的同时，加深对数据内容的认识，即"文不如表，表不如图"。

在绘制数据可视化的图形之前，应该对数据内容有所理解，了解可视化的目的和应该展示哪些数据内容。常用的数据可视化图形包括：条形图、饼图、箱线图、气泡图、条形图、核密度估计图、网络图、雷达图、散点图、树状图等。

进行可视化应该考虑以下问题：要处理多少变量？试图画出什么样的图像？x 轴和 y 轴指代什么（如果是三维图还有 z 轴）？数据是否经过了标准

化？数据点的大小意味着什么？选色是否合适？对于时间序列数据，是否识别趋势或相关性？

如果变量太多，可以在同一个图上画多个不同组数据实例。这个技术叫作点阵或网格绘图，能够快速提取复杂数据的大量信息①。

14.2　数据预处理

数据预处理的步骤包括数据清理和数据转换，目的是为之后的数据分析做好准备。在进行数据预处理之前，先介绍一下本节项目实践的数据来源。

14.2.1　数据说明

此次项目实践的数据源为 UCI dataset 中的 Adult 数据集，可通过网址 https：//archive. ics. uci. edu/ml/datasets/Adult 进行下载。UCI dataset 对该数据集的描述如图 14-1 所示：

Data Set Characteristics:	Multivariate	Number of Instances:	48842	Area:	Social
Attribute Characteristics:	Categorical, Integer	Number of Attributes:	14	Date Donated	1996-05-01
Associated Tasks:	Classification	Missing Values?	Yes	Number of Web Hits:	1156747

图 14-1　Adult 数据集描述

该训练数据集包含 15 个字段(14 个描述字段及 1 个预测字段)，32 561 个元组。字段名称及说明如下：

- age(年龄)：取连续值；
- workclass(工作类别)：类别变量，取值范围为{ Private，Self-emp-not-inc，Self-emp-inc，Federal-gov，Local-gov，State-gov，Without-pay，Never-worked}；
- fnlwgt(最终权重法值)：取连续值；
- education(学历)：类别变量，取值范围为{ Bachelors，Some-college，11th，HS-grad，Prof-school，Assoc-acdm，Assoc-voc，9th，7th-8th，12th，Masters，1st-4th，10th，Doctorate，5th-6th，Preschool}；

---

① 科斯·拉曼 . Python 数据可视化[M]. 程豪，译 . 北京：机械工业出版社，2017.

- education-num(受教育年份)：取连续值；
- marital-status（婚姻状况）：类别变量，取值范围为｛Married-civ-spouse, Divorced, Never-married, Separated, Widowed, Married-spouse-absent, Married-AF-spouse｝；
- occupation（职业）：类别变量，取值范围为｛Tech-support, Craft-repair, Other-service, Sales, Exec-managerial, Prof-specialty, Handlers-cleaners, Machine-op-inspct, Adm-clerical, Farming-fishing, Transport-moving, Priv-house-serv, Protective-serv, Armed-Forces｝；
- relationship(社会关系)：类别变量，取值范围为｛Wife, Own-child, Husband, Not-in-family, Other-relative, Unmarried｝；
- race(种族)：类别变量，取值范围为｛White, Asian-Pac-Islander, Amer-Indian-Eskimo, Other, Black｝；
- sex(性别)：类别变量，取值范围为｛Female, Male｝；
- capital-gain(资本收入)：取连续值；
- capital-loss(资本损失)：取连续值；
- hours-per-week(每周工作小时数)：取连续值；
- native-country（祖国）：类别变量，取值范围为｛United-States, Cambodia, England, Puerto-Rico, Canada, Germany, Outlying-US（Guam-USVI-etc）, India, Japan, Greece, South, China, Cuba, Iran, Honduras, Philippines, Italy, Poland, Jamaica, Vietnam, Mexico, Portugal, Ireland, France, Dominican-Republic, Laos, Ecuador, Taiwan, Haiti, Columbia, Hungary, Guatemala, Nicaragua, Scotland, Thailand, Yugoslavia, El-Salvador, Trinadad&Tobago, Peru, Hong, Holand-Netherlands｝；
- income(年收入)：类别变量，取值范围为｛>50K, <=50K｝。

利用该数据集进行数据分析的目的是在数据预处理(包括缺失值、重复值处理和数据规范化等)后，统计变量的集中趋势、离中趋势，并且发现变量间的相关关系，最终实现对 income 变量取值的预测。

14.2.2 数据清理

数据清理通常包括缺失值处理、异常值处理和重复值处理，由于异常值处理涉及数据挖掘中的离群点检测问题，在本节中不进行操作，读者若感兴趣可自行查阅利用 Python 进行数据挖掘的相关书籍进行深入学习。

(1)缺失值处理

由于 Adult 训练数据集本身已经对缺失值进行了处理，将所有缺失的数据表示为"?"，因此检查缺失值时应设置"?"为缺失值，再进行后续处理。

① 利用 Pandas 的 isnull()方法检查缺失值。

代码如下：

```
import pandas as pd
raw_data = pd. read_csv('Adult. csv', na_values='? ')      #设定 '? ' 为缺失值
raw_data. isnull( ). any( )    #检查含有缺失值的列
```

输出如下：

age	False
workclass	True
fnlwgt	False
education	False
education-num	False
marital-status	False
occupation	True
relationship	False
race	False
sex	False
capital-gain	False
capital-loss	False
hours-per-week	False
native-country	True
income	False

dtype：bool

由输出结果可知，workclass(工作类别)、occupation (职业)、native_country(祖国)三列存在缺失值。为了决定采用何种方法处理缺失值，首先检查数据集中含有缺失值的记录数量，代码如下：

```
raw_data[ raw_data. isnull( ). values = =True]
```

输出结果见图 14-2。

由输出结果可知，数据集中共有 4262 条含有缺失值的记录，占所有记录数量的 13%，若直接删除含有缺失值的记录会损失很多信息，且因为缺失列都为分类变量，在本例中采用众数进行缺失值填充是一种比较合适的方法。

	age	workclass	fnlwgt	education	education-num	marital-status	occupation	relationship	race	sex	capital-gain	capital-loss	hours-per-week	native-country	income
14	40	Private	121772	Assoc-voc	11	Married-civ-spouse	Craft-repair	Husband	Asian-Pac-Islander	Male	0	0	40	NaN	>50K
27	54	NaN	180211	Some-college	10	Married-civ-spouse	NaN	Husband	Asian-Pac-Islander	Male	0	0	60	South	>50K
27	54	NaN	180211	Some-college	10	Married-civ-spouse	NaN	Husband	Asian-Pac-Islander	Male	0	0	60	South	>50K
38	31	Private	84154	Some-college	10	Married-civ-spouse	Sales	Husband	White	Male	0	0	38	NaN	>50K
51	18	Private	226956	HS-grad	9	Never-married	Other-service	Own-child	White	Female	0	0	30	NaN	<=50K
...	...	...	...	...	...	...	...	...	...	...	...	...	...	...	...
32539	71	NaN	287372	Doctorate	16	Married-civ-spouse	NaN	Husband	White	Male	0	0	10	United-States	>50K
32541	41	NaN	202822	HS-grad	9	Separated	NaN	Not-in-family	Black	Female	0	0	32	United-States	<=50K
32541	41	NaN	202822	HS-grad	9	Separated	NaN	Not-in-family	Black	Female	0	0	32	United-States	<=50K
32542	72	NaN	129912	HS-grad	9	Married-civ-spouse	NaN	Husband	White	Male	0	0	25	United-States	<=50K
32542	72	NaN	129912	HS-grad	9	Married-civ-spouse	NaN	Husband	White	Male	0	0	25	United-States	<=50K

4262 rows × 15 columns

图 14-2　缺失记录输出

② 利用 Pandas 的 fillna( ) 方法填充缺失值。
代码如下：

```
fill_na = lambda col：col.fillna(col.mode()[0])   #定义 fill_na 函数,用众数填充
                                                  缺失值
fill_data = raw_data.apply(fill_na, axis=0)    #将填充后的数据赋给 fill_data
fill_data.isnull().any()    #检查是否填充成功
```

输出如下：

age	False
workclass	False
fnlwgt	False
education	False
education-num	False
marital-status	False
occupation	False
relationship	False
race	False
sex	False
capital-gain	False
capital-loss	False
hours-per-week	False
native-country	False
income	False

dtype：bool

由输出结果可知，填充后的数据集 fill_data 中已不存在缺失值。

（2）重复值处理

通过 Pandas 的 duplicated( ) 方法判断数据集中是否存在重复值。代码如下：

```
isDuplicated = fill_data.duplicated( )    #判断重复数据记录
print(isDuplicated)
```

输出如下：

```
0              False
1              False
2              False
3              False
4              False
...            ...
32556          False
32557          False
32558          False
32559          False
32560          False
Length：32561, dtype：bool
```

由输出结果可知，数据集中不存在重复记录，因此不用进行重复值处理。

14.2.3　数据转换

数据转换通常包括规范化和连续属性离散化，另外，可以把无关的属性从数据集中删除，便于后续分析。

在本例中，fnlwgt（最终权重法值）属性可删除，age 可划分为等宽区间。删除 fnlwht 属性列及 age 属性离散化代码如下：

```
data = fill_data.drop(['fnlwgt'], axis=1)    #删除 fnlwht 属性列
ages = data['age'].copy( )    #提取 age 列
print('min_age：{}'.format(ages.min( )))    #输出 age 属性的最小值
print('max_age：{}'.format(ages.max( )))     #输出 age 属性的最大值，据此得出
                                                区间端点值
```

输出如下：

```
min_age：17
max_age：90
```

由输出结果可知，age 属性最小值为 17，最大值为 90，因此将范围划分为（25，35]、（35，45]、（45，55]、（55，65]、（65，75]、（75，85]、（85，95]。划分等宽区间代码如下：

```
bins = [25, 35, 45, 55, 65, 75, 85, 95]
_ages = pd.cut(ages, bins, right=True)    # right=False 表示区间是左闭右开的
#对不同区间的数进行统计
_ages.value_counts()
```

输出如下：

(25, 35]	8514
(35, 45]	8009
(45, 55]	5538
(55, 65]	2931
(65, 75]	917
(75, 85]	193
(85, 95]	48

Name：age，dtype：int64

为了更直观地展示每一个区间内的记录数量，利用 matplotlib. pyplot 库绘制年龄分布的条形图。代码如下：

```
import matplotlib.pyplot as plt    #导入 matplotlib.pyplot 库，别名为 plt
bins = [25, 35, 45, 55, 65, 75, 85, 95]    #设置分组端点
plt.hist(ages, bins, histtype='bar', rwidth=0.8)    #绘制条形图
plt.xlabel('Age')    #x 轴命名为 'Age'
plt.ylabel('Amount')    #y 轴命名为 'Amount'
plt.title('Age Distribution')    #设置图形标题为 'Age Distribution'
plt.show()    #展示图形
```

输出结果如图 14-3 所示。

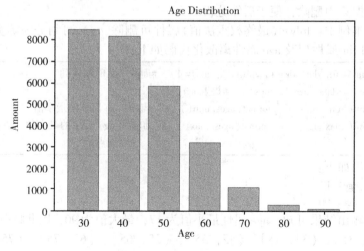

图 14-3　年龄分布条形图

14.3　数据分析实践

数据分析的目的在于分析变量的取值分布以及变量之间的关系，包括分析 age 等定量变量取值的集中趋势和离中趋势、workclass 等定性变量的取值分布以及变量间的相关关系，最终实现对 income 变量值的预测。

14.3.1　分布分析实践

本节将讨论基于计数的数据分布性分析和基于统计计算的数据描述性分析案例。Pandas 库提供了很多可用于计算变量统计特征的函数，即通过 describe() 方法实现定量数据的基本统计描述（包括均值、众数、标准差等）；而对于定性数据，则通过绘制饼图或者条形图来展示其分布情况。

例如，采用以下代码实现对 'Adult.csv' 数据集中各个数据项的分布式分析：

```
import pandas aspd
importmatplotlib. pyplot as plt     #导入 matplotlib. pyplot 库用于绘图
import collections                   #导入 collections 库用于定性变量取值计数
#数据预处理
raw_data = pd. read_csv('Adult. csv', na_values='?')    #设定 '?' 为缺失值
fill_na = lambda col：col. fillna(col. mode()[0])    #定义 fill_na 函数用众数填充缺
                                                         失值
data =raw_data. apply(fill_na, axis = 0)         #将填充后的数据赋给 fill_data
#绘制饼图
from collections import Counter
items = data['marital-status']   #提取需绘制饼图的数据列
count = Counter(items)            #返回该列取值的计数字典
sizes = list(count. values())
for i in range(len(sizes))：
    sizes[i] = round(sizes[i]/32561 * 100, 2)     #设置饼图百分比
labels = list(count. keys())          #设置饼图标签
    plt. pie(sizes, labels=labels,       #绘制饼图
    autopct='%. 2f%%',                  #数值保留固定小数位
    radius=1. 5,                        #饼图大小
    startangle = 180,                   #逆时针起始角度设置
    counterclock=True,                  #是否让饼图按逆时针顺序呈现
    pctdistance = 0. 75)               #数值距圆心半径倍数距离
plt. show()
```

输出结果如下，可以按数据集中各数据项变量逐一进行分析。其中，'marital-status' 数据分布情况如图 14-4 所示：

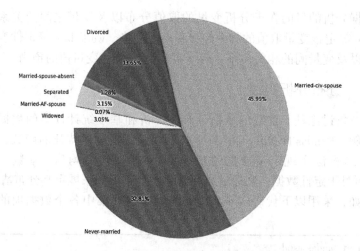

图 14-4 'marital-status' 数据分布饼状图

如果代码中变量 items 提取的数据项为 data['occupation']，则显示 'occupation' 的数据分布情况见图 14-5。

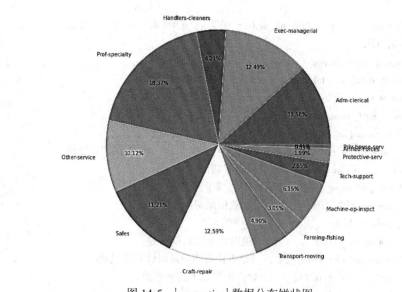

图 14-5 'occupation' 数据分布饼状图

　　由上图可见，当数据项取值的条目过多时，采用饼状图显示数据分布情况容易导致数据标签重叠，不利于数据的展示和观察。因此，当需要显示的数据项类型较多时，可以采用条形图的方式来分析数据的分布情况。以下代码是采用条形图来分析 'occupation' 的数据分布情况。

```
#绘制条形图
items = data['occupation']    #提取需绘制直方图的数据列
count = Counter(items)        #返回该列取值的计数字典
countSort = collections.OrderedDict()
countSort = dict(count.most_common())

plt.figure(figsize=(10, 5))    #设置输出图片大小
plt.bar(countSort.keys(), countSort.values())    #绘制条形图
plt.xlabel('occupation')    #设置横轴标签
plt.xticks(rotation=45)      #x 轴标签文字旋转 45 度角
plt.ylabel('account')       #设置纵轴标签
plt.show()
```

输出结果如图 14-6 所示：

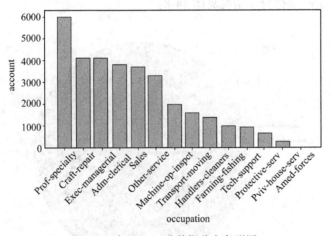

图 14-6　'occupation' 数据分布条形图

　　读者可自行修改以上案例代码中变量 items 所提取的数据项栏目，观察数据项取值的特征，根据需要显示数据类型的多少，合理选择采用饼状图或者条形图的方式进行数据分布情况的分析。以下示例展示了数据集中各

个数据项的数据分布情况。

'relationship' 数据分布情况见图 14-7：

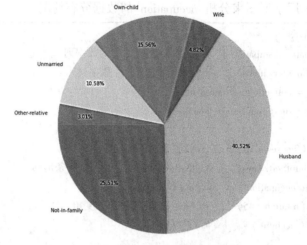

图 14-7 'relationship' 数据分布图

'race' 数据分布情况见图 14-8：

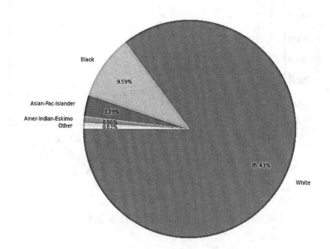

图 14-8 'race' 数据分布图

'education' 数据分布情况见图 14-9：

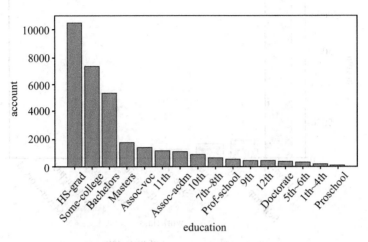

图 14-9　'education' 数据分布图

'sex' 数据分布情况见图 14-10：

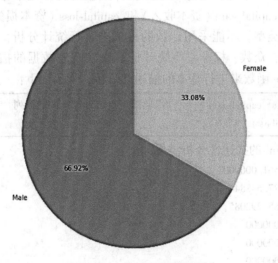

图 14-10　'sex' 数据分布图

'workclass' 数据分布情况见图 14-11：

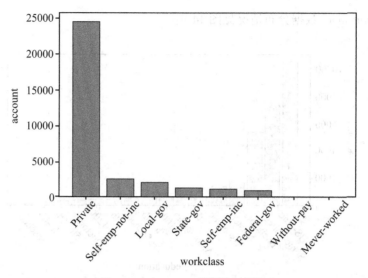

图 14-11 'workclass' 数据分布图

以上案例的数据分布性分析都是采用计数的方式(Counter 函数)来统计数据项各类取值的个数，通过展示数据计数量的百分比来分析数据的分布情况。但是，'capital-gain'(资本收入)和 'capital-loss'(资本损失)等类型的数据项属于数值类型，不能采用计数的方式来进行统计分析，而是需要进行均值、中位数、众数、标准差等统计计算来实现对数据的描述性分析。可以使用 describe 函数来进行基本的描述性分析，代码如下：

```
items = data['capital-gain']      #提取需进行统计计算的数据列
items. describe( )
```

'capital-gain' 的描述性分析结果如下：

count   32561. 000000
mean   1077. 648844
std   7385. 292085
min   0. 000000
25%   0. 000000
50%   0. 000000
75%   0. 000000
max   99999. 000000
Name：capital-gain, dtype：float64

'capital-loss' 的描述性分析结果如下：

count	32561.000000
mean	87.303830
std	402.960219
min	0.000000
25%	0.000000
50%	0.000000
75%	0.000000
max	4356.000000

Name：capital-loss，dtype：float64

数据项 'hours-per-week'（每周工作小时数）的数据范围是区间为 [0-100]
的整数，数据类型的数目较多且为不连续分布的整数，可以采用分布性分
析和描述性分析相结合的分析方式，其分析的结果如图 14-12 所示。

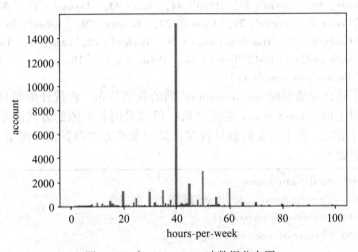

图 14-12　'hours-per-week' 数据分布图

'hours-per-week' 的描述性分析结果如下：

count	32561.000000
mean	40.437456
std	12.347429
min	1.000000
25%	40.000000
50%	40.000000
75%	45.000000
max	99.000000

Name：hours-per-week，dtype：float64

数据项 'native-country'（出生国家）的取值范围较多且分散，可以采用计数统计的方式进行分布性分析。但是，在实践过程在，有可能出现数据分布极为不平均的情况，例如在本数据集的 'native-country' 数据项中，出现了如下的统计结果，'United-States' 的统计值远远大于其他国家统计值的总和，占全部统计数量的 90% 以上。如果将所有国家放在一起分析，由于 'United-States' 数据的比重过大，不能很好地体现出其余国家的数据分布特征。因此，在实际操作中，往往会把 'United-States' 的统计值去掉，转而分析剩余国家的数据分布情况。

Counter（{' United-States'：29753，' Mexico'：643，' Philippines'：198，' Germany'：137，' Canada'：121，' Puerto-Rico'：114，' El-Salvador'：106，' India'：100，' Cuba'：95，' England'：90，' Jamaica'：81，' South'：80，' China'：75，' Italy'：73，' Dominican-Republic'：70，' Vietnam'：67，' Guatemala'：64，' Japan'：62，' Poland'：60，' Columbia'：59，' Taiwan'：51，' Haiti'：44，' Iran'：43，' Portugal'：37，' Nicaragua'：34，' Peru'：31，' France'：29，' Greece'：29，' Ecuador'：28，' Ireland'：24，' Hong'：20，' Cambodia'：19，'Trinadad&Tobago'：19，' Thailand'：18，' Laos'：18，' Yugoslavia'：16，' Outlying-US（Guam-USVI-etc）'：14，' Honduras'：13，' Hungary'：13，' Scotland'：12，' Holand-Netherlands'：1}）

为了更直观地展现 'native-country' 列的取值分布，将统计值数目占总数的 90% 以上的 'United-States' 删除之后，可以采用条形图的方式展示剩余国家的统计情况。由于国家的数目较多，采用水平方式布置条形图更为合适，示例代码如下：

```
items = data['native-country']
count = Counter(items)      #返回该列取值的计数字典
country = collections. OrderedDict( )
country = dict(count. most_common( ))

del country['United-States']    #删除字典中的指定 key 键
x = list(country. keys( ))          #提取国家列
y = list(country. values( ))        #提取计数列
x. reverse( )                       #将列表按升序排列
y. reverse( )
plt. figure(figsize = (10，10))     #设置画布的尺寸
plt. barh(x，y)                      #绘制水平条形图
plt. ylabel('native-country')       #设置 y 轴标签
plt. xlabel('account')              #设置 x 轴标签
plt. show( )
```

'native-country' 数据分布情况如图 14-13 所示：

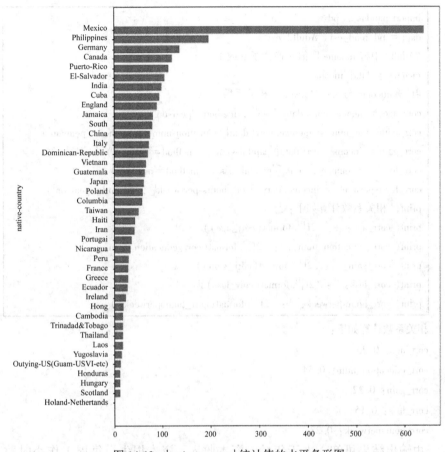

图 14-13　'native-country' 统计值的水平条形图

读者可以自行构建包含全部国家的数据分布条形图，与图 14-13 的条形图进行对比分析，以理解在特定情况下特异值数据对数据分析结果所产生的影响。

14.3.2　相关分析实践

为了分析定量描述变量（包括年龄、受教育年限、资本收入、资本损失、每周工作小时数）对预测变量（年收入）取值的影响，可以进行相关分析。

在进行相关分析之前，需要对年收入的取值进行转换，即若≤50K 为

0，若>50K 为 1。该步骤可通过 Excel 中的替换功能实现。

计算相关系数代码及运行结果如下：

```
import pandas as pd
data = pd. read_csv('Adult2. csv')
#Adult2 中将 income 取值转换为了 0 或 1
income = data['income']
#计算 income 与 age 的 pearson 相关系数
corr_age = income. corr(data['age'], method='pearson')
corr_education_num = income. corr(data['education-num'], method='pearson')
corr_gain = income. corr(data['capital-gain'], method='pearson')
corr_loss = income. corr(data['capital-loss'], method='pearson')
corr_hoursperweek = income. corr(data['hours-per-week'], method='pearson')
print('相关系数计算如下：')
print('corr_age：{: .2f}'. format(corr_age))
print('corr_education_num：{: .2f}'. format(corr_education_num))
print('corr_gain：{: .2f}'. format(corr_gain))
print('corr_loss：{: .2f}'. format(corr_loss))
print('corr_hoursperweek：{: .2f}'. format(corr_hoursperweek))
```

相关系数计算如下：

corr_age：0. 23

corr_education_num：0. 34

corr_gain：0. 22

corr_loss：0. 15

corr_hoursperweek：0. 23

由输出结果可知，由于年龄、资本收入、资本损失、每周工作小时数与收入的 Pearson 相关系数绝对值小于 0.3，认为不存在线性相关关系；受教育年限与收入的 Pearson 系数绝对值介于(0.3，0.5]，存在低度正线性相关关系。

14.3.3 预测分析实践

通过对原始数据集进行数据预处理与数据探索，得到可以直接建模的数据。根据数据分析目标和数据形式，可以建立分类与预测、聚类分析、关联规则、时序模式和偏差检测等模型。

其中，分类和预测是预测分析的两种主要类型，分类主要是预测分类标号(离散属性)，而预测主要是建立连续值函数模型，预测给定自变量对应的因变量的值。例如，本例中预测收入是否大于 50K 就是一个典型的二分类问题。

常用的分类与预测算法见表 14-6。

表 14-6　　　　　　　　　　**常用的分类与预测算法**

算法名称	算法描述
回归分析	回归分析是确定预测属性（数值型）与其他变量间相互依赖的定量关系最常用的统计学方法，包括线性回归、非线性回归、Logistic 回归、岭回归、主成分回归、偏最小二乘回归等模型
决策树	决策树采用自顶向下的递归方式，在内部节点进行属性值的比较，并根据不同的属性值从该节点向下分支，最终得到的叶节点是学习划分的类
人工神经网络	人工神经网络是一种模仿大脑神经网络结构和功能而建立的信息处理系统，表示神经网络的输入与输出变量之间关系的模型
贝叶斯网络	贝叶斯网络又称信度网络，是 Bayes 方法的拓展，是目前不确定知识表达和推理领域最有效的理论模型之一
支持向量机	支持向量机是一种通过某种非线性映射，把低维的非线性可分转化为高维的线性可分，在高维空间进行线性分析的算法

在本例中可以采用决策树算法进行分类预测，具体实现代码见本书提供的源代码资源，感兴趣的读者可自行查阅下载，并上机实践。